U0350690

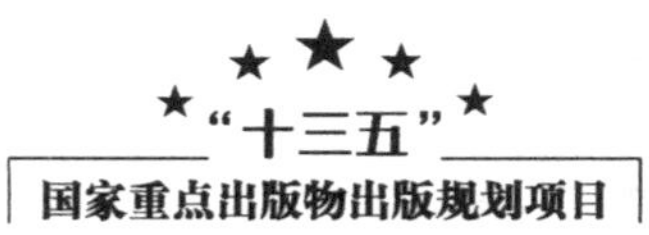

空间科学与技术研究丛书

空间粒子束技术应用概论

Introduction to Space Particle Beam Technology

方进勇 编著

内 容 简 介

本书围绕粒子束技术空间应用，分为四个部分进行论述。第一部分由第1、2章组成，主要介绍粒子束技术发展现状及空间应用的局限性，重点介绍了空间电子型粒子束定向能装置的基本概念；第二部分由第3~5章组成，重点介绍了粒子束空间应用机理、空间环境及粒子束空间传输等；第三部分由第6~12章组成，分别介绍了空间电子型粒子束定向能装置系统的组成、加速器技术、微波源技术、捕获跟踪瞄准技术、天基系统散热、粒子束装置空间应用场景及应用模式等内容；第四部分由第13、14章组成，重点对粒子束空间防护问题进行了探讨，同时对粒子束空间拓展应用进行分析，主要包括空间X射线雷达、空间X射线通信、基于空间自由激光的大功率THz源技术等。

本书作者系统总结和归纳了当前粒子束空间应用的主要障碍和技术难点，并在自身理解和认识的基础上提出了粒子束空间应用的新概念和新思路，并进行了系统讨论。本书可作为空间粒子束技术领域，尤其是空间安全相关技术研究人员和工程技术人员的参考书。

图书在版编目（CIP）数据

空间粒子束技术应用概论 / 方进勇编著. —北京：北京理工大学出版社，2020.7

（空间科学与技术研究丛书）

国家出版基金项目　“十三五”国家重点出版物出版规划项目　国之重器出版工程

ISBN 978-7-5682-8809-5

Ⅰ. ①空…　Ⅱ. ①方…　Ⅲ. ①粒子束　Ⅳ. ①TL501

中国版本图书馆CIP数据核字（2020）第137169号

出　　版 / 北京理工大学出版社有限责任公司
社　　址 / 北京市海淀区中关村南大街5号
邮　　编 / 100081
电　　话 / (010)68914775(总编室)
(010)82562903(教材售后服务热线)
(010)68948351(其他图书服务热线)
网　　址 / http://www.bitpress.com.cn
经　　销 / 全国各地新华书店
印　　刷 / 北京捷迅佳彩印刷有限公司
开　　本 / 710毫米×1000毫米　1/16
印　　张 / 28.5
字　　数 / 495千字
版　　次 / 2020年7月第1版　2020年7月第1次印刷
定　　价 / 128.00元

责任编辑 / 陈莉华
文案编辑 / 陈莉华
责任校对 / 周瑞红
责任印制 / 李志强

前　言

粒子束技术是人类利用电磁手段对各种粒子进行加速，使粒子携带超高能量，利用超高能量的粒子进行物质结构探索或军事应用的技术总称。粒子进行加速后，可利用粒子与物质相互作用对原子级的物质结构进行探索，或可利用高能粒子产生X射线、激光、高功率微波等进一步扩展其应用领域。

粒子束技术的一个重要应用领域是军事方面，也可称为粒子束定向能系统。无论是地基、空基还是天基，传统粒子束技术的军事应用受到多方面限制。首先，受其损伤效应机理限制。传统粒子束系统主要基于热烧蚀的损伤机理，技战术指标对加速器、搭载平台、能源供给等都提出了灾难性的要求。其次，受到高能、强流粒子束空间传输限制。粒子束能量巨大，在近地空间由于空气的存在，必定会出现传输中严重的空气击穿问题，使波束截止。另外，强流非电中性粒子束在库仑力作用下的远程扩散问题也很难解决。在外层空间，空气击穿的问题可以避免，但同样存在非电中性粒子束在库仑力作用下的远程扩散问题。此外，地球磁场的影响也会给粒子束的远程传输带来极大的不确定性。最后，受到工程能力限制。构成粒子束定向能系统的加速器、粒子源和姿态推进器都需要配套供电电源，对于采用热毁伤机理的粒子束定向能系统，粒子束粒子能量需要达到GeV量级，束流kA量级，在加速器技术没有颠覆性突破的情况下，GeV量级的粒子束定向能系统在可预见的未来很长时期内都很难能够像强激光系统及高功率微波系统一样在地面及空间得以应用。

紧紧围绕粒子束技术未来潜在的空间应用，本书分为四个部分进行详细论述。第一部分包括2章内容，主要介绍粒子束技术发展现状及其军事应用的局限性，重点介绍了空间电子型粒子束系统的基本概念；第二部分由3章内容组成，重点介绍了自然条件下能量电子与目标的相互作用、空间环境及粒子束空间传输问题等，简要分析了粒子束技术空间应用的潜在方向；第三部分共包括7章内容，分别介绍了空间电子型粒子束系统组成、加速器技术、脉冲功率源技术、天基热控技术及电子束系统空间电子补给技术等，以高能电子束系统应用于空间碎片清除为例进行了详细技术分析，对空间碎片捕获、跟踪、瞄准技术进行了简要介绍，该部分内容着力解决粒子束系统空间应用的工程化问题；第四部分由2章内容组成，重点对粒子束空间防护问题进行了探讨，同时对粒子束空间拓展应用进行了简要分析，包括空间X射线雷达、空间X射线通信、基于空间自由激光（FEL）的大功率太赫兹（THz）源技术等，这些新技术也许在不久的将来会逐渐成为粒子束空间应用新的支撑点，进而开创出粒子束技术空间应用的新领域。

本书由黄文华研究员指导编写了第1章及第8章内容，其余章节由方进勇编写并对全书进行了统稿。在成书的过程中，张颖军参与了第1章、第2章及第14章部分内容的编写，古松参与了第3章及第11章部分内容的编写，彭凯参与了第5章及第7章部分内容的编写，朱鹏参与了第8章、第9章及第12章部分内容的编写，王建军参与了第4章部分内容的编写，黄惠军参与了第6章部分内容的编写，王效顺参与了第10章部分内容的编写，孙静参与了第13章部分内容的编写。特别感谢西安交通大学张冠军教授及中国空间技术研究院崔万照研究员对本书的审阅并提出的宝贵建议。本书的编写还得到了空间微波技术国家重点实验室基金的资助，在此一并表示感谢。

在编写本书的过程中，参考了大量国内外有关著作和论文，并引用了部分图表及论述，在此对相关作者表示衷心的感谢。虽然我们竭尽全力，但囿于理解水平及能力所限，书中难免有不妥之处，敬请读者不吝批评指正。

作者

目 录

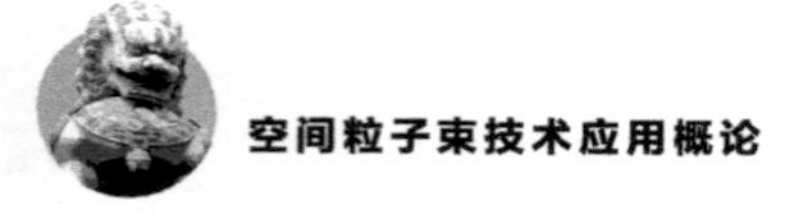

第1章 绪论

粒子束技术是人类利用电磁手段对各种粒子进行加速，使粒子携带超高能量，利用超高能量的粒子进行物质结构探索或军事应用的技术总称。本章首先简要总结了粒子束技术的总体情况，接着讨论了粒子束技术的空间军事应用及存在的局限性，最后着重分析了粒子束技术空间军事应用的可行性和可能性。

1.1 粒子束技术

粒子束技术[1-3]随着人类对电磁的应用及粒子物理的探索而不断发展壮大。简单地说，粒子束技术是人类利用电磁手段对各种粒子进行加速，使粒子携带超高能量，利用超高能量的粒子进行物质结构探索或军事应用的技术总称。粒子进行加速后，可利用粒子与物质相互作用对原子级的物质结构进行探索，或利用高能粒子产生X射线、激光、高功率微波等进一步扩展其应用领域。

粒子束是指具有大致相同的动能并在几乎相同的方向上运动的一群粒子。这群粒子的动能高于它们在常温下的热能，束流中带电粒子的高动能以及极好的方向性使其具有很多应用价值。此外，中性粒子束是通过将带电粒子束还原后产生的。实用的粒子束一般用加速器来产生，加速器的全名是“带电粒子加速器”，它是一种用人工方法产生高能带电粒子束的装置。它利用一定形态的电磁场将正负电子、质子、离子等带电粒子加速，使它们的速度达到每秒几千千米、几万千米乃至接近光速。这种具有相当高能量的粒子束，是人们变革原子核、研究“基本粒子”、认识物质深层结构的重要工具。同时，它在工农业生产、医疗卫生、科学技术以及国防建设等方面也都有着广泛而重要的应用。

1.1.1　加速器的基本构成

粒子加速器是一种复杂的高技术工程设备，大体上由四个基本部分及若干辅助系统构成，加速器的基本构成示意图如图 1-1 所示。其各部分组成分别详述如下。

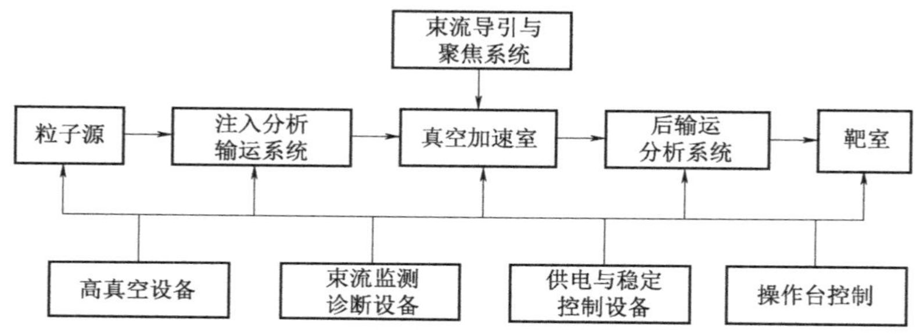

图 1-1　加速器的基本构成示意图

（1）粒子源：用来提供待加速的各种带电粒子束，如各种类型的电子枪、离子源以及极化离子源等。

（2）真空加速室：这是一种装有加速结构的真空室，用以在真空中产生一定形态的加速电场，使粒子在不受空气分子散射的条件下得到加速，如各种类型的加速管、射频加速腔和环形加速室等。

（3）导引聚焦系统：用一定形态的电磁场来引导并约束被加速的粒子束，使之沿着预定的轨道受加速电场的加速，如圆形加速器的主导磁场与四极透镜场等。

（4）束流输运系统、分析系统：这是由电、磁场透镜，弯转磁铁和电、磁场分析器等器件构成的系统，用来在粒子源与加速器之间或加速器与靶室之间输运并分析带电粒子束。

除了上述四个基本部分外，加速器通常还设有各种束流监测与诊断装置、电磁场的稳定控制装置、真空设备以及供电与操作设备等。

1.1.2　加速器的发展现状

粒子束加速器最初是作为人们探索原子核的重要手段而发展起来的。它的历史可以追溯到 1919 年，当时卢瑟福（Rutherford）用天然放射源实现了历史上第一个人工核反应，激发了人们用高能粒子束变革原子核的强烈愿望。20

世纪20年代，人们曾经探讨过许多加速带电粒子的方案，也进行了许多实验。到了30年代初，高压倍加速器、回旋加速器、静电加速器等第一批粒子加速器相继问世。

在第二次世界大战结束以前，回旋加速器曾经是唯一的能将氘或α粒子的能量加速到20～50 MeV的加速器，但由于加速粒子的质量随着能量迅速增长的相对论效应，回旋加速器很难把质子能量加速到25 MeV以上，更不适宜加速电子。1940年，D. W. 克斯特（D. W. Kerst）利用电磁感应产生的涡旋电场实现了新型的加速电子的感应加速器。几年之后，电子感应加速器的能量达到了100 MeV。另外，第二次世界大战期间发展起来的兆瓦级大功率射频源及其他微波相关技术大大地推动了直线加速器的发展。L.阿耳瓦列兹（L. Alvarez）和W. W. 汉森（W. W. Hansen）分别领导建造了质子驻波直线加速器和电子行波直线加速器，奠定了现代直线加速器发展的基础。在加速电子的过程中，直线加速器没有同步辐射那种明显的同步辐射损失，因而可以加速到很高的能量。美国斯坦福的3 km长的35～50 GeV电子直线加速器（SLAC）在相当长的时期保持着加速电子的能量纪录。

采用传统的弱聚焦结构的同步加速器在提高能量的过程中遇到了磁体尺寸、体积过大的困难，阻碍了它的发展。20世纪50年代初，M. S. 利文斯顿（M. S. Livingston）、E. D. 柯郎（E. D. Courant）等提出的强聚焦原理，可使加速器的磁体的尺寸大大缩减，结果又导致了一批新的强聚焦型加速器的诞生，诸如强聚焦同步加速器、扇形聚焦回旋加速器以及采用强聚焦透镜的直线加速器等。

近一个世纪以来的历史表明，每当一种类型的加速器的能量达到极限时，总会有另一种基于新的加速原理或技术的加速器问世，它具有向更高能区发展的潜力。加速器发展中的这种新陈代谢的力量使加速器的能量在60年中提高了约8个数量级，而每单位能量的造价则下降了约6个数量级。加速器最高能量发展概貌如图1-2所示。

当今人们对于加速器新原理和新技术的探索与应用方兴未艾，如美国曾提出的以超导磁体建造2×20 TeV的超高能对撞机的计划，以及利用激光等离子体中100 GV/m的强电场建造小尺度的高能加速器的计划等，这些新概念、新原理的可行性探讨都已提上日程。可以预期，未来的加速器将具有更高的能量和流强，并具有更小的尺寸和更低的成本。

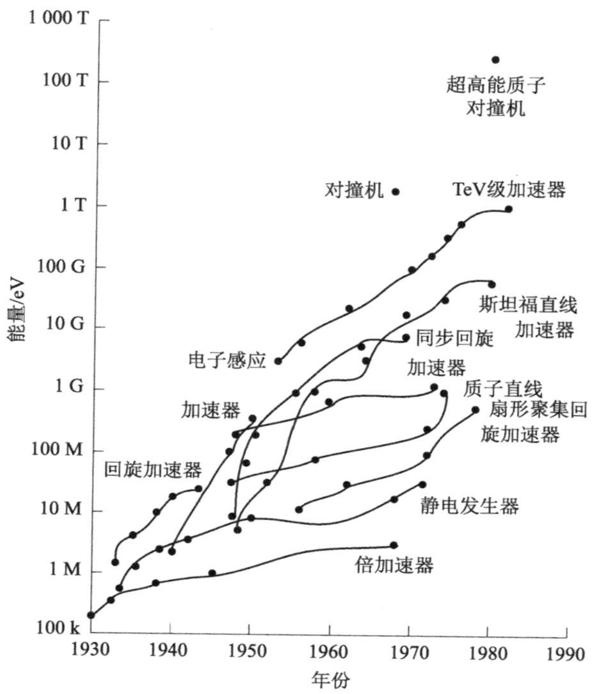

图 1-2　加速器最高能量发展概貌

1.1.3　加速器的应用

加速器作为粒子射线源有一系列的优点，诸如所产生的粒子种类繁多，粒子束能量比较精确且可在大范围内平滑调节，束流强度高、性能好且可随意控制，等等，因此加速器在科技、生产和国防建设等领域有着极为广泛的应用。限于篇幅，下面只列举几个主要方面。

1. 在探索和变革原子核与基本粒子方面的应用

几十年来，人们用加速器合成了绝大部分超铀元素和上千种人工放射性核素，并系统深入地研究了原子核的性质、内部结构以及原子核之间的相互作用过程，使原子核物理学迅速地发展成熟起来。随着加速器加速粒子能量的提高，还陆续发现了100多种所谓的“基本”粒子，催生了夸克模型以及电磁相互作用和弱相互作用相统一的理论，建立起粒子物理学这样一门新的学科，使人们对微观物质世界深层结构的认识深入到10^{-18} m的领域。

2. 在原子、分子物理、固体物理等非核基础科研方面的应用

利用加速器产生的电子、离子和光束研究粒子与原子、分子碰撞的物理过程以及所产生的一系列新的状态、新的同位素原子，有利于研究传统原子、分子物理学所无法研究的诸多问题。一种叫作“基于加速器的原子与分子科学”的研究方向正在发展之中。

3. 高灵敏度离子束元素分析

单级和串列静电加速器等产生的低能离子束广泛地用来进行各种样品的元素分析，其主要技术有：① 核反应分析（NRA）；② 背散射（RBS）分析；③ 弹性反冲探测分析（ERDA）；④ 质子激发X射线荧光（PIXE）分析；⑤ 超灵敏加速器质谱计（AMS）技术；⑥ 活化分析。

4. 加速器在医疗方面的应用

（1）医用放射性同位素的生产：加速器生产的缺中子同位素往往比反应堆生产的同位素更适宜于医用，因为它们的纯度和放射性比度都比较高，而且具有比较合理的半衰期。

（2）放射治疗：加速器产生的电子、X射线、质子、中子等粒子都具有杀伤癌细胞的能力，都可能成为治疗癌症的有用工具。

除了上述应用之外，加速器的粒子射线还可用来对一些不宜用化学方法消毒的物品，如疫苗、抗生素等进行辐射消毒，也可用来对一些手术器件进行辐照消毒等。

5. 加速器在工业上的应用

（1）辐照加工：电子和X射线辐照目前已成为化工生产的一个重要手段，广泛应用于聚合物的交联改性，涂层的固化，橡胶的硫化，聚乙烯的发泡以及热缩材料、木材-塑料复合材料制备等加工过程。经辐照生产出来的产品有许多优良的特点。

（2）离子注入：用加速器将所需的离子注入硅基片的技术早已成为半导体器件和大规模集成电路片生产所普遍使用的关键工艺。

（3）无损检验：材料的无损检验是保证产品质量不可缺少的重要手段，加速器产生的X射线、中子等都可以用来检验材料的缺陷。特别是X射线，常常用来检查大型铸锻焊件、大电机轴、水轮机叶片、高压容器、反应堆压力壳、火箭的固体燃料等工件中的缺陷，所用的加速器主要是电子直线、电子回旋和

电子感应加速器。电子直线加速器——X射线成像装置还用于海关大型集装箱的检测系统。检查处于快速运动状态下的爆炸飞散现象时则要采用大电流的电子脉冲加速器，进行“闪光”照相。

6. 加速器在核能开发方面的应用

加速器在裂变和聚变能的开发利用方面都有很多重要的应用。例如，核反应堆、核电站、核燃料生产和核武器的设计制造方面都需要加速器提供有关核反应、核裂变和中子运动的各种核参数，还要用加速器的粒子束模拟反应堆中的核辐射检验材料的辐射损伤，研究材料加固的措施。此外，利用相对论性强流电子束或重离子束可以进行惯性约束热核聚变的研究，这是人类实现可控热核聚变很有希望的途径之一。

7. 农业、生物学上的应用

（1）辐射育种：加速器产生的射线可以用来改变植物、微生物和动物的遗传特性，使它们沿优化方向发展。

（2）辐照保鲜：辐照能抑制根菜类，如马铃薯、洋葱、甜菜等的发芽，延迟果品成熟或变质，延长储藏和供应期。

（3）辐照灭菌、杀虫：农产品、畜产品和水产品中都有某些有害的微生物与寄生虫，辐照处理可以杀虫、灭菌，延长保藏期。

此外，粒子束技术在武器装备领域也有巨大的应用潜力。粒子束定向能武器作为粒子束技术在国防领域的重要应用之一，受到军事强国的重点关注与研究。

1.2 粒子束技术的军事应用

粒子束武器作为一种理想的武器装备，从20世纪中叶开始进行了大量的研究，取得了一些进展，也遇到了极大挫折[4-9]。

1.2.1 粒子束武器发展现状

自从第一个加速器出现以来，已经历了半个多世纪，很多国家广泛利用它对基本粒子进行研究，并在许多领域中得到了应用。但是粒子束在武器应用方面的研究，则主要是在美苏两国进行。

1. 美国粒子束武器发展现状

早在20世纪50年代，美国已经开始进行了粒子束武器技术的研究。1958年，国防高级研究规划局制订了代号为“See Saw”的粒子束武器计划，研究带电粒子束作为武器应用的可能性，由于整个计划规模十分庞大，耗费太高，该计划于1972年结束。

1974年，美国海军开始进行代号为“Chair Heritage”的带电粒子束武器计划，该计划旨在实现有限的电子束武器能力，用以保卫舰船，击毁机载导弹的进攻，着重于“点”防御而不是大面积的防御能力。由于该计划在执行中存在很多技术上难以解决的问题，从1977年起，把研究重点从武器系统转向基本理论和技术问题。1979年后此计划归国防高级研究规划局负责。

美国陆军代号为“Sipapu”计划研究中性粒子束武器，1981年归国防高级研究规划局负责，改名为“White House”。

美国从1981财年开始实施预算额为3.15亿美元的5年粒子束武器开发计划。1989年7月，美国用阿里斯火箭将束流能量为1 MeV的射频四级场加速器（Radio Frequency Quadrupole，RFQ）发射到空中，对粒子束的空间传输特性等技术进行试验验证，图1-3所示为美国天基粒子束武器试验系统实物照片，图1-4所示为美国天基粒子束武器试验系统结构示意图。

图1-3　美国天基粒子束武器试验系统实物照片

2. 苏联（俄罗斯）粒子束武器发展现状

一般认为，对粒子束武器技术的研究，苏联是从1974年大规模开始的。1975年以来，美国预警卫星多次发现大气层上有大量带有氚的气体氢，认为可能是发射带电粒子束造成的。1976年，美国预警卫星探测到苏联在哈萨克斯坦的沙漠地带进行了产生带电粒子束的核聚变型脉冲电磁流体发动机的试验。

20世纪70年代中期以来，苏联在电离层和大气层外的宇宙系列卫星、载人飞船的礼炮号空间站上进行了8次带电粒子束传输方法试验；在列宁格勒（今为圣彼得堡）地区进行过粒子束武器的地面试验，试验装置有线性电磁感应加速器、X射线仪器、γ射线仪器、磁力存储器和多频道超高压开关等，而

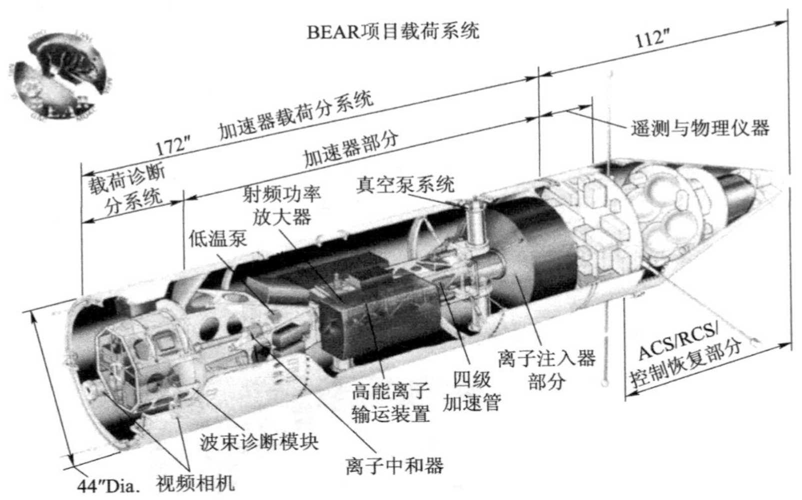

图 1-4　美国天基粒子束武器试验系统结构示意图

且可能进行过带电粒子束对洲际弹道导弹、宇宙飞船以及固体燃料目标的照射试验等。1978 年，苏联在德国制造了 0.5 MV、80 J、16 层 7 列的粒子束产生装置。在以后的几年里，苏联在哈萨克斯坦阿兹古尔地区沙漠中的萨诺瓦导弹发射场和塞米巴拉金斯克的试验工厂，进行过粒子束脉冲发动机、高能加速器和大功率能源利用的系列试验。

进入 21 世纪后，美俄对定向能系统领域的研究重点转向了激光定向能与微波定向能系统，对粒子束定向能系统资助额度较少，加之保密原因，粒子束武器的研究成果鲜有报道。自 20 世纪 80 年代起，我国对三大定向能开展了概念研究，经过理论分析与技术路径论证，当前得到优先发展的是高能化学激光、自由电子激光和高功率微波等定向能系统，粒子束技术相关研究则主要集中于空间自然环境下的高能粒子辐射效应防护研究等。

电子信息技术经过半个多世纪的高速发展，在现代化的电子信息系统中，半导体元器件得到了广泛的应用。在电子工程中，正是由于引入了半导体器件才完成了技术革命的大转变。这一技术变革首先是与创造出工作效率极高的数字计算装置、微波无线电工程设备（相控阵天线阵、微波信号传输线、振荡器、放大器和其他装置）、光电子装置和激光装置等紧密相连的。事实上，半导体器件和集成电路已经逐渐将传统的无线电真空器件从无线电工程装置中挤了出去，改变了无线电电子设备的整个面貌。现代电子信息系统中，半导体元器件的比重达到了 80% 以上。由于半导体器件抗毁伤功率阈值比电真空器件低很多，加之高能粒子的强穿透性，未来研究高能粒子束对半导体器件、装置造成功能毁伤的可能性无论是从开发经济实用的粒子束武器，还是寻找有效的电子设备防护高能粒子功能毁伤方法都具有极大的现实意义。

1.2.2　粒子束武器系统组成

粒子束武器是指利用高能强流粒子束来摧毁目标或使其功能失效的定向能武器，通常由产生电子、质子、离子、中子等基本粒子的粒子源装置、加速基本粒子的粒子加速器、使基本粒子聚焦成高能强流粒子束的聚焦设备三部分组成。作为武器系统来说，除产生粒子束的装置外，还包括其他的系统，如目标的探测、捕获、识别分系统，目标精密跟踪分系统，控制和通信分系统以及指挥和协调各分系统工作的指挥、控制和通信分系统等。目标识别与跟踪系统主要由搜索跟踪雷达、红外探测装置等组成。探测系统发现目标后，目标信号经数据处理装置和超高速计算机处理后，进入指挥控制系统，根据指令，定位系统跟踪并瞄准目标，同时修正地球磁场等的影响，使粒子束瞄准目标将要被击毁的位置，然后启动加速器，将粒子束发射出去。图 1-5 给出了粒子束武器的组成及各部分之间的关系。

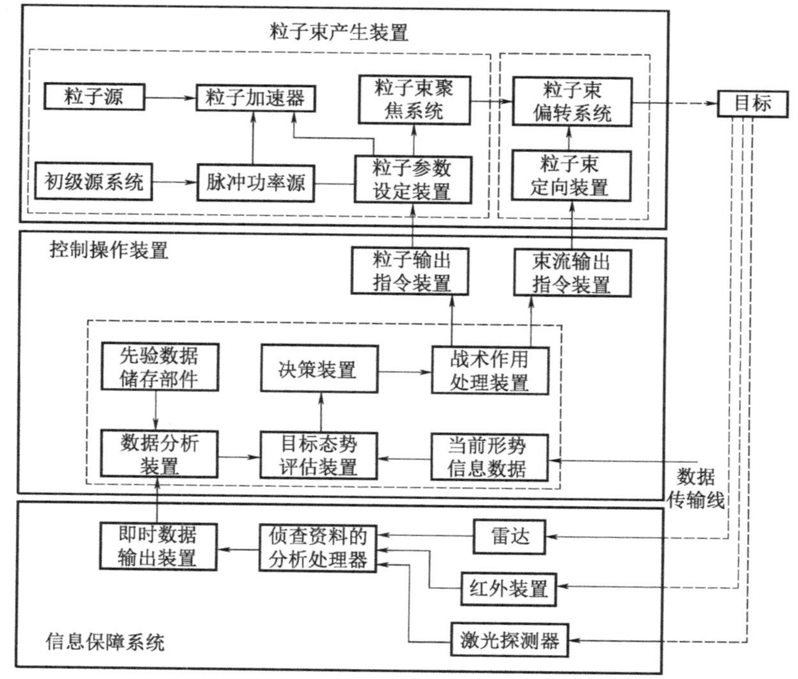

图 1-5　粒子束武器的组成及各部分之间的关系

1.2.3 粒子束武器核心技术

粒子束武器除了具有定向能武器共有的指向、瞄准、跟踪和控制等关键技术外，还存在毁伤机理与毁伤阈值确定、小型化的粒子加速技术、紧凑型高功率脉冲电源技术、紧凑型传输及束流控制技术四类核心技术。

1. 粒子束对目标的毁伤机理

粒子束系统作用效果一般取决于两个要素：第一，预期的靶目标及所需毁伤效应阈值，这决定了所必需的粒子束能量；第二，预期的作战方案（射程、作用时间等），它决定了必须产生多少能量以确保在可用时间内传递足够的能量。可以看出，研究粒子束对各类目标的毁伤机理及确定毁伤效应阈值对粒子束定向能系统研制意义重大。

当粒子束作用到目标上时，主要有三种能量交换方式：一是弹性碰撞的热沉积，粒子与目标壳体材料分子经过多次弹性碰撞将能量传给壳体材料。粒子束损失的能量以热能的形式沉积到材料中，当沉积的热大于材料放出的热时，材料温度上升，直到局部熔化成洞或由于热应力引起破裂。二是电离碰撞的能量交换，沉积电磁能与热能。三是充放电效应的电荷沉积、电能沉积引起静电放电等。粒子束作用在目标上，主要有以下三种破坏损伤模式。

（1）结构热力损伤，如在目标壳体上烧一个洞或烧裂。

（2）材料改性，如功能材料性能退化或提前引爆弹头中的引信或破坏弹头的热核材料。

（3）电子干扰及损伤，如充放电效应、单粒子效应、总剂量效应等，使目标中的电子设备失效或被破坏。

不同目标的功能不同，导致其材料、技术构成不同，敏感部件不同。不同部件其材料、技术构成不同，毁伤的模式也不相同。不同的毁伤模式所需粒子种类及能量阈值有很大的差别，这对粒子束定向能系统的技术指标具有不同的影响。

2. 粒子加速技术

粒子加速器通常是指带电粒子加速器，包括电子加速器、质子加速器、重离子加速器等，当前应用较广的粒子加速器是电子加速器。粒子加速器的性能直接决定了粒子毁伤目标的效果，衡量加速器性能优劣的主要指标有所产生粒子束能量的高低、粒子束电流强度的大小、粒子束的脉冲宽度以及在单位时间内能发射多少个脉冲等，现阶段国外部分粒子加速器的性能指标如表1-1所示。

表 1-1　现阶段国外部分粒子加速器的性能指标

类别	加速器所在地	最大能量 /MeV	最大电流 /A	脉冲宽度 /ns	脉冲重复频率 /Hz
高能弱流加速器	斯坦福直线加速器中心	20 000	0.000 03	2 500	360
	萨克莱原子能研究中心	600	0.000 02	1 000	1 000
	麻省理工学院	400	0.000 01	1 500	1 000
	格拉斯哥大学	130	0.000 03	3 500	240
低能强流加速器	桑迪亚实验室	1.5	4 500 000	80	3
	哈里 · 戴蒙德实验室	15	400 000	120	1
	麻省理工学院	1.6	20 000	30	5
	桑迪亚国家实验室	0.35	30 000	30	100

据有关资料透露，当前一些国家研制的新型加速器，主要有集团场加速器和自共振加速器，前者产生的粒子束能量高达 2×10^9 eV，电流强度为 $1.6\times10^4\sim2\times10^4$ A；后者可把质子加速到能量为 10×10^9 eV，电流强度为 1×10^4 A，虽然以上加速器都实现了较高的粒子加速能力，但是系统极其庞大复杂，要实现应用于作战还有较大的差距，轻量化、紧凑型、低功耗是未来应用发展的必然需求。

3. 电源技术

加速器是粒子束系统的核心，用来产生高能粒子，而高功率脉冲电源是粒子加速器的重要组成部分，是为脉冲功率装置的负载提供电磁能量的装置，目前美国圣地亚国家实验室拥有世界上最大的 PBFA-Ⅱ 脉冲功率装置，可以提供电压 12 MV、电流 8.4 MA、脉宽 40 ns、能量 4.3 MJ、功率 10^{14} W 的能量，但该加速器电源同时却拥有超大型的体积。未来粒子束技术如果希望能够在天基中得以应用，可以预见，如何将目前的庞大的地面高功率脉冲电源装置变得更为紧凑是最为重要的关键技术之一。

4. 粒子束的传输与控制技术

中性粒子束在大气中碰撞会导致部分电离而成为带电粒子束，难以有效传输，只适合在海拔 200 km 以上的稀薄大气或真空中传输。带电粒子束在真空中传输时，由于束流中的粒子都具有相同电荷极性，同时又不存在空气电离时的洞穿效应，电荷之间的相互排斥力将使粒子束扩散半径不断加大，不适合在

太空中传输；相反，在海拔200 km以下的大气中，由于带电粒子束与大气分子碰撞电离形成等离子团对带电粒子束存在明显的电中和效应，可有效抑制带电粒子束的扩散，为其有效传输提供了可能性。总之，要想实现粒子束技术空间应用，粒子束集束传输问题就变得异常关键。同时，地磁场对带电粒子束远程传输的影响也不可忽略。

1.3　粒子束技术空间应用的局限性

粒子束技术一直没有形成空间应用能力，主要受制于以下三个方面的技术因素制约。

1.3.1　毁伤机理

粒子束技术应用于空间对抗主要基于热烧蚀的损伤机理[10-11]。20 世纪七八十年代属于美苏争霸时期，当时航天器的重要性没有像现在这样显著，主要的安全威胁是弹道导弹，所以当时设想的粒子束系统主要针对的目标是战略核导弹，部署轨道主要设计在地球轨道 1 000 km 左右的高度，用于拦截助推阶段的弹道导弹，对其进行热毁伤，使其爆炸、解体等。由于弹头构成材料与攻击时间的限制，系统指标要求粒子束辐射功率密度大于 10 000 J/cm^2，功率超过 1 TW（粒子能量大于 1 GeV，束流强度大于 1 kA）。该技战术指标对加速器、搭载平台、空间能源供给等提出了极高的要求，即便现在的科技水平也难以实现，这是粒子束技术空间应用最大的局限性。

1.3.2 粒子束系统

构成粒子束系统的加速器、离子源和温度控制系统都需配套供电电源，基于热力学毁伤机理，要求粒子束粒子能量达到GeV量级，电流kA量级，这对初级能源要求极高[6-7]。粒子束系统工作时峰值功率要达到TW量级，这在地面上都很难实现，更不用说在空间部署了。即使当前空间核电技术已达到了一定的规模和水平，但相对于这种指标要求依然存在着极大的差距。空基、天基粒子束系统，对于加速器、电源等装置均要求轻小型化，GeV量级的加速器体积过于庞大，同样配套的电源设备也十分庞大，系统总体重量需达到几十吨至百吨量级。限于加速器工业水平，在加速器技术没有颠覆性突破的情况下，GeV量级粒子束系统在可预见的很长时期内很难能够像高能激光系统及高功率微波系统一样在地面及空间得以应用。

1.3.3 传输问题

粒子束系统从粒子属性上可分为中性粒子束系统和带电粒子束系统，带电粒子束又分为电子束、离子束、质子束等。

在大气环境中，带电粒子束传输受其能量、电流强度以及脉冲结构的严格限制。如果要将粒子束能量损耗降到最低，则粒子必须是相对论性质的。如果要将粒子束扩散降到最低，则需要保证粒子束具有很高的电流强度。如果同时采用钻孔技术并避免粒子束不稳定现象的发生，则粒子束的脉冲结构可能会相当复杂，如图1-6所示。

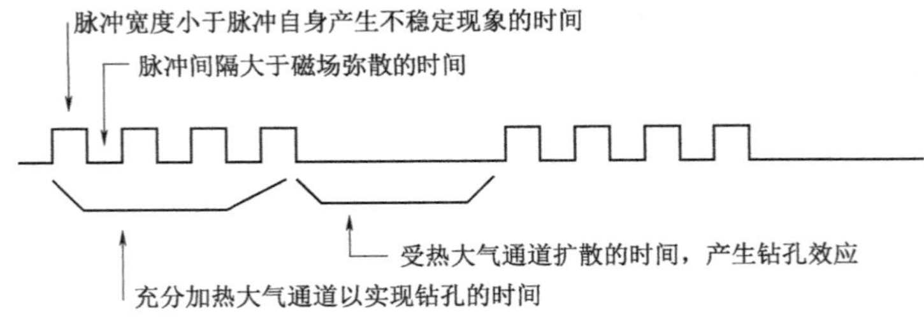

图1-6 同时采用钻孔技术并避免粒子束不稳定现象发生的脉冲结构

在外层空间[12-22]，空气击穿的问题可以避免，但同样存在带电粒子束在库仑力作用下的扩散问题。理论上分析在外层空间可以发展中性粒子束定向能系统，但中性粒子的质量很大，限于空间能源供给的局限性，中性粒子很难加速到MeV量级，即使能够达到MeV量级，束流强度也会极弱，受空间极弱等离子体环境影响，到达目标的粒子数量极为有限，很难达到相应的效果。离子型粒子束定向能系统同样存在难以加速问题及离子受库仑力影响不断扩散问题。另外，地球磁场的影响也会给带电粒子束的远程传输带来极大的不确定性。对于电子型粒子束来说，强流低能电子束空间应用效果极为有限；对弱流高能电子束来说，其库仑力扩散在中远距离传输如果可以容忍，则可能是一种较为有利的选择。

概括起来，粒子束空间应用的主要问题是在技术和工程实现上，主要包括降低粒子束的发散性、粒子加速器及相关设备的研制、运行及维护等。另外，粒子束在大气中传输遇到的困难则主要是物理上的问题。在粒子束系统设计中，不能违背麦克斯韦方程组和爱因斯坦理论，并且必须考虑其他限制条件，等等。

1.4 粒子束技术空间应用可能性分析

自粒子束定向能系统概念面世以来，制约粒子束技术空间应用的核心要素已经发生了很大变化。无论是空间目标的技术构成，还是粒子加速技术、空间磁场预测技术等都有了巨大进步，这将对粒子束技术空间应用产生积极的推动作用。

1.4.1 航天器技术构成发生显著变化

随着科技的发展，人类利用能量的效率越来越高，出现了高性能半导体器件，在大幅度降低体积、功耗时，也出现了毁伤功率阈值降低的弊端。武器专家敏锐地意识到利用此特点研发功能损伤型定向能系统的契机。现已出现了功能损伤型的微波定向能系统、强激光定向能系统。因此可以预见，功能毁伤型粒子束定向能系统也具有一定的技术可行性。

现有航天器大量使用小型化大功率微波部件、高性能半导体器件等，其抗损伤功率阈值越来越低，高能粒子的注入导致微放电效应、半导体 PN 结击穿、太阳能电池烧毁、静电放电效应等损伤效应。这一事实暗示我们，现在航天器的损伤能量阈值可能会比半个世纪前大幅降低，这将从根本上降低了粒子束系统的技术要求。总之，空间飞行器朝着功率越来越大、体积越来越小、集

成度越来越高的方向发展，这就导致其抗损伤功率阈值越来越低，为粒子束技术空间应用提供了一定的发展契机。

1.4.2　重离子型粒子束技术空间应用可行性分析

对于离子型粒子束系统，由于离子的荷质比低，离子加速器加速梯度低，要将离子加速到实用能量，其加速器体积、重量过于庞大。此外，带电离子束空间传输受空间电荷效应影响大，空间扩散明显，只有将离子加速到 GeV 量级才可能有实用价值，这样的加速器天基部署在工程上基本不具有可行性。中性粒子束不存在空间扩散及受磁场偏转的问题，但同样存在难以加速的问题。另外，中性粒子束需要对带电离子进行中性化处理，现有的中性化处理技术很不成熟，效率很低。同时，重离子及中性粒子束位置探测和瞄准校正较难实现。以当前的技术发展水平来看，重离子型粒子束系统现阶段很难在空间实现应用。

1.4.3　电子型粒子束技术空间应用可行性分析

对于电子型粒子束系统，电子的荷质比高，高频微波加速器可以实现很高的加速梯度，加速器体积、重量相比较离子加速器大幅压缩。同时，相同能量的电子易于加速，并且其穿透能力比重离子强，易于将能量沉积在空间目标内部能量脆弱部件，能量利用效率高。此外，随着空间参数化磁场建模技术的进步，可以很好地预测电子束受空间磁场影响下的传输位置；对于电子束中远距离（500 km）传输位置预测精度大大提高，可以满足空间应用的基本需求。因此，现阶段电子型粒子束系统的天基应用也许具有一定的可能性。

1.5 小结

本章首先介绍了粒子束技术的总体情况，包括基本构成、发展现状、应用情况等。重点分析了粒子束技术的军事应用情况，主要从粒子束武器的发展现状、系统组成、核心技术等方面进行了总结。接着就粒子束系统空间应用的局限性进行初步分析，着重对毁伤机理及阈值、粒子束系统、粒子束空间传输三个瓶颈技术进行了总结，分析了限制其空间应用的主要技术问题。最后，结合航天技术近几十年的技术发展情况，分析了粒子束技术空间应用的可能方向。初步认为，电子型粒子束系统空间应用可能具有一定的技术可行性，有相对较为良好的技术发展潜力。

参 考 文 献

[1] 陈佳洱. 加速器物理基础 [M]. 北京：北京大学出版社，2012.

[2] SCHARF W. Particle accelerators and their uses [M]. Amsterdam：Harwood Academic Publishers，1986.

[3] [美] 小斯坦利，汉佛莱斯. 带电粒子束 [M]. 赵夔，等译. 北京：原子能出版社，1999.

[4] NUNZ G J. Beam experiments aboard a rocket （BEAR） project.Final Report Vol 1：Project Summary [R]. LA-11737-MS，1，1990.

[5] NIELSEN P E. Effects of directed energy weapons [R]. US-AD report，1994.

[6] SPENCER J K，WALTER C A，BAIRD T B. Ballistic missile defense：Information on directed energy programs for fiscal years 1985 through 1993 [J]. GAO/NSIAD-93-182，1993.

[7] ZHANG Y P. Review and prospects of the United States directed-energy weapons technology development in 1994 [R]. National Air Intelligence Center，Wright-Patterson AFB，OH，1996.

[8] PARAMENTOLA J，TSIPIS K. Particle-Beam weapons [J]. Scientific American，1979，240（4）：54-65.

[9] RETSKY M. Coulomb repulsion and the electron beam directed energy weapon [C]. Proceedings of SPIE.5420，Bellingham，WA，2004.

[10] TURNILL R，WHITE M. Jane's spaceflight directory 2rd ed [M]. London：Jane's Publishing，1987.

[11] CHAIR N，PATEL，AVIZONIS P，et al. Report to the APS of the study group on science and technology of directed energy weapons [J]. Reviews of Modern Physics，1987，59（3）：1-200.

[12] 戴宏毅，肖亚斌，王同权，等. 带电粒子束在真空中传输时的扩散研究 [J]. 湖南大学学报（自然科学版），2001，28（4）：6-10.

[13] 戴宏毅，王同权，肖亚斌，等. 带电粒子束自生力对束流扩散的影响

[J]. 国防科技大学学报，2000，22（4）：41-44.

[14] 曹建中. 半导体材料中的辐射效应［M］. 北京：科学出版社，1993.

[15] [比] CLAEYS C，SIMOEN E. 先进半导体材料及器件的辐射效应［M］. 刘忠立，译. 北京：国防工业出版社，2008.

[16] [俄] В.Д.Добыкин，等. 波武器：电子系统强力毁伤［M］. 董戈，刘伟，孙文君，译. 北京：国防工业出版社，2014.

[17] RETSKY M W. Method and apparatus for deflecting a charged particle stream：US 5825123［P］. 1998-10-20.

[18] GEORGE R E，MICHAEL J M，RANDY D B，et al. Interceptor seeker/discriminator using infrared/Gamma sensor：US 5611502［P］. 1997-03-18.

[19] RETSKY M W. Method and apparatus for deflecting and focusing a charged particle stream：US 6614151 B2［P］. 2003-09-02.

[20] RETSKY M W. Electron beam directed energy device and methods of us SAME：US 7282727 B2［P］. 2007-10-16.

[21] ROBERTS T G，MICHAEL J L，BRIAN R S. Electron beam driven negative ion source：US 5381962［P］. 1995-02-21.

[22] ROBERTS T G，LARRY J H，EDWARD L W. Solid stripper for a space based neutral particle beam system：US 5177358［P］. 1993-01-05.

第2章 空间电子型粒子束技术

电子型粒子束定向能系统是用电子加速器，将电子束加速到接近光速，并用磁场聚焦成密集的电子束投射目标，依靠电子束流的多重效应作用目标使其失效。电子束定向能系统作为粒子束定向能的一种，作用粒子是高能电子束，由于电子属于带电粒子，其大多数概念与带电粒子束定向能系统的概念一样，具备束流能量高度集中、穿透力强、能快速改变发射方向等特点，本章着重以电子束与目标作用的方式为切入点，介绍空间电子束定向能系统的作用方式相关概念。

电子束与目标的作用方式和其他粒子束与目标的相互作用方式相同，即电子束与目标相互作用，使电子自身所携带的能量或者电荷沉积到作用目标上，改变作用目标的性状，达到预期的作用目的。电子束与目标的作用主要有两种方式：当电子束直接射入目标内部，通过在目标内部沉积能量，使目标结构熔化和汽化，如引爆弹头中的引信或破坏弹头的热核材料，这一类作用方式称为“硬毁伤”；当较低通量和能量的电子束作用到目标，目标物理实体并未受到毁伤，只是目标的功能受到干扰或失效，称此类作用方式为“软损伤”。

2.1　硬毁伤的概念与内涵

硬毁伤主要是指高能强流电子束直接作用到目标，导致目标硬件彻底毁伤，即当电子束直接射入目标内部，通过在目标内部沉积能量，使目标结构熔化和汽化，导致目标硬件烧蚀。如果要使作用目标实现硬毁伤，首先需要确定电子束定向能系统作用到目标上需要多大的能量。从毁伤的表现形式上来看，毁伤可以是指对目标电子信息系统的状态进行干扰，从而导致其不能正常工作，当目标接收到的能量超过一定阈值，导致其硬件系统出现烧蚀和汽化，导致目标的物理状态发生显著变化，使目标彻底失效。上述两种作用目标的方式对应着从“软损伤”到“硬毁伤”的转变。显然，软损伤比硬毁伤对作用目标的细节特征要求更多，在不知道包括电路和芯片的信息系统的细节与加固等级的情况下，软损伤对目标作用的有效性和损伤评估具有一定挑战性，这种作用方式具有很好的隐蔽性，但是否已经被干扰，功能是否正常有时较难判定；反之，汽化和烧蚀的毁伤效果非常显著，易于观察，但汽化目标相比干扰其性能需要更多的能量。因而需要设立一个毁伤等级的判据，即相似水平的能量沉积就会获得相似水平的毁伤效果。

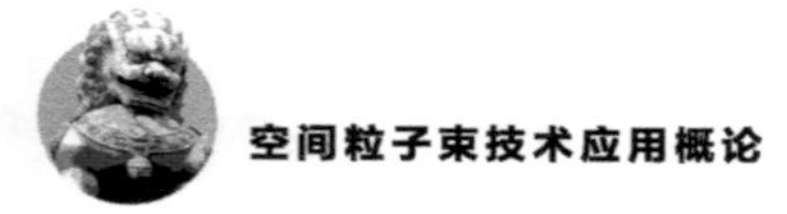

2.1.1 硬毁伤所需能量

对于“硬毁伤”来说，硬毁伤阈值就是束流作用到目标通过热烧蚀使目标熔化和汽化所需的最低能量，直接以物理损伤方式对靶目标进行毁伤。这里以汽化一块冰为例来说明实现毁伤所需的能量[1]。

如果冰块是从冰箱的冷冻室里拿出来的，它的温度低于其融化温度。必须首先给其足够的能量使它的温度升至熔点。显然，实现这个目标，所需的能量与上升温度和冰块的质量是成正比例的，其数学表达式为

$$E = mC(T_m - T_i) \tag{2-1}$$

式中：E代表所需能量，J；m代表冰块的质量，g；T_i代表初始温度，℃；T_m代表熔点；C代表比热容，J/（g•℃)，是一个比例常数，水的比热容约为4.2 J/（g•℃)，因此如果冰块质量为50 g，初始温度为−10 ℃，升至0 ℃熔点就需要2 100 J能量。

在熔点将1 g固体转化为1 g液体所需的能量称为溶解热，用L_m表示，水的溶解热约为334 J/g。要使冰块融化，温度首先必须达到熔点，同时，还需要溶解热。因此我们用2 100 J能量将冰块的温度升到熔点，还必须另外施加16 700 J能量以融化冰块，此时，冰块就成了0 ℃的水。

如果使之汽化，还必须首先使0 ℃的水温度升高到100 ℃的沸点，根据式（2-1）计算得到所需能量为21 000 J。温度升高到沸点的水，要使其变成水蒸气，还必须提供汽化热L_v，将达到沸点的水转化为同样温度下的水蒸气。水的汽化热约为2 440 J/g，因此必须另外提供122 000 J能量以最终汽化这50 g水。因而汽化50 g冰块从头到尾所需全部能量为161 800 J，我们注意到汽化热占了所需能量的大约75%。这不足为奇——大量的能量需要用来克服将固体或液体分子紧密结合在一起的价键力，并将分子分离，从而使液体成为气体。图2-1给出了冰块温度及其在不同点的物理状态随能量沉积的变化关系。如果能量以不变的速度或功率（W=J/s）沉积，能量沉积与时间成比例。显然，绝大部分能量用来汽化水。

在研究了冰块融化和汽化的简单例子之后，现在研究普通材料的熔化和汽化现象。表2-1总结了部分普通材料的比热容、熔解热和汽化热，观察表2-1后会发现一些规律。首先，大部分金属材料之间的区别不大，比热容、熔解热和汽化热等参数大体上相差在2～3倍以内，从这些数据可以对损伤的量级作出评估，评估结果对作用目标的类型和构造不是很敏感，对作用目标具有普适性。其次，与冰块汽化具有相似性，汽化所需的能量占据了汽化目标所用能量

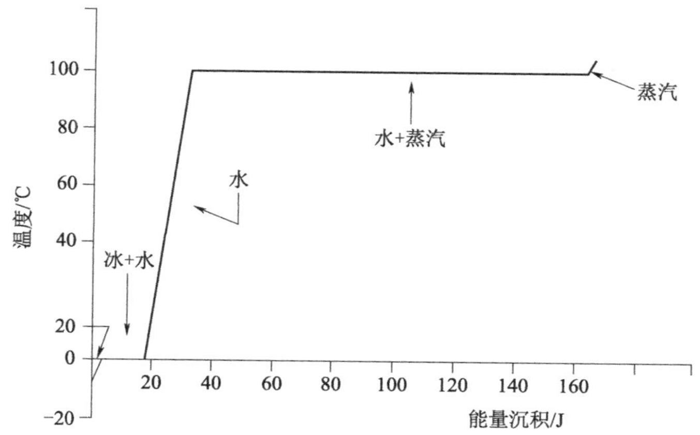

图 2-1　冰块温度及其在不同点的物理状态随能量沉积的变化关系[1]

的最大份额。最后，从表 2-1 看到，大约 10 000 J 能量就足够汽化质量为 1 g 的表中绝大多数金属材料，因而假设大多数固体材料的密度在 1～10 g/cm³，10 000 J 能量足以汽化大约 1 cm³ 的物体。

表 2-1　常见金属的热力学参数[2-3]

材料	密度/（g·cm⁻³）	熔点 T_m/℃	蒸发温度 T_v/℃	比热容 /（J·g⁻¹·℃⁻¹）	熔解热 /（J·g⁻¹）	汽化热 /（J·g⁻¹）
铝	2.7	660	2 500	0.9	400	11 000
铜	8.96	1 100	2 600	0.38	210	4 700
镁	1.74	650	1 100	1.0	370	5 300
铁	7.9	1 500	3 000	0.46	250	6 300
钛	4.5	1 700	3 700	0.52	320	8 800

同时注意到，10 000 J 的能量接近于远射程武器投射的能量，这里提供几个例子阐明这一点。典型的步枪子弹质量约 10 g，以大约 1 000 m/s 的初速度射出，其动能约为 5 000 J[4]。《科学美国人》（Scientific American）期刊在 1979 年刊出了一篇关于古罗马人用石弩围攻敌人的文章[5]，报道了一张典型的石弩能够将一块重 20 kg 的石头射出 200 m 远，将如此重的石头投掷如此远的距离所需的动能大约 40 000 J。另一篇文章介绍了关于中世纪的弩[6]，该文章称一张典型的弓能将 85 g 的弩箭射出 275 m，所需能量为 13 000 J。

2.1.2 能量的时空分布对阈值的影响

以上例子揭示了10 000 J左右的能量是一个良好的“通用毁伤标准”，可作为毁伤靶目标必须传递的能量标准，但要对作用目标实现毁伤不仅仅只是能源系统产生能量，还包括能量的密度效应和传递速率效应，下面的例子定性地说明了这些效应对作用目标毁伤能力的影响。首先，以核武器爆炸为例，一枚核弹能够释放大量的能量：产生的1 000 t当量的能量约等于4×10^{12} J[3]。这远远超出了10 000 J的毁伤标准，然而在距离爆心不足1 mile（1 mile=1.609 344 km）的地方，混凝土建筑物却未被毁坏[7]；但在同样的射程上，一门大炮只用10 000 J的能量就能够轻松地毁坏同样的建筑物。其次，以太阳辐照为例，在24 h的时间周期内，太阳在地球表面每cm^2沉积大约5 000 J能量，但是我们看不到停车场的汽车被熔化，或者房屋自燃的迹象。因而，从上述例子中可以看出，决定能否对作用目标进行毁伤所需要的不仅仅是总能量，还与对作用到目标上的能量空间分布和时间分布有关，换言之，在建立毁伤标准时，能量不是唯一的重要因素。同样重要的还有加之于目标的能量密度（J/cm^2），以及能量传递的速度或功率（J/s）。

1. 能量密度效应

图2-2比较了1 000 t核爆炸和炮弹，二者都被用于作用1 mile射程上的建筑物。核弹释放的绝大多数能量都没有作用到靶目标，而炮弹是一种“定向能”系统，把全部的能量直接传递给了靶目标。进一步定量分析，如果把核弹的能量散布在半径1 mile的球形区域表面，就会发现能量密度仅约13 J/cm^2，远小于炮弹施加到目标穿透点约10 000 J/cm^2的能量密度。而在摧毁广岛和长崎的核弹的爆心约0.1 mile范围内，加固的混凝土建筑物遭到了严重损毁。因为这些武器的当量约20 kt，释放了大约8×10^{13} J能量。在0.1 mile范围内，能量密度约达到2.5×10^4 J/cm^2[7]。因此作用到目标的能量密度是衡量毁伤的重要参量。

2. 能量传递速率效应

对于相同的总能量，传输能量的时间分布对毁伤的影响是至关重要的，如果能量传递周期过长就会失去毁伤目标的效力。这是因为目标会在能量沉积的过程中迅速向外散发能量，如果能量不能在短时间内传递，就无法将目标加热到持续毁伤的临界点。例如，停车场的汽车在太阳照射下不断升温，汽车温度升高的同时，也在不断地将沉积的能量辐射出去；享受日光浴的人们会出汗并

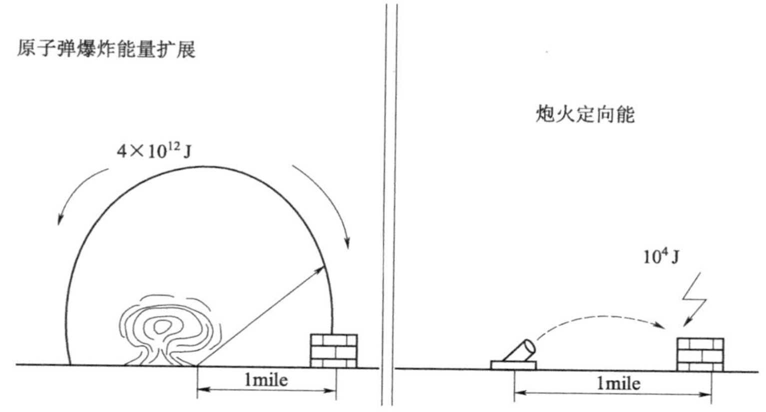

图 2-2　核弹和定向能系统的能量沉积[1]

通过蒸发降温。只有当能量的传递速率大于目标向外散发的能量时，才有可能对目标造成毁伤。目标通过三种主要机制耗散能量：热传导、对流和辐射。

热传导是能量从温度高的区域流动到温度低的区域的过程，通过物质分子之间撞击、激发和分子热运动实现，最终使物质达到相同温度。在热传导过程中，温度梯度决定了热传导速率，温度梯度越大，热传导速率越大。对流是通过分子的宏观运动带走热量的一个过程，对流是能量流动的重要方式。热传导和热对流都必须通过介质提供的媒介带走能量，同时，当能量作用到靶目标时也可能通过辐射散失能量。当目标内的分子和原子获得能量，分子不仅可以随意运动，还可以振动和转动，并以其他方式把能量传递到其内部结构中，这时分子可以通过电磁辐射向外辐射能量。

因而电子束对目标的硬毁伤，也同样需要关注能量传递速率以及能量密度效应，毁伤目标不仅依赖于传输的能量，还依赖于能量同时在空间和时间上的集中程度。在空间上，需要向目标的表面传递大约10 000 J/cm^{2}的能量，目标的表面可以是单个的点。例如，一颗子弹的弹着点，或者是整个表面。在时间上，目标会通过如热传导、对流和辐射等能量损失机制来耗散所接收的能量，因而能量传递速率必须远大于目标向外耗散能量的速率。

毁伤目标所必要的能量密度通常会随着作用在目标上的时间或脉冲宽度变化而变化。如图2-3所示，对于极其短暂的时间，能量在作用目标上沉积是如此之快，以至辐射和传导或其他能量损失机制来不及将靶目标接收的能量带走。当图中短脉冲宽度小于t_1时，毁伤靶目标所需的能量密度是个常数，而毁伤所需的强度随着脉冲宽度的增加而线性减小。对于更长一些的相互作用时间，如图中介于t_1和t_2之间的时间，沉积的能量有一部分在产生毁伤之前就被带走了，所以实现毁伤所需的能量密度开始随脉冲宽度的增加而上升。最后，在长脉冲宽度情况下，如图中脉宽大于t_2时，能量阈值与脉冲宽度成比例，并且除非能量强度超过一个最小的强度值，否则能量沉积太慢，来不及造成毁伤。

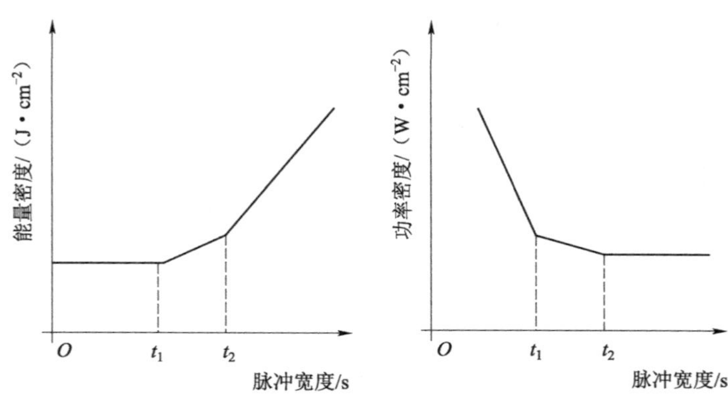

图 2-3　毁伤阈值与脉冲宽度的关系 [1]

2.1.3　“通用”硬毁伤标准

对目标通过熔化或汽化实现“硬毁伤”，如表 2-1 所示，将 1 cm^{3}的大多数材料汽化必需的能量大约是 10^4 J。在足够短的时间尺度内，以至能量不会损失的情况下，当能量投送系统传输大约 10^4 J/cm^{2}的能量密度给靶目标时，通过使目标汽化，能将大多数目标毁伤。图 2-4 显示了 10^4 J能量所能够汽化靶材料的深度和靶面积之间的变化关系，作用深度随能量散布面积的增大而线性减小，正如从图中看到，对于能量密度约为 10^4 J/cm^2，当总能量为 10^4 J散布到 1 cm^{2}面积上时，能够汽化的有效深度为 1 cm。值得注意的是，在能量密度更低的时候，汽化的深度不够，甚至不足以穿透多数靶材料的外壳。结合图 2-4，通过汽化的方式，能量密度为 10^4 J/cm^{2}时能够在目标表面汽化有效深度为 1 cm 的金属材料，而实现对大多数目标的硬毁伤，因而可以把 10^4 J/cm^{2}作为一个通用的硬毁伤能量密度标准。

此外，靶目标毁伤机制不一定只是通过汽化将靶目标穿透一个孔洞。例如，一颗子弹可以通过挤压靶材物质而贯穿目标，或撕裂捆绑目标的少数几条线即可，而不需要穿透整个材料。简而言之，根据与物质相互作用的特定机制，并且在建立毁伤所需要的能量密度或强度需求的时候把这些因素考虑进去。通过上述分析，发现有两种因素需要对通用的毁伤标准进行修正。一种是

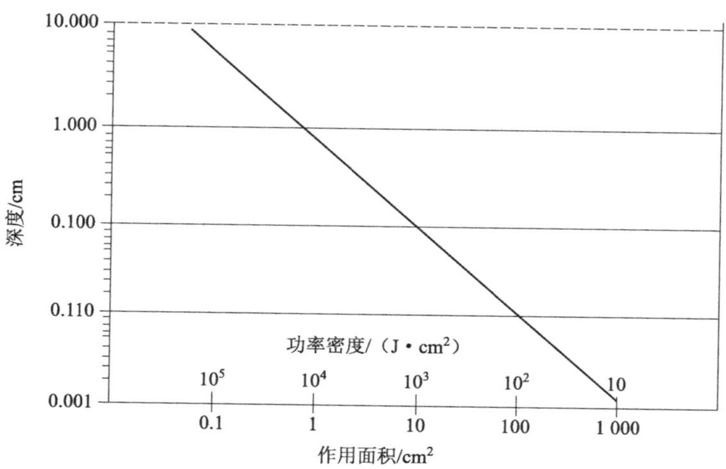

图 2-4　10^4 J 汽化深度与作用面积和能量密度的关系 [1]

作用目标的有效厚度，也就是必须穿透的物质，可能比标称的 1 cm 更厚或更薄；另一种是发生穿透的机制可能和纯粹的汽化不同。作用目标的相对有效厚度可以通过与典型标准靶材料的密度和厚度进行等效。作用目标比较复杂，目标内部结构可能被屏蔽物屏蔽，无法判断在穿过目标的随机路径上将会遭遇多少物质，但通过等效的方法大致可以得到作用目标的相对厚度或者平均厚度。在一些可获得的关于质量和表面积的粗略计算数据基础上，图 2-5 显示了一些典型靶目标的“有效厚度”[8-11]。

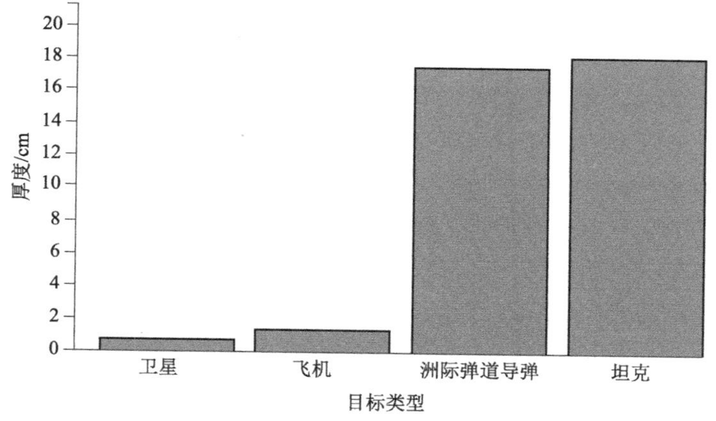

图 2-5　一些典型靶目标的“有效厚度” [8-12]

从图 2-5 中可以看到，人造卫星和飞机对重量非常敏感，能够搭载的重量有限，为了尽可能搭载更多的载荷，卫星和飞机的舱体结构不可能太厚，这就

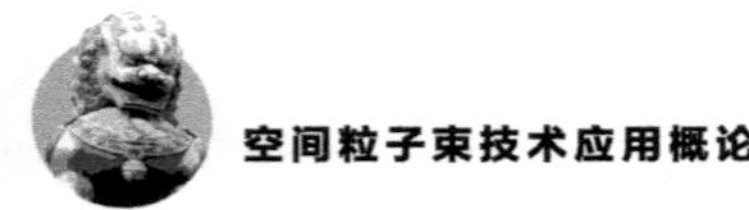

产生了一个直观的结果，毁伤一颗人造卫星所需的能量密度阈值将比毁伤一枚洲际弹道导弹或一辆坦克所需的能量密度阈值要小。公开发表的关于毁伤目标所需能量的估计表明，对于厚度在 1 cm 量级的或更厚的目标，毁伤它们需要的能量密度在 10^4 J/cm^2 量级[1]。因此，对于厚的靶，可以使用这一能量密度作为零级近似来建立毁伤标准；对于那些更薄的目标，可以将有效厚度按照一定比例缩小以降低能量密度。有学者研究认为，毁伤一颗人造卫星所需的能量密度大约为 100 J/cm^2 [13]，这与公布的估计值基本是吻合的。

传统的粒子束以“硬毁伤”机理为基础，普遍用 10^4 J/cm^2 作为作用到坚固目标实现硬毁伤的硬毁伤阈值。这样做主要是建立一种通用参数的方法，可以研究传输及相互作用过程。当然，这一阈值不应该被当作一个确定的数值，因为穿透靶目标的厚度以及相互作用机制和该通用标准包含的情况可能有诸多不同。

2.2 硬毁伤型空间电子束定向能装置参数设置

自20世纪50年代美苏两国相继开展粒子束定向能系统研制以来，粒子束定向能系统研制经过了冷战时的高潮、苏联解体后的停滞、进入21世纪后的理性发展等阶段。在冷战时期，由于卫星的作用没有现在这样显著，最主要的安全威胁是弹道导弹，所以传统粒子束定向能系统部署在地球轨道1 000 km的轨道高度，其主要用于拦截助推阶段的洲际弹道导弹，对其进行热毁伤，使其爆炸、解体等，因而粒子束定向能系统指标论证以此为应用场景。通过计算[14]，认为用于全球防御，理论上最少需要29个空间平台，为了保证作用目标的有效性，比较可行的方案是部署120个空间平台，其轨道高度为1 000 km。

如果选择电子型粒子束定向能系统，则作用目标和使用场景决定了电子束定向能系统的技术参数，因而根据作用目标，空间电子束定向能装置需要部署在1 000 km轨道上，为了更好地防御地面来袭的洲际弹道导弹，最小的作用距离也需要1 000 km，要能够使洲际弹道导弹失效，首先需要通过热烧蚀，将导弹外部的壳体进行熔化和汽化，弹道导弹外部壳体多由金属材质构成，根据表2-2提供的常见金属和硅材料熔化所需的最小毁伤能量密度阈值约为1 000 J/cm^3。

表 2-2　不同材料估计最小毁伤能量密度阈值[14]

材料	毁伤机理	所需能量密度/（$J\cdot cm^{-3}$）
铝	熔化	3 200
化学爆炸物	引爆	250
硅	熔化	7 000
硅	电子空穴对复合	1 000
半导体	电路状态变化	25

从毁伤材料所需能量的角度看，造成毁伤要沉积的能量可表示为

$$E=\varepsilon IA \tag{2-2}$$

式中：ε 为材料的毁伤能量密度；I 为粒子能量降低到 $1/e$ 倍时的传输距离；A 为束流作用到靶目标上的横截面积。现假设作用目标的横截面积为 1 m^2，厚度为 10 cm，以及最小毁伤密度阈值约为 1 000 J/cm^3，则根据式（2-2）可以计算得到要实现金属和硅材料熔化所需的最小毁伤能量阈值约为 10^8 J。

能量只有首先被传输到靶目标上才能在其中沉积。无论是大气对子弹的阻力，还是雨滴对微波的吸收，能量的损失总是与传输有关的。既然部分能量会在传输过程中损失，那么定向能系统就必须产生比毁伤目标所需更多的能量。因此，定向能系统的设计取决于两个因素：第一，预期的靶目标，它决定于毁伤所必需的能量；第二，预期的作战方案（射程、作用时间等），它决定了必须产生多少能量以确保在可用时间内传递足够的能量。

另外，作为电子束定向能系统，输出能量以电子束携带能量的方式作用到目标，现对电子束定向能系统必须提供的最小总能量进行估算。假定 V 为电子束电压，I 为电流，τ 为脉宽（作用时间），则电子束定向能系统输出能量可根据下式计算：

$$E=VI\tau \tag{2-3}$$

现利用金属和硅材料熔化所需的最小毁伤能量阈值 10^8 J，忽略电子束在传输过程中的能量耗散，即要求电子束定向能系统输出最小能量 E 为 10^8 J 时，反推电子束定向能系统的各项技术参数。根据作用场景，电子束定向能系统拦截洲际弹道导弹时，电子束定向能系统部署在 1 000 km 高度，部署 120 个用于覆盖全球，定向能系统毁伤靶目标约为 0.4 s，这其中包括防御的一系列过程，电子束有效作用目标的时间为 100 μs，即 τ 为 100 μs。为了尽可能使电子束在传输 1 000 km 距离仍保持很小的发散，通过计算，电子的能量在 1 GeV 时发散较小，即电子束电压 V 为 1 GeV，则通过式（2-3）可得到电子束电流强度为 1 000 A。基于上述作用场景，将上述计算得到的电子束定向能基本参数列

于表2-3，从表2-3中可以看出，基于硬毁伤机理的传统电子束定向能系统需要电子束加速器提供电子能量为1 GeV，流强为1 000 A的电子束，该参数相对保守，其中并未考虑电子束在长距离1 000 km传输过程中的能量耗散和作用目标对能量的吸收利用效率等问题。在20世纪的工业技术水平条件下，提供能量为1 GeV，流强为1 000 A的电子束，地面电子束加速器系统都难以实现。即使在现在的工业水平条件下，基于以上指标的地面加速器系统研制都还有诸多技术限制因素亟待解决，加速器系统体积和重量都非常大，这样的电子束定向能系统在天基部署是很不现实的。

表2-3　传统硬毁伤电子束定向能系统技术参数[14]

部署轨道/km	1 000	部署个数	120
作用对象	洲际弹道导弹	作用距离/km	1 000
作用面积/m^2	1	单次攻击周期/s	0.4
瞄准精度/rad	10^{-6}	作用时间/μs	100
电流强度/A	1 000	电子能量/GeV	1

2.3 硬毁伤型空间电子束技术应用局限性

电子束定向能系统提出的早期，粒子束定向能的毁伤机理主要是利用高能强流粒子束的烧蚀作用，基于硬毁伤的作用机理，传统电子束定向能系统需要电子加速器提供能量为 1 GeV，流强为 1 kA 的电子束，要实现这样的目的，对粒子加速系统性能提出了很高的要求，给工程实现带来了极大的困难，实际应用受到很大的限制[15]。下面从硬毁伤型空间电子束定向能系统的实现必须解决的几个技术问题，进行简单的归纳和总结。

1. 加速器工业水平有限

对于 1 GeV、1 kA 的高能电子加速器，高能量、小流强加速器加速梯度约 6.7 MeV/m；低能量、大流强加速梯度约为 0.3 MeV/m，要达到硬毁伤要求的技术指标，其加速器长度理论上需达到几千米长，体积十分庞大，功耗相当于一个小型核反应堆输出的能量，系统总体重量需达到几十吨至百吨量级，1 GeV、1 kA 量级的电子束系统地面都很难实现，要实现天基部署基本上是不可能的。表 2-4 所示为电子束定向能系统加速器技术指标与工业水平对比。

表 2-4　电子束定向能系统加速器技术指标与工业水平对比[14]

参数	高电压、低流强加速器	低电压、高流强加速器	粒子束武器加速器需求
电压/MeV	1 500	15	1 000
流强/A	0.025	10^5	1 000
脉宽/μs	1.5	0.12	100
脉冲能量/J	56	1.8×10^5	10^8
重复频率/Hz	50	每天几次	100
发散度/rad	10^{-5}	10^{-3}	10^{-6}

2004 年，美国学者 Micheal Retsky 提出了一种基于静电场加速的电子束定向能系统方案[17]，其长度约 300 m，口径约 5 m。通过 301 个加速单元串联起来，每个单元提供 3.33 MeV 的加速能力来产生 1 GeV 的高能电子。可以看出，其体积、重量也没有显著降低，实用性并不高。

2. 空间磁场环境引起电子束传输偏转

空间磁场与运动电子相互作用引起传输偏转，其偏转是由洛伦兹力决定的，回旋半径为[14]

$$R = \gamma m_0 \beta c / eB \tag{2-4}$$

式中：R 为电子回旋半径；γ 为相对论因子；m_0 为电子的静止质量；β 为电子相对光速的相对速度；c 为光速；e 为电子电量；B 为磁场强度。

电子束传播方向与磁场方向垂直时回旋半径最大，分析表明，对于 10 MeV 以上的电子束，其回旋半径与相对论因子有近似线性的关系。1 GeV 的电子在低轨道的回旋半径仅有百千米左右，很难用来作用于距离几百千米以外的靶目标，这也可能是美国放弃天基电子束定向能系统作用洲际弹道导弹的主要原因。高轨情况下数十兆电子伏特的电子束回旋半径可达几百千米量级，具有一定的应用可能性[16]。

3. 磁场时变特性导致瞄准难

电子束在近地球轨道传输时，其传输轨迹受地球磁场产生的洛伦兹力影响显著。地球磁场主要分为三部分，即主磁场、地壳异常场和空间变化场。在粒子束定向能系统大发展的 20 世纪 80 年代，认识到地磁场会极大影响带电粒子束的传输，但由于技术水平限制，没有高精度的空间磁场参数模型预测磁场环境[18]。

空间磁场不确定性引起电子束传输定位不确定性的公式为[14]

$$\Delta R = R(\Delta B / B) \tag{2-5}$$

式中：$\Delta B/B$ 为磁场不确定度，%；R 为传输距离，m。设磁场精确度为1%时，传输1 000 km其定位不确定约10 km。洲际导弹的长度在10 m左右，其与10 km的不确定性来说过大，电子束定向能系统不能有效瞄准目标。

4. 毁伤评估手段有效性差

定向能系统作用一次目标后，要对作用目标毁伤效能进行评估，才能决定是否完成任务。对于目标内部的非爆炸、物理解体性毁伤，在当时没有可行技术对其进行有效评估[19]。当时基于红外与可见光手段，红外与可见光不能透射到靶目标内部，无法评估“软”损伤，只能评估靶目标爆炸、汽化等物理效应显著的毁伤。这就造成电子束定向能系统技术指标过高，对定向能系统研制造成极大困难。图2-6所示为评估技术是整个攻击环路中的瓶颈技术。

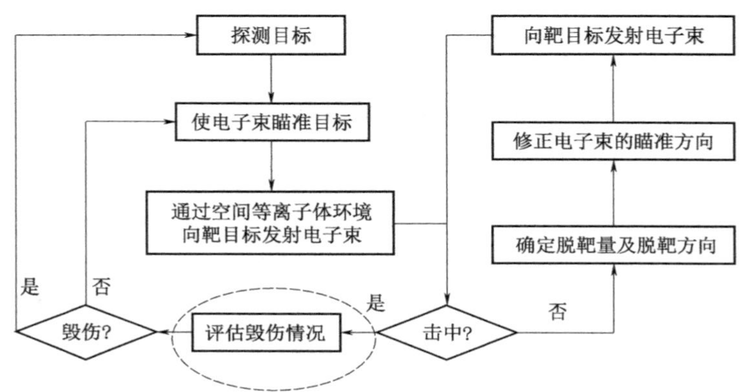

图 2-6　评估技术是整个攻击环路中的瓶颈技术

2.4 功能损伤的概念与内涵

自20世纪50年代开始，美苏为了进行反导反卫星而对粒子束技术进行了系统研究，并都制订了各自的粒子束定向能系统发展计划，由于应用机理与工业水平的不匹配，其最终发展不尽如人意。传统粒子束系统作用机理主要是基于热烧蚀对目标进行“硬损伤”，对粒子束定向能系统本身提出了很高的要求，对粒子束定向能系统作用机理定位的不合理导致了传统粒子束定向能系统的研制迟迟没有获得大的进展。

进入21世纪，随着科学技术的日新月异，工业技术突飞猛进，电子装备不断得以发展和完善。同时，卫星的功能和地位随着国际安全形势的变化，也在发生着深刻的变化，卫星的作用越来越大，对卫星的依赖也越来越紧密，卫星是未来信息传输的重要中枢，卫星的安全至关重要，图2-5给出了不同目标的有效厚度，从图中可看出卫星的有效厚度最小，即卫星的防护最为薄弱，但是其发挥的战略价值又极高。虽然目前技术发展水平还不具备开发能保证对所选定目标实施完全物理摧毁的粒子束定向能系统，但高能粒子束辐射可能具备对非常脆弱的卫星设备和系统中的电子器件功能进行干扰与破坏的能力，导致卫星设备工作异常、功能失效、性能降级等现象发生。因为卫星系统是一个庞杂而又精密的系统，单一重要器件的损伤和单项功能的失效都可能导致整星的失效与报废，但物理硬件方面却未发现任何的损伤，因而这类损伤作用方式可称为功能损伤。

随着科技的发展，人类利用能量的效率越来越高，出现了高性能半导体器件，在大幅降低体积、功耗时，也出现了损伤功率阈值降低的弊端[20]，如图2-7所示。现有卫星大量使用小型化大功率微波部件、高性能半导体器件等，其抗损伤功率阈值越来越低，高能电子的注入导致微放电效应、半导体PN结击穿、太阳能电池烧毁、静电放电效应等损伤。现在卫星的损伤能量阈值会比半个世纪前大幅降低，这从根本上降低了电子束定向能系统的技术参数。

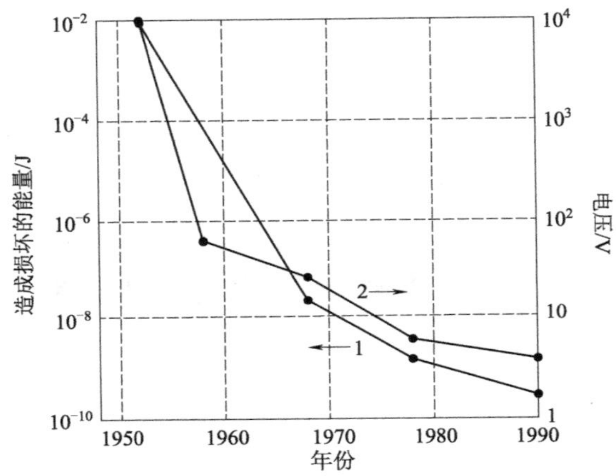

图 2-7 造成电子系统损伤的能量特性[20]

通过对典型航天器本身进行深入系统分析可以发现，粒子束作用于空间设备可能并不局限于使用“硬毁伤”，也可以利用“功能损伤”达到干扰、破坏甚至损毁相关空间重要设施的目的。这是因为当前空间技术有了长足的发展，星载有效载荷及设备也发生了很大的变化，这提供了保障实现“功能损伤”的前提条件，当前，航天工程的变化主要体现在以下两个方面。一方面，星载航天设备中大量使用高性能大规模集成电子元器件。航天工程对于高性能、低功耗、高集成度的大规模集成电路器件的需求不断增加，超大规模集成电路应用于航天工程已成为必然趋势。在现代化的电子装置中，半导体元件得到了广泛的应用，在电子工程中，正是由于引入了半导体才能够完成革命性的转变。这一变革首先是与创造出工作效率极高的数字器件、微波器件（相控阵天线阵、微波信号传输线、振荡器、放大器等其他高性能器件）、光电子器件和激光器件紧密相连的[20]。事实上，在无线电系统中，半导体器件和集成电路已经大部分替代了传统的无线电真空器件，改变了无线电电子设备的整体面貌。现代无线电电子设备中，半导体元器件的应用比重大幅提高。以广泛运用于航天任

务的现场可编程门阵列（FPGA）数字集成器件为例，国外明确报道的应用FPGA产品的卫星大大增加，如WIRE卫星、ESA的火星快车轨道卫星、深空探测器ROSETTA卫星、澳大利亚的军民混用通信卫星Optus C1的UHF（特高频）有效载荷、科学卫星FedSat有效载荷HPC-I等；而国内在卫星上使用FPGA的数量也同样陡增，集成度也越来越高，如表2-5所示。当前卫星所用器件集成度显著提高，新型集成电路器件在给航天工程带来高性能、低功耗、易实现复杂功能等优越性能的同时，航天器的安全性和可靠性面临威胁，从近年来各种航天事故和空间自然辐射环境下的航天器在轨失效案例中可见端倪。

表 2-5　FPGA 使用情况

序号	年份	FPGA 集成度
1	1998	4 000 门
2	2004	100 万门、8 000 门
3	2005	100 万门、10 万门、8 000 门
4	2006	100 万门、10 万门、30 万门
5	2007	300 万门、100 万门、10 万门、30 万门、60 万门
6	2008	100 万门、30 万门、60 万门、8 000 门
7	2009	300 万门、100 万门、30 万门、60 万门

另一方面，小型化高功率微波器件在卫星上得到广泛应用。近年来随着通信产业的发展，对下一代通信系统提出了新的要求，特别是无线通信产业的增长促进了微波器件小型化的发展。当前，通信系统向着器件高度集成化、超宽带、高频段服务的方向发展，微波器件相应地向着小型化与高功率的方向发展，这就使得器件内的电场密度增高，使这些微波器件在特殊环境中出现一些新的空间特殊效应，如低气压放电、微放电效应等。卫星的发展要求其频段不断扩展，功率大幅提高，而频段的扩展、功率的提高也给卫星自身带来了诸多问题，尤其是大功率器件微放电效应问题突出，可以直接影响到卫星使用的成败。

同时大功率、小型化、高效率电子束辐射源取得的巨大进展使粒子束定向能系统的研制成为可能。从技术上来说，电子束定向能系统提供能量为30 MeV，流强为200 mA的电子束逐渐成为可能。从经济上来说，与常规非核武器的毁伤性能相比，功能损伤型电子束定向能系统应用于对抗自动化指挥、通信、侦察、导航、监控等卫星系统方面可能是极其有效且非常经济的方法。

综上所述，功能损伤性电子束定向能技术未来极有可能率先在空间得以应

用，相对论电子作用于目标，能够迅速地进入目标内部的关键部件，电子束不必损伤目标表面的屏蔽层涂层，即可直接作用于目标内部核心功能电路，而且作用具有隐蔽性。随着空间科学技术水平的提高和航天设备的更新换代，电子束定向能系统的作用效能也在不断拓展，这为电子束定向能系统基于功能损伤的作用机理迎来了新的空间应用契机。

2.5 小　　结

通过改变电子束定向能系统的作用对象，作用机理由原来的硬损伤改变为功能损伤，同时经过半个世纪的发展，电子束的产生、加速、传输等领域取得了很多新的重要进展，现有空间信息系统中大量使用微电子器件和小型化大功率微波器件，导致这些设备实现功能损伤的外部作用能量大大降低，这些变化为功能损伤型电子束定向能技术的天基应用提供了可能性。

参 考 文 献

[1] NIELSEN P E. Effects of directed energy weapons [R]. US-AD report, 1994.

[2] WEAST R C. Physical constants of inorganic compounds [M]. Cleveland: Handbook of Chemistry and Physics, 1964.

[3] ANDERSON H L, Physics vade mecum [M]. New York: American Institute of Physics, 1981.

[4] MARCHANT-SMITH C J, HALSAM P R, Small arms and cannons [M]. oxford: Brassey's Publishers, 1982.

[5] SOEDEL W, FOLEY V. Ancient catapults [J]. Scientific American, 1979, 240 (3): 150-161.

[6] FOLEY V, PALMER G, SOEDEL W. The cross-bow [J]. Scientific American, 1985, 252: 104.

[7] GLASSTONE S, DOLAN P J, The effects of nuclear weapons [M]. Washington: Dept of Defens, 1977.

[8] TURNILL R, WHITE M. Jane's spaceflight directory [M]. London: Jane's Publishing, 1987.

[9] GREEN W, SWANBOROUGH G. Observers directory of military aircraft [M]. New York: Arco Publishing, 1982.

[10] POLMAR N, The ships and aircraft of the U.S. Fleet [M]. Annapolis: MD Naval Institute Press, 1981.

[11] BLAKE B, Janes weapon systems, 1987-88 [M]. New York: Jane's Publishing, 1987.

[12] Subcommittee of Dept.of Defense. United States army weapon systems [R]. Published by Department of the Army, 1987.

[13] BLOEMBERGEN N, PATEL C K N, AVIZONIS P, et al. Report to the APS of the study group on science and technology of directed energy weapons [J]. Reviews of Modern Physics, 1987, 40: 77.

[14] BEKEFI G, FELD B T, PARMENTOLA J, et al. Particle beam weapons—a technical assessment [J]. Review Article. Nature, 1980, 284 (5753): 219.

[15] NUNZ G J, Beam experiments aboard a rocket (BEAR) project Final Report Vol 1: Project Summary [R]. LA-11737-MS, 1, 1990.

[16] 戴宏毅，王同权，肖亚斌，等. 带电粒子束自生力对束流扩散的影响 [J]. 国防科技大学学报，2002，22 (4)：41-44.

[17] RETSKY M. Coulomb repulsion and the electron beam directed energy weapon [C] // proceedings of SPIE, 5420, Bellingham, WA, 2004.

[18] SABAKA T J, TFFNER-CLAUSEN L, OLSEN N. A comprehensive model of the near-earth magnetic field: phase 3 [R]. NASA/TM-2000-209894.

[19] PARAMENTOLA J, TSIPIS K. Particle-beam weapons [J]. Scientific American, 1979, 240 (4): 54-65.

[20] [俄] В.Д.ДОΔЬІКНН，等. 波武器：电子系统强力毁伤 [M]. 董戈，刘伟，刘文君，译. 北京：国防工业出版社，2014.

第3章 高能电子束与目标的相互作用

电子是带负电的亚原子粒子，被认为是构成物质原子的基本粒子之一，电子带有1/2自旋，是一种费米子，电子所带电荷为1.6×10^{-19} C，静止质量为9.11×10^{-31} kg。电子与质子之间的库仑力，使得电子被束缚在原子周围，成为束缚电子，当电子脱离原子核的束缚，能够自由运动时，则称为自由电子。

带电粒子作用到靶物质或阻止介质（常称介质），由于阻止介质的原子是由带正电的原子核和核外带负电的电子所组成的，因而带电粒子会与阻止介质中的原子核和核外电子发生相互作用。如果带电粒子的动能足够大，能够克服阻止介质中原子核的库仑势垒而进入核力的作用范围（$\sim10^{-12}$ cm），核相互作用就会发生，由于核相互作用截面（$\sim 10^{-26}\ cm^2$）相比库仑相互作用截面（$\sim 10^{-16}\ cm^2$）要小很多[1]，因此带电粒子与材料的库仑相互作用是主要作用形式。带电粒子与阻止介质相互作用有两方面的影响：一方面，粒子在材料中被散射或吸收，导致其能量逐步损失；另一方面，阻止介质在粒子束的作用下会产生激发、电离、溅射、次级粒子发射或次级射线等物理现象。

（1）带电粒子与核外电子的弹性和非弹性碰撞。当入射粒子从介质原子旁掠过时，介质原子的核外电子会受到入射粒子的库仑吸引或排斥作用，从而使电子得到一部分能量。如果传递给电子的能量足以使电子克服介质原子的库仑束缚成为自由电子，那么这时介质原子成为一个正离子和一个自由电子，这个过程就是介质原子的电离。由于原子最外层的电子束缚最弱，故此电子更容易被电离，如果电离出来的电子具有很高的能量，可以继续与其他靶原子的核外电子碰撞，则会再次产生电离。如果靶原子的内壳层电子被电离而形成一个空穴，就会导致核外壳层电子跃迁到内壳层空穴，从而产生两种物理过程：一种是原子特征X射线发射，另一种是俄歇电子发射。如果传递给电子的能量不足以使电子克服介质原子的束缚而成为自由电子，那么可以使该电子从低能级态跃迁到较高的能级态，这种过程称为激发。处于激发态的原子是不稳定的，很快会（$10^{-9}\sim 10^{-6}$ s）退激到原子的基态，退激时，会以X射线的形式把能量释放出来。此外，带电粒子也会和核外电子发生弹性碰撞，但传递给电子的能量非常小，一般忽略不计。因此，带电粒子在介质中与介质原子核外电子的非弹性碰撞，导致介质原子的激发或电离，是带电粒子在介质中慢化损失动能的主要方式，称为电离损失或电子阻止。

（2）带电粒子与介质原子核的弹性和非弹性碰撞。当入射粒子从介质原子核近旁掠过时，由于入射电子与原子核间的库仑相互作用，使入射粒子受到靶原子库仑吸引或排斥，会使入射粒子的速度和方向发生变化，从而伴随着电磁辐射的发射——韧致辐射，入射带电粒子因而损失能量，称为辐射能量损失。对于比较重（$Z\geqslant 2$）的入射带电粒子，与介质的原子核发生库仑相互作用而引起运动状态的改变很小，在许多情形下，对于由低原子序数原子组成的介质，辐射能量损失相对于其他的能量损失方式来说可以忽略不计。在原子核方面，特别是像质子、α粒子以及更重的带电粒子，由于库仑相互作用有可能使介质原子核从基态激发到激发态，此过程称为库仑激发，由于发生这种作用方式的相对概率较低，通常可以忽略不计。当然带电粒子也可以与介质原子核发生弹性碰撞，这时碰撞体系保持总动能和总动量守恒，带电粒子和原子核都不改变其内部的能量状态，也不向外辐射电磁波。但入射粒子会转移一部分动能给原子核而损失自己的动能，而介质原子核因获得动能发生反冲，从而引起介质原子位移而形成缺陷，即辐射损伤。这种入射粒子损失能量的方式称为核碰撞能量损失或核阻止。电子的静止质量很小，很容易获得加速度而辐射光子，所以辐射损失是电子和物质相互作用的一种重要的能量损失方式。

带电粒子与介质相互作用相当复杂，同时存在多种相互作用过程，不同作用过程的相对概率大小以及对入射带电粒子行为的影响随阻止介质不同而变化，而且与带电粒子的质量和能量密切相关。

3.1　电子与材料原子的微观作用

当电子入射到材料中时，入射电子与材料相互作用，由于电子的质量小，入射电子与材料原子的核外电子主要发生非弹性散射，在非弹性散射过程中，入射电子使介质原子电离或激发，产生自由载流子、二次电子、俄歇电子和特征X射线等。另外，入射电子主要与材料原子的原子核发生非弹性散射，入射电子的速度和方向发生变化，从而伴随着电磁辐射，入射电子因电磁辐射而损失能量。因此，电子入射到固体材料中与材料原子发生库仑相互作用，电子的能损主要包括电子的电离能损和电子的辐射能损。入射电子与原子的相互作用如图3-1所示。

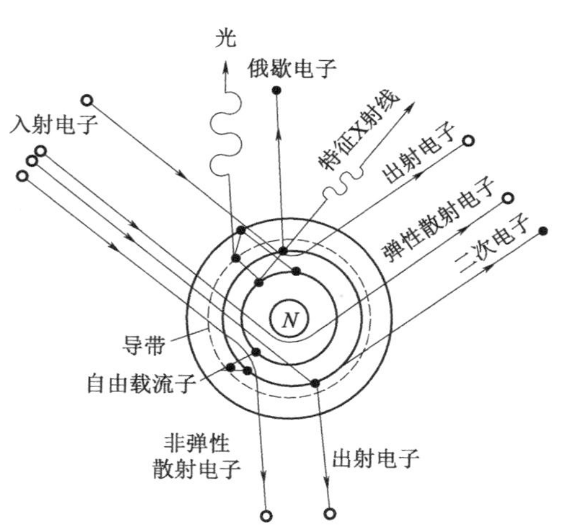

图3-1　入射电子与原子的相互作用

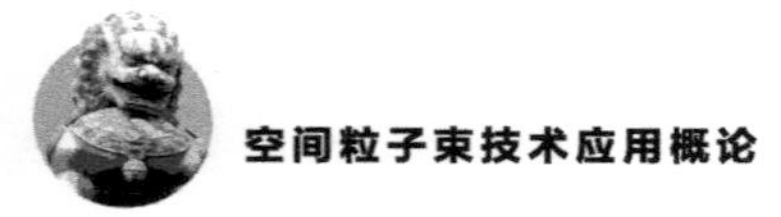

3.1.1 电子的电离能损

电子通过物质的过程中，与原子的核外电子发生非弹性碰撞，使介质的原子电离，因而损失其能量，电离损失是电子在物质中损失能量的重要方式。由于入射电子和介质电子不可区分，需要考虑交换效应，同时需要采用折合质量来处理碰撞过程。通过大量辐照试验，可以通过以下经验公式来计算电子在不同介质中的电离能损[1]：

$$\left(-\frac{\mathrm{d}E}{\mathrm{d}x}\right)_{\mathrm{e}}=\frac{2\pi e^4 ZN}{m_0 v^2}\left\{\ln\left[\frac{2m_0 v^2 E}{2I^2\left(1-\beta^2\right)}\right]-\ln 2\left(2\sqrt{1-\beta^2}-1+\beta^2\right)+(1-\beta^2)+\frac{1}{8}\left(1-\sqrt{1-\beta^2}\right)^2\right\} \tag{3-1}$$

在$\beta\approx 0$时有

$$\left(-\frac{\mathrm{d}E}{\mathrm{d}x}\right)_{\mathrm{e}}=\frac{4\pi e^4}{m_0 v^2}ZN\left(\ln\frac{2m_0 v^2}{I}-1.232\right) \tag{3-2}$$

式中：m_0为电子的静止质量；$\beta=\frac{v}{c}$，v为电子速度；c为光速；N为阻止介质中的单位体积的原子数目；Z为阻止介质材料的原子序数；e为元电荷，$e=1.6\times10^{-19}$ C；I(eV) 为介质原子的平均电离电势。在忽略随电子速度v变化缓慢的影响之后（方括号项），$-\frac{\mathrm{d}E}{\mathrm{d}x}$与入射粒子的速度平方成反比，在相同能量时，电子速度要比质子等重带电粒子快很多，因而电子的电离能损小，即同样能量的电子具有更强的穿透本领。

3.1.2 电子的辐射能损

电子入射到介质时，受到介质原子核的库仑相互作用，会发生速度的变化而发射电磁辐射，这是电子和介质原子核非弹性散射时的一种能量损失方式。根据经典的电磁理论，单位时间内发射的电磁辐射的能量正比于其获得的加速度平方（Z/m）^{2}。由于电子质量比质子和重离子带电粒子小三个量级，因而电子产生的辐射能量损失是不能忽略的，电子在介质中穿过单位路程，辐射能量损失近似为

$$\left(-\frac{\mathrm{d}E}{\mathrm{d}x}\right)_{\mathrm{r}} \approx Z^2 N\left(E + m_0 c^2\right) \tag{3-3}$$

式中：N为介质中单位体积内的原子数目；m_0c^2和E分别为电子的静止能量和动能。从式（3-3）可以看出辐射能损随电子能量的增加而线性地增加，与介质的原子序数的平方成正比，辐射能量损失与电离能量损失之比为

$$\frac{(\mathrm{d}E/\mathrm{d}x)_{\mathrm{r}}}{(\mathrm{d}E/\mathrm{d}x)_{\mathrm{e}}} \approx \frac{EZ}{700}$$

因而，对于不同入射能量的电子，在相同的入射介质中主要的损失能量方式会发生变化。

3.2 电子束与物质的相互作用

电子静止质量要比质子、α粒子等重的带电粒子小三个数量级以上，虽都是带电粒子，但它与物质相互作用有自己的特点。根据质能关系，对于运动速度为v的电子，其动能为

$$E_k = E - m_0c^2 = m_0c^2\left[\frac{1}{\sqrt{1-\left(\frac{v}{c}\right)^2}} - 1\right] \tag{3-4}$$

因而，对于1.5 MeV的电子，其运动速度达到2.9×10^8 m/s，接近光速。大部分中高能电子具有相对论性，当前研究较多的也主要是中高能电子与物质的相互作用，电子与物质材料相互作用的机理研究已经非常深入，并且应用在多个领域，如SEM/TEM进行材料成分的分析和测定，电子束的应用研究相比于其他带电粒子束的应用发展得更快。

电子束入射到物质中，通过上述微观相互作用过程，材料内部及表面会出现各种发射现象，如图3-2所示，入射电子束在材料中产生的发射现象会携带材料的相关信息，而出射的各种信息的深度和广度体现了各种材料的相关特性。

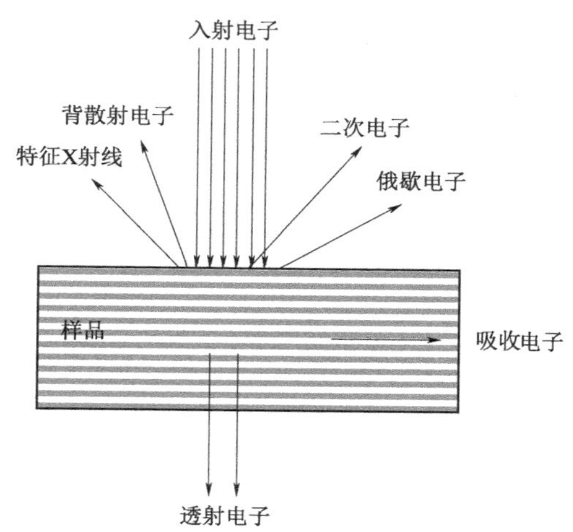

图 3-2　入射电子束与固体作用产生的发射现象示意图

3.2.1　入射电子产生的信息

入射电子产生的各种信息如下。

(1) 背散射电子，其中包括弹性背散射电子和非弹性背散射电子。背散射电子来自样品表层几百纳米的深度范围，由于它的产额随样品原子序数增大而增多，所以不仅能用作形貌分析，而且可以用来显示原子序数衬度，定性地用作成分分析。

(2) 二次电子，在入射电子束作用下，被轰击出来并离开样品表面的核外电子叫作二次电子，这也是真空中的自由电子的主要来源。二次电子一般都是在表层 5 ~ 10 nm 深度范围内发射出来的，它对样品的表面形貌十分敏感。因此，二次电子能有效地显示样品的表面形貌。二次电子的产额和原子序数之间没有明显的依赖关系，所以不能用它来进行成分分析。

(3) 吸收电子，入射电子进入样品后，经多次非弹性散射，能量损失殆尽（假定样品有足够的厚度，没有透射电子产生），最后被样品吸收。产生背散射电子较多的部位（原子序数大），其吸收电子的数量就较少，反之亦然。因此，吸收电子能产生原子序数衬度，同样也可以用来进行定性的微区成分分析。

(4) 透射电子，当样品厚度小于入射电子的穿透深度时，入射电子将穿透样品，从样品表面射出的电子称为透射电子。透射电子信号由微区的厚度、成分和晶体结构来决定，透射电子中除了有和入射电子能量相当的弹性散射电子外，还有各种不同能量损失的非弹性散射电子，其中特征能量损失ΔE的非弹性散射电子（特征能量损失电子）和分析区域的成分有关，因此，可以利用特征能量损失电子和电子能量分析器来进行微区成分分析。

（5）特征X射线，当样品原子的内层电子被入射电子激发电离，样品原子就会处于能量较高的激发态，此时外层电子将向内层跃迁以填补内层电子的空缺，从而使具有特征能量的X射线释放出来。根据莫塞莱定律，如果用X射线探测器，测到了样品存在某一种特征波长射线，就可以判定这个微区中存在着相应的元素。

（6）俄歇电子，在能量电子入射样品的过程中，原子内层电子被激发电离形成空位，较高能级电子跃迁至该空位，同时释放的能量使原子外层电子发射，发射出来的电子即为俄歇电子。俄歇电子一般源于样品表面以下几个nm，因而特别适合用作表层成分分析。

3.2.2 电子与固体作用产生的发射电子谱

初始电子束中的大部分电子在经过与介质原子和电子相互作用后发生背散射，电子发射谱表征了背散射电子在各能量点的统计分布。图3-3给出了大部分材料在电子束作用下形成的典型发射电子谱。入射电子束中一部分电子与材料原子相互作用，保持了原有的动能，仅与介质的原子发生弹性碰撞，这些电子构成了发射电子谱中的弹性峰，该弹性峰位于入射电子束的初始能量处。同时，部分入射电子与介质原子发生非弹性碰撞之后，逸出表面，此部分电子会在弹性峰附近出现一个不太明显的能量损失电子峰。在能量谱更低能量位置处，出现分立并尖锐的峰，该峰是俄歇电子峰，是因为原子内壳层的电子激发

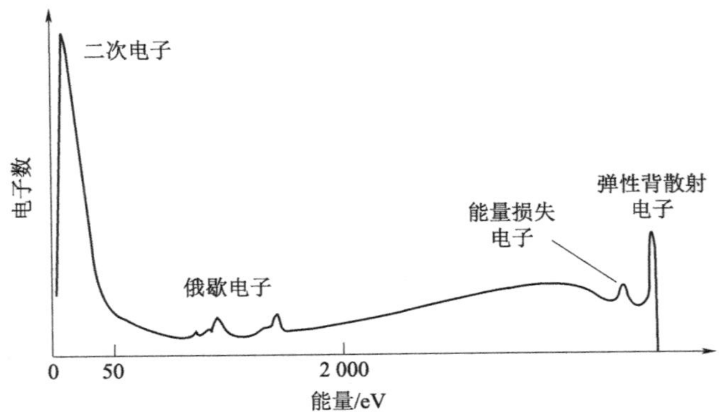

图3-3　电子与固体作用产生的发射电子谱

形成空穴，电子从外壳层跃迁到内壳层的空穴位置并释放能量，这种能量可以被转移到另一个电子，导致其从原子激发出来，这个被激发的电子就是俄歇电子，由于被激发的电子在不同的轨道，这些轨道是分立的，因而被激发的电子相对集中在特征能量点上，因而俄歇电子峰相对更尖锐。电子发射谱的另一个重要特征是具有二次电子峰，此峰的形成主要是通过非弹性碰撞，电子从固体原子中被激发的，并在固体中输运，到达表面时，具有足够能量的电子从表面逃逸出来，二次电子的能量分布被限制在能谱的低能区域，通常在 50 eV 以下。

3.2.3　电子吸收和射程

入射电子和介质材料在库仑相互作用下，电子不断与材料原子发生弹性和非弹性散射，一方面，电子和介质原子发生库仑相互作用，不辐射能量，只是改变方向，这种过程为弹性散射。对于低能电子入射到原子序数大的材料，弹性散射现象非常严重，电子经过多次散射后，其散射角可以大于 90°，成为反散射。图 3-4 给出了单能电子垂直入射不同靶物质的反散射系数 η，纵坐标代表反散射电子与入射电子强度之比。可见靶的原子序数越大，反散射系数越大；电子的能量越小，反散射系数越大。

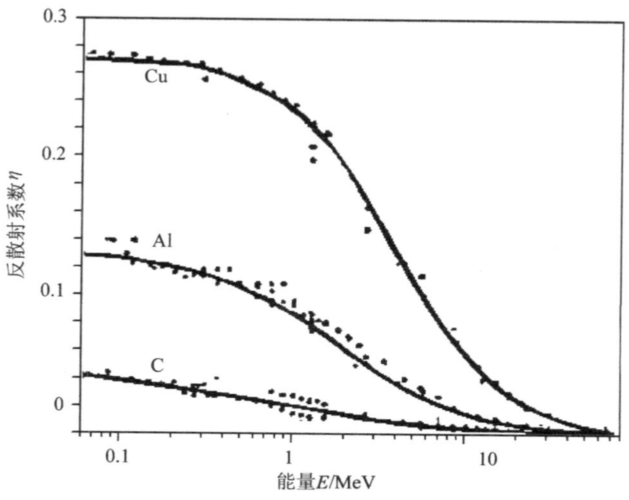

图 3-4　单能电子垂直入射不同靶物质的反散射系数

另一方面，入射电子与介质原子发生非弹性碰撞，在碰撞过程中，电子不断损失能量，高能电子入射较薄的介质材料，几乎能全部穿过材料，成为透射电子；而较低能量入射电子，大部分将全部能量转移给介质材料，而停留在材

料内部，被材料所吸收，总的来讲，电子在与材料相互作用过程中，电子运动方向发生变化和损失能量两种作用并存，由于电子的质量比较小，电子在材料中的运动轨迹非常复杂，然而大部分电子仍然是前向散射，不断向材料内部运动的，如图3-5是利用Monte Carlo（简称MC）模拟得到的1 MeV电子在1 mm Al中穿行时的ZX投影面的轨迹图，从图中看到，一定能量的入射电子在特定材料中存在一个最大的穿透深度。具有一定初始能量的电子入射到特定材料中，到达材料内部的最大深度被称为电子的射程，电子的射程与电子初始的动能和介质材料本身有着密切的关系。图3-6给出了不同能量电子能够在Al_2O_3、Al、树脂玻璃和尼龙材料中射入的最大深度信息。

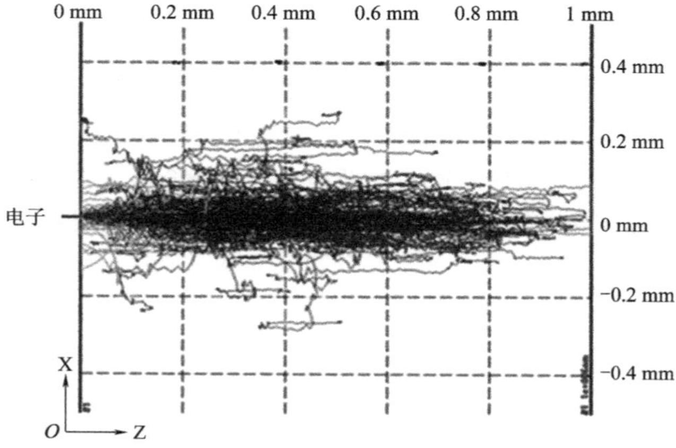

图3-5　1 MeV电子在1 mm Al中穿行轨迹图（ZX投影面）

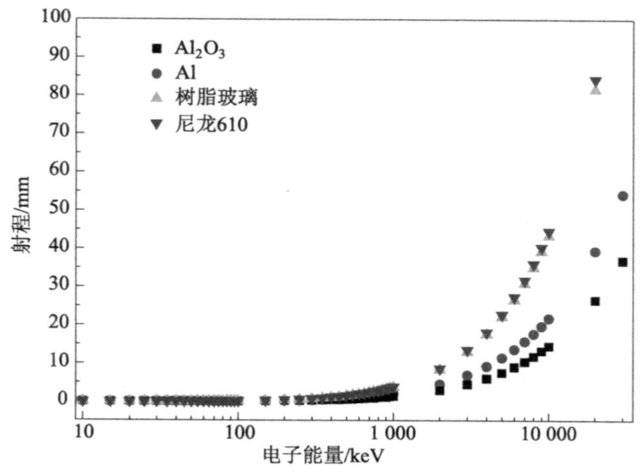

图3-6　不同能量电子在Al_2O_3、Al、树脂玻璃和尼龙材料中的射程

3.3　能量电子对介质材料的充放电现象

在自然空间中，等离子体是宇宙空间物质构成的主要形态，99% 以上的物质都以等离子态形式存在，离地球最近等离子区是电离层，即地球高层大气中的电离部分，它是由太阳电磁辐射高层大气的原子和分子电离而成的，电离层的电子密度随太阳活动和轨道高度变化非常大。在太阳活动峰年，在 200～400 km 高度之间电子密度能达到 10^{12} 个/m^3，在离地球 4～5 个地球半径的地方密度迅速下降，从 10 个/m^3 下降到 10^{-1} 个/m^3。在低地球轨道等离子体区，带电粒子主要是电子和质子，由于电子的质量只是质子的 1/1 836，因此电子具有的热运动速度比质子热运动速度高很多，导致航天器表面的电子比质子多，航天器表面会逐渐积累负电荷，最终使航天器达到一个平衡电位，形成外界等离子对航天器充电的现象，航天器充放电平衡电位和电子的能量有关，能量越高、排斥电子需要的电位越高、平衡电位越高。

3.3.1　充放电机理

充放电现象主要发生在运行于空间等离子体环境中的航天器上，航天器所用材料包括金属、绝缘介质和半导体材料，航天器虽处于以电子为主的等离子体区，但航天器上充放电却是等离子体中多种带电粒子共同作用的结果，当不同能量的带电电子入射到航天器上，会出现表面充放电效应和深层充放电效应两种不同的机制[2]。

1. 表面充放电效应

航天器表面材料与等离子体电子相互作用会引起航天器表面充电，由于卫星外表面材料的介电特性、光照条件、几何形状等不同，可使卫星相邻外表面之间、表面与深层之间、表面与卫星地之间产生电位差，当这个电位差升高到一定量值之后，将以电晕飞弧击穿等方式产生放电，辐射出电磁脉冲（EMP），或者通过卫星结构接地系统将放电电流直接注入卫星电子系统之中，对星上电子系统产生影响，乃至发生电路故障，直接威胁整星安全。

2. 深层充放电效应

当出现较大的空间辐射环境扰动事件时，如太阳耀斑爆发、太阳日冕物质抛射、地磁暴或地磁亚暴等，可使地球辐射带中能量大于1 MeV的电子（相对论电子）通量大幅增加。高通量的电子长时间地存在，这些电子可直接穿透卫星的蒙皮（包括外层导电表面和热绝缘材料等）、卫星外部结构和仪器设备外壳，射入卫星内部的电路板导线绝缘层等深层绝缘介质中，导致绝缘介质（如电路板和同轴电缆等）深层的电荷堆积，造成深层介质带电。当高能电子连续不断地入射，嵌入星内绝缘材料中并快速堆积电荷，一旦电荷累积速率超过绝缘材料的自然放电率，便可造成绝缘材料击穿，引起深层静电放电（ESD），直接对电子系统产生干扰，严重时可造成卫星故障和灾害。

3.3.2 充放电建立条件

1. 表面充放电条件

运行于等离子体环境的空间系统，通过表面充电过程，使航天器与周围等离子体达到电平衡，即整个航天系统和独立的绝缘表面净电流为零。该平衡条件决定了航天器相对于周围等离子体的表面电压。航天器表面由导体和（或）绝缘材料组成。对导电表面而言，使整体达到电平衡；而对于绝缘材料，局部达到电平衡。表面充电电流如图3-7所示。

当电子和正离子撞击在绝缘材料上时，会产生二次电子、反向散射电子。在太阳光照条件下，还会发射光电子。电流平衡公式如下[4]：

$$I_{\mathrm{NET}}(V)=I_{\mathrm{E}}(V)-[I_{\mathrm{I}}(V)+I_{\mathrm{SE}}(V)+I_{\mathrm{SI}}(V)+I_{\mathrm{BSE}}(V)+I_{\mathrm{PH}}(V)]+I_{\mathrm{AC}}(V) \tag{3-5}$$

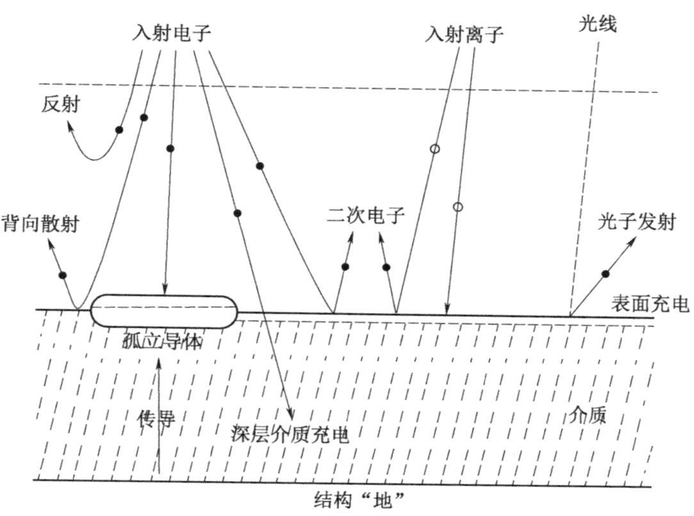

图 3-7　表面充电电流 [3]

式中：V 为相对于等离子体的表面电压，所有电流都是表面电压的函数；I_{NET} 为航天器表面总电流；I_E 为入射电子流；I_I 为入射离子流；I_{SE} 为电子产生的二次发射电子流；I_{SI} 为离子产生的二次发射电子流；I_{BSE} 为电子产生的反向散射电子流；I_{PH} 为太阳光照产生的光电子流；I_{AC} 为主动控制发射电流。I_I、I_{SE}、I_{SI}、I_{BSE}、I_{PH} 为由离开表面的电子或入射离子产生的正电流；I_E 为入射表面的电子产生的负电流，I_{AC} 为主动控制发射电流，正负均可。

平衡条件下，净电流 I_{NET}（V）为零。当平衡时，充电过程停止，航天器达到平衡充电水平，也称“漂浮电位”。当然，平衡是动态的，当入射离子能量和通量改变时，漂浮电位也随着变化。在空间环境中，电子和正离子密度几乎相等。但电子质量远小于离子，电子比离子运动速度快得多，电子流占主导作用，负电流远大于正电流。因此，一般情况下，航天器表面电位为负值，且负电位近似于电子温度。

2. 深层充放电条件

当航天器遭受长时间、持续、高通量的高能电子注入，能量大于 100 keV 时，在航天器介质材料内部就会沉积大量电荷，如果电荷的沉积速率大于泄放速率，材料内部场强就有可能达到材料的击穿电压阈值，随之深层放电就会发生。因此产生深层充放电效应的必要条件包括以下两个。

（1）轨道空间电子必须具备高通量、高能量、持续时间长三个要素，才会发生深层充电效应。目前可参考的定量标准有两个 [2]。

① 美国空军实验室（USAF）推荐预报和警报高能电子引发深层充电效应的判据如下。

卫星轨道上有能量$E>2$ MeV的高能电子，并且电子通量Φ满足下列条件之一：

$\Phi>3\times10^{8}/$（$cm^{2}\cdot sr\cdot d$），持续3 d；

$\Phi>1\times10^{9}/$（$cm^{2}\cdot sr\cdot d$），持续1 d。

② NASA（美国国家航空航天局）于1999年公布的设计手册“NASA-HDBK-4002：Avoiding Problems Cause By Spacecraft On-orbit Internal Charging Effects”推荐的可能发生高能电子深层充电的判据为：故障前连续10 h之内，$E>2$ MeV电子累计注量大于2×10^{10} e/cm^{2}（电子电流>0.1 pA/cm^{2}）。

（2）介质材料的电荷沉积条件，主要包括材料电阻率、材料电容等。深层充电效应的产生，是由于电荷在介质材料中的沉积所致，并非只要存在上述的高能电子环境，就一定会产生内带电效应。深层充电效应是否产生及危害大小，还与产生效应的对象，即介质材料对电荷的沉积特性具有重要关系。

材料电阻率：任何物质，都具有一定电导率。由于电导率的存在，沉积到介质材料中的电荷，将具有一定的泄放速率，因此对电荷的沉积过程起到决定性作用，电导率越大，电荷沉积越困难；电导率越小，电荷沉积越容易，更容易产生内带电效应。介质材料的电子入射电流与泄放电流相等时，介质材料的充电过程达到平衡，也就是达到充电的最终状态。通常，真空环境下，当介质材料的电阻率小于10^{12} Ω·cm量级时，便可使沉积电荷得到及时泄放，材料中局部电场难以达到$10^{5}\sim10^{6}$ V/cm的击穿阈值，就可以有效降低内带电程度并抑制放电的发生。

材料电容：直接决定放电能量，也就决定了危害性大小。应用于高绝缘介质上的悬浮导体，当面积较大时，通常具有较大的电容。减小卫星上未接地的悬浮导体的面积，也就降低了其电容，对抑制悬浮导体的放电能量（也就是放电的危害程度）具有重要作用。

3.3.3 自然空间环境的充放电特点

充放电效应具有空间分布特性和时间分布特性，并与空间环境扰动密切相关，不同轨道高度会有不同充放电效应特点。在地球轨道空间，空间粒子辐射存在很大的差异性，空间等离子体、高能电子随高度和纬度的变化而变化，如图3-8所示。表面充放电效应与等离子体的温度相关，深层充放电效应与高能电子的能量和总积分通量相关。

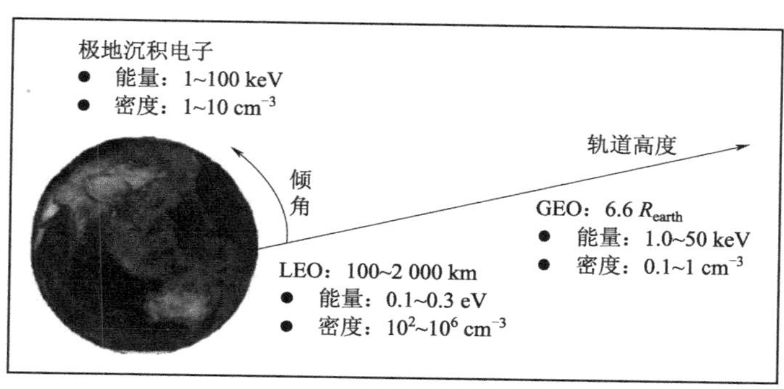

图3-8　自然空间等离子体特征 [5]

1. 表面充电效应分布特点

LEO轨道（低地球轨道，从100 km到2 000 km，低倾角）航天器经历的等离子体环境与GEO轨道（地球静止轨道，36 000 km）、极区航天器不同。该轨道等离子体密度大、温度低。LEO轨道航天器表面充放电问题不严重，表面充电只需要考虑暴露在航天器外部、大于150 V的高压系统（例如，高压太阳帆板）的表面充放电问题。

GEO轨道、MEO轨道（从8 000 km到25 000 km）和极区的空间等离子体温度高、密度小，并伴随有地磁亚爆活动，运行于这两个区域的航天器将面临严重的表面充电问题。

图3-9给出了航天器表面电位随高度和纬度的分布情况，即表面充电的主要区域为GEO轨道、MEO轨道。在1 000 km以下，表面充电主要发生在极区。

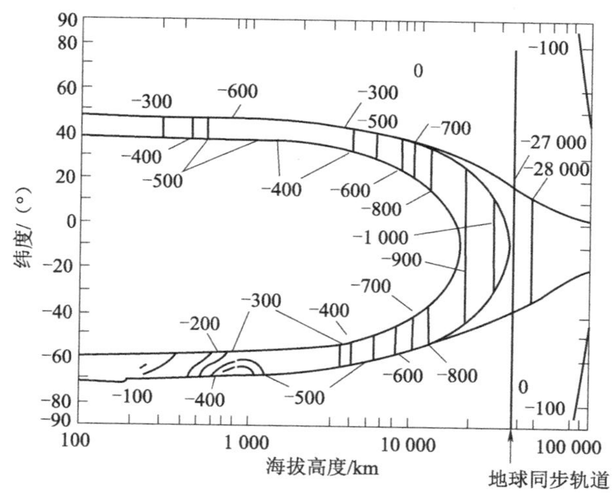

图3-9　表面电位等值线图与高度和纬度的关系 [6]

2. 深层充电效应分布特点

图3-10给出了赤道径向的电子注量率分布。高能电子存在两个分布峰，称其为内、外辐射带。MEO轨道正好覆盖了外辐射带的中心高度（20 000～30 000 km），运行于该高度的航天器将面临最恶劣轨道环境，面临着最严重的深层充电效应。GEO轨道位于外辐射带的中心高度之外，接近外辐射带外边缘。在空间环境扰动时，辐射带所处的高度会有较大变化，相应的高能电子通量会有数量级的变化，该轨道也易发生深层充电。对于不同轨道深层充电危险的严重性，GEO轨道和MEO轨道深层充放电危险等级最高，LEO轨道航天器不存在深层充放电问题。

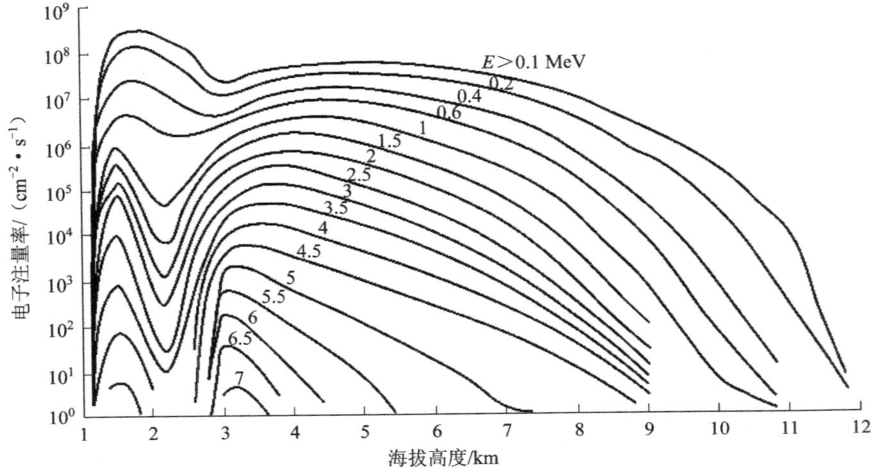

图3-10　赤道径向的电子注量率分布 [7]

对卫星在不同等离子体环境下的充电情况的研究表明，具有良好导电性能（如金属）的航天器表面，充电电位在几伏至几十伏；而对于绝缘表面，充电电位可高达10 000 V。暴露于太阳光的表面将充到几伏至几十伏正电位；处于阴影的介质或绝缘表面可能充到1～10 kV的负电位。此外，航天器运行轨道对表面充电也有重要影响，因为轨道不同，等离子体参数（密度、温度、电子电流、离子电流）差别很大。在较低的高度（$<2R$，R为地球半径），航天器充负电；相反，在较高的高度（$>3R$），光电子流占优势，航天器将充正电。

如果航天器表面材料选用了绝缘材料（如Kapton、Teflon等）会发生差异，航天器表面的不同部位会充有不同的漂浮电位。在GEO轨道，因等离子体密度很低，太阳辐射产生的光电子发射电流在电流平衡中起重要作用，航天器光照面发射的光电子会抵消入射的电子流作用，使光照面电压为0 V左右；在背阳面，没有光电子存在，航天器表面充有负电位。随着背阳面负电位增

加，会阻止向阳面光电子发射，从而整个航天器开始充负电位。这样航天器表面不同位置会带有约千伏的差异电位，差异充电比绝对充电更具有危险性，其会导致航天器表面电弧或静电放电（ESD），从而引起航天器各种在轨异常。

3.3.4 充放电效应对航天器的影响

航天器充放电效应的最主要影响是由静电放电（ESD）引起的，表面放电和深层放电都会引起ESD。当表面电压超过表面材料的击穿电压时，就会发生表面放电。表面放电甚至会产生高达几百安培的电流。深层放电与表面放电的关联性很小，但其会产生对电子学的直接危害[8]。

放电弧主要是由表面差异放电和深层放电引起的。放电电流直接注入PCB（印制电路板），后果最为严重，轻则产生电脉冲干扰、重则导致器件击穿、烧毁；放电还会产生电磁脉冲，如电磁脉冲耦合到电缆、元器件中，会对电子学产生电磁脉冲干扰，使其不能正常工作；放电还会导致表面材料严重的物理损伤。例如，放电弧可使表面材料局部加热，加速表面污染，从而使表面材料性能下降；表面放电还会造成太阳能电池阵电流泄漏，甚至烧毁。

放电分三种类型，分别为飞弧（Flashover）、击穿（Punch-through）和向空间放电（Discharge to space）。飞弧是指从一个表面向另一个表面放电；击穿是由航天器内部结构产生的放电穿过表面；向空间放电是从航天器向周围等离子体放电[9-10]。

马歇尔空间飞行中心（MSFC）的电磁和环境分部收集整理了因空间环境造成114个航天器故障和异常[11]，并于1996年公布一份由空间环境导致航天器系统失效和异常的统计数据（NASA Reference Publication 1390）。对114个故障进行统计（表3-1）表明，因等离子体及高能电子引起充放电异常有41个，由充放电效应引起航天器异常占总故障数高达36.0%，为导致航天器异常的最大因素。

表3-1 各种空间环境因素导致航天器故障统计表[11]

故障诱因	出故障航天器数量	占总故障百分比/%
等离子体及高能电子引起充放电效应	41	36.0
粒子辐射效应	39	34.2
热环境	12	10.5
微流星/空间碎片撞击	11	9.6
太阳活动异常	6	5.3
中性大气效应	3	2.6
地磁扰动	2	1.8
合计	114	100

以下给出了一些卫星经典充放电效应在轨事件实例。

1. 放电脉冲信号干扰

放电产生的干扰脉冲使指令码错乱，使陀螺制导姿控等控制系统不能正常工作，卫星失控，如1989年3月9日的1988-14A故障；2015年9月22日，我国BD-2G4卫星有效载荷分系统S波段自动电平控制放大器出现增益遥测参数值由0 dB跳变为+6 dB，后经在轨分析，是由于空间环境异常导致表面充放电，其产生的干扰脉冲耦合到S波段自动电平控制放大器的锁存器RC4042的选通控制端，触发了增益挡由0 dB挡变化到6 dB挡。

2. 数字电路逻辑异常

放电脉冲干扰了数字电路的正常逻辑电平，使电路逻辑码错乱，如美国舰队通信卫星Flsatcom6071国防卫星通信系统DSCS-II9438-9442在1987年3—6月，多次发生低电平逻辑异常。

3. 开关误转换

较大放电脉冲会使电源开关发生切换错误，如美国的DSCS-119431，欧空局的气象卫星Meteosat，加拿大的通信技术卫星CTS均在工作寿命期间因充放电事件多次发生电源误切换或电源母线击穿故障，这类故障多发生在太阳活动强烈期和磁层亚暴之后。

4. 卫星温控涂层性能下降、太阳能电池损坏等

局部放电可破坏航天器的温控涂层，或使太阳能电池短路烧坏太阳能电池基片。欧洲海事通信卫星Marecs-A 1991年因表面充放电效应使太阳能电池严重损坏，功率大幅下降，卫星被迫停止工作。

5. 消旋机构失灵、天线定向失灵、遥测系统异常、通信中断等故障

法国的电信卫星Telecom-1A因放电频繁，干扰了数据传输，使卫星取消了服务业务转为备份澳星；阿拉伯卫星Arabsat-1A因充放电故障使其地球锁定丧失，被迫转为备份。

6. 内带电效应对卫星造成的影响

如1994年1月20日的Intelsat-K故障，使卫星动量轮控制回路不能正常工作，卫星发生抖动而摇摆，天线颤抖导致覆盖区变化不定；ANIk-EI、ANIk-

E2故障，使卫星陀螺制导系统（动量轮控制）遭到损伤，卫星姿态失控，开始自旋；在2010年4月的一次事件中，美国通信卫星Galaxy-15由于深层充放电导致故障，致使业务中断将近1年，损失巨大；我国TC-1、TC-2两颗卫星在2004年发生的一系列故障，亦是由内部充放电引起的。

空间等离子体中的电子是造成航天器发生充放电现象的主要离子，不同能量的电子通过表面带电和深层带电两种机制使航天器出现放电现象，表面充放电现象主要发生在等离子体密度较大、能量较低的空间环境中；而深层充放电现象主要发生在等离子体密度较小、能量较高的空间环境中，深层充放电主要发生在航天器的介质材料中。因而，高能电子对航天器的损伤作用之一主要通过深层充放电机制使航天器中的介质材料击穿，达到对航天器功能损伤的目的。

3.4 能量电子对半导体材料和器件的影响

晶体管的问世，是20世纪的一项重大发明，是微电子革命的先声。晶体管出现后，人们就能用一个小巧的、消耗功率低的电子器件，来代替体积大、功率消耗高的电子管，半导体技术的商业化生产历史是一系列工艺技术不断改进和更新发展的历史。第一个商业化晶体管是用锗（Ge）制造的，但在20世纪60年代早期，硅（Si）器件很快就在性能和价位上超过了它，1990年之前，作为第一代的半导体材料以硅材料为主，占绝对的统治地位。随着以光通信为基础的信息高速公路的崛起和社会信息化的发展，以砷化镓、磷化铟为代表的第二代半导体材料崭露头角，并显示其巨大的优越性。砷化镓和磷化铟半导体激光器成为光纤通信系统中的关键器件，同时砷化镓高速器件也开拓了光纤及移动通信的新产业。第三代半导体材料的兴起，是以氮化镓材料P型掺杂的突破为起点，以高效率蓝绿光发光二极管和蓝光半导体激光器的研制成功为标志，它在光显、光存储、光照明等领域有广阔的应用前景，半导体材料的种类丰富多彩，它们具有独特的性质和应用。

3.4.1 电子对半导体材料和器件的作用机理

对于由半导体材料构成的半导体器件的辐射效应来说，存在两个层面：一

是电子对半导体材料的辐照损伤，这种损伤主要是位移效应产生的辐照损伤对材料性能的影响；二是电子对半导体器件的辐照效应，主要是电离累积剂量的电离效应对半导体器件性能的影响。

电子辐照的位移效应：辐射电子与半导体晶格原子的相互作用过程可看作一个弹性碰撞过程。在辐照过程中，电子束将其一部分能量转移给晶格原子，晶格原子获得足够的能量后，离开正常晶格位置，产生一个间隙原子，同时在其晶格位置上产生一个空位，形成Frenkel对。当半导体材料经过辐照以后，在材料内部形成各种原生及二次辐照缺陷。一般当电子能量较高（MeV级）时，大多会产生位移效应。

电子辐照的电离效应：当能量大于材料禁带宽度Eg的电子束辐照到材料时，价带中的电子受激发从价带跃迁到导带，并产生电子–空穴对，导带中增加的电子和价带中增加的空穴为非平衡载流子。电离效应产生的电子–空穴对会在短时间内发生复合，电离效应导致材料或器件性能发生瞬态变化。另外，单个电子的电离能损较小，单个电子在半导体器件内部沉积的能量少，但大剂量的电子束累积辐照，通过电离作用产生氧化物捕获电荷和界面态陷阱电荷，随着累积辐照剂量的增加，积累电荷的增加将导致半导体器件性能发生变化，如电参数漂移、漏电流增大、$1/f$噪声变化等，严重影响器件的正常运用，甚至导致器件的失效。

3.4.2　电子对半导体材料的影响实例

1. 电子辐照对GaN外延层光致发光谱的影响实例

在宽禁带半导体材料中，随着材料生长和器件工艺水平的不断发展，GaN半导体材料及器件的发展十分迅速，目前已经成为宽禁带半导体材料中的新星。在电子器件方面，利用GaN材料，可以制备高频、大功率电子器件，有望在航空航天、高温辐射环境、雷达与通信等方面发挥重要作用。例如，在航空航天领域，高性能的军事飞行装备需要能够在高温下工作的传感器、电子控制系统以及功率电子器件等，以提高飞行的可靠性，GaN电子器件将起着重要作用，此外由于它在高温工作时无须制冷器而大大简化电子系统，减轻飞行重量，一直被认为是一种理想的抗辐照半导体材料，被寄希望在航天、航空等辐照很强的极端恶劣的条件下工作。

梁李敏[12]等人研究了电子对GaN材料的辐射损伤，辐照试验采用金属有机气相化学沉积法（MOCVD）生长的非故意掺杂N型GaN样品，对样品分别进行能量为 10 MeV 和 4 MeV，剂量为 5×10^{16} e/cm²、1×10^{17} e/cm²、1.5×10^{17} e/cm² 的电子辐照，辐照之后采用He-Cd激光器对辐照样品进行光致发光谱（PL）测量。图 3-11 描述了不同能量、剂量的电子辐照导致GaN材料光致发光谱的变化情况，图中横坐标代表材料受激光照射发射的光子能量，纵坐标代表发射光子的密度。

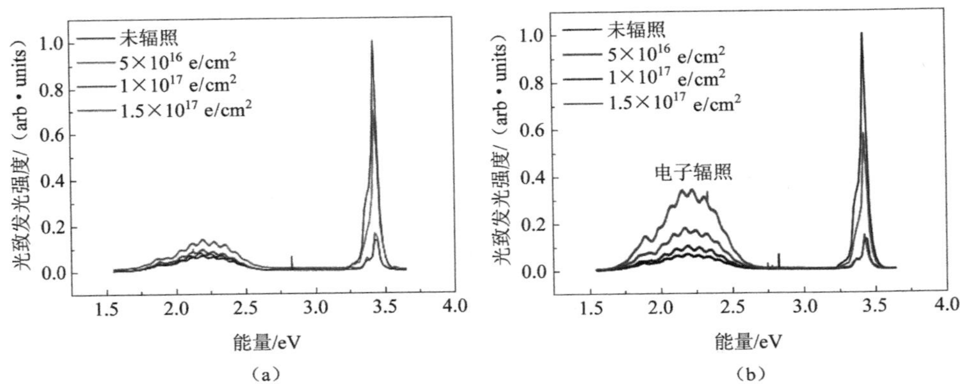

图 3-11 不同剂量电子辐照样品的PL谱图 [12]

（a）4 MeV；（b）10 MeV

从上述辐照结果可以看出，高能电子辐照对GaN外延层光致发光谱会产生严重影响。不同能量电子辐照的光致发光谱研究结果表明，电子辐照能量越大，GaN样品位于3.42 eV处的带边发射峰强度越小，当辐照剂量增加到一定程度后，带边峰强度受辐照能量的影响减小，4 MeV以上的高能电子可以使GaN位于3.42 eV处的带边发射强度降低到原来的约15%。位于2.2 eV附近的黄光带强度随辐照能量的增加而增大，说明电子辐照能量越大，在样品中引入的点缺陷越多。

不同辐照剂量的光致发光谱研究结果表明，位于3.42 eV处的带边峰强度随辐照剂量的增加而降低，黄光带归一化强度随辐照剂量的增加呈线性增加，辐照能量越大，黄光带归一化强度随辐照剂量的变化率越大。

2. 电子辐照对GaN电学性能的影响实例

梁李敏[12]等人也研究了电子对GaN材料电学性能的影响。GaN材料和GaN基器件由于其在蓝紫光和近紫外光谱范围内的高效光发射，成为近几十年内的研究热点。通过Al和In掺杂的GaN基合金材料是直接带隙半导体材料，光子发射能量可以从1.9 eV到6.2 eV。由于它们具有低的热产生率和高的击穿电场，它们在高温和高功率器件方面有着广泛的应用。注入隔离被广泛地应用于化合物半导体器件，如晶体管电路，或者说用来产生激光器中的电流约

束。一般地，电绝缘是通过辐照引入的深能级缺陷产生的深能级对载流子的俘获来实现的，MeV的粒子辐照被用来在GaN材料中产生电学绝缘，因为MeV的粒子辐照可以在GaN样品外延层中产生均匀的辐照缺陷。电子辐照可以在半导体材料中产生几百微米深度的均匀的点缺陷，因此研究电子辐照对GaN材料电学性能的影响对进一步研究GaN基器件在辐照环境中的应用以及GaN的电学绝缘是很重要的。辐照采用同样的辐照样品，进行5×10^{16} e/cm²、1×10^{17} e/cm²、1.5×10^{17} e/cm²三个剂量的电子辐照。具体如图3-12所示。

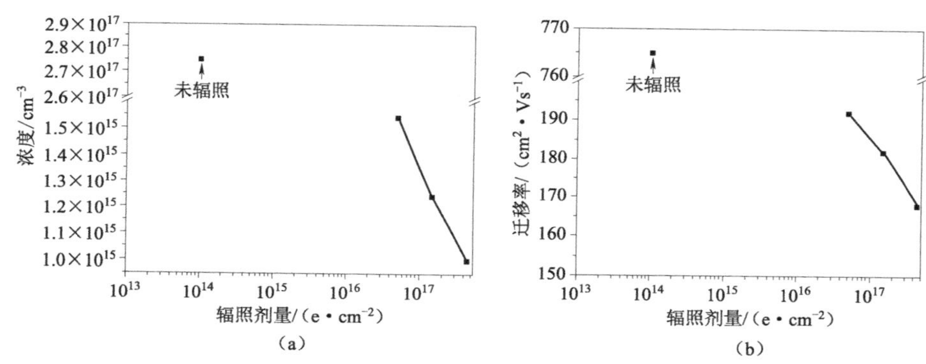

图3-12 载流子浓度和迁移率随辐照剂量的变化[12]

（a）载流子浓度随辐照剂量的变化；（b）迁移率随辐照剂量的变化

不同辐照剂量对GaN外延层的载流子浓度和迁移率的研究结果表明，辐照剂量越大，载流子浓度和迁移率越小。电子辐照在样品中引入均匀的点缺陷，点缺陷浓度随辐照剂量的增加而增加。辐照点缺陷可以在禁带中引入深能级，这些深能级可以俘获样品中的自由载流子，从而造成载流子浓度的降低。另外，迁移率与电子辐照在GaN晶格中引入的辐照损伤有关，电子辐照剂量越大，在晶格中引入的辐照损伤就越大，对载流子散射的概率就越大，因此迁移率随辐照剂量的增加而减小。

综上可以看出，在电子能量大于4 MeV时，其辐照剂量大于10^{17} e/cm²时，对GaN半导体材料的光致发光特性、载流子浓度和迁移率有较大影响，使GaN半导体材料性能降级明显，可能严重影响半导体的电导率，进而影响GaN半导体器件的电学特性。

3.4.3 电子对NPN晶体管的辐照损伤实例

对双极晶体管的^{60}Co γ射线辐照损伤相关研究发现[13-14]，在不同剂量率的辐照下，双极晶体管会表现出低剂量率辐照损伤增强效应（Enhanced Low-

Dose•Rate Sensitivity，ELDRS），即相同总剂量时，在低剂量辐照下，双极晶体管的损伤要比其高剂量率下辐照损伤大，且高剂量率辐照后的器件经室温退火并不能模拟低剂量率辐照下的损伤。与此类比，在地球同步轨道上运行的卫星处于范·艾伦辐射带内，内辐射带俘获的粒子主要是电子，而且电子通量是随着空间和时间而变化，在电子通量变化的环境中，卫星电子学系统中的晶体管辐照损伤会发生何种变化呢？基于上述问题，中国科学院新疆理化技术研究所对国产NPN晶体管进行了能量为1.5 MeV，不同电子通量下的辐照效应试验[15]。

试验采用金属圆壳封装的国产垂直NPN晶体管，其金属壳的厚度大约为0.3 mm。辐照试验是在新疆理化所ELV-8型2 MeV电子加速器上完成的，辐照的电子能量为1.5 MeV。NPN晶体管在1×10^{10} e/（cm²•s）和1×10^{12} e/（cm²•s）两种电子辐射通量下辐照到1×10^{14} e/cm²。辐照过程中，NPN晶体管反向偏置，即集电极和基极接地，发射极接+2 V电压。在电子辐照前后，用pA量级的半导体参数分析仪测量了NPN晶体管的基极和集电极电流（I_B，I_C），随着基-射结电压（V_{BE}）的变化即Gummel曲线。在发射极接地的情况下，从−1 V到+1 V扫描基-集结，得到了集电极电流I_C和基-集结电压（V_{BC}）的变化关系。

图3-13给出了高、低电子通量辐照到1×10^{14} e/cm²注量时，NPN晶体管基极和集电极电流随着基-射结电压V_{BE}的变化。从图中可以看出，辐照后基极电流I_B增大，而集电极电流I_C则几乎保持不变。此外，还可以看出，I_B在低电子通量辐照时要比在高通量辐照时变化更大，而I_C在两种通量下则没有区别。图3-14中示出了不同电子通量辐照下，电流增益随着V_{BE}的变化。比较高、低电子通量辐照下电流增益的退化发现，NPN晶体管在低电子通量辐照下增益的退化要比高通量下的大，即表现出低电子通量辐照损伤增强现象。

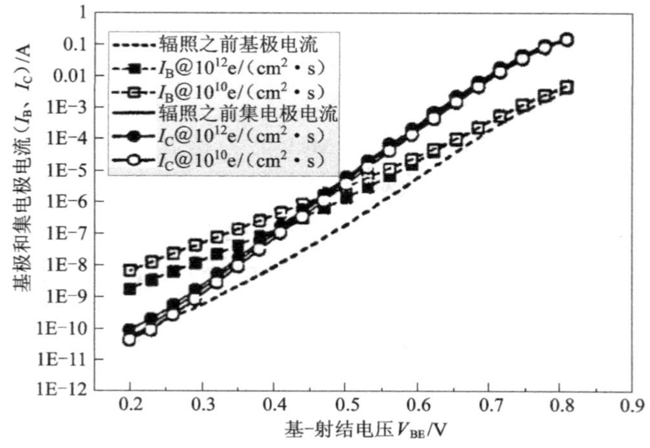

图3-13　高、低电子通量辐照下I_B、I_C随着V_{BE}的变化[15]

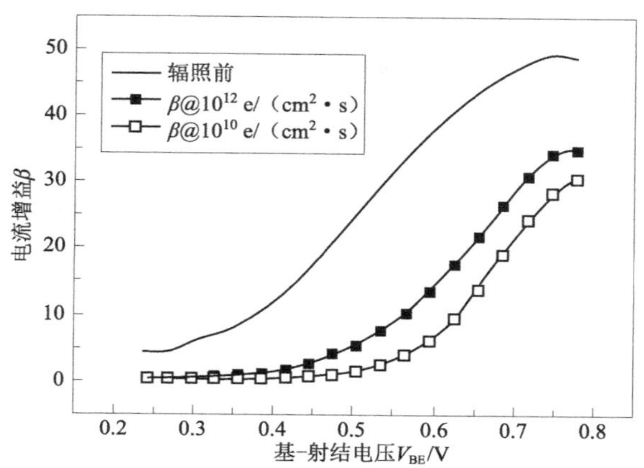

图3-14　高、低电子通量辐照到1×10^{14} e/cm²时电流增益β随着V_{BE}的变化[15]

研究者发现高、低电子通量下基极电流的差异是由氧化物陷阱电荷和界面态导致基极电流的增加量不同所造成的。基极电流的增加来源两个方面的因素：一方面电子辐照产生的晶格缺陷作为载流子复合中心，使载流子复合概率增加，减小了载流子寿命，最终导致了基极电流的增加，这是晶格缺陷导致电流增加的部分；另一方面电子辐照会在覆盖在基-射结上的氧化层中引入氧化物陷阱电荷和在Si/SiO_2界面附近引入界面态。由于高、低电子通量辐照下，基-射结产生的晶格缺陷是相同的，所以两种电子通量下晶格缺陷导致的复合电流基本是一致的。高、低电子通量下基极电流的差异是由氧化物陷阱电荷和界面态导致基极电流的增加量不同所造成的。与低电子通量辐照相比，高电子通量下，电子空穴对的产生速率比较大，短时间内有大量的电子空穴对出现。因此，这些电子空穴的复合概率也要比低通量下的复合概率大，参与形成氧化物电荷和界面态的电子与空穴相对较少，再加上高通量辐照时间极短，高电子通量辐照下氧化物电荷和界面态相比低电子通量下的要少，从而使得基极电流I_B在低电子通量下比高通量下大，出现所谓低通量辐照损伤增强现象。

综上所述，对于电子辐照，NPN晶体管基极电流I_B增加，而集电极电流I_C则几乎保持不变；NPN晶体管在高、低电子通量辐照下，其电流增益会出现退化。且在低电子通量辐照下，退化更明显；NPN晶体管在电子辐照下之所以出现参数退化，是因为电子辐照产生的晶格缺陷（氧空位缺陷复合体和磷空位等）也作为载流子复合中心，使晶体管基极电流增加；同时，电子辐照在基-射结上的氧化层内产生的俘获正电荷和在Si/SiO_2界面处产生的界面态，均使晶体管基极电流明显增大的缘故。低电子通量辐射下，晶体管的损伤明显大于高通量下的辐照结果，这与^{60}Co γ辐射下的低剂量率辐射损伤增强效应相类似。

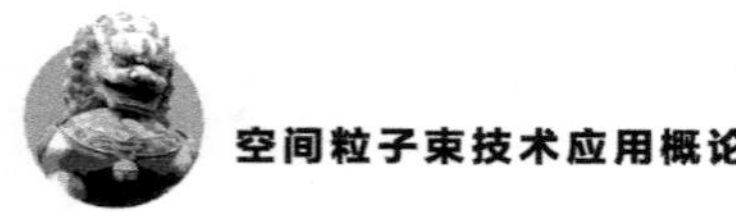

通过电子对GaN材料以及NPN晶体管的辐照损伤试验发现，当辐照半导体材料的电子通量达到10^{17} e/cm²量级时，入射电子主要与材料中晶格原子发生相互作用，在材料内部形成各种原生及二次辐照缺陷，产生位移效应，对材料的光致发光特性、载流子浓度和迁移率有较大影响，使材料性能降级明显，可能进一步严重影响半导体材料的电导率；电子辐照半导体器件，当辐照剂量达到10^{14} e/cm²时，一方面电子辐照产生的晶格缺陷作为载流子复合中心，使载流子复合概率增加，减小了载流子寿命，影响晶体管的各种电流；另一方面电子辐照到器件中的氧化层中，通过电离作用引入氧化物陷阱电荷和在Si/SiO_2界面附近引入界面态，这些氧化物捕获电荷和界面态陷阱电荷，随着累积辐照剂量的增加，捕获电荷和界面态陷阱电荷显著增加，使晶体管基极电流明显增大，导致半导体器件性能发生变化，如电参数漂移、漏电流增大和增益降低。

3.5　能量电子引起单粒子效应

空间环境中的电子作用到航天器上，除了导致航天器本身发生充放电效应，高能电子穿过航天器舱板，入射到航天器电子学系统导致半导体元器件出现空间辐射效应，还可能因空间辐射效应导致航天器故障。

由于单个电子在材料中线性能量转移小，单个电子对航天器的危害微不足道，空间中的电子通量大，因而主要考虑空间电子累积辐照对宇航半导体器件的辐射损伤，称为总剂量效应。总剂量效应主要是电子入射到半导体器件氧化物中，通过电离作用产生氧化物捕获电荷和界面态陷阱电荷[16]，随着累积辐照剂量的增加，积累电荷增加，积累电荷的存在导致半导体器件性能发生变化，如电参数漂移[17]、漏电流增大、$1/f$噪声增大等[18-20]，严重影响器件的正常运用。经过多年抗辐射方法的研究，宇航器件抗总剂量效应已经取得长足进步，宇航半导体器件抗辐射指南中要求宇航半导体器件需具备大于100 krad（Si）抗辐照能力，目前宇航半导体器件具备了很好抗总剂量效应特性，因而，空间电子单纯因总剂量效应导致航天器故障变得十分困难。

但近年来，随着半导体器件的特征尺寸变小，特别是器件特征尺寸进入到纳米量级，器件工作电压越来越低，引起单粒子效应的临界电荷越来越小，单个电子在器件敏感区域内沉积能量，产生电子-空穴对，器件敏感节点收集的电荷量与器件发生单粒子效应的临界电荷相比拟，单个电子诱发新型微电子器件，如工艺尺寸在纳米量级数百万门的FPGA、DSP（数字处理信号）等器件发生单粒子效应具备可能。未来随着航天器任务的多样化，功能的复杂化，对宇航器件的功耗和重量提出更高的要求，先进纳米级工艺半导体器件运用到未来航天器设备中成为大势所趋，能量电子作用到这些先进半导体器件威胁航天器安全是可以预见的。

当单个高能粒子入射到电子元器件，在穿过元器件的敏感区域内沉积足够能量，使器件材料的原子电离和激发，产生电子-空穴对，这些电荷在电场作用下被电路敏感节点所收集，导致器件功能异常，把这一类由单个粒子引起的效应称为单粒子效应（Single Event Effects，SEE）[21]。在1975年由Binder等人首次指出由于宇宙射线与电路中的触发器发生相互作用[22]，使得逻辑状态发生1到0或者0到1的翻转，造成地球同步轨道卫星的异常现象，这是最早期的单粒子效应。这一现象在国际上引起了极大的关注，20世纪80年代初期又相继在Tiros-N（泰勒斯气象卫星）、DMSP（国防气象卫星）、SMM（太阳峰年研究卫星）、LandSat（陆地卫星）和Intersat（国际通行卫星）等科学与应用卫星上发现了单粒子效应，开启了单粒子效应研究的序幕。

单粒子效应分为软错误和硬错误，软错误只改变存储单元的信息或者逻辑状态，其可以通过重写、复位或者重新上电加载的方式进行修复，不会造成半导体器件永久性的损坏，如单粒子翻转、单粒子瞬态、单粒子功能中断和单粒子锁定；对器件造成永久破坏的则被称为“硬错误”，广泛使用的功率器件，在特定的偏置下暴露在辐射场中，会产生单粒子栅击穿或单粒子烧毁，引起器件硬件的损坏。

近年来，随着集成电路技术的发展，追寻着“摩尔定律”的脚步，半导体器件的特征尺寸急剧变小，工作电压越来越低，引起单粒子效应的临界电荷越来越小，其空间应用时对单粒子效应的敏感度增加，尤其是新型微电子器件，如在航天器中广泛应用的数百万门的FPGA、DSP等器件。最早发现的单粒子效应主要是由具有较大线性能量转移（单位路径上沉积能量）能力的重离子诱发的，然而随着半导体技术的不断发展，器件的特征尺寸降低到nm量级，器件发生单粒子效应的临界电荷降低到fC量级[23]，在恶劣的辐射环境下，单粒子效应对器件的可靠性影响变得异常严峻。

在器件特征尺寸较大时，如特征尺寸在微米和亚微米量级，使半导体器件发生单粒子效应，需要入射粒子在半导体材料具有较大的线性能量转移能力，从而使入射粒子在器件特定有限的敏感区域内沉积足够的能量，器件收集到的电荷大于发生单粒子翻转所需的临界电荷时，才能诱发器件发生单粒子效应，由于重离子在半导体材料中具有较大的线性能量转移能力，因而，一直以来主

要关注重离子诱发器件发生单粒子效应。

对于一些在材料中具有较小线性能量转移的特殊粒子（如μ子、π介子、K子、电子和低能质子），由于其本身具有很弱的线性能量转移能力，在器件敏感区域内沉积能量非常有限，因而通过单个特殊粒子入射器件并不能导致器件发生单粒子效应。但近年来，随着半导体器件的特征尺寸降到nm量级，器件发生单粒子效应的临界电荷降低，上述单个特殊粒子在材料中沉积的能量，产生的电子-空穴对被器件的敏感节点所收集，收集电荷已经和器件发生单粒子翻转所需的临界电荷相比拟，这些原本在材料中具有较小线性能量转移的特殊粒子诱发先进纳米级半导体器件发生单粒子效应变得越发可能，特别是由电子束诱发器件发生单粒子翻转的可能性逐渐增大。

近5年来，以国外R. A. Reed等人[24]发现50 keV电子诱发28 nm和45 nm工艺静态随机存储器发生单粒子翻转为开端，辐射效应领域掀起了电子束诱发先进纳米级半导体器件发生单粒子效应研究的热潮[25-27]，图3-15给出了电子能够诱发28 nm工艺静态随机存储器发生单粒子翻转的试验事实，从图中看到电子诱发器件发生单粒子翻转的敏感性与器件的加载电压具有明显的相关性。随后，A. Samaras等人[28]利用20 MeV能量的电子束辐照45 nm工艺FPGA器件，观察到FPGA器件发生明显单粒子翻转现象。图3-16给出了电子束诱发45 nm工艺FPGA器件发生单粒子翻转敏感性与电子束能量的关系，从图中可以看到，随着电子束的能量增大，FPGA器件单粒子翻转截面逐渐增大。从上述相关研究中不难发现，一定能量的电子束作用于先进半导体器件，同样可以诱发器件发生单粒子效应。

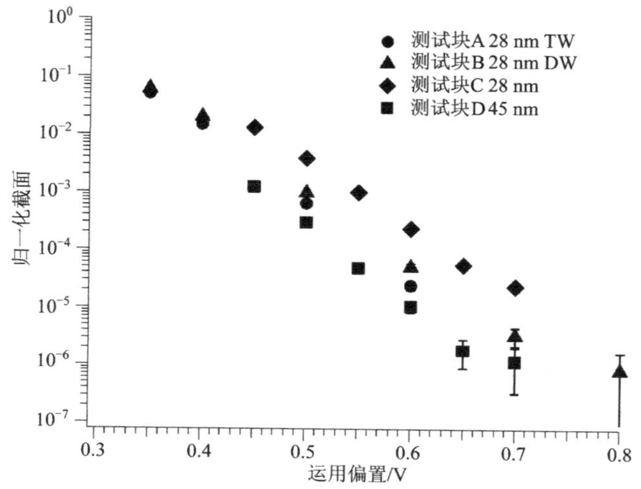

图 3-15 电子能够诱发静态随机存储器发生单粒子翻转[24]

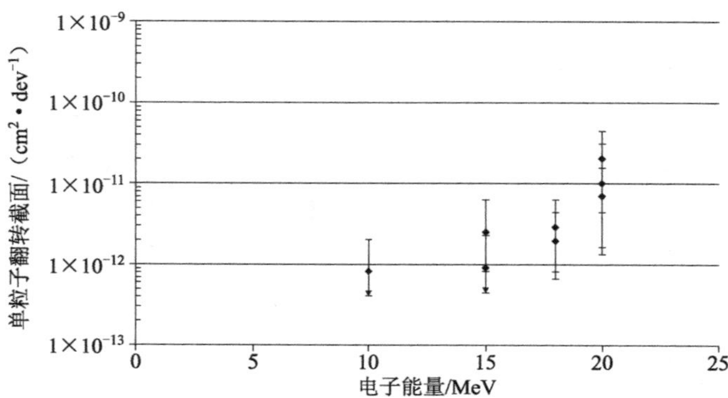

图 3-16　电子束诱发 FPGA 器件发生单粒子翻转[28]

3.6 能量电子对太阳能帆板的影响

太阳能是航天器系统广泛应用的能源，空间飞行器能源系统大多采用太阳能电池阵-蓄电池组的模式，太阳能电池阵作为主要的发电设备，为航天器提供不竭的能源。从太阳能电池发展过程来看，太阳能电池阵列技术从不断变化的需求中得到了优化。其主要体现在基板结构的创新、新颖的元件与部件、帆板机构的设计和高效的光电转换电池单元，这些方面的改善带来了转换效率的显著提高，主要表现在质量和成本降低。目前，已经有多种太阳翼的结构基板、多种展开机构和多种半导体光伏电池类型可供航天器设计选择。这些航天器运行在空间等离子环境下，太阳能电池的可靠性对航天器正常工作的重要性不言而喻，对各种类型太阳能电池的抗辐照性能研究也从未停止过。

3.6.1 太阳能电池简介

1. 碲化镉薄膜太阳能电池

在薄膜光伏材料中，CdTe太阳能电池具有极好的能带结构，光谱响应范围与可见光匹配良好，1.45 eV的能带宽度使其在比较高环境温度下也能正常工作。目前CdTe多晶薄膜太阳能电池的理论转化效率值为27%。

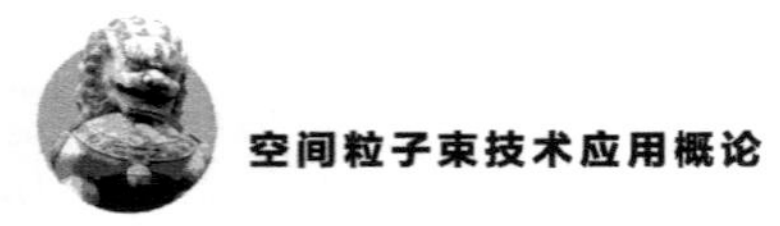

2. 砷化镓太阳能电池

砷化镓材料是直接带隙半导体材料，禁带宽度为1.43 eV，光电转化效率可达28%，砷化镓太阳能电池的光吸收系数在可见光范围是远高于硅薄膜的。与硅太阳能电池相比，空间砷化镓太阳能电池具有光电转化效率高、对热不敏感和抗辐射性能强的特点，适合制作单结太阳能电池。但是砷化镓材料昂贵，目前只应用到航天领域。砷化镓太阳能电池理想的光电转化效率具有很大的空间应用前景，目前各国已经研究了这种电池的抗辐射性能。

3. CIGS柔性薄膜太阳能电池

20世纪70年代发展起来的铜铟镓硒太阳能电池（CIGS），受到研究者的关注。CIGS属于异质结半导体电池，其前身为铜铟硒（$CuInSe_2$）太阳能电池。在$CuInSe_2$三元晶体化合物中掺杂一定量的Ga原子替代In原子的位置，即可获得$Cu(In_{1-x}Ga_x)Se_2$四元化合物，这种添加Ga原子后的太阳能电池，可有效调整禁带宽度，调节范围为1.04～1.67 eV，调节带隙宽度后太阳能电池光吸收范围得到优化，转换效率提高。

现有各类型的薄膜太阳能电池中，在理论上和实际上，CIGS的光电转换效率都是目前为止最高的，已超过了20%。虽然未达到现行航天器常用太阳能电池GaAs的转换效率，但它以自身低廉的制造成本、良好的稳定性以及高抗辐照性能，而日益受到人们的重视。在未来的数年内，CIGS很有希望在航天领域得到广泛的应用。

3.6.2 太阳能电池工作的基本原理

太阳能电池工作原理的基础是半导体PN结的光生伏特效应，当具有适当能量的光子入射半导体PN结时，光与构成半导体的材料相互作用，产生大量的电子-空穴对，在半导体内部PN结附近生成的载流子没有被复合，而到达空间电荷区，受内部电场的吸引，电子流入N区，空穴流入P区，结果使N区存储了过剩的电子，P区有过剩的空穴，它们在PN结附近形成与势垒方向相反的光生电场，该电场除了抵消势垒电场的作用外，还使P区带正电，N区带负电，在N区和P区之间产生电势，正负电荷聚集于PN结两端就形成电池，如外部用导线连接这两个电极，就有电荷流动产生电能。

众所周知，硅半导体材料具有光生伏特效应，一直以来硅基太阳能电池被用作空间飞行器的供电电源，近年来，碲化镉薄膜太阳能电池、砷化镓太阳能

电池、铜铟镓硒薄膜太阳能电池等新型电池相比于硅基半导体太阳能电池，具有合适的带宽值与带隙类型、高的光电转换效率、可易于制成薄膜和超薄型太阳能电池、耐高温性能好和易制成效率更高的多结叠层太阳能电池等优点，是未来太阳能电池的理想材料，其未来应用于空间太阳能电池具有非常广阔的应用前景，但其抗辐照性能也是空间运用需要考虑的重要因素。

3.6.3 能量电子作用空间太阳能电池的失效原理

目前，国内研究粒子辐射对太阳能电池损伤主要集中在高能质子与电子的辐射损伤。大量辐照试验表明，电子对太阳能电池的损伤主要通过电离效应和位移效应，不同电子能量，其对太阳能电池影响的主要机制不同，低能电子主要以电离效应为主，而电子能量较大，与材料进行交互作用时，位移效应也会变得相当明显。电子辐照太阳能电池主要会使电池的短路电流、开路电压、光电转化效率以及最大输出功率发生恶化，当辐照剂量逐步增大时，太阳能电池甚至失效。

1. 电离效应

电子入射到半导体器件内部时，它们通过电离过程使一些束缚电子从材料价带激发到导带，产生大量的电子-空穴对，形成致密的电离迹径。若入射粒子的能量比禁带宽度大许多，被激发的电子获得的能量比达到导带所需要的能量多，初始电离电子和空穴往往具有相当大的动能，会通过如产生次级电子-空穴对（次级电离）或者以热能方式交给晶格，等等，迅速损失多余能量，降回到导带底或价带顶，变成热化电子或空穴。这些电子-空穴对对半导体器件的性能产生影响，严重时甚至可使半导体器件失灵。

2. 位移效应

入射粒子与物质原子核发生碰撞，将一部分能量传递给晶格原子，当这部分能量超过原子位移阈能时，将导致晶格原子离开正常的晶格位置成为间隙原子，而在原来晶格位置留下一个空位，形成所谓的Frenkel缺陷。稳定的缺陷会在半导体材料禁带中引入一些深能级俘获陷阱和浅能级俘获陷阱。浅能级陷阱将导致多子的复合，使多子浓度降低；而深能级陷阱将导致少子寿命降低，迁移率退化。一般来说，位移损伤对光电器件（太阳能电池）危害较大[30]。

同时，辐射在半导体材料中产生的空位-间隙原子扰乱了晶格的完整性，使系统处于激发状态，这种状态是不稳定的。Frenkel缺陷在温度为100 K以上时，空位-间隙原子可以在晶体内运动，可能发生复合（或湮灭）或沉陷于沟蟹（指表面、位错、层错等）而被“冻结”，还可能彼此结合成稳定缺陷（如双空位V–V）等。空位和间隙分开的距离小于约5个原子间距，则点阵形变足以促使它们自发地湮没，这种作用会使系统重新恢复到稳定状态[31]。

3.6.4 高能电子辐照对太阳能电池的影响实例

处于空间等离子体环境中的航天器受到各种粒子的辐射，不同的轨道上粒子种类不同，在地球低轨和中轨中，电子是带电粒子的最主要成分，由于电子质量远小于其他带电粒子的质量，所以当电子温度与其他离子温度相当时，电子速度要远大于离子速度，因此，空间等离子体中电子具有较高的能量，地面通常采用1 MeV的电子来等效空间带电粒子的辐射，以模拟空间辐射环境对太阳能电池的辐照损伤。

1. 高能电子辐照非晶硅太阳能电池

李柳青等人[32]对高能电子辐照非晶硅产生的影响进行了研究，辐照试验采用的太阳能电池的结构为Glass/SnO_2/p a-$Si_{1-x}C_x$：B：H/i a-Si：H/n Si：P：H/Al，电子辐照能量为1 MeV，剂量分别1.4×10^{15} e/cm^2、4.2×10^{15} e/cm^2、8.4×10^{15} e/cm^2。辐照之后，分别在光强为AM1.5（100 mW/cm^2）和暗室两种条件下，利用太阳能电池*J–V*测试仪对太阳能电池进行了电学特性测试。

图3-17给出了太阳能电池经过上述剂量辐照完，样品常温存放10 d，再在有光照情况下的*J–V*特性测试结果，从图中观察到随着辐照剂量的增大，太阳能电池性能显著变差，即出现显著的电子辐射效应，曲线①、②、③不重合，即未见饱和，说明随着辐照剂量的增大，辐照效应可能会加剧。

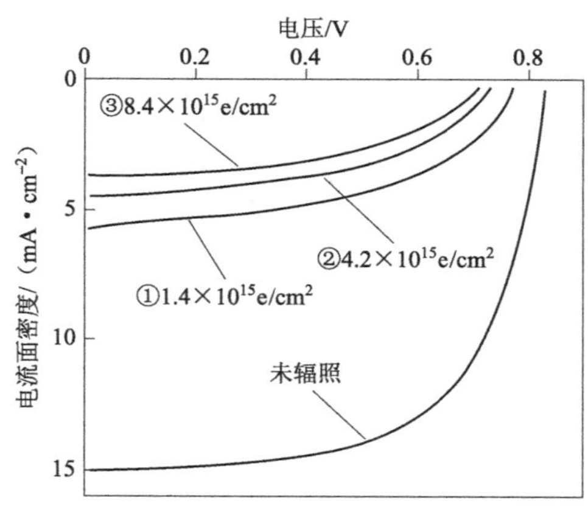

图3-17 太阳能电池1 MeV电子辐照前、辐照完存放10 d后的光照*J–V*曲线[32]

图3-18所示为保持样品蔽光，采用伏安法测量J_d–V特性，样品经1 MeV 8.4×10^{15} e/cm^{2}电子辐照完，再分别常温存放20 d和95 d之后测试的J_d–V特性曲线，从图中明显看出，1 MeV 8.4×10^{15} e/cm^{2}电子辐照完20 d后，截止电流显著增大，而且严重偏离线性关系，出现显著的电子辐照效应。

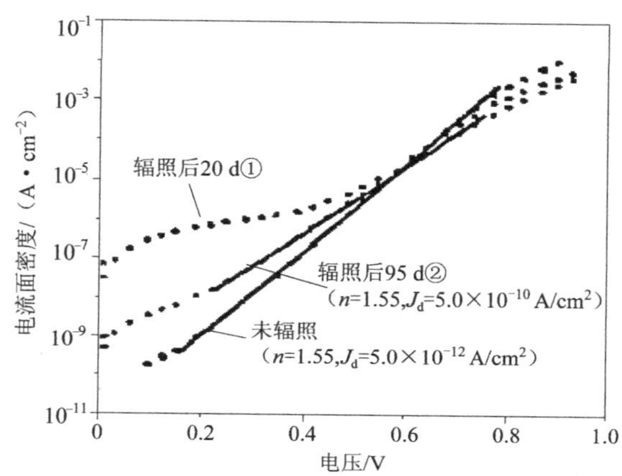

图3-18　太阳能电池1 MeV 8.4×10^{15} e/cm^{2}电子辐照前后测试的J_d–V曲线[32]

综上所述，采用能量为1 MeV通量达到10^{16} e/cm^{2}量级的电子束辐照传统非晶硅太阳能电池，可使电池的电学特性发生显著变化，即存在明显的电子辐照效应。

2. GaAs/Ge太阳能电池抗电子辐射研究

国外对于GaAs太阳能电池的辐照损伤研究起步较早，早在20世纪80年代，美国的R. Y. Loo等人便研究了GaAs太阳能电池的低能、高能质子辐照与高能电子辐照损伤效应[33]，法国的J. C. Bourgoin等人[34]对GaAs太阳能电池在辐照理论方面进行了大量研究，对于短路电流、开路电压受辐射损伤的因素研究较深，并建立了短路电流、开路电压受粒子辐照后性能参数退化的理论公式。美国加州工学院的B. E. Anspaugh通过总结前人研究成果及自身对GaAs太阳能电池的辐照研究，将成果于20世纪90年代中期发表，著成科技图书《GaAs太阳能电池辐照手册》[35]，为后人继续进行研究提供参考。

国内研究高能电子辐射对GaAs太阳能电池的损伤研究较多。中科院半导体研究所的向贤碧等人对AlGaAs/GaAs太阳能电池开展了电子辐照效应研究[36]，辐照试验采用3 MeV、注量率为8.68×10^{11} e/（cm^2•s）分别辐照到1×10^{14}~5×10^{15} e/cm^2，被辐照样品具有不同的结深度，同时部分样品采用硅硼酸盐玻璃进行了防护，试验结果如图3-19所示，随着辐照剂量的增加，电池的开路电压逐渐降低，深结电池的下降幅度更大；同时电池的短路电流也明显下降，深结电池下降非常明显，在辐照剂量达到5×10^{15} e/cm^{2}时，电池的短路电流只有原来的5%；对于有玻璃盖片防护电池的开路电压和短路电流下降也非常明显，说明玻璃防护盖片对于电子辐射不能起到有效的防护作用。

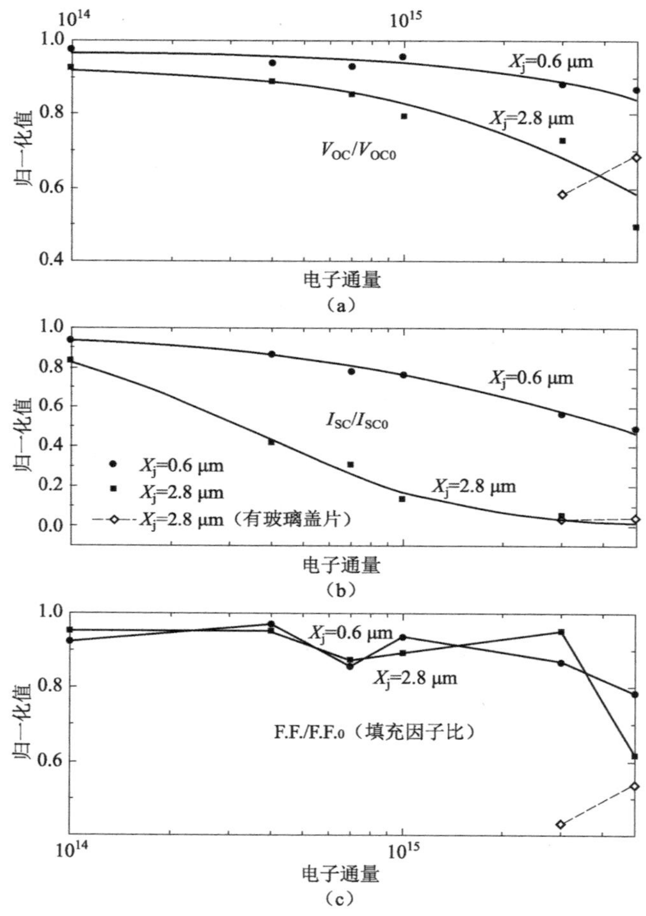

图 3-19 不同结深 AlGaAs/GaAs 太阳能电池开路电压 V_{OC}、短路电流 I_{SC} 和填充因子（F. F.）随辐照剂量的变化关系 [36]

中电科技集团第十八研究所的张新辉等人采用1 MeV电子对GaAs/Ge太阳能电池进行了辐射损伤研究[37]。电池辐射试验是在地那米GJ-2电子加速器上进行的，采用1×10^{11} e/（cm^2•s）的瞬时剂量，分别辐照到1×10^{13} e/cm^2、1×10^{14} e/cm^2、6×10^{14} e/cm^2、1×10^{15} e/cm^2、1.69×10^{15} e/cm^{2}的总剂量。在ORIEN太阳模拟器上将锗砷化镓太阳能电池在辐射前、后进行光电性能测试，

测试时环境温度为（25±2）℃。表3-2所示为锗砷化镓太阳能电池开路电压V、短路电流I和效率η对辐射总量的衰减表，由表3-2绘制了图3–20所示的曲线图。从图中看到，当辐照剂量大于1×10^{14} e/cm²之后，随着辐照剂量的增加，器件的开路电压、短路电流和效率出现明显下降。

表3-2 GaAs/Ge太阳能电池性能对辐射总剂量的衰减率表

辐射总剂量/（e·cm^{-2}）	1×10^{13}	1×10^{14}	6×10^{14}	1×10^{15}	1.69×10^{15}
开路电压衰减率/%	1.31	3.15	7.42	9.27	11.01
矩形电流衰减率/%	0	0.99	6.30	11.25	13.93
效率/%	2.05	3.34	14.21	19.35	23.00

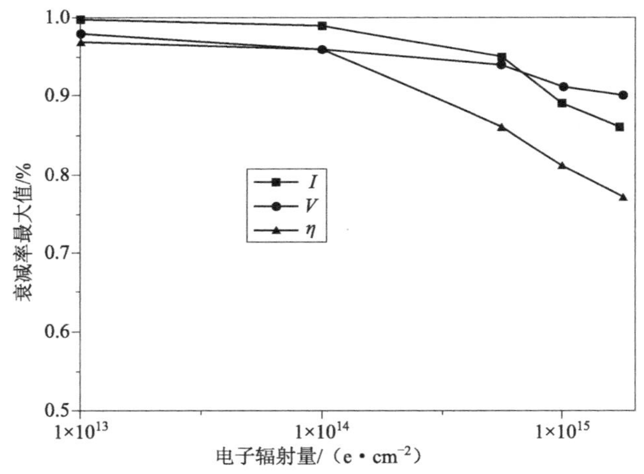

图3-20 不同电子辐射量辐射后电池性能[37]

半导体受高能电子辐照时，高能电子会将半导体中的一些原子电离或者使晶格原子离开原来的晶格位置，而形成一个空位和一个间隙原子，这些空位和间隙原子又很快与半导体中的其他杂质（如氧等）形成更加复杂的晶格缺陷；或Ga原子的正常位置被As原子占据，As原子的正常位置被Ga原子占据，形成反晶格缺陷。这些缺陷在禁带中引进了能够起受主、施主或复合中心作用的各种能级，有效掺杂度和折射率也会因此而发生变化。

可见，随着辐射通量的增加，光电池的输出功率降低，从而光电转换效率也降低。辐射损伤对材料最重要的影响是减少了少子寿命，辐照对PN结砷化镓太阳能电池来说，主要是基区寿命下降。锗砷化镓太阳能电池经高能电子的辐射，电池性能的衰减就是输出功率的衰减，实际就是电池开路电压、短路电流、最佳功率下的电压和最佳功率下的电流的下降。

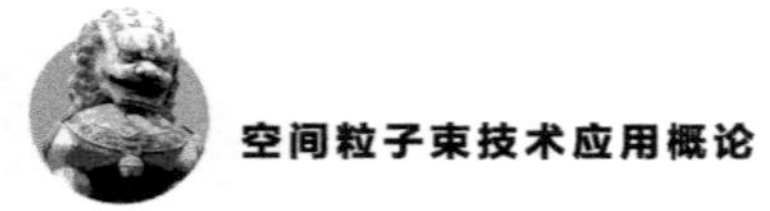

3. 高能电子辐照铜铟镓硒（CIGS）太阳能电池

鉴于铜铟镓硒太阳能电池高效的光电转换效率和优良的抗辐照性能，国外相关从业研究人员已将其列为最有潜质的下一代航天器用太阳能电池材料。因此，针对CIGS太阳能电池在空间带电粒子辐照环境下的性能演化地面模拟试验早已大量开展。因为国内CIGS电池制备研究起步较晚，相应的辐照损伤研究匮乏。

哈尔滨工业大学常熠等人[38]利用空间带电粒子辐照环境地面模拟设备对铜铟镓硒太阳能电池分别进行了50 keV和1 MeV电子辐照试验，电子的辐照注量分别达到1×10^{14} e/cm²、1×10^{15} e/cm²、1×10^{16} e/cm²。辐照试验所用CIGS薄膜太阳能电池其外观形貌如图3-21所示。电池外观尺寸为70 mm×50 mm×0.5 mm，表面呈深绿色，均匀分布银白色导电栅线，正负导电电极均已引出，且导电电极与电池边缘的接触面用聚酰亚胺薄膜隔开，防止电池短路。图3-22所示为CIGS太阳能电池原始伏安特性曲线，测试温度为25 ℃，光照条件为AM1.5，测得电池初始开路电压V_{OC}为0.664 2 V，短路电流I_{SC}为1.162 A，最大功率P_m为0.460 3 W，填充因子F. F. 为59.62%。

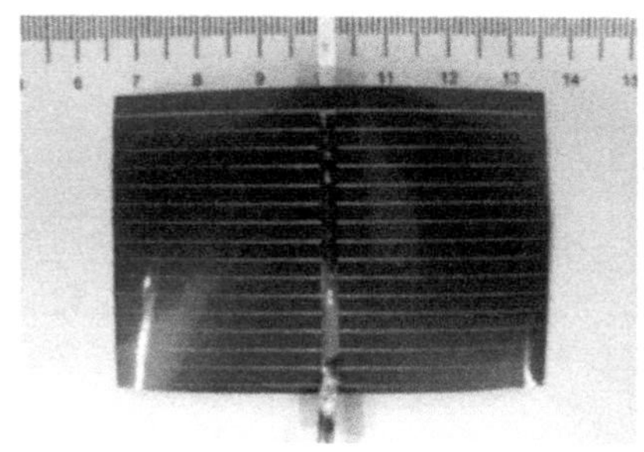

图3-21　试验所用CIGS太阳能电池外观[38]

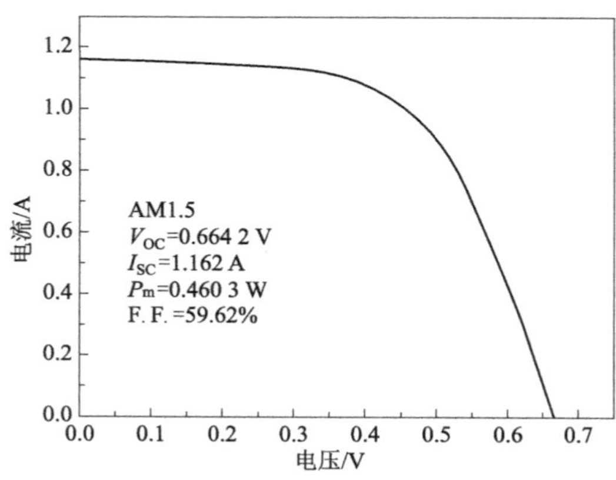

图3-22　试验所用CIGS太阳能电池原始伏安特性曲线[38]

50 keV 电子辐照在哈尔滨工业大学空间材料实验室完成，所用设备为质子和电子综合辐照环境模拟器，该设备可满足真空条件下能量为 30 ~ 170 keV 的质子和电子辐照环境模拟；1 MeV 电子辐照在黑龙江省科学院技术物理研究所的 DD-1.2 型高频高压静电加速器上进行，此设备的电子辐照能量范围为 0.8 ~ 1.2 MeV，最大束流强度为 1 mA，试验条件为常温常压。辐照完成后，CIGS 太阳能电池在室温下遮光保存。

1）50 keV 电子辐照对 CIGS 太阳能电池的影响

对 CIGS 太阳能电池进行能量为 50 keV，注量分别为 1×10^{14} e/cm²、1×10^{15} e/cm²、1×10^{16} e/cm² 的电子辐照试验。辐照后，对电池进行了 I–V 性能测试，所得的 CIGS 太阳能电池伏安特性曲线随着辐照注量的变化曲线如图 3-23 所示。由图可知，CIGS 电池随着 50 keV 电子辐照注量的递增，V_{OC} 和 I_{SC} 均呈现递减趋势，但幅度很小，具体如表 3-3 所示。

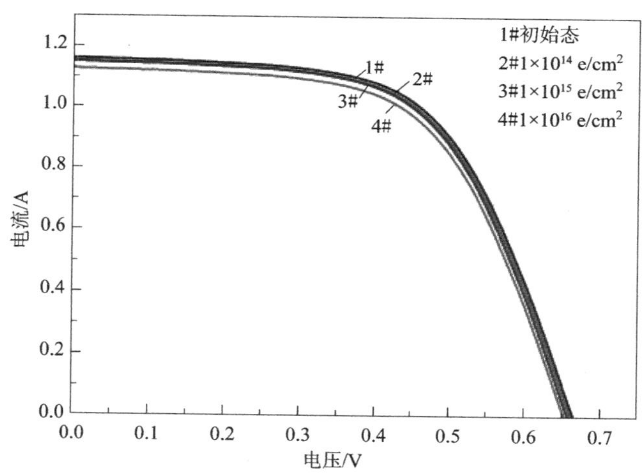

图 3-23　50 keV 不同注量电子辐照下 CIGS 太阳能电池 I–V 曲线 [38]

表 3-3　50 keV 电子不同注量辐照下 CIGS 太阳能电池参数衰减

参数/注量	初始态	1×10^{14} e/cm²	1×10^{15} e/cm²	1×10^{16} e/cm²
V_{OC}/V_{OC0}	1	0.994	0.987	0.980
I_{SC}/I_{SC0}	1	0.992	0.990	0.970
P_{OC}/P_{m0}	1	0.981	0.968	0.942
F.F./F.F.$_0$	1	0.994	0.991	0.991

综上所述，CIGS太阳能电池在50 keV电子的辐照下，各项电性能参数随注量增加而略有降低，在1×10^{16} e/cm²的辐照注量内，电池电性能的衰减程度远不足以影响其正常工作。

2）1 MeV电子辐照对CIGS太阳能电池的影响

对CIGS太阳能电池进行能量为1 MeV，注量分别为1×10^{14} e/cm²、1×10^{15} e/cm²、1×10^{16} e/cm²的电子辐照试验。辐照后，立即对电池进行了电学性能测试。测试结果如图3-24所示，CIGS太阳能电池在1 MeV电子的辐照下，电学性能随注量增加而略有降低，在注量1×10^{16} e/cm²下，上述开路电压、短路电流、最大功率和填充因子四个参数对应的衰降后的比例分别为98.0%、97.6%、94.6%、98.9%，最大功率衰降速度大于短路电流和开路电压，填充因子衰降最慢，具体如表3-4所示。

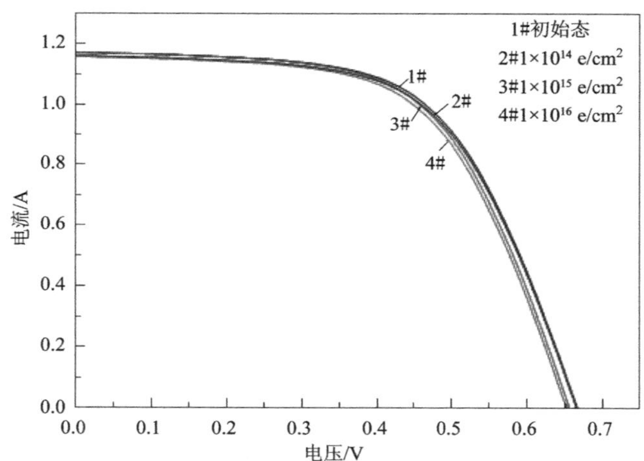

图3-24　1 MeV不同注量质子辐照下CIGS太阳能电池*I*–*V*曲线[38]

表3-4　1 MeV电子不同注量辐照下CIGS太阳能电池电性能参数衰减比例

参数/注量	初始态	1×10^{14} e/cm²	1×10^{15} e/cm²	1×10^{16} e/cm²
V_{OC}/V_{OC0}	1	0.994	0.987	0.980
I_{SC}/I_{SC0}	1	0.992	0.986	0.976
P_{OC}/P_{m0}	1	0.972	0.968	0.946
F.F./F.F.$_0$	1	0.994	0.991	0.989

从高能电子对非晶体硅、GaAs/Ge、CIGS三种航天用太阳能电池的辐照效果来看，其影响太阳能电池的主要机制是大剂量的电离累积效应，导致太阳

能电池开路电压 V、短路电流 I、效率 η 和最大功率出现不同程度的性能衰减，对太阳能电池半导体材料起作用的高能电子在1 MeV左右，当电子辐照总剂量在 1×10^{16} e/cm^2 量级时，电子对其上述性能的影响在20%左右，其中电子对非晶硅太阳能电池的影响最为显著，对于先进的GaAs/Ge和CIGS太阳能电池的影响有限，因而对于先进的GaAs/Ge和CIGS太阳能电池造成显著影响需要更大的电子辐照剂量。

3.7 能量电子对微波部件的影响

航天器有效载荷向大功率、多通道、高密度、小型化、高可靠、长寿命方向发展，大功率微波部件承受的功率越来越高，体积越来越小，已达到了微波器件可耐受功率的上限，空间环境微扰对微波器件的影响越发容易，高通量电子入射大功率微波部件，导致微波器件出现微放电效应[39]是航天器载荷功能失效的一个重要原因。

3.7.1 能量电子对微波器件的影响机制

具有一定能量或速度的电子轰击物体表面时，会引起电子从该物体表面发射出来，这种现象称为二次电子发射（或次级发射），双金属表面微放电效应产生的过程如图 3-25 所示，两金属板之间的初级电子在射频场正半周期向上加速，初级电子击中上金属板，由于金属原子外层电子能级的不稳定性，在初级电子与金属原子进行能量交换后，部分金属原子外层的电子会克服原子核的束缚，从金属表面发射，形成二次电子。在射频场负半周期中，二次电子在射频场加速下向下运动，并撞击另一金属板，又会有更多的二次电子被激发出来。每次碰击金属板时会释放出比原来更多的二次电子，二次电子累积到一定程度导致产生雪崩效应，形成微放电效应。因而，当一定能量的电子入射到空

间中处于真空环境下的微波器件，电子在外加射频电场的加速下，在微波器件内部金属表面间激发二次电子发射与倍增，航天器大功率微波部件极易发生双金属表面微放电效应。

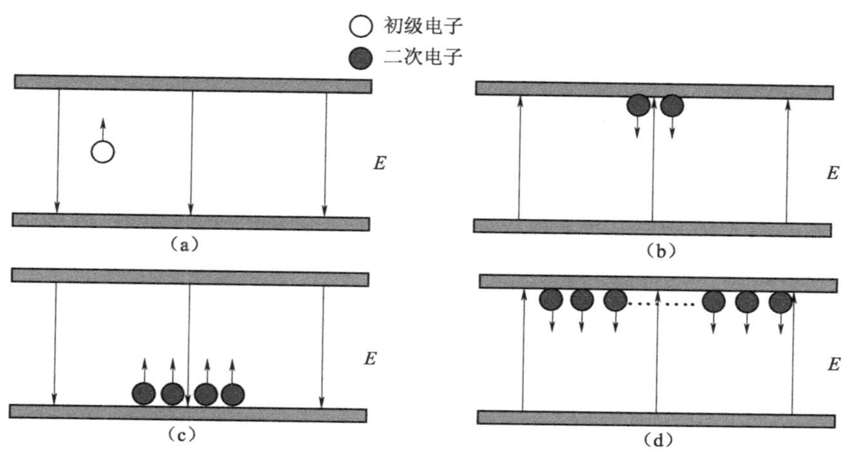

图 3-25 双金属表面微放电效应产生的过程 [40]

3.7.2 微放电效应建立的条件

微放电效应是在真空条件下，自由电子在两个金属表面间或单个介质表面上激发的二次电子发射与雪崩效应。发生微放电效应需要满足以下条件[41]。

（1）真空条件，微放电效应发生的基本条件是电子的平均自由程必须足够长，使得电子在两平板间加速且具有很小的概率和周围的原子或分子碰撞。压强为 10^{-1} Pa或更低时，被典型气体（如氮气、氧气及氦气等）包围的电子的平均自由程在数十厘米范围内。对RF（射频）器件来说，典型的缝隙宽度在毫米范围内，在空间轨道环境中，航天器微波器件发生微放电所需的真空条件很容易满足。

（2）材料或介质的二次电子发射系数大于1。电子撞击能与二次电子发射系数关系曲线如图3-26所示。电子由RF电压所产生的电场加速，获得能量，入射到壁上的电子必须产生二次电子，而且二次发射电子与入射电子的比值即二次发射系数必须大于1。如果不满足这个条件，那么电子的产生将很快停止，倍增放电就不会持续下去。电子入射能量较小时，原电子不能释放更多的二次电子，因此不能产生倍增放电。在入射能量很大时，原电子的穿透深度大，以至于产生的二次电子陷入物体内部而不能到达表面，同样不能引起倍增放电。因此，原电子的能量必须界于最大值和最小值之间，以保持二次电子倍增击穿的持续进行。同时该能量与电子和所加RF电场之间的位相角有关。因此，存在一个位相窗口，在这个窗口内，入射电子能引发二次电子，从而产生电子倍增放电。能量和位相的上界与下界使微放电能在很宽的频率范围内发生。

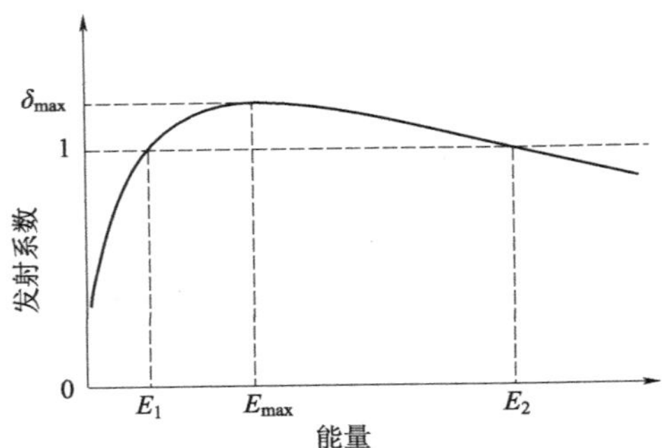

图 3-26　电子撞击能与二次电子发射系数关系曲线[42]

（3）自由电子的存在，微放电效应的产生必须有种子自由电子的激发。在太空中存在着很多自由电子源，可以达到较大的电子浓度，其中包括太阳风和范·艾伦带等。航天标准《航天器组件环境试验方法第1部分：表面充放电试验》要求在一个微波脉冲峰值持续时间内，被测组件周围至少应存在1×10²个自由电子。地面开展微放电效应试验时，人为加入自由电子可诱发微放电现象的发生，自由电子可采用钨丝冷发射的方法获取，或采用放射源产生自由电子（如铯源、锶源等）。自由电子发射源应靠近被测组件，如果使用放射源产生自由电子，可在被测组件表面上贴敷放射源。

（4）二次电子的渡越时间是微波信号半周期的奇数倍，以满足电子共振条件。微放电阈值与微波信号的频率和部件间隙尺寸之积（$f\times d$）有关，波导的微放电阈值电压与$f\times d$的关系曲线如图3-27所示，可以看出$f\times d$越小，微放电阈值越低。尤其在低频段，即使d很大，微放电阈值仍很低，微波部件在很小的功率条件下就会发生微放电效应。

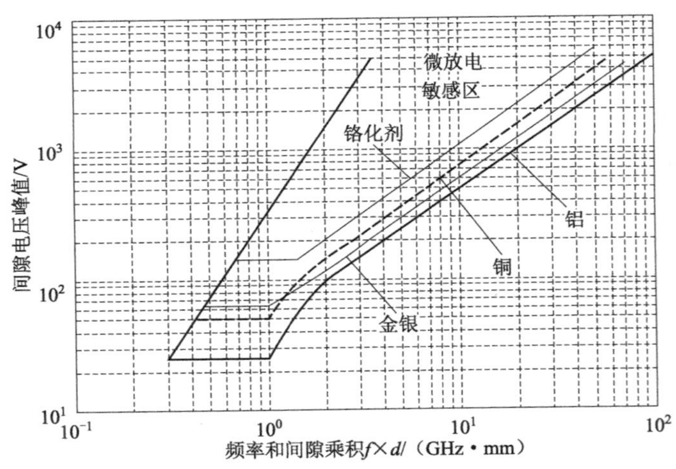

图 3-27　波导的微放电阈值电压与$f\times d$的关系曲线[43]

3.7.3　微放电效应对航天器载荷的影响

微放电是一种强真空中微波部件内部的强放电并伴随击穿的放电现象，是影响航天器载荷性能、高可靠性的重要因素。微放电会导致功率组件驻波比增大、反射功率增加、系统噪声增加，甚至永久性损坏，严重影响器件工作的稳定性[44-47]。微放电一旦产生，微波大功率组件除自身性能下降外，会产生过量噪声；二次电子倍增将使组件内表面永久性损坏、性能退化；还将引起无源互调产物[48]；根据选用材料的不同，会引起材料放气问题，微放电有可能引起较强的气体电离击穿问题；对电缆及连接器的表面产生慢性电蚀，最终可能导致其失效[49]。当空间设备中发生微放电效应时，通常会损害系统设备，造成系统不能正常工作。具体的危害通常表现在以下几个方面[43，50-51]。

（1）使谐振类设备失谐，导致所传输的微波信号失调。由于微放电效应的发生，其所引起的加感效应实际上是一种高度非线性的，且随机时变的短期感应阻抗。这种效应会引起谐振腔的Q值、耦合参数、波导损耗和相位常数等的波动，不可避免地使系统失调，导致系统性能下降。

（2）导致金属内部气体的逸出，产生更严重的气体放电。发生微放电效应以后，便会使设备排气。如果这种气体不用适当的方法排除，便会产生气体放电。

（3）产生靠近载波频率的窄带噪声。

（4）部件表面会被微放电效应产生的电子侵蚀，造成部件性能下降或系统的总体功能失效。

（5）微放电效应是高功率部件中重要的非线性因素，是引起部件无源互调现象的原因之一。

微放电效应是影响航天器载荷性能、高可靠性的重要因素。严重的微放电会导致产品烧毁，尽管微放电初期可能看不到任何放电痕迹，但是持续的结果一定会烧毁器件，从图3-28所示可以看出，一高功率开关产品刚发生微放电

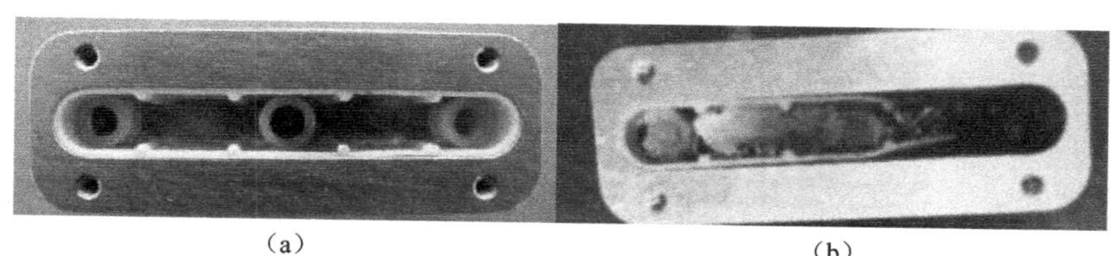

(a)　　　　　　(b)

图3-28　某产品微放电发生初期开盖图和烧毁后开盖图[48]

（a）发生初期；（b）烧毁后

时开盖没有看到任何放电痕迹，以及微放电持续恶化后，最终烧毁产品后开盖可以看到明显的放电烧毁现象。

微放电现象经常在包括射频窗、加速结构、微波管、耦合结构和模式变换器、天线或传输线、航天器中的射频负载等[52-53]微波系统中被发现。随着航天器载荷技术向大功率、多通道、高密度、小型化方向发展，微放电效应，尤其是高功率、多载波微放电效应将变得更加严重，微放电效应的影响已经成为不可回避的问题，鉴于国内外航天器载荷发展的趋势以及上述微放电效应影响的分析，大功率微波部件微放电效应的问题越来越成为影响航天器安全的一大隐患，由于微放电效应的影响机理，高能强流电子束入射到微波器件的内部，诱发航天器微波器件发生严重的微放电效应，会导致航天器有效载荷噪声增大、输出功率下降、微波传输系统驻波比增大、反射功率增加、信道阻塞和微波部件表面损坏等，甚至导致微波部件永久性失效。

3.7.4 能量电子引起的增强微放电效应

为了验证电子束具备诱发微波部件微放电的能力，设计了电子束诱发特殊压缩波导微放电效应演示试验。本试验利用高功率微波源提供的峰值功率为10 kW、频率为9.7 GHz的微波信号通入特殊结构波导，在特殊波导壁开孔，将电子枪提供的30 keV电子束引入特殊波导内部，同时在波导壁开孔，利用机械泵和分子泵对特殊波导内抽真空，在特殊波导内通入微波信号的同时，打开电子枪，观察微波信号通过特殊波导的波形，通过观察电子束引入前后，将传输波形的变化作为表征发生微放电现象的判据。

试验布局简图如图3-29所示，发生微放电的结构为特殊结构波导，该波导是在标准X波段矩形波导的基础上设计的X波段放电特殊波导，设计如图3-30所示，放电压缩波导段的横截面尺寸为a=22.86 mm，b=1 mm，放电波导到端口是渐变的过渡波导，端口是标准的BJ100矩形波导接口；试验通过正反向波形检测法检测微放电现象，即将定向耦合器耦合的透射信号经过衰减器和检波器输入示波器，同时双定向耦合器的反射微波信号经过衰减器和检波器输入功率计，监测透射和反射微波信号的波形。电子束诱发微放电试验现场布局如图3-31所示，具体连接按照图3-29布局所示进行连接，示波器1通道连接双定向耦合器的正向耦合端，示波器2通道连接特殊结构波导后端定向耦合器的耦合端，功率计连接双定向耦合器的反向耦合端。

试验过程中首先对整个特殊波导区域抽真空，真空度达到2.7×10^{-3} Pa时趋于稳定，再接通微波源，将峰值为10 kW、脉宽为1 μs、频率为9.7 GHz矩

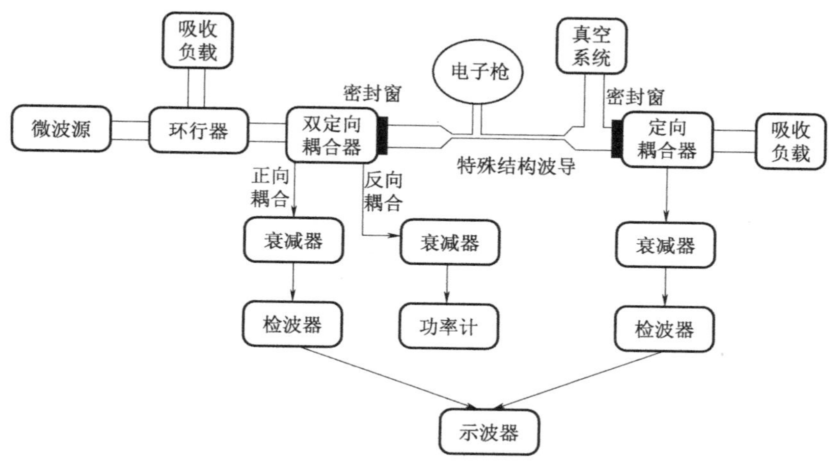

图 3-29　试验布局简图

图 3-30　HFSS 设计 X 波段放电特殊波导

图 3-31　电子束诱发微放电试验现场布局

1—定向耦合器；2—高压电源；3—示波器；4—特殊波导；5—电子枪；6—功率计；7—双定向耦合器；8—环形器；9—微波源

形方波信号通入上述链路，通过示波器观察到如图 3-32 所示的透射波形，通过透射波形看到是标准的矩形波，脉冲宽度为 1 μs，与微波源输出波形一致，说明在没有引入电子束时，该特殊结构压缩波导能够正常传输微波信号。紧接着，在电子枪灯丝加 7.7 V 电压，逐渐从 0 V 增大加速电压，加速电压达到 200 V 时，通过示波器观测到微波信号开始受到干扰，透射波形出现截止现象，如图 3-33 所示；当继续增大电子枪加速电压，最大达 1 000 V 时，此时灯丝电流约为 25 mA，透射波形如图 3-34 所示，透射微波信号截止明显提前，脉宽变窄；同时通过功率计观测反射信号波形，图 3-35 给出了电子束引入前后的反射波形，可以看到当特殊结构波导发生放电后，反射功率大幅增加，此时特殊波导几乎处于全反射状态。

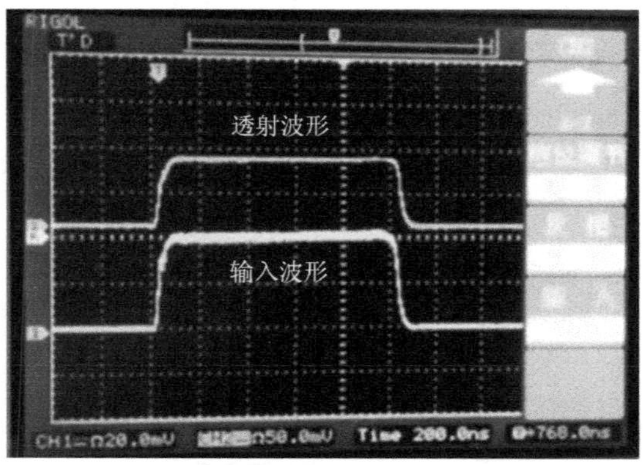

图 3-32　无电子束引入的透射波形

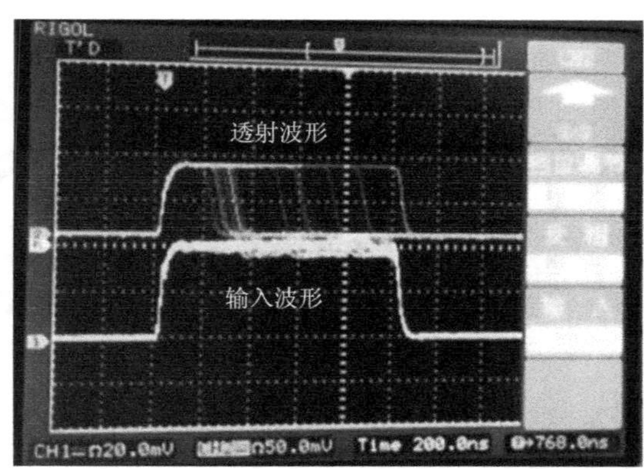

图 3-33　电子束引入的透射波形（加速电压 200 V）

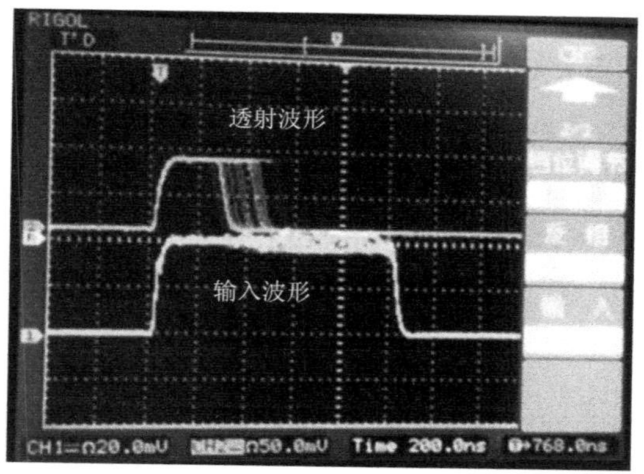

图 3-34　电子束引入的透射波形（加速电压 1 000 V）

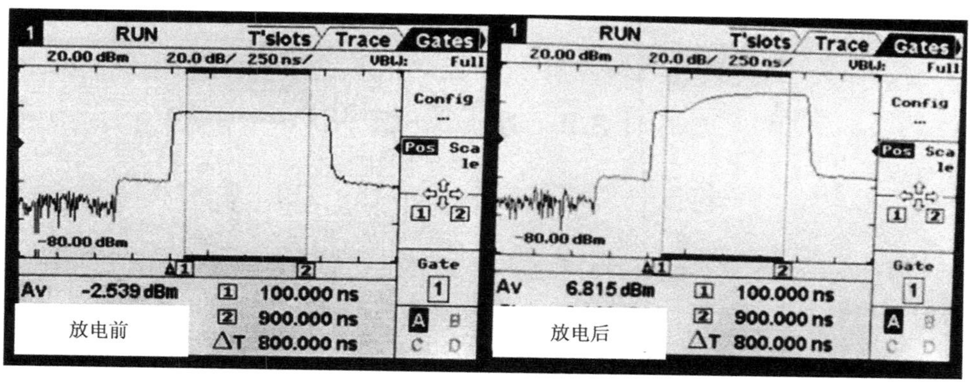

图 3-35　放电前后反射波形图

通过透射波形和反射波形可以看到，当电子枪灯丝加载电压时，在加速电压的作用下，电子束入射到试验波导中，透射微波信号出现明显的截止现象，入射电子能量越大，信号截止越早，放电越严重。试验结果说明了电子枪提供的电子束能够诱发特殊微波部件发生明显微放电现象。

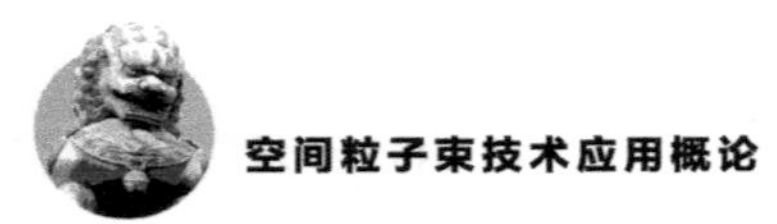

3.8 小　结

能量电子与金属、绝缘材料和半导体材料主要发生非弹性散射，在非弹性散射过程中，入射电子使材料原子电离或激发，入射电子通过电离能损损失能量，导致材料产生电子-空穴对、发射二次电子和X射线等现象。由于电子束带电，入射到航天器上，通过表面带电和深层带电两种机制使航天器出现充放电现象，威胁航天器安全；当入射到半导体器件，导致半导体器件内部引入氧化物陷阱电荷和在不同材料界面附近引入界面态陷阱电荷，这些氧化物捕获电荷和界面态陷阱电荷，随着累积剂量的增加，捕获电荷和界面态陷阱电荷显著增加，导致半导体器件性能变化，如电参数漂移、漏电流增大和增益降低等，导致航天器载荷功能故障；高能电子辐照非晶体硅、GaAs/Ge和CIGS三种航天用太阳能电池，由于大剂量的电离累积效应，导致太阳能电池开路电压、短路电流、效率和最大功率出现不同程度的性能衰减，导致航天器太阳能帆板供电能力大幅下降；同时随着半导体器件特征尺寸进入到纳米量级，器件工作电压越来越低，引起单粒子效应的临界电荷越来越小，单个电子在器件敏感区域内沉积能量，产生电子-空穴对，器件敏感节点收集的电荷量与器件发生单粒子效应的临界电荷相比拟，单个电子就可能诱发新型微电子器件发生单粒子效应，先进纳米级工艺半导体器件运用到未来航天器设备中成为大势所趋，能量电子作用到这些先进半导体器件威胁航天器安全是可以预见的；随着航天器载

荷技术向大功率、多通道、高密度和小型化方向发展，大功率微波部件微放电效应的问题越来越成为影响航天器安全的一大隐患，微放电效应的影响已经成为不可回避的问题，由于微放电效应的影响机理，如果高能强流电子束入射到微波器件的内部，则可能会诱发航天器微波器件发生严重的微放电效应，会导致航天器有效载荷噪声增大、输出功率下降、微波传输系统驻波比增大、反射功率增加、信道阻塞和微波部件表面损坏等，甚至会导致微波部件永久性失效。

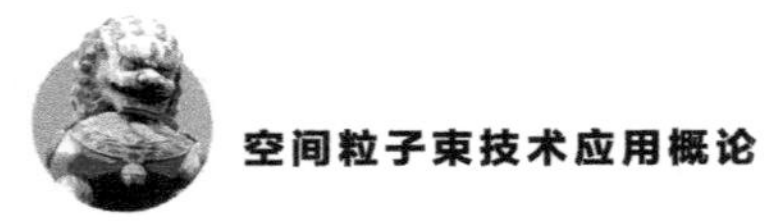

参 考 文 献

[1] 卢希庭，江栋兴，叶沿林. 原子核物理［M］. 北京：原子能出版社，2010.

[2] 徐颖，空间粒子辐射对航天器充放电效应的分析与研究［D］. 北京：中国科学院研究生院（空间科学与应用研究中心），2010.

[3] 姜春华，赵正予. 航天器表面充电的数值模拟［J］. 航天器环境工程，2008（2）：143-147.

[4] BEDINGFIELD K L，LEACH R D，ALEXANDER M B，NASA reference publication 1390［J］. National Aeronautics and Space Administration，1996.

[5] HENRY B G，ABLBERT C W. Spacecraft charging requirements and engineering issues［C］. 44th AIAA Aerospace Sciences Meeting，Reno Nevada，2006.

[6] HERRY G B，WHITTLESEY A C. Spacecraft charging，an update［J］. AIAA96-0143，1996.

[7] ECSS-E-ST-10-04C Space Engineering Space Environment［S］. 2008.

[8] HERR J L，MCCOLLUM M B. Spacecraft environments interactions protecting against the effects of spacecraft charging［R］. Alabama：NASA reference publication 1354，1999.

[9] 赵晶. 空间环境对航天器影响的统计分析［J］. 环境技术，1998（4）：41-53.

[10] SINGH N，ARIAF S，NICOLAS A. Space environment threats and their impact oil space crafts in near earth orbits［R］. Norway：Corona Space Surveillance Center，1998.

[11] RICHARD D L. Spacecraft system failures and anomalies attributed to the natural space environment［C］. AIAA Space Programs and Technologies Conference，Huntsville，Alabama，1812 p，1995.

[12] 梁李敏. 高能电子辐照GaN外延层的性能研究［D］. 天津：河北工业大学，2012.

[13] 张华林，陆妩，任迪远，等. 不同剂量率下偏置对双极晶体管电离辐照

效应的影响［J］. 微电子学，2004，34（6）：606-608.

［14］KJALMARSON H E，PEASE R L，HEMBREE C E，et al. Dose-rate dependence of radiation——induced interface trap density in silicon bipolar transistors［J］. NIMB，2006，250：269-273.

［15］郑玉展，陆妩，任迪远，等. 不同电子通量下NPN晶体管的辐照损伤研究［C］//第十四届全国核电子学与核探测技术学术年会，2008.

［16］NICOLAIDIS M. Soft errors in modern electronic systems［M］. London：Springer Science &Business Media，2011.

［17］GAILLARDIN M，MARTINEZ M，GIRARDS，et al. Paillet，high total ionizing dose and temperature effects on micro- and nano-electronic devices［J］. IEEE Transactions on Nuclear Science，2013，62（3）：1-6.

［18］BOESCH H E，TAYLOR T L. Charge and interface state generation in field oxides［J］. IEEE Transactions on Nuclear Science，1984，31（6）：1273-1279.

［19］QIAO F Y，PAN L Y，BLOMME P，et al. TID radiation response of 3-D vertical GAA SONOS memory cells［J］. IEEE Trans Nucl Sci，2014，61（2）：955-960.

［20］OLDHAM T R，MCLEAN F B. Total ionizing dose effects in MOS oxides and devices［J］. IEEE Transactions on Nuclear Science，2003，50（3）：483-499.

［21］NICOLAIDIS M. Soft errors in modern electronic systems［M］. London：Springer Science &Business Media，2011.

［22］BINDER D，SMITH E C，HOLMAN A B. Satellite anomalies from galactic cosmic-rays［J］. IEEE Transactions on Nuclear Science，1975，22（6）：2675-2680.

［23］WARREN K M，WELLER R A，MENDENHALL M H，et al. The contribution of nuclear reactions to heavy ion single event upset cross-section measurements in a high-density SEU hardened SRAM［J］. IEEE Transactions on Nuclear Science，2005，52（6）：2125-2131.

［24］KING M P，REED R A，WELLER R A，et al. Electron-induced single-event upsets in static random access memory［J］. IEEE Transactions on Nuclear Science，2013，60（6）：4122-4129.

［25］GARCIA ALIA G，BLSKLP B，BRUGGER M，et al. SEU measurements and simulations in a mixed field environment［J］. IEEE Transactions on Nuclear Science，2013，60（4）：2469-2476.

[26] UEMURA T，KATO T，MATSUYAMA，H，et al. Soft-error in SRAM at ultra-low voltage and impact of secondary proton in terrestrial environment [J]. IEEE Transactions on Nuclear Science，2013，60 (6)：4332-4337.

[27] GARCíA ALíA R，BRUGGER M，DANZECA S，et al. SEE measurements and simulations using mono-energetic GeV-energy hadron beams [J]. IEEE Transactions on Nuclear Science，2013，60 (6)：4142-4149.

[28] SAMARAS A，POURROUQUET P，SUKHASEUM N，et al. Experimental characterization and simulation of electron-induced SEU in 45-nm CMOS technology [J]. IEEE Transactions on Nuclear Science，2014，61 (6)：3055-3060.

[29] SIMPSON J A. Elemental and isotopic composition of the galactic cosmic-rays [J]. Annu Rev Nucl Part S，1983，33 (1)：323-381.

[30] 王同权，沈永平，王尚武，等. 空间辐射环境中的辐射效应 [J]. 国防科技大学学报，1999，21 (4)：36-39.

[31] 信德磊. 质子和电子共同辐照下GaAs/Ge太阳能电池电性能退化研究 [D]. 哈尔滨：哈尔滨工业大学，2007.

[32] 李柳青，廖显伯，游志朴. 高能电子辐照对非晶硅太阳能电池的影响 [C] //金属功能材料联合学术研讨会论文集，2001.

[33] LOO R Y，KAMATH G S，LI S S. Radiation damage and annealing in GaAs solar cells [J]. IEEE Transactions on Electron Devices，1990，37 (2)：485-497.

[34] BOURGOIN J C，ANGELIS N D. Radiation-induced defects in solar cell materials [J]. Solar Energy Materials and Solar Cells，2001，66：467-477.

[35] ANSPAUGH B E. GaAs solar cell radiation handbook[M]. Pasadena，California：JPL Publication，1996.

[36] XIANG X B，DU W H，CHANG X L，et al. Electron irradiation and thermal annealing effect on GaAs solar cells [J]. Solar Energy Materials and Solar Cells，1998，55 (4)：313-322.

[37] 张新辉. GaAs/Ge太阳电池抗电子辐射研究 [J]. 电源技术，2004，1：17-21.

[38] 常熠. 质子和电子综合辐照下铜铟镓硒太阳电池行为研究 [D]. 哈尔滨：哈尔滨工业大学，2013.

[39] VAUGHAN J R M. Multipactor [J]. IEEE Transactions on Electron Devices，1988，35 (7)：1172-1180.

[40] 张娜，崔万照，胡天存，等．微放电效应研究进展［J］．空间电子技术，2011，8（1）：38-43.

[41] 武小坡，赵海洋．微波大功率组件微放电研究［J］．微波学报，2012，28（6）：62-65.

[42] KIM H C，VERBONCOEUR J P. Modeling RF window breakdown：from vacuum multipactor to RF plasma［J］．IEEE Transactions on Dielectrics and Electrical Insulation，2007，14（4）：774-782.

[43] 柳荣．空间微波器件微放电特性分析［D］．西安：西安电子科技大学，2009.

[44] 张恒，崔万照，李韵，等．空间微波部件内二次电子累积及其与传输特性的关系［J］．中国空间科学技术，2017，37（2）：81-88.

[45] LI Y，CUI W Z，WANG H G. Simulation investigation of multipactor in metal components for space application with an improved secondary emission model［J］．Physics of plasmas，2015，22：053108.

[46] LI Y，CUI W Z，ZHANG N. Three-dimensional simulation method of multipactor in microwave components for high-power space application［J］．Chin. Phys. B，2014，23（4）：686-693.

[47] CUI WZ，LI Y，YANG J，et al. An efficient multipaction suppression method in microwave components for space application［J］．Chin. Phys. B，2016，25（6）：569-574.

[48] 魏彦江，杨光，邱钢．导航卫星中高功率器件的放电和互调问题研究［C］//第七届中国卫星导航学术年会，2016.

[49] 田波，钟剑锋，星载功率组件微放电技术研究［J］．电子工程师，2004，30（4）：12-13.

[50] 曹桂明，王积勤．空间微波系统中微放电现象［J］．宇航计测技术，2002，22（5）：1-5.

[51] 陈建荣，吴须大．星载设备中的微放电现象分析［J］．空间电子技术，1999，（1）：19-23.

[52] FUJII T，MORIYAMA S. High-voltage test of feedthroughs for a high-power ICRF antenna［J］．IEEE Transactions on Plasma Science，2001，29（2）：318-325.

[53] PREIST D H，TALCOTT R C. On the heating of output windows of microwave tubes by electron bombardment［J］．IEEE Transactions on Electron Devices，1961，8（4）：243-251.

第4章 空间环境

人们在讨论空间环境时，通常以地球磁场作用的范围定界，将100 km到10倍地球半径（约65 000 km）的范围定为地球空间，超过这个范围将是行星际磁场的主导作用空间。没有特殊说明，本章讨论的空间环境就是指地球空间环境，即绝大多数飞行器所处的地球轨道环境。地球空间环境非常复杂，它包括真空、磁场、引力场、太阳电磁辐射、粒子辐射以及极稀薄的等离子体等。空间环境对于运行在其中的功能载荷或系统有着较大的影响，如载荷的寿命及可靠性、载荷的工作模式、载荷的空间环境适应性等。这些空间环境不仅具有复杂的空间分布，而且随着时间不断的变化，包括分布的改变和强弱程度的剧烈变化，变化的剧烈程度与太阳活动程度直接相关。

4.1　空间环境基础

鉴于大部分航天器运行都处于地球空间环境内，其应用模式和场景都受到环境的严格限制，为了便于后文探讨空间粒子束技术的应用，了解地球空间环境，掌握其变化规律具有重要的意义[1-3]。这里首先对空间基础环境进行简要的介绍。

4.1.1　引力场与微重力

1. 引力场

地球轨道航天器是在地球引力场作用下运行的，引力场的位形影响着航天器的运行轨道，航天器必须具备足够的水平速度才能克服地球引力，围绕地球运行。理想的地球应该是质量分布均匀的圆球体，引力中心位于地心。

除了地球引力外，地球空间运行的航天器还会受到其他天体引力的作用，主要是月球和太阳引力的作用，日月引力对于地球轨道航天器是轨道的摄动力，引起航天器的轨道摄动。

太阳有巨大的质量，但距地球很远，它引起的摄动力比月球小，月球的摄动力约为太阳的2.2倍，是最主要的天体摄动力。至于木星等其他行星的摄动

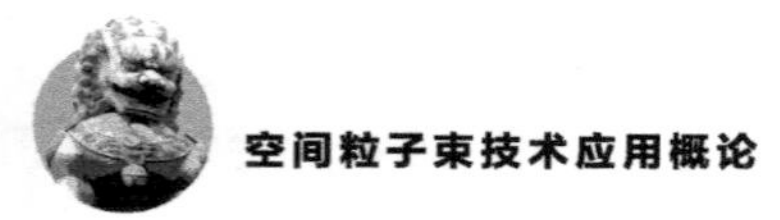

影响要比月球小几个数量级，一般情况下可以忽略。

日月不在航天器的轨道面内，黄道面与赤道面有23.5°的夹角，月球的白道面与黄道面夹角约为5°，因此摄动力相对于航天器轨道面的方向是不断变化的，导致对航天器长周期性的摄动[3]。

2. 微重力

航天器在引力场中自由运动时表现出的失重力为零的状态，称为零重力或失重。以在轨运行航天器为参考的系统中呈现出的失重环境中，物体与其支撑体之间不再有相互作用力，液体中密度大的颗粒不会沉淀，轻的气泡也不会上浮，流体对流现象消失。

失重并不是引力的消失，而只是物体在引力作用下自由运动时失去重量的表现，如在1 000 km高度的地球引力为地面的75%。地球引力作用范围可达到93万km。

实际上由于航天器受到地球引力以外的各种干扰力，航天器处于微重力环境，一般达不到完全的零重力环境。大气阻力、重力梯度、姿态运动以及航天器内部设备和人员的活动，都会影响微重力的程度。

4.1.2 真空

在空间环境中，真空一般包括三个概念[3]：高真空环境、超高真空环境和极高真空环境。100 km以上高空的大气已十分稀薄，大气密度只有5.6×10^{-7} kg/m^3，大气压力为3×10^{-2} Pa，不足地面大气压力的百万分之一，属于高真空环境。350 km高度的大气压力为4×10^{-6} Pa，已进入超高真空范围。1 000 km高度的大气压力只有8×10^{-9} Pa，已接近极高真空环境，再往上就进入极高真空环境。地球静止轨道卫星和深空探测器都运行在极高真空环境。地球空间的真空环境为航天器设计、运行提出了极大的挑战。

4.1.3 电离层

波长较短的太阳电磁辐射有足够的能量引起高空大气分子光致电离，使一部分中性大气分子或原子电离成自由电子和离子，在60~1 000 km范围内形成电离层。电离层是由电子、离子和中性粒子组成的一个导电的等离子体区域，这个区域因内部的电子密度与离子密度近似相等而对外呈电中性状态。由于离子的质量几乎与电离前的中性原子或分子质量相同，因此其温度也近似于中性原子或分子的温度。电离层内，离子和电子的能量很低，300 km 高空离子和电子温度大约为 1 200 K 或 0.1 eV，因此电离层的等离子体属于冷等离子体[3]。

电离层中同时进行着中性粒子不断地被太阳辐射电离和电子与离子复合成中性粒子的过程，各层中的电子密度与中性粒子的密度、能量大于粒子电离能的光量子通量和离子复合速率有关。按照电子密度随高度分布的几个峰值将电离层分为 D、E、F1、F2 层，其中 D 层的电子密度峰值高度在 90 km 附近，电子密度为 $1.5\times10^5\ \mathrm{cm^{-3}}$。F1 层的峰值高度约为 200 km，电子密度为 $2.5\times10^5\ \mathrm{cm^{-3}}$。F2 层的峰值高度约 300 km，拥有最高密度约为 $10^6\ \mathrm{cm^{-3}}$。在 F2 层往上，随着高度增加电子密度开始逐渐降低。D 层离地面最近，大约从 60 km 开始，这层中性粒子密度最高，离子复合速率最快，因此这一层的电子密度最低。能致使大气电离的光子在 D 层及以上被大气全部吸收，D 层以下大气的光致电离作用完全消失。

电离层电子密度有明显的昼夜变化，在夜间由于没有光致电离作用，离子与电子较快复合而 D 层完全消失，其他各层因平均自由路径长，离子未完全复合，并不消失，但电子密度会下降 1～2 个数量级，F1 和 F2 层的界限在夜间消失而合成 F 层。图 4-1 是电离层各层电子密度随高度的分布，可以看出电离层有显著的昼夜变化，并且随着高度增加，电子密度先上升再下降，其极值约在 300 km 左右的 F2 层。

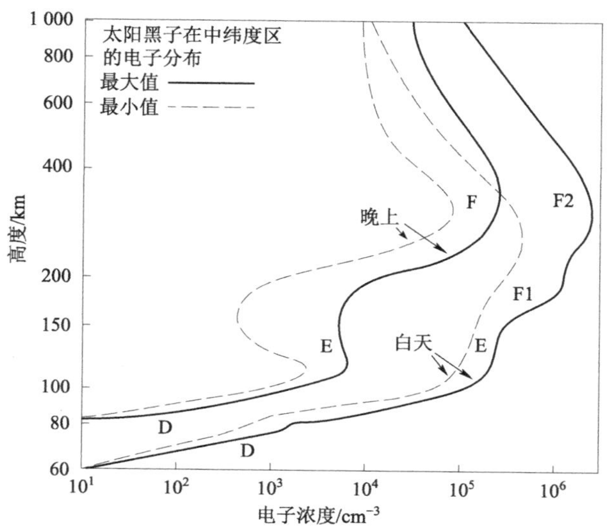

图 4-1 电离层各层电子密度垂直分布

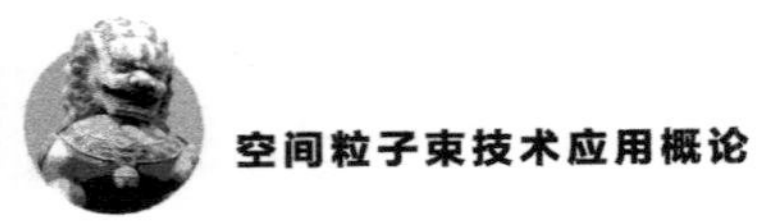

4.1.4 地球磁场与磁层

地球轨道空间中的磁场通常也称地磁场。地磁场可以形象地描述为在地球内部存在一个沿地球自转轴方向的被均匀磁化的铁棒。地磁场主要分为三个部分：① 主体部分称为基本磁场或偶极子场。在地球表面，基本磁场的磁通量密度在地磁赤道附近的31 000 nT与磁极的60 000 nT之间变化。地球基本磁场是由在地球外核流体中的磁流体发电效应形成的。基本磁场的偶极子结构是磁指南针能实现导航应用的主要原因。② 第二部分来自岩圈中被磁化的岩石（石质行星的固体外壳），岩圈的厚度从大洋中脊的1.6 km一直延伸到大洋底壳下130 km。岩圈在地球表面形成的磁通量密度为几百nT。其主要应用于地球物理学研究课题中，如研究地球板块运动理论等。③ 地磁场的第三部分来源电离层和磁层中的电流系统，电流的瞬间变化产生的磁场以及其在地球内部产生的感应电流的磁场组成了这个部分。这一部分的比重相当小，一般只有1%左右，并且由于受太阳活动影响，这部分磁场强度大小变化十分剧烈。磁场环境是整个空间粒子辐射、俘获以及等离子体分布的重要影响因素，同时也是带电粒子空间传输与应用的基础，这里对磁场环境基础进行初步介绍，后面的小节中会有更详细的讨论。

1. 基本磁场

基本磁场是地球固有磁场，它十分稳定，只有极缓慢的长期变化。基本磁场近似为偶极场，地磁的N极和S极分别在地球南北极附近，磁轴线偏离地球自转约11.5°。空间地磁场示意图如图4-2所示，磁力线由地球南极的N磁极从外部经过赤道到达地球北极的S磁极。地球表面赤道0经度处的磁场强度约为31 000 nT，两个磁极附近因磁力线密集，磁场比赤道强约1倍（约60 000 nT）。

一般情况下，可以估算距地心为r个地球半径处的磁场强度B为

$$B=(B_0/r^3)(3\sin^2\lambda+1)^{1/2} \tag{4-1}$$

式中：B_0为地球赤道表面的场强；r为地心距离，单位为地球半径；λ为纬度。磁场强度按随r^3高度减弱。赤道上空1 000 km高度的磁场强度为19 000 nT。1个地球半径高度的磁场强度为3 500 nT，地球静止轨道高度的磁场强度一般为80～160 nT，这一高度的磁场已经会受到外源磁场的影响，可能存在很多的变化。必须指出的是，式（4-1）仅仅是一个简单的估算公式，实际上磁场并不是简单的高度和纬度的函数，同一纬度的磁场分布并不均匀，在较精确计算时需要更加精准的模型[3]。

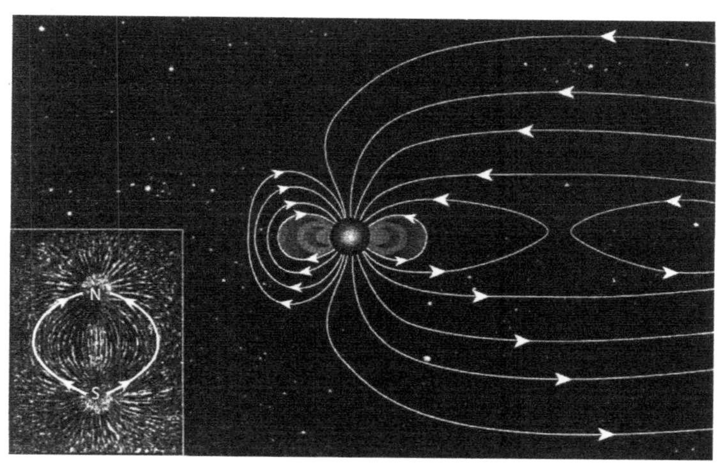

图4-2 空间地磁场示意图

2. 地球磁层

太阳风作用下，地球基本磁场位形改变，向阳面被压缩，背阳面向后伸长到很远的地方。太阳风作用下地磁场存在的空间称为磁层[1, 3-4]。磁层之外是太阳风和行星际磁场作用的空间。图4-3所示为简化的地球磁层剖面示意图。磁层的边界称为磁层顶，那里太阳风动压力与磁层内侧的磁压力大致相等。在朝向太阳的一面，磁层顶被太阳风压向地球，距离地心约10个地球半径，而背向太阳的方向被拉长，沿太阳风的方向形成很长的圆柱状磁尾，磁力线顺着磁尾伸展，磁尾长度超过地球到月球的距离。

磁层内部结构复杂，磁层中各个区域充斥着不同能量的等离子体，存在着多个电流体系、等离子体层、内外辐射带、等离子体片以及在两极附近的磁层极尖区。电流体系影响着内部的磁场。磁层中的等离子体层从1 000 km高度开始，它的下面与电离层连接，顶部可达4个地球半径，层中等离子体能量小于1 eV，层底部粒子密度为10^4 cm^{-3}，密度随高度降低，到层顶降低到10~100 cm^{-3}。等离子体层随着地球自转而产生空间电场。极尖区是个窄漏斗形的区域，它从磁层顶沿着经线向下延伸到极区的电离层，行星际等离子体可以通过槽区伸展到地球的高层大气。

磁层随太阳风的速度和通量而变化，受行星际磁场强弱和方向变化的影响，太阳活动剧烈时，朝阳面磁层顶高度可压缩到6~7个地球半径，磁尾拉伸得更长。磁层能量聚积到一定程度便会发生磁层亚暴，此时磁层出现剧烈的扰动，大量热等离子体从磁尾向下注入，在磁场作用下形成背阳面的电子密集

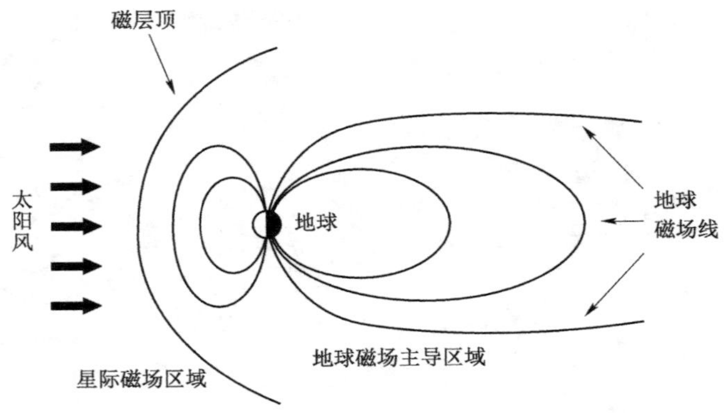

图 4-3　简化的地球磁层剖面示意图

区域，这一现象可导致高轨道航天器表面的高电压充电，若防护不当，充电电压可达 10 kV 以上，形成强电场，不均匀的电场可造成航天器表面放电，威胁航天器的安全。

4.1.5　地球电场

地球表面带负电，而大气层带等量正电。它们可用相距 60 km，电阻 200 Ω，电势为 300 kV 的两个球模型来表示。天气晴好时，地球表面的电场强度为 100～300 V/m。

磁层电场也常常存在，它具有非常重要的作用，能把带电粒子加速至高速，从而使其具有能量。在磁层中，典型的电场大小为 0.1～1 mV/m，在有大气扰动时可达到几百 mV/m。描述磁层电场有多个模型，目前应用较广的有 Weimer-2000 球形谐波函数模型[5]和 Volland-1973 赤道电势模型[6]。

磁层电场常常引起带电粒子的漂移，由于空间磁场并不恒定，也不均匀，此时在电场和磁场共同作用下的粒子的运动相当复杂。但一般情况下，如果由于某些特殊的力产生的运动距离远小于固有磁场拉莫尔半径，则这些效应可以看作对回旋运动的摄动。基于这一假定可以较为方便地求解带电粒子在空间电场影响下的漂移及周期[1]。

空间粒子束技术应用受到上述各类空间环境的约束，其具体装置的实用性能及工作模式都与空间环境息息相关。考虑到粒子束技术应用的特殊性，空间辐射环境、空间等离子体环境以及空间磁场环境是粒子束应用的几个核心环境因素，因此下面几节分别对这几种环境进行更为详细的介绍。

4.2　空间辐射环境

空间辐射带是指太阳风及外部环境与地球磁场相互耦合作用，使外部高能粒子或高温等离子体进入磁层内部，被地球磁场所俘获的主要分布区域，其示意图如图 4-4 所示，其中粒子辐射环境由电子、质子、中子和少量的重离子等组成，主要包括星体俘获辐射带、太阳宇宙射线（Solar Cosmic Ray，SCR）和银河宇宙射线（Galactic Cosmic Ray，GCR）。空间辐射环境[1-3]是引起航天器材料和器件性能退化甚至失效的主要环境因素，可引起单粒子效应（Single Event Effect，SEE）、总剂量效应（Total Ionizing Doze，TID）、表面充放电效应、内带电效应和位移损伤效应等。空间辐射环境主要来源太阳的辐射和星际空间的辐射，包括粒子辐射环境和太阳电磁辐射环境，这些辐射环境受太阳活动的调制。下面分别对带电粒子辐射、太阳电磁辐射以及人工辐射进行简要介绍。

4.2.1　带电粒子辐射

地球轨道的带电粒子辐射主要来源于地球辐射带、银河宇宙线和太阳宇宙线，其主要成分是电子、质子和少量重离子[2-3]。

图 4-4　空间磁层辐射带示意图

1. 地球辐射带

地球辐射带是指地球磁层中被地磁场俘获的高能带电粒子区域，也称地磁俘获辐射带。地球辐射带又称范·艾伦（Van Allen）辐射带，是地球轨道卫星的主要威胁，由地球磁场捕获的质子、电子和少量α粒子等空间辐射粒子组成，如图 4-5 所示，其分布随高度和纬度而变化，可分为内辐射带和外辐射带。

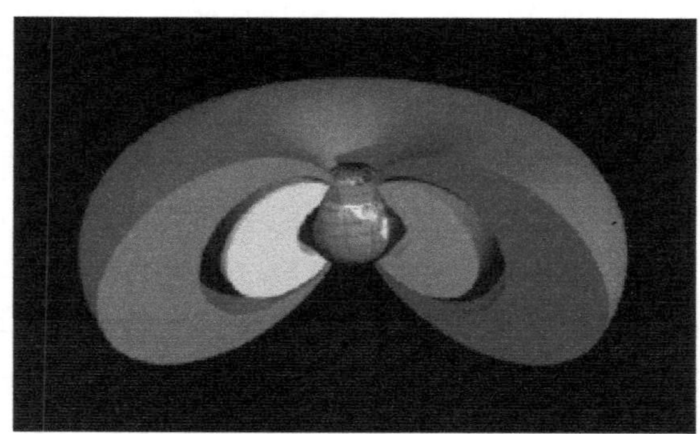

图 4-5　地球辐射带示意图

内辐射带在赤道平面的高度为 600 km 至 10 000 km，由于地磁场分布的异常，其下边界在南大西洋上空仅 200 km，即所谓南大西洋地磁异常区（South Atlantic Anomaly，SAA）。内辐射带主要由质子、电子和少量的α粒子组成，受太阳活动的影响不大，质子能量主要分布为 0.1~400 MeV，电子为 0.04~7 MeV，通量为 3×10^4 cm^2/s，其捕获示意图分别如图 4-6 和图 4-7 所示。

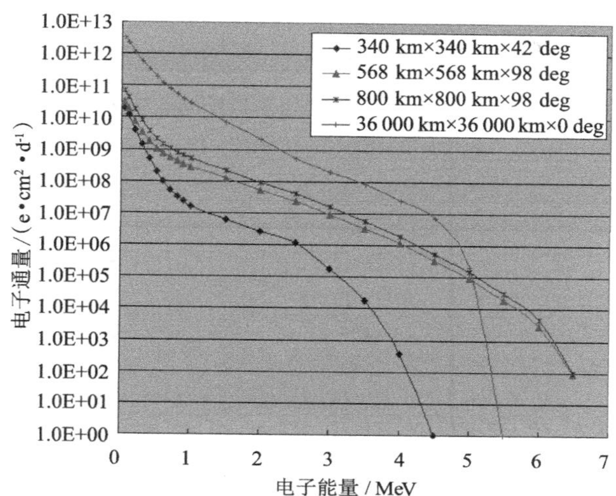

图 4-6　典型轨道辐射带捕获电子能谱

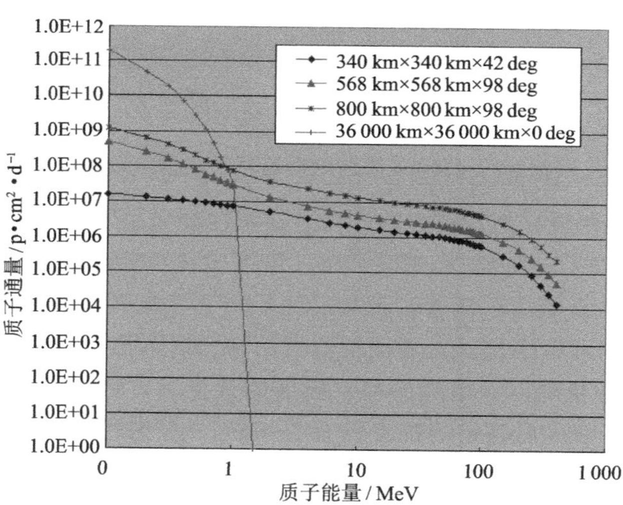

图 4-7　典型轨道辐射带捕获质子能谱

外辐射带空间范围延伸很广，在赤道平面的高度分布为10 000～60 000 km，中心位置在20 000～25 000 km，主要成分是电子，能量大都在0.04～4 MeV，通量为10 cm^2/s，质子通量很小且能量较低。外辐射带受太阳活动的影响很大，当地磁场受干扰时，其强度和位置都有很显著的变化。

2. 银河宇宙线

银河宇宙线[2-3]是来自太阳系之外各个方向的高能粒子，绝大部分是质子（约占88%），其次是α粒子，其他电荷数较大的粒子含量比质子约低两个数量级。银河宇宙线的通量很低，只有4 $cm^{-2}\cdot s^{-1}$，但能量较高，其范围为0.1～10^{10} GeV，分布在离地面50 km以上的自由空间中。图4-8所示为630 km银河宇宙线粒子能谱示意图。

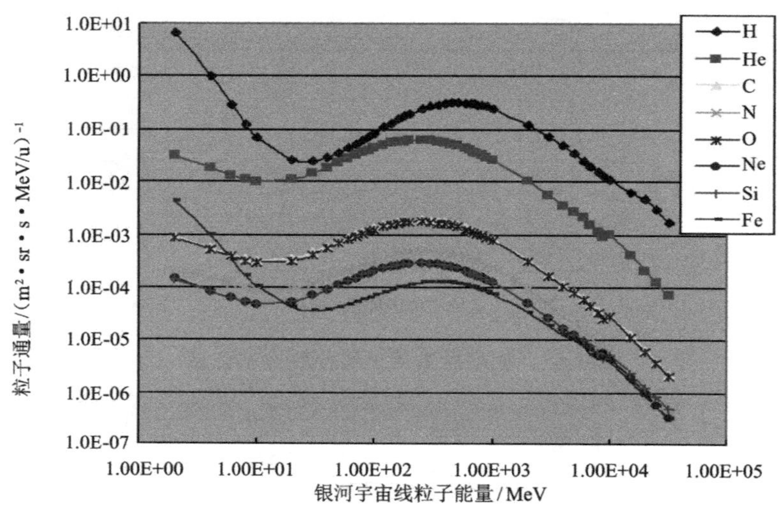

图4-8　630 km银河宇宙线粒子能谱示意图

当银河宇宙线沿赤道面接近地球时，在地磁场作用下将改变其路径，折向极区或者返回太空，在低轨道高度和低纬度区域银河宇宙线通量显著下降，因此地磁场对低轨道低倾角轨道航天器起到了一定程度屏蔽银河宇宙线的作用。高空磁场因太阳活动而起伏，地球空间银河宇宙线通量也随太阳活动而变化，太阳活动高年通量降低。虽然银河宇宙线的剂量率非常低，在通过质量密度1～10 g/cm的屏蔽层后每年的剂量只有3～8 rad，但是由于其能量极高，穿透力极强，因此也是单粒子事件的主要因素之一。

3. 太阳宇宙线

太阳高能辐射主要包括太阳风以及太阳耀斑爆发期间产生的X射线、γ射线和高能粒子流。太阳耀斑爆发期间产生的高能粒子流被称为太阳宇宙线，由于主要成分是高能质子，电荷数大于3的粒子很少，故这类耀斑又称太阳质子事件[1-3]。太阳宇宙线的能量在0.01～10 GeV范围内，其强度约为10^5 $cm^{-2}\cdot s^{-1}$。图4-9和图4-10所示分别为630 km SSO太阳宇宙线粒子能谱和630 km太阳耀斑质子能谱。

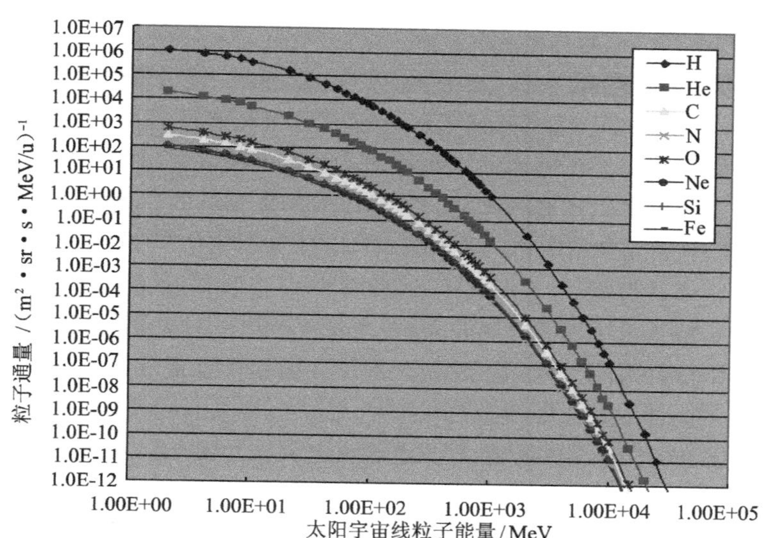

图 4-9　630 km SSO 太阳宇宙线粒子能谱

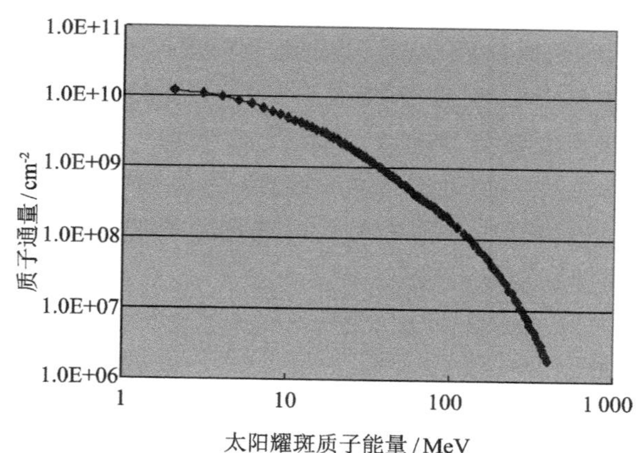

图 4-10　630 km 太阳耀斑质子能谱

太阳宇宙线事件大多与耀斑的发生有关联，也是随机发生的，发生的频度和强度都有很大变化，频率通常为每月两次到每年一两次不等，有明显的 11 年周期，太阳活动高年每年可能发生 20 次以上，太阳活动低年时每年只有 2~4 次甚至更少。多数太阳质子事件持续 1~5 d，然后消退。质子事件的通量大小差别也很大，1972 年和 1989 年均发生了特大太阳质子事件，大于 10 MeV 的峰值通量分别达到了 $8.6\times10^4\ cm^{-2}\cdot s^{-1}$ 和 $4\times10^4\ cm^{-2}\cdot s^{-1}$，两次质子事件的质子流量分别达到 $1\times10^{10}\ cm^{-2}$ 和 $2.2\times10^{10}\ cm^{-2}$，导致许多航天器发生故障[4, 7]。

4.2.2 太阳电磁辐射

空间电磁辐射[1-2]主要来源太阳辐射，其次来源其他恒星的辐射和经过地球大气的散射、反射回来的电磁波，最后还有来自地球大气的发光。空间电磁辐射波段可以分为几个范围：软X射线波段，波长范围小于10 nm，光子能量在0.1～10 keV；远紫外波段，又称真空紫外波段，波长汇聚范围在10～200 nm；近紫外波段，波长范围在200～400 nm；光发射波段（可见光和红外波段），波长范围在400～2 500 nm。太阳电磁辐射波段主要包括近紫外和光发射波段，是空间电磁辐射能量的最主要部分。

根据美国的ASTM 490标准，在地球轨道上，太阳电磁辐射位于地球大气层外，在距离太阳为1 AU（$1\ \text{AU}=1.495\ 985\times10^{11}\ \text{m}$）处并垂直于太阳光线的单位面积上，单位时间接收到的太阳总电磁辐射能量约为1 353 W/m^2，这一能量也称太阳常数。其中可见光、红外辐射波段这部分能量约为太阳常数的91.3%，即1 235 W/m^2。近紫外波段能量约为太阳常数的8.7%，为118 W/m^2。远紫外波段和X射线的能量相当少，分别为0.1 W/m^2和$2.5\times10^{-6}\ \text{W/m}^2$，占太阳常数的0.007%和$1.8\times10^{-7}$%。不难看出，太阳光谱的能量绝大部分集中在光发射波段，这部分光主要会引起材料表面温度变化。X射线主要由太阳耀斑产生，通量相当小，可以作为短期突发事件研究。紫外波段能量在太阳常数的比重并不太高，但由于光子能量高，电离和降解能力强，因此也必须考虑紫外线引起的材料性能退化问题。

4.2.3 人工辐射

定向能技术是空间航天器面临人工辐射的重要潜在来源。定向能技术是利用激光束、粒子束、微波束等各种束能，产生高温、电离辐射等综合效应，能够实现激光、微波等电磁能或高能粒子束的定向发射、聚束和远距离传输，快速攻击并毁伤目标的武器系统[8-11]。自1983年美国总统里根提出“战略防御倡议”计划以后，定向能武器便引起了许多国家的高度重视。美国战略与预算评估中心（CSBA）于2012年4月19日发布报告《改变游戏规则：定向能武器的前景》，指出定向能技术相比传统武器具有压倒性优势，美国应该关注发展定向能武器，以应对那些限制美军行动自由的活动。美国国防部也将定向能技术列为未来10年可能改变军事竞争态势和战争规则的五大技术领域之一[11]。

激光定向能技术将成为防空防天和导弹攻防作战的利器，目前已经进入实战应用阶段，成为防空反导武器体系中的新成员，能够在反卫星、防空反导和反恐等多种作战中发挥重要作用。激光武器具有能量集中、传输速度快、精确射击、转向灵活、作用距离远、抗干扰、效费比高等特点。采用地基、空基或天基作战平台的各型激光武器既可以用于空间信息对抗，破坏敌方信息链，对付中远程弹道导弹，发挥战略威慑作用，也可用于近距离拦截巡航导弹和无人机等目标，干扰或致盲各类光电制导精确打击武器，保护地面重要设施，具有较高的战术应用价值。高能激光器的功率一般在百千瓦以上，可攻击飞机、导弹和卫星等战略、战术目标，能够满足反卫星、反导防空和反恐等多种作战需求[12-13]。

高功率微波定向能技术[12-13]将成为21世纪信息化战争中攻击敌方信息链路或节点的重要手段之一，在空间攻防对抗和信息对抗中发挥重要作用，对新军事变革产生深远的影响。其特点是全天候、光速攻击、精确打击、面杀伤、丰富的弹药、低成本、不造成人员伤亡。其主要用于毁伤电子设备，使其功能降级，甚至完全不能工作，来瓦解敌方武器的作战能力。其主要作战对象包括雷达、预警飞机、通信电子设备、军用计算机、战术导弹与隐身飞机等。

粒子束定向能技术[12-14]尚处于实验室的可行性验证阶段，将广泛运用于防空反导、反卫和近程防御作战。粒子束定向能的主要特点是贯穿能力强、速度快，能量大，反应灵活，能全天候作战。相比于前两种定向能，粒子束技术还需要大力发展粒子束定向能总体技术、粒子束定向传输技术、粒子束波束控制技术，重点攻克粒子加速器技术等。

地球轨道上的航天器还可能遭遇其他人工辐射的威胁，如高空核爆和航天器上用的核电源[2-3]。核爆时产生的中子和伽马射线形成强的辐射剂量，产生的电磁脉冲有可能烧毁电子器件。核爆炸产物的β衰变，形成大量的电子，这些电子被地磁场捕获，加强了捕获辐射带中电子通量。20世纪60年代的高空核爆形成的人工高能粒子辐射经历了约10年后才基本消退。因此人工核爆直接威胁或间接影响航天器的安全运行。航天器自身携带的核能源也产生高能粒子辐射。同位素加热器、同位素热电发生器以及核反应堆电源，它们在进行核衰变或裂变时产生出高能中子和广谱的伽马射线对航天器也有一定的影响。

4.3 空间等离子体环境

等离子体是宇宙中物质最常见的形态。等离子体[1-3]构成了恒星（如太阳）的内部结构和大气、星际物质、行星际太阳风及行星的大气（如地球的电离层）等。一般认为，宇宙中大约99%的物质是等离子体。地球空间等离子体形成的机理主要有：① 高温，如太阳释放出太阳风；② 太阳电磁辐射引发的光致电离，如地球电离层等。等离子体由中性粒子、正离子和电子组成。

4.3.1 等离子体的基本特性

等离子体常被描述为物质的第四种状态，其他三种状态分别为固态、液态和气态。等离子体由部分电离或全部电离的气体组成。这些气体的原子和分子中的一些电子因具有足够的能量而离开，且不易重新结合。带电粒子密度必须同时满足两个条件才能形成等离子体：① 密度必须足够大，从而在粒子的统计学特性中，远距离粒子的库仑力成为重要因素；② 密度必须小于一定值，使得相邻粒子间的库仑力远小于其他远距离粒子库仑力的总和。由于远距离粒子库仑力发挥重要作用，等离子体呈现聚集效应。同时，等离子体具有导电性，又能对电磁场作出整体反应，且拥有相同数量的正、负带电粒子。在弱电离的等离子体中主要为电中性反应，在强电离的等离子体中则库仑力占据主导地位[1]。

1. 德拜长度

等离子体的一个重要静态特性就是它能屏蔽带电电荷、改变电荷作用的距离。假定一个正电荷q放入等离子体中，电子会受到电荷的吸引，正离子会受到电荷的排斥，导致在正电荷周围形成电子云，有效地屏蔽了电荷。因为电子具有热能，所以只是发生运动轨迹偏转，但不会接触到正电荷，而是保持在其周围，像航天器围绕地球一样。等离子体内带电粒子的电场可表示为

$$U = \frac{q}{4\pi\varepsilon_0 r}\mathrm{e}^{-r/\lambda_D} \tag{4-2}$$

式中：ε_0为自由空间介电常数；r为粒子与电荷q之间的距离；λ_D为德拜长度。这里的德拜长度是距离尺度因子，它是指在等离子体中，与没有等离子体相比，电场强度减少到$1/e$（e约等于2.718）时的距离。等离子体内带电粒子的电场作用一般不会超过几个德拜长度[13]。德拜长度的定义为

$$\lambda_D = \sqrt{\frac{\frac{\varepsilon_0 k}{e^2}}{\frac{n_e}{T_e} + \sum_i \frac{j_i^2 n_i}{T_i}}} \tag{4-3}$$

式中：e为元电荷大小；i为离子类型号；j_i为对应离子具有的单位电荷；k为玻耳兹曼常数；n_e为电子密度值；n_i为对应离子密度；T_e为电子温度；T_i为对应离子温度。如果所有离子电离方式一致，且电子与离子温度相同，则式（4-3）可简化为

$$\lambda_D = \sqrt{\frac{\varepsilon_0 kT}{2ne^2}} \tag{4-4}$$

如果在离子温度远小于电子温度的情况，则可以忽略离子影响，采用电子的密度n_e，以及电子温度T_e代入式（4-4）即可。

2. 等离子体频率

等离子体电子频率，有时简称等离子体频率，是指等离子体内电子相对于离子的自然振动频率[15]，定义为

$$f_{pe} = \frac{e}{2\pi}\sqrt{\frac{n_e}{\varepsilon_0 m_e}} = 8.979\sqrt{n_e} \tag{4-5}$$

等离子体频率为等离子体的固有属性之一。低于这一频率的电磁波是无法在等离子体中传播的，而是会被反射回去。这一特性在通信、等离子体天线以及等离子体防护等领域有着广泛的应用。

3. 等离子体参数

等离子体参数[1]定义为在德拜球内电子数量的平均值。德拜球是指在等离子体内，以所测试的带电粒子为中心，以德拜长度为半径的球形空间[15]。由式（4-4）可以得到无量纲的等离子体参数为

$$\Lambda = \frac{4\pi n_e \lambda_D^3}{3} = \frac{4\pi}{3}\left(\frac{\varepsilon_0 k T_e}{2 n_e^{1/3} e^2}\right)^{3/2} \tag{4-6}$$

等离子体参数也可以认为是德拜长度与粒子间距比率的立方，值一般较大。

4.3.2 等离子体环境

当一个粒子团呈现出等离子体特性时，其直径必须大到与德拜长度相当[1, 15]。空间环境中充斥着大量的等离子体，从电离层开始，到磁层再到行星际区域甚至星系际区域，等离子体几乎无处不在。地球轨道等离子体特性参数如表4-1所示，表中星际介质是指在银河星系内的等离子体，星系际介质是指星系之间的等离子体。

表 4-1 地球轨道等离子体特性参数

等离子体	电子密度/(n·m^{-3})	电子温度/T	德拜长度 *D*/m	等离子体电子频率/Hz	等离子体参数
300 km 轨道	5×10^{11}	1 500	0.003	6.3×10^{6}	4×10^{4}
1 000 km 轨道	8×10^{10}	5 000	0.012	2.5×10^{4}	6.1×10^{5}
地球同步轨道	1×10^{7}	1×10^{7}	49	2.8×10^{4}	4.9×10^{12}
磁层	1×10^{7}	2.3×10^{7}	74	2.8×10^{4}	1.7×10^{13}
太阳风	1×10^{6}	120 000	17	9×10^{3}	2.0×10^{10}
星际介质	1×10^{5}	7 000	13	2.8×10^{3}	9.0×10^{8}
星系际介质	1	1×10^{7}	1.5×10^{5}	9.0	1.5×10^{16}

由表4-1可以看出，对于低地球轨道的航天器来说，德拜长度大约在厘米级；而在地球同步轨道上德拜长度可达数十米量级。这些极稀薄的等离子体尽管在很多时候被忽略不计（真空近似），但是在很多时候却不能不加以考虑，如在充放电效应、电磁波或弱电流传输等问题上，等离子体的影响还是十分显著的。

4.4　空间环境对航天器的影响

从1957年10月4日人类活动进入太空开始，空间环境状态及其变化规律就成为航天活动所关心的重要问题。60多年来，国际上已发射了数百颗以上的航天器，这些航天器夜以继日地监视着空间环境变化；数以千计的科学家、工程师在为保证航天器在轨安全可靠运行而努力工作。但是，空间环境造成的航天器故障事件仍不断发生，其中最为关键的环境因素主要有流星体、地球辐射带以及高层大气三个方面[1-3, 15]。

20世纪70年代以后，在地球同步轨道上工作的通信卫星接连不断地发生故障，航天工程师们对此极感困惑。在空间环境专家的协助下，分析故障发生的时间、地点和当时的各种环境条件，认为致祸的元凶是空间高温等离子体。这些等离子体导致航天器充电到数千伏甚至上万伏的高压，放电电流使航天器部件或元器件损坏，或者放电时发出电磁脉冲，干扰航天器的正常工作。于是等离子体环境和航天器充电现象成为空间环境研究的主要问题。

20世纪80年代以后，微电子器件由于具有体积小、功耗低的特点，在航天工程中得到了广泛的应用。空间环境专家根据对带电粒子和物质相互作用的认识，曾预言了单粒子事件将成为航天器的重要隐患，银河宇宙线、太阳宇宙线和地球辐射带中的高能带电粒子，特别是重离子成为研究的重点。

20世纪90年代以后，各类防护理论及技术水平不断提升，航天器故障大幅下降，但是仍有一些卫星不断出现故障甚至失效，其原因主要为相对论电子。当前，随着这几类研究的不断深化，卫星防护及加固的能力也不断得以增强。

4.4.1 高能带电粒子环境的影响

高能带电粒子环境对航天器的影响[1-3]主要表现在以下几个方面。

（1）辐射损伤效应。辐射损伤效应也称辐照剂量效应，是指高能带电粒子对航天器材料、电子元器件、宇航员及生物样品的辐射损伤。

（2）单粒子效应。高能带电粒子以单粒子方式轰击微电子器件芯片，造成电子元器件，尤其是大规模、超大规模微电子器件产生单粒子翻转、锁定甚至烧毁等一系列单粒子效应。

（3）相对论电子效应。高通量高能电子以近似光速入射卫星，造成卫星内部绝缘介质或元器件电子堆积，引起介质深层充电，导致卫星故障。此外，太阳质子事件和沉降粒子的注入，会导致电离层电子浓度增大，严重干扰卫星的通信、测控和导航。

1. 辐射损伤效应

带电粒子对航天器的辐射损伤效应主要表现为以下两种方式[1，16-17]：① 电离作用，即入射粒子的能量通过被照物质的原子电离而被吸收，高能电子大都产生这种作用；② 原子位移作用，即高能离子击中原子引起原子位移而脱离原来所处的晶格，造成晶格缺陷。

高能质子和重离子既能产生电离作用，又能产生位移作用[1，3]。这些作用导致航天器的各种材料、电子器件等性能变差，严重时会失效。例如，玻璃材料在严重辐照后会变黑、变暗；胶卷变得模糊不清；人体感到不舒服、患病甚至死亡；太阳能电池输出降低、工作点漂移，甚至完全失效。在半导体器件和太阳电池中，电离作用使二氧化硅绝缘层中的电子-空穴对增加，导致MOS金属-氧化物-半导体晶体管的阈值电压漂移、双极型晶体管增益下降，并导致漏电流增加和器件性能降低。位移作用的结果使硅材料中少数载流子的寿命不断缩短，造成晶体管电流增益下降和漏电流增加。这些综合作用也就导致了太阳电池的输出功率下降。此外，带电粒子和紫外辐射对太阳电池屏蔽物的辐射损伤，如使屏蔽物变黑，将影响太阳光进入太阳电池，导致其功率下降。

2. 单粒子效应

单粒子事件[1，3]是指单个的高能质子或重离子轰击微电子器件，引起该器件状态改变，致使航天器发生异常或故障的事件。它包括使微电子器件逻辑状态改变的单粒子翻转事件、使CMOS组件发生可控硅效应的单粒子锁定事件等。

1）单粒子翻转事件

当空间高能带电粒子入射航天器或与航天器舱壁发生相互作用产生的重离子通过微电子器件时，在粒子通过的路径上发生电离，沉积在器件中的电荷部分被电极收集。其结果可能产生两种重要效应：软错误的单粒子翻转效应和锁定效应。当收集的电荷超过电路状态临界电荷时，电路就会出现不期望的翻转和逻辑功能混乱。这种效应不会使逻辑电路损坏，但可以被重新写入另外一种状态，因此，常把它叫作软错误[18]。

单粒子翻转事件虽然并不产生硬件损伤，但它会使航天器控制系统的逻辑状态混乱，从而导致灾难性后果。单粒子翻转效应早在20世纪70年代初就已经在卫星上观测到，在以后的各类卫星中也屡见不鲜。

2）单粒子锁定事件

在CMOS电路（固有P-N-P-N结构以及内部寄生晶体管）中，当高能带电粒子，尤其是重离子穿越芯片时，会在P阱衬底结中沉积大量电荷。这种瞬时电荷流动所形成的电流，在P阱电阻上产生压降，会使寄生NPN晶体管的基-射极正偏而导通，结果造成锁定事件。锁定时通过器件的电流过大，容易将器件烧毁[2, 18]。当出现锁定现象时，器件不会自动退出此状态，除非采取断电措施，然后重新启动。

在低轨道上，虽然宇宙线和辐射带中的高能质子与重离子的通量比其他轨道上的小，但大量的观测结果表明，低轨道上的单粒子事件仍然是影响航天器安全的重要因素，发生区域主要集中在极区（太阳宇宙线和银河宇宙线诱发）和辐射带异常区（南大西洋上空）。

3. 相对论电子效应

相对论电子是指速度接近光速的高能电子，具有极强的穿透能力[19]。相对论电子入射介质，不仅会引起辐射损伤和单粒子事件（大于10 MeV），还会产生特有效应——介质深层充放电。由于地球轨道上环境大于10 MeV的相对论电子通量相当小，引起辐射损伤或单粒子事件的概率并不大，但在人工辐射环境下，这一效应仍然值得重点关注。

在自然辐射条件下，介质深层充放电是当前航天领域危害较大、研究较多的一个领域。区别于表面充放电，介质沉层充放电需要能量达到相对论效应的电子，穿透表面结构达到内部介质上，因此也常常称为内带电（Internal Charging）

效应[1-3]。内带电效应一般需要电子的能量大于1 MeV，且具备一定的通量，除了人为环境以外，只有在太阳耀斑爆发、日冕物质抛射、地磁暴或地磁亚暴等强扰动环境下才可能发生。此时大量的高能（MeV量级以上）电子注入GEO（地球静止轨道）或SSO（极地轨道同步轨道）中，这些电子可以直接穿透航天器表面蒙皮、航天器结构和仪器设备外壳，在航天器内部电路板、导线绝缘层等绝缘介质中沉积，导致其发生电荷累积，引起介质的深层充电[20-22]。

由于航天器内电介质是高电阻绝缘材料，沉积在其中的电子泄漏缓慢。如果高能电子的通量长时间处于高位，介质中电子沉积率会超过泄漏率，其内建电场会逐渐增强，当超过材料的击穿阈值时，就会发生内部放电[22]。同理，对于航天器内部未接地的金属，进入其中的电子不易泄漏，也易于临近设备产生电场，发生放电现象，这一现象也属于内放电领域。放电所产生的电磁脉冲会干扰甚至破坏航天器内电子系统，严重时会使整个航天器失效。

4.4.2　空间等离子体环境的影响

近地空间存在着大量的等离子体。除了磁层外的太阳风等离子体外，在磁层中还有电离层、等离子体层和等离子体片等集中分布的等离子体区域。当航天器在这些区域运行时，会与等离子体相互作用而导致表面带电，从而诱发故障，甚至造成航天器失效。

1. 航天器充电

空间等离子体引起的航天器充电主要有两种[1-3, 15, 23]：表面充电和内部充电。

1）表面充电

能量不能穿透航天器表面的等离子体（数十千电子伏以下）与航天器相互作用而产生的充电现象，称为表面充电。在能量和密度大致相近的电子与离子所构成的等离子体中，电子热运动速度远大于离子，所以航天器表面将有大量的电子沉积而带负电，而带电电位大致与电子热能相当。由于航天器表面不同部分可以处于不同的环境（如有无日照）及相对运动方向不同的方位（如冲压-层流）之中，加之表面材料不同（光电发射、二次发射系数等），所以可以使其带有不同电位，并形成不均匀充电，出现电位差。这一电位差在中低轨卫星中最高可达数千伏以上，同步轨道甚至上万伏。

2）内部充电

内部充电也叫深层充电，主要是指数十千电子伏以上的电子入射到航天器上，透过航天器表面，沉积到航天器表面以下数十微米的地方，并且深度随着入射电子能量的增加而增加。航天器充电不仅出现在同步轨道上，低轨道上的大尺寸极轨航天器也可以充电至负几千伏。在磁扰条件下，沉降粒子的注入也可以使航天器充电至高电位。例如，美国的DMSP国防气象卫星就曾经探测到−2 000 V的电位。当航天器表面材料绝缘时，它们在空间等离子体中被充电至不同电位，从而可能引起放电，使航天器发生故障。美国利用P78-2卫星专门研究了卫星充电条件和静电放电过程，证实了卫星充电和航天器故障的原因。故障分析表明，空间等离子体使航天器充电引起的故障占所有空间环境故障的1/3。

2. 太阳电池阵

当大型航天器在地球轨道中运行，高电压太阳电池阵与等离子体相互作用时，会产生下列严重的有害效应[24-25]。

（1）高电压太阳电池阵的电流泄漏。等离子体的高导电性使高电压太阳电池阵的裸露导体部分（例如电池间金属互连片）与之构成并联电路，从而造成电源电流无功丢失现象。由于在相同的温度下电子迁移率要比离子高得多，因此该现象主要表现为高电压太阳电池阵对周围等离子体的电子电流收集，故又称电流收集。

（2）高电压太阳电池阵的弧光放电。弧光放电是指相对于环境等离子体为负电位的太阳电池阵与空间等离子体相互作用而发生的现象。它既增加了电源的无功损耗和材料损耗，又因产生电磁干扰而影响系统的正常工作。

（3）航天器充电。这是引发航天器故障的重要原因，已为各国航天专家所认可。在对所统计的1 988次航天器故障的分析中，充电导致静电放电引起的故障达639次，电子诱发电磁脉冲达197次之多。

4.5 空间磁场分类及特点

为了更加精确地建模空间磁场，需要对地磁场有一个更加清楚的认识。按照场源位置划分，地磁场可分为内源场和外源场两大部分。内源场起源于地表以下的磁性物质和电流，它可以进一步分为地核场、地壳场和感应场三部分。地核场又称主磁场，现在普遍认为它是由地核磁流体发电过程产生的。地壳场又叫岩石圈磁场或局部异常磁场，是由地壳和上地幔磁性岩石产生的。主磁场和局部异常磁场变化缓慢，有时又合称稳定磁场。感应场是外部变化磁场在地球内部生成的感应电流的磁场，感应场与外源变化场一样，具有较快的时间变化。外源场起源于地表以上的空间电流体系，它们主要分布在电离层和磁层中，行星际空间的电流对变化磁场的直接贡献很小。由于这些电流体系随时间变化较快，所以外源磁场通常又叫作变化磁场和瞬变磁场。根据电流体系及其磁场的时间变化特点，一般可以把变化磁场分为平静变化磁场和扰动磁场。从全球平均来看，地核主磁场部分占总磁场的95%以上，地壳磁场约占4%，外源变化磁场及其感应磁场只占总磁场的1%。表4-2列出了地球磁场主要成分及其基本特点[26-27]。

表 4-2　地球磁场主要成分及其基本特点

分类		磁场组分	场源位置	地表最大强度	形态特征	时间变化特征
内源场	1	地核主磁场	地球外核	约 60 000 nT	偶极子场为主	百年～千年尺度的长期变化和百万年的尺度倒转
	2	地壳磁场	居地幔以上的地壳和上地幔	约 100 000 nT（但地表大部分地区小于 1 000 nT）	空间分布极不规则，波长可小于 1 m	基本稳定不变
	3	感应磁场	地壳、上地幔和海洋	约为外源变化场的 1/2	一般为全球场，但许多地方不规则	与外源场同
外源场	1	平静变化（包括太阳静日变化 S_q 和太阴日变化 L）	主要在电离层	S_q：30～200 nT L：1～10 nT	全球场，白天变化显著	周期变化 S_q：24 h 及其谐波；L：24 h 50 m 及其谐波
	2	扰动变化 1：磁暴	磁层和电离层	50～1 000 nT	全球水平分量同时减小	分为初相、主相和恢复相，持续 1 d 到几天
	3	扰动变化 2：亚暴	电离层和磁层	100～2 000 nT	集中在高纬度、极光带最强	不规则变化，分增长相、膨胀相和恢复相，持续 30 min 到几个小时
	4	扰动变化 3：脉动	磁层和电离层	1～100 nT	准全球场，极光带附近最强	1～300 s，准周期

1. 内源场

地磁主磁场的长期变化的时间尺度是 10^8 s 以上，地壳场变化的时间尺度则更长。由于地壳磁场随高度而衰减，短波长异常衰减更快，所以，与近地面磁测结果相比，卫星磁异常强度小而空间尺度大，而且结构较简单。与 400 km 高度处 10～20 nT 卫星磁异常对应的近地面磁异常幅度约为 100 nT，而地面小尺度异常可达几千 nT 以上，但是在卫星高度上没有显示。因此可以说，在卫星高度上，地壳磁场的影响下降速度很快，远小于地面的异常幅度（考虑衰减之后），在低轨上的比重大幅减小，中高轨道上甚至可以忽略地壳场的影响。

2. 外源场

地球变化磁场（Geomagnetic Variation Field）是指随时间变化较快的那部分地磁场，主要由地球之外的空间电流体系所产生，所以变化磁场通常又称“外源磁场”。外源场通过电磁感应在地球内部产生的感应电流对变化磁场也有一定贡献。

与地核场和地壳场相比，外源场最明显的特征是它随时间发生快速变化，变化的时间尺度从几十分之一秒（地磁脉动）到11年（地磁场的太阳活动周期变化），其中包括日变化、暴时变化、27日太阳自转周期变化、季节变化等。这就是说，变化磁场的时间谱覆盖了10^{-2}～10^{8} s共10个数量级。

大多数外源场的变化，如太阳静日变化、磁暴等，具有全球尺度，即使是亚暴极光带电集流和赤道电集流这些空间尺度较小的电流体系，它产生的磁场也有相当大的空间展布，而地壳场异常的空间尺度往往只有百千米量级，甚至更小。地磁变化场在有些时候变化平缓而规则，有些天的变化则不太规则，地磁学中分别称为“磁静日”（Magnetically Quiet Day）和“磁扰日”（Magnetically Disturbed Day）。完全平静和剧烈扰动的日子都不多，大多数日子的地磁变化是在规则日变上叠加一些形态和幅度不同的扰动。由此可见，变化磁场中包含着许多不同的成分，有的成分呈规则的周期性变化，有的则很不规则；有的幅度较小而变化平缓，有的幅度很大而变化剧烈；有的变化在全球同时出现，有的变化仅限于局部地区；有的变化持续存在，有的偶然出现。因此要描述外源场是很困难的。

3. 感应场

日变化的外源场部分是主要的，它起源于地球外部的电流体系，而内源场部分则是外源场在地球内部感应电流的磁场，这就是地球感应磁场——地磁场日变化的外源场强度大约是内源场的2倍。地球感应磁场是外源变化磁场的“附属产品”，它是由外源场在地球内部感应而成的电流所产生的磁场。与地球总磁场相比，感应磁场平均不到0.5%。

但是，感应磁场的复杂性一点不亚于主磁场和地壳磁场，其原因是双重的。一方面，由于变化磁场种类繁多，凡是变化磁场均有相应的感应磁场，所以，外源变化磁场有多复杂，感应磁场就有多复杂；另一方面，由于地球电性存在全球性、区域性和局地的不均匀分布，即使外源场相同，在不同地区也会产生不同的感应磁场，这更增加了感应磁场的复杂性。

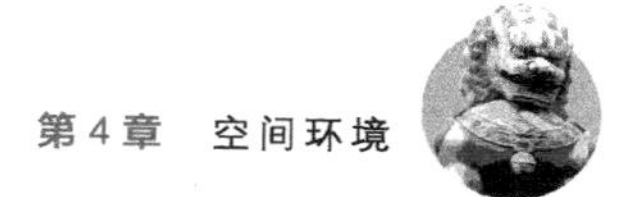

地球感应磁场的根本起源是磁场-电离层系统的电流，但是直接产生感应磁场的源是分布在地壳和地幔中的感应电流。所以，感应电磁场的强度和分布既取决于外源场的强度、频率和分布，又取决于地球的电性。感应磁场把地球外部的电磁环境和地球内部的电磁性质联系在一起，构成了地球不同圈层耦合的重要内容。因此它本质上也属于内源场。

4.6 空间磁场建模

4.6.1 地球磁场建模

地磁场模型的建立和评价是一个复杂的过程，不仅涉及模型计算方法，而且涉及模型计算时的定解条件和计算技巧的选取，更涉及测点的布局和观测数据的处理过程等[26-27]。建立地磁场模型的方法有多种，如球谐分析[28]、球冠谐分析[29]和矩谐分析[30]等。此类方法基于高斯磁位理论，在确定的定解区域和定解条件下展开并建立地磁场3个独立分量的统一模型。由于此类方法所获得的模型物理意义明确，研究者可以借该类模型对地磁场的三维结构及其变化过程进行理论分析与探讨；又如，多项式拟合[31-32]等，此类方法分别对地磁场的独立分量在某一空间区域内的分布进行拟合。由于计算过程相对简便，因此在实际使用中，如制作嵌入式导航定位系统时此类模型有着广泛的应用。

1. 经典球谐模型

当前世界上绝大多数的地磁场模型都是基于高斯提出的球谐分析模型[26]而建立的。当一个区域内部既无磁性物质，又无电流流动时，磁场有标量位存在，它满足拉普拉斯方程。在球坐标系中，拉普拉斯方程的解可以写成球谐级

数（Series of Spherical Harmonic Functions）的形式。建立主磁场模型所依据的地磁测量大多是在地面和近地表的底层大气中进行的，不妨合理地假定，这一空间范围的大气是无磁性和绝缘的。卫星磁测虽然在高空进行，但是电离层和磁层电流体系对所测磁场的贡献可以借助已有的模型消除掉，从而得到标量位场部分。这样，可以在球极坐标系中写出主磁场标量位 $U(r,\theta,\lambda,t)$ 所满足的拉普拉斯方程[26, 33]

$$\nabla^2 U(r,\theta,\lambda,t)=\frac{1}{r^2}\frac{\partial}{\partial r}\left(r^2\frac{\partial U}{\partial r}\right)+\frac{1}{r^2\sin\theta}\frac{\partial}{\partial\theta}\left(\sin\theta\frac{\partial U}{\partial\theta}\right)+\frac{1}{r^2\sin^2\theta}\frac{\partial^2 U}{\partial\lambda^2}=0 \tag{4-7}$$

式中：r 是地心距；θ 是地理余纬度；$\theta=90^\circ-\varphi$，φ 是地理纬度；λ 是地理经度；t 是时间。主磁场的磁感应矢量 $B(r,\theta,\lambda,t)$ 可以表示成标量磁位的负导数 $B=-\nabla U$，主磁场是起源于地球内部的，它的拉普拉斯方程解可以用分离变量法求出，并写成球谐函数的形式

$$U^{\mathrm{i}}=a\sum_{n=1}^{\infty}\sum_{m=0}^{n}\left(\frac{a}{r}\right)^{n+1}(g_n^m\cos m\lambda+h_n^m\sin m\lambda)P_n^m(\cos\theta) \tag{4-8}$$

相应的内源磁场分量为

$$\begin{cases}X^{\mathrm{i}}=-B_\theta^{\mathrm{i}}=\dfrac{\partial U^{\mathrm{i}}}{r\partial\theta}=\displaystyle\sum_{n=1}^{\infty}\sum_{m=0}^{n}\left(\frac{a}{r}\right)^{n+2}(g_n^m\cos m\lambda+h_n^m\sin m\lambda)\frac{\partial P_n^m(\cos\theta)}{\partial\theta}\\ Y^{\mathrm{i}}=B_\lambda^{\mathrm{i}}=-\dfrac{\partial U^{\mathrm{i}}}{r\sin\theta\partial\lambda}=\displaystyle\sum_{n=1}^{\infty}\sum_{m=0}^{n}\left(\frac{a}{r}\right)^{n+2}(g_n^m\sin m\lambda-h_n^m\cos m\lambda)\frac{mP_n^m(\cos\theta)}{\sin\theta}\\ Z^{\mathrm{i}}=-B_r^{\mathrm{i}}=\dfrac{\partial U^{\mathrm{i}}}{\partial r}=-\displaystyle\sum_{n=1}^{\infty}\sum_{m=0}^{n}(n+1)\left(\frac{a}{r}\right)^{n+2}(g_n^m\cos m\lambda+h_n^m\sin m\lambda)P_n^m(\cos\theta)\end{cases} \tag{4-9}$$

在上述表达式中，上标 i 表示内源场。g_n^m 和 h_n^m 叫高斯系数或球谐系数，如果 n 的最大值取为 N，则称 N 阶截断，此时系数 g_n^m 有 $N(N+3)/2$ 个，系数 h_n^m 有 $N(N+1)/2$ 个，所以，球谐系数共有 $N(N+2)$ 个。

上面讨论了拉普拉斯方程解的一部分，即包含 $(a/r)^{n+1}$ 因子的部分，它表示磁场源在地球内部，叫作内源场。而拉普拉斯方程的完全解由两部分组成，另一部分包含 $(r/a)^n$ 因子，表示磁场源在地球外部，即外源场。借助地表的地磁观测，可以将这两部分磁场分别求出来，这是高斯理论最重要的结论之一。

包含内源场（用上标 i 表示）和外源场（用上标 e 表示）的总磁位可以写成

$$U=U^{\mathrm{i}}+U^{\mathrm{e}}=a\sum_{n=1}^{\infty}\sum_{m=0}^{n}\left[\left(\frac{a}{r}\right)^{n+1}(g_n^m\cos m\lambda+h_n^m\sin m\lambda)P_n^m(\cos\theta)+\right.$$

$$\left.\left(\frac{r}{a}\right)^{n}(j_{n}^{m}\cos m\lambda+k_{n}^{m}\sin m\lambda)P_{n}^{m}(\cos\theta)\right] \tag{4-10}$$

相应的内源场分量由式（4-9）表示，外源场分量为

$$\begin{cases} X^{e}=-B_{\theta}^{e}=\dfrac{\partial U^{e}}{r\partial\theta}=\sum\limits_{n=1}^{\infty}\sum\limits_{m=0}^{n}\left(\dfrac{r}{a}\right)^{n-1}(j_{n}^{m}\cos m\lambda+k_{n}^{m}\sin m\lambda)\dfrac{\partial P_{n}^{m}(\cos\theta)}{\partial\theta} \\ Y^{e}=B_{\lambda}^{e}=-\dfrac{\partial U^{e}}{r\sin\theta\partial\lambda}=\sum\limits_{n=1}^{\infty}\sum\limits_{m=0}^{n}\left(\dfrac{r}{a}\right)^{n-1}(j_{n}^{m}\sin m\lambda-k_{n}^{m}\cos m\lambda)\dfrac{mP_{n}^{m}(\cos\theta)}{\partial\theta} \\ Z^{e}=-B_{r}^{e}=\dfrac{\partial U^{e}}{\partial r}=\sum\limits_{n=1}^{\infty}\sum\limits_{m=0}^{n}n\left(\dfrac{r}{a}\right)^{n-1}(j_{n}^{m}\cos m\lambda+k_{n}^{m}\sin m\lambda)P_{n}^{m}(\cos\theta) \end{cases} \tag{4-11}$$

国际地磁学和高空物理学协会（International Association of Geomagnetism and Aeronomy，IAGA）定期发布国际地磁参考场（International Geomagnetic Reference Field，IGRF）模型，这些模型只包括内源场。这是目前世界上应用最为广泛的全球地磁场模型。每5年，IAGA都会发布一个新的IGRF模型，球谐系数随时间会发生变化，新的模型会修正上一个模型的地磁场模型系数，并提供最新的地磁场模型和未来5年内的长期变化模型。地磁场模型的阶数为13，长期变化模型的阶数为8。目前最新的IGRF模型是2015年发布的IGRF-12[34]，IGRF-12一共拥有1900—2015年的24个主磁场模型和2015—2020年的长期变化模型。

对不同区域和不同的使用场合，要求对主磁场做不同近似程度的描述，这相当于在球谐级数中取不同的截断水平，于是产生了许多地磁场模型，如使用于近地区域的地心共轴偶极子模型（Geocentric Coaxial Dipole）、地心倾斜偶极子模型（Geocentric Inclined Dipole）、偏心偶极子模型等，为了描述磁层磁场，产生了适用于磁层的Mead-Williams、Cheo-Beard、Tsykanenk[35-37]等模型。与不同地磁模型相对应，定义了不同的坐标系，如地心偶极坐标系、偏心偶极坐标系、倾角坐标系、*B-L*坐标系以及各种磁层坐标系。这些模型和坐标系都可以看作是高斯球谐模型的简化或变化而来。

基于多年的研究，除了IGRF模型外，高精度的全球模型还有CHAOS模型[38]、CO_2模型[39-40]、CM模型[41]等。这些模型的基础都是球谐理论，在高精度的磁测数据和改进的建模方法下，具有更高的截断阶数和精度。同时这些模型也改进了对外源场的计算方法，使外源场的计算更加准确。例如，CO_2模型在计算外源场时增加考虑了磁层环电流的因素，在模型中增加了Dst（Disturbance storm time，扰动暴实时）指数。CHAOS模型中增加了欧拉角来校正由磁通计测量的矢量数据。CM系列模型则是目前能够最彻底地分离计算地磁场各个部分的模型。

2. 偶极场模型

地核主磁场占地磁场的95%以上，并且表现为偶极子场，因此在一般精度的情况下，特别是在低轨道高度（200~400 km）及以下、中低纬度情况，都可以采用偶极子模型近似表达地磁场（或地磁场一部分），由于这一模型的简单易用，在很多情况下用于估算空间地磁场大小，这里对其进行简要的讨论。地磁场模型可以用三种精确度递增的偶极场模型来模拟：① 地心同轴偶极子：偶极子轴与天体的旋转轴平行，且穿过天体质心；② 倾斜偶极子：偶极子轴相对于天体的旋转轴有一定的倾斜，且穿过天体质心；③ 偏心倾斜偶极子：偶极子轴相对于天体的旋转轴有一定的倾斜，且不穿过天体质心，与质心有偏离。可以用球面坐标和笛卡儿坐标表示这三种偶极场模型：

$$\vec{B} = B_r\vec{\varepsilon}_r + B_\phi\vec{\varepsilon}_\phi + B_\theta\vec{\varepsilon}_\theta = B_x\vec{\varepsilon}_x + B_y\vec{\varepsilon}_y + B_z\vec{\varepsilon}_z \tag{4-12}$$

其中

$$B_r = -\frac{2B_0}{(r/R)^3}\cos\phi, B_\phi = -\frac{B_0}{(r/R)^3}\sin\phi, B_\theta = 0 \tag{4-13}$$

$$B_x = -\frac{3xzR^3B_0}{r^5}, B_y = -\frac{3yzR^3B_0}{r^5}, B_z = -\frac{(3z^2 - r^2)R^3B_0}{r^5} \tag{4-14}$$

$$B_0 = \frac{\mu_0 m}{4\pi R^3} \tag{4-15}$$

式中：B_0为赤道的地磁通量密度大小，T；m为天体的磁偶极矩，A · m^2；r为半径，m；R为天体参考半径，m；x、y、z为笛卡儿坐标系中的位置，m；θ为经度，格林威治以东为正；ϕ为余纬。

对于模型①使用地理坐标值，而对于模型②和③采用地磁坐标值。由式（4-12）和式（4-13）可得出磁通量密度大小为

$$B = \frac{\mu_0 m}{4\pi r^3}(1 + 3\cos^2\phi)^{1/2} = \frac{B_0}{(r/R)^3}(1 + 3\cos^2\phi)^{1/2} \tag{4-16}$$

由式（4-16）可以推导出麦克伊尔文B–L坐标系描述的偶极场公式[1]：

$$B = \frac{B_0}{(r/R)^3}\left(4 - \frac{3r}{LR}\right)^{1/2} \tag{4-17}$$

这一坐标系被广泛应用于描述被俘获粒子的漂移等。由于偶极场是轴对称的，B-L坐标系可以将三维的空间坐标系转化为二维的空间坐标系。转化过程是将球坐标中的r、θ、ϕ坐标转化成L、B坐标，其中L表示磁力线与位于地磁赤道上的地磁轴之间的径向距离，以参考半径为单位；B表示磁通量密度的大小。由国际地磁参考场2005的地磁场模型可知，倾斜偶极子的参数为$B_0 =$ 30 036.7 nT，$\phi_{g北极} = 10.26°$，$\theta_{g北极} = -71.78°$，其中，$\phi_{g北极}$和$\theta_{g北极}$代表偶极

子轴相对于地球坐标的地磁纬度和地磁经度。

4.6.2 磁层磁场模型

前面的地球模型主要用于低轨（电离层）及以下区域的地磁场求解，当高度超过1 000 km进入磁层区域时，前面的模型多数都不再适用。在磁层区域，一方面地球内源场大幅衰减变得相当小，空间变化磁场在数量级上与地球主磁场已基本相当；另一方面太阳风作用于磁层使得空间变化磁场相当复杂，并且在恶劣空间环境时，太阳风的影响可能主导整个磁层的磁场分布。因此在研究磁层区域的空间磁场时，地球磁场模型需要改进，需考虑太阳风、行星际磁场等外部因素的影响[36-37，42-43]。

前面提到，磁层是太阳风等离子体与地球磁场相互作用形成的一个地磁场主导区域。在磁层边界处，太阳风不断地将质量、动量和能量输入磁层，使地磁场处于经常的变动之中。太阳上发生的剧烈活动，如黑子、耀斑爆发、日冕物质抛射等，形成激波和高速太阳风流，这些增强的太阳风能量流冲击地球，引发磁暴、亚暴等一系列磁层扰动过程。据估计，流向磁层的太阳风动能流约为10 000 GW，其中有2%～8%进入磁层[42]。与近地和电离层的地磁场不同，这些都是磁层磁场中不可忽略的因素[43]。

磁层模型的研究最早可追溯到20世纪30年代，在八九十年的时间里，磁层模型的研究一直较为活跃。总体按其性质，可以分为四类[42]。

（1）原理模型：显示太阳风与地磁场相互作用而生成磁层的定性模型。

（2）经验模型：不附加物理限制，仅用图形或数学表达式拟合观测资料所得到的模型。

（3）半经验模型：根据一些基本的物理考虑组织观测资料，用观测资料确定模型中的参数，根据对边界面电流处理方法的不同，可进一步分为镜像偶极子模型和边界面模型。

（4）物理模型：在合理的边界条件下，求解太阳风-磁层相互作用的磁流体力学方程，其中，太阳风和磁层的基本参数来自观测。

早期的研究多属于原理模型或经验模型，随着20世纪七八十年代空间卫星观测与地基观测的迅速发展，半经验模型开始占据主导地位。从最早的半经验模型一直到较为成熟的Tsyganenko模型[35-37]，中间至少也经历了三四十种模型。尽管其中有少数模型因为简便快捷等原因至今仍在使用当中，但Tsyganenko模型的使用率是最高的，并且这一模型一直在更新当中，精度和适用范围也越来越好。

1. Tsyganenko模型

在原理模型、经验模型和半经验模型中，当前使用较多、适用性较广的是半经验模型，其中最为出名的当属Tsyganenko模型[35-37]。Tsyganenko模型是根据卫星的磁场观测资料和一定的物理考虑建立起来的半经验模型。它使用了大量的卫星资料，早期模型使用ISEE-2、AMPTE/CCE/IRM、CRRES和DE-1卫星资料，后来又增加了ISTP、Polar和Geotail的资料[36-37]。在建模时它既考虑了不同的太阳风条件（动压、速度、磁场等），又考虑了地磁轴的倾斜；既考虑了磁层顶和赤道环电流，也考虑了翘曲的磁尾电流；既考虑了对称环电流，又考虑了部分环电流和伴随的场向电流；既有平静状态的描述，又有扰动时期的模拟。在考虑1区和2区Birkeland电流时，允许它们有纬度和地方时移动，以表现不同地磁活动时的实况。经过不断改进，不断推出更新后的版本，从最初的T89、T93模型，到被广泛使用的T96模型，到最近的T01、T02、TS04和TS05模型。

基于Tsyganenko的经验模型，将磁层总磁场看作是由地球主磁场B_{IGRF}和外源部分B_{E}的和，其中外源部分由几个电流影响组成：环电流产生的磁场B_{RC}、赤道电流片（尾流）引起的磁场B_{TC}、场向电流B_{FAC}（包括区域1和区域2）以及磁层顶电流B_{MP}。

$$B = B_{\mathrm{IGRF}} + B_{\mathrm{E}} = B_{\mathrm{IGRF}} + B_{\mathrm{RC}} + B_{\mathrm{TC}} + B_{\mathrm{FAC}} + B_{\mathrm{MP}} \tag{4-18}$$

尾流和环电流一般认为是单独的整体，因此在T02或TS05等模型中都将它们单独处理。最新的研究中引入一个“渗透”或者“连接层”场，其大小与行星际磁场（Interplanetary Magnetic Field，IMF）成比例[36]。磁层磁场可以进一步分解为

$$B = (B_{\mathrm{IGRF}} + B_{\mathrm{MP,IGRF}}) + (B_{\mathrm{RC}} + B_{\mathrm{MP,RC}}) + (B_{\mathrm{TC}} + B_{\mathrm{MP,TC}}) + (B_{\mathrm{FAC}} + B_{\mathrm{MP,FAC}}) \tag{4-19}$$

这里将B_{MP}分为四个部分，分别表征前面四个场的增量，因此这一模型具有较好的灵活性和准确性。基于相关基础模型（IGRF模型）和试验数据拟合结果，就可以利用Tsyganenko模型，便捷地研究磁层各个区域的复杂问题：计算磁层中每一点的矢量磁场和IGRF磁场，在不同地磁活动状态下追踪磁力线，画出磁层形状，计算磁尾等离子体片的动力学变化和亚暴电流楔，计算环电流及其对磁场的贡献，等等。

2. MHD物理模型

各种经验和半经验磁层模型虽然给出了磁层磁场的空间结构，并被广泛用

于磁层物理研究，但是它们只是描述了稳态磁层的平均特征，有些模型虽然也考虑了磁层磁场与太阳风参数的关系（如Voigt模型、Tsyganenko模型），但是仍属于静态模拟，它们的共同缺陷是不能模拟太阳风-磁层动态耦合过程。只有用磁流体力学（Magnetohydrodynamics，MHD）的方法，才能克服上述模型的缺点，这就是MHD物理模型[42，44-46]。

考虑到太阳风速度、密度、磁场、温度等参数是不断变化的，太阳风中还存在激波、间断面、等离子团等各种不均匀结构，它们会动态地作用于地磁场，磁流体力学（MHD）方法具备研究磁层对太阳风的动态响应的能力，因而得到广泛研究。在这种模型中，给定模拟区的边界条件，对一定初始条件，求解MHD方程组，弓形激波、磁层顶等磁层基本结构是在模拟计算中自然产生的，而无须事先人为假定。它可以模拟磁场重联、激波作用、亚暴等一系列重要的动态现象：不仅可以计算磁层顶形状和磁层内磁场结构，而且可以得到弓形激波等间断面的特征，得到磁壳内太阳风等离子体的温度、密度、速度等参数。

三维理想MHD方程可以写成较方便的无量纲形式[42]为

$$\frac{\partial(\rho\nu)}{\partial t}+\nabla\cdot(\rho\nu\nu+p^{*}I-B'B')=(\nabla\times B')\times B_{\mathrm{d}} \tag{4-20}$$

$$\frac{\partial B'}{\partial t}+\nabla\cdot(\nu B'-B'\nu)=\nabla\times(\nu\times B_{\mathrm{d}})-\nu\nabla\cdot B' \tag{4-21}$$

$$\frac{\partial E}{\partial t}+\nabla\cdot[(E+p^{*})\nu-(\nu\cdot B')B']=\nu\cdot[(\nabla\times B')\times B_{\mathrm{d}}]+B'\cdot[\nabla\times(\nu\times B_{\mathrm{d}})] \tag{4-22}$$

其中

$$B'=B-B_{\mathrm{d}} \tag{4-23}$$

$$p^{*}=p+B'^{2}/2 \tag{4-24}$$

$$E=\rho/(\gamma-1)+\rho\nu^{2}/+2B'^{2/2} \tag{4-25}$$

式中：ρ是密度；ν是流动速度；B是总磁场；B_{d}是偶极磁场。用B'取代总磁场B作为因变量，这样有利于在地球附近网格较大的情况下，提高磁场和电流的计算精度。取地心为原点的直角坐标系，x轴指向太阳，y轴指向黄昏方向，z垂直向北。求解区域通常为长方体，晨昏和南北方向大于磁层尺度，向日方向超过弓形激波位置，磁尾方向适当加长。用数值方法求解上述MHD方程，即可得到磁层磁场以及一系列其他参数。

4.6.3 磁场建模讨论

磁场建模是一个复杂的物理过程，前面的地球磁场模型和磁层磁场模型都是经过了长时间研究得到的结论，并且限于篇幅没有逐一介绍其他成熟的模型。这些模型大都用于地质学、空间天气以及太阳活动等方面的研究，目前为止，很少有针对空间粒子束应用的磁场模型讨论。本节基于前面的内容，对磁场建模进行一个简要的讨论。

1. 模型选择及发展趋势

一般来说，在低轨道及以下区域，低纬度时可以只考虑内源场，如IGRF模型；中纬度时，球谐高阶项可以忽略，偶极子是一个很好的近似模型；高纬度时，由于太阳风和电流系统会导致磁场以天为周期的高频率变化，目前国际上还没有公认的标准来表示外源场，这一类情况需要特殊模型分析。在磁层区域，内源场降低到了较小的量级，外源场占据的比重大幅增加，在特殊天气情况下外源场甚至会占据主导。因此磁层磁场模型不能忽略外源场的影响，采用Tsyganenko磁层模型是一个较好的选择。上述模型在特定的轨道或高度上都具有很好的精确度，但是如果用于整个地球空间的磁场模型则还有较大的差距。基于一些广域或特殊的应用，研究整体地球空间的磁场模型，充分考虑太阳风、磁层以及等离子体的相互耦合作用也是当前一个十分重要的研究方向[46]。

2. 空间磁场模型的空间分辨率

现有的地磁场预测精度的分辨率较低，往往有数十甚至百千米以上。如果粒子束的应用距离小于分辨率时，其只需要利用磁力仪得到束流系统所处位置的磁场强度即可，并认为电子束传输空间的磁场是均匀的，不需要空间磁场预测模型辅助，这一近似在一定程度上比预测模型更为精准，这也是带电粒子束空间应用的一个有益的思路。只有当带电束流应用距离远大于空间磁场预测模型空间分辨率时，利用空间磁场预测模型辅助计算空间传输轨迹才是必要和有意义的。

3. 磁场模型和数值计算

偶极场和地球磁场模型一般应用于电离层及以下区域。当高度上升至磁层区域，一方面由于地磁场的迅速衰减，部分内源场产生的磁影响已基本消失，严格地考虑相关内源场组成已没有实际的意义；另一方面随着内源场下降几个量级，外源场已开始占据越来越大的比重，此时外源场的考虑是必须的。变化磁场模型尽管有了较多的成果，但是依旧还缺少能充分考虑太阳风与磁层相互作用情况及细节过程的模型。此时采用MHD方法是一种有效的解决办法，但同时增加了计算的复杂性。

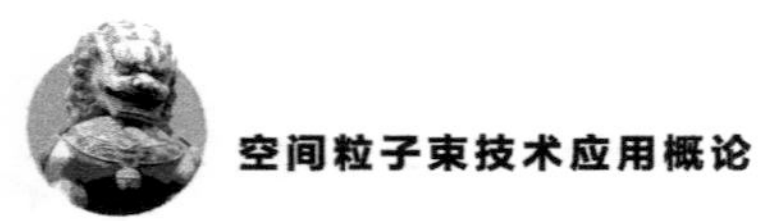

4.7 小　　结

本章重点从空间环境基础、辐射环境、等离子体环境以及磁场环境介绍了空间飞行器可能面临的复杂环境，无论是飞行器的运行、安全还是应用模式，都必须考虑这些环境因素。辐射环境关系到飞行器的可靠性和寿命问题，空间等离子体主要涉及充放电及航天器的应用机理和模式问题，磁场环境则主要关系到带电粒子束传输、定位的可行性或精度问题。不难看出，不同环境对航天器的影响并不是孤立的，很多环境对航天器的不利影响是相似或者是相互协同的，如相对论电子与空间高温等离子体都能产生航天器内带电效应，它们在机理和效应上都是相同的，而它们的区别在于环境的起源不同：相对论电子束多由人为产生，高温等离子体则一般由太阳活动引起。本章通过对空间粒子束技术应用环境的理论及方法研究，明确了空间载荷系统的环境及粒子束空间应用的相关限制因素，是后续章节的研究基础。

参 考 文 献

[1] PISACANE V L. The space environment and its effects on space systems [M]. Reston, USA: American Institute of Aeronautics and Astronautics, Inc., 2008.

[2] 沈自才. 空间辐射环境工程 [M]. 北京：中国宇航出版社，2013.

[3] 闻新.航天器系统工程 [M]. 北京：科学出版社，2016.

[4] GRARD R, KNOTT K, PEDERSEN A, et al. Spacecraft charging effects [J]. Space Science Reviews, 1983, 34 (3): 289-304.

[5] WEIMER D R. Models of high-latitude electric potentials derived with a least error of spherical harmonic coefficients [J] .Journal of Geophysical Research, 1995, 100 (A10): 19595-19607.

[6] VOLLAND H. A semiempirical model of large-scale magnetospheric electric fields [J]. Journal of Geophysical Research, 1973, 78 (1): 171-180.

[7] MARTIN A R. A review of spacecraft/plasma interactions and effects on space systems [J]. Journal of the British Interplanetary Society, 1994, 47 (4): 134-142.

[8] 林聪榕. 定向能武器技术现状与发展趋势 [J]，国防科技，2005 (12): 20-23.

[9] 武战国，李慧童. 定向能武器探秘 [J]. 装备，2014 (1): 77-79.

[10] 朱宝明. 定向能武器的发展现状 [J]. 外军纵览，2012 (1): 8-13.

[11] NIELSEN R E. Effects of directed energy weapons [M]. VSA: Directed Energy Professional Society, 2009.

[12] 郭继周，沈雪石. 定向能武器技术的发展动向 [J]. 国防科技，2014, 35 (3): 32-35.

[13] 总装备部电子信息基础部. 2012年世界武器装备与军事技术发展报告 [R]. 北京：国防工业出版社，2013.

[14] BEKEFI G, FELD B T, et al.Particle beam weapons-a technical assesment [J]. Nature 1980, 284: 219-225.

[15] LAI S T. Fundamentals of spacecraft charging: spacecraft interactions with space plasmas [M]. Princeton, N J, USA: Princeton University Press, 2011.

[16] 沈自才，闫德葵．空间辐射环境工程的现状及发展趋势 [J]. 航天器环境工程，2014，31（3）：229-240.

[17] 沈自才，邱家稳，丁义刚，等．航天器空间多因素环境协同效应研究 [J]. 中国空间科学技术，2012，32（5）：54-60.

[18] 吕玲．GaN基半导体材料与HEMT器件辐照效应研究 [D]. 西安：西安电子科技大学，2014.

[19] JACKSON J D. Classical electrodynamics (Third Edition) [M]. New Jersey: John Wiley & Sons, Inc., 1999.

[20] PISACANE V L. Fundamentals of space systems [M]. 2 nd ed Oxford: Oxford Univ. Press, 2005.

[21] FENNELL J F, KONNS H C, et al. Spacecraft charging: observations and relationship to satellite anomalies [R]. Los Angeles USA: the Aerospace Corporation, 2001.

[22] HENRY B, GARRETT B, ALBERT C, et al. Spacecraft charging, an update [J]. IEEE Transactions on Nuclear Science, 2000, 28 (6): 2017-2027.

[23] Mitigating in-space charging effects-a guideline [R]. NASA-HDBK-4 002A, 2011.

[24] 李睿，刘继奎，徐跃民，等．太阳帆板驱动机构的表面充放电效应研究 [J]. 空间科学学报，2014，34（3）：360-366.

[25] 常熠．质子和电子综合辐照下铜铟镓硒太阳电池行为研究 [D]. 哈尔滨：哈尔滨工业大学，2013.

[26] SABAKA T J, OLSEN N. A comprehensive model of the near-earth magnetic field: phase 3 [R]. NASA/TM-2000-209894.

[27] 徐文耀．地球电磁现象物理学 [M]. 合肥：中国科学技术大学出版社，2008.

[28] 张辉，赵磊，陈龙伟．球面泊松小波在全球地磁场建模中的应用 [J]. 中国惯性技术学报，2010，18（4）：450-454.

[29] HAINES G V. Spherical cap harmonic analysis [J]. J. geophys. Res., 1985, 90 (B3): 2583-2591.

[30] 李明明，黄显林，卢鸿谦，等．基于矩谐分析的高精度局部地磁场建模

研究［J］. 宇航学报，2010，31（7）：1730-1736.

［31］区家明，杜爱民，徐文耀，等. 小尺度地磁场勒让德多项式建模方法［J］. 地球物理学报，2012，55（8）：2669-2675.

［32］乔玉坤，王仕成，张金生，等. 泰勒多项式拟合法在区域地磁场建模中的应用研究［J］. 工程地球物理学报，2008，5（3）：294-298.

［33］徐文耀，区家明，杜爱民. 地磁场模型误差分析中的几个问题［J］. 地球物理学进展，2011，26（5）：1485-1509.

［34］THEBAULT E，FINLAY C C，ALKEN P，et al. Evaluation of candidate geomagnetic field models for IGRF-12［J］. Earth，Planets and Space，2015，67：112.

［35］TSYGANENKO N A. Quantitative models of the magnetospheric magnetic field：methods and results［J］. Space Sci. Rev.，1990，54（1）：75-186.

［36］TSYGANENKO N A. Data-based modeling of the geomagnetosphere with an IMF-dependent magnetopause［J］. Journal of Geophysical Research. Space Physics，2014，119（1）：335-354.

［37］TSYGANENKO N A，ANDREEVA V A. An empirical RBF model of the magnetosphere parameterized by interplanetary and ground-based drivers［J］. J. Geophys. Res. space physics，2016，121（11）：10786-10802.

［38］FINLAY C C，OLSEN N，CLAUSEN L T. DTU candidate field models for IGRF-12 and the CHAOS-5 geomagnetic field model［J］. Earth，Planets and Space，2015，67（1）：114.

［39］徐文耀，区加明，杜爱民. 地磁场全球建模和局域建模［J］. 地球物理学进展，2011，26（2）；398-415.

［40］姜乙. 基于CHAMP卫星和地面数据的全球及区域地磁场建模研究［D］. 南京：南京信息工程大学，2016.

［41］徐文耀. 地磁场的三维巡测和综合建模［J］. 地球物理学进展，2007，22（4）：1035-1039.

［42］徐文耀，杜爱民，白春华. 地球磁层的磁场模型［J］. 地球物理学进展，2008，23（1）：14-24.

［43］易世华，刘代志，何元磊，等. 变化地磁场预测的支持向量机建模［J］. 地球物理学报，2013，56（1）：127-135.

［44］邬良能. 束流对磁重联过程影响的MHD数值研究［D］. 杭州：浙江大学，2015.

[45] 郭九苓，沈超，刘振兴．模拟 IMF 北向且 By 分量占主导时磁层顶重联 [J]．地球物理学报，2013，56（4）：1065–1069.
[46] 彭忠．太阳风-磁层-电离层耦合的全球 MHD 数值模拟研究 [D]．合肥：中国科学技术大学，2009.

第5章 粒子束空间传输

粒子束空间传输并不是一个全新的概念，从20世纪七八十年代开始，美苏开展了大量粒子束定向能技术的研究，粒子束空间传输理论及试验测试都取得了一定的进展。同时，基于强束流传输在加速器、微波源、核技术以及地面粒子束装置等方面的应用，强流粒子束在真空、等离子体以及大气中的传输都得到了大量的研究[1-4]，这些研究都可以作为空间传输的研究基础。本章从带电粒子束传输的角度出发，研究粒子束的传输理论及特性，探讨其典型分析方法，并在此基础上初步讨论空间束流传输及应用的可行性。如无特殊说明，本章提到的粒子束主要是指带电粒子束。

5.1 带电粒子束传输物理基础

5.1.1 单粒子动力学基础

单粒子理论[5-6]是经典的描述带电粒子在外场中运动规律的方法，在束流传输中必须考虑束流自身受到电场和磁场的影响。其基本方程主要有以下几类。

1. 洛伦兹力方程

点电荷 q 在电磁场中受到的洛伦兹力可以表示为

$$F = q(E + v \times B) \tag{5-1}$$

式中：F 为粒子受到的电磁力；q 为粒子电荷量；E、B 分别为粒子所处位置的电场和磁场；v 为粒子瞬时速度。这里的电场和磁场除了外加场以外，还包括束流自身激励的电磁场，这是由MaxweⅡ方程组决定的。

2. MaxweⅡ方程组

Maxwell方程组微分表达式可表示为

$$\nabla \cdot D = -\rho \tag{5-2}$$

$$\nabla \times E = -\frac{\partial B}{\partial t} - M \tag{5-3}$$

$$\nabla \times H = \frac{\partial D}{\partial t} + J \tag{5-4}$$

$$\nabla \cdot B = 0 \tag{5-5}$$

在各向同性线性介质中的本构关系有

$$\begin{cases} D = \varepsilon_0 E \\ B = \mu_0 H \\ M = \sigma_{\mathrm{m}} H \\ J = \sigma E \end{cases} \tag{5-6}$$

式中：$\varepsilon_0 = 8.554 \times 10^{-12}$ F/m，为真空介电常数；$\mu_0 = 4\pi \times 10^{-7}$ H/m，为真空磁导率；σ_{m}为磁导率，单位为Ω/m；σ为电导率，单位为S/m。这里的电流密度满足连续性方程。

3. 电流连续性方程

$$\nabla \cdot J + \frac{\partial \rho}{\partial t} = 0 \tag{5-7}$$

4. 牛顿运动方程

$$\mathrm{d}P/\mathrm{d}t = F = q(E + v \times B) \tag{5-8}$$

式中：P为粒子动量，其大小为$\gamma m_0 v$，其中γ为相对论因子，m_0为粒子静止质量。

5. 圆柱坐标系下运动方程

在束流传输研究中，通常采用轴对称圆柱坐标系统，其对应运动方程为[5]

$$\frac{\mathrm{d}}{\mathrm{d}t}(mv_r) - mrv_\theta{}^2 = q(E_r + \gamma v_\theta B_z - v_z B_\theta) \tag{5-9}$$

$$\frac{1}{r}\frac{\mathrm{d}}{\mathrm{d}t}(mr^2 v_\theta) = q(E_\theta + v_z B_r - v_r B_z) \tag{5-10}$$

$$\frac{\mathrm{d}}{\mathrm{d}t}(mv_z) = q(E_z + v_r B_\theta - rv_\theta B_r) \tag{5-11}$$

这里的$m = \dfrac{m_0}{\sqrt{1-(v_r^2 + v_z^2 + v_\theta^2)/c^2}} = \gamma m_0$。

以上几类公式构成了单粒子动力学的理论基础，基于这些公式可以进行单粒子运动轨迹的描述。这些公式并不局限于单粒子动力学的研究，它们都是普适的公式，在其他方法的研究中也可能会用到上述几类公式的其中几种。

5.1.2 束流特征参数

在传统的强流束物理中，为了公式简洁和方便，电流和电位引入了新的表达式，这里仍然沿用。用N表示束单位长度上的粒子数，叫作线密度，因此束电流[5-6]可表示为

$$I = Nq\beta c \tag{5-12}$$

引入Budker参数，定义为

$$\upsilon = Nr_e = \frac{I}{I_0\beta} \tag{5-13}$$

这里的υ即为电子经典半径r_e长度内的粒子总数，I_0为特征电流表达式

$$I_0 = \frac{4\pi\varepsilon_0 m_0 c^3}{e} \tag{5-14}$$

$$r_e = \frac{e^2}{4\pi\varepsilon_0 m_0 c^2} \tag{5-15}$$

变化式（5-13），束电流还有另一种表达形式

$$I = I_0\beta\upsilon \tag{5-16}$$

阿尔芬电流表示束在自磁场中的极限传输电流，其表达式为

$$I_A = I_0\beta\gamma \tag{5-17}$$

则束电流与阿尔芬电流的比值$I/I_A = \upsilon/\gamma$。由于γ可表示为β的函数，而β的变化范围为［0，1］，则$\beta\gamma$变化的示意图如图5-1所示。

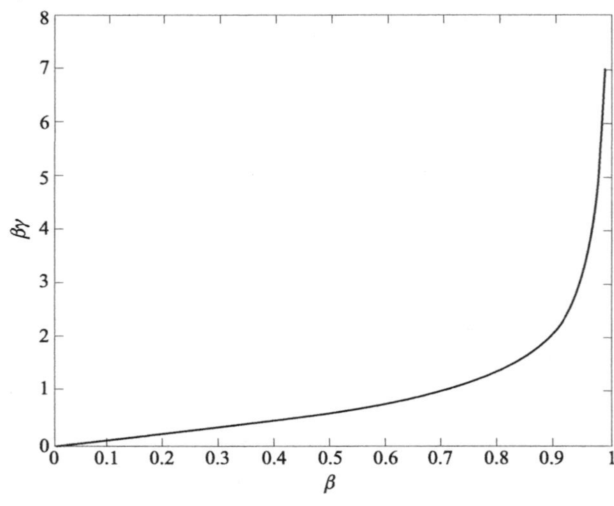

图5-1　$\beta\gamma$变化的示意图

由图5-1可以看出，$\beta\gamma$是关于β的增函数，特别是当β大于0.9以后，速度提升的同时，相对论因子急速提升，$\beta\gamma$也急剧提升。阿尔芬电流随着束流能量提升而提升，对于电子束而言，阿尔芬电流为17 000 $\beta\gamma$A，对于质子束则为3.12×10^7 $\beta\gamma$A，对于其他重离子则更高，因此可以说离子的阿尔芬电流比电子的阿尔芬电流大得多。阿尔芬电流是真空中的最大限制传输电流，超过这一电流则束流无法传输。如果是相对论束流，β接近于1，γ恒大于1，则电子的阿尔芬电流可达到十千安量级，质子则更高几个量级，因此相对论束流绝大多数情况下可以不用考虑阿尔芬电流限制；如果束流能量很低，此时β远小于1，γ约等于1，此时的阿尔芬电流会较小，需要考虑阿尔芬电流限制问题。

5.1.3 真空束流传输理论

真空束流传输是束流传输中最为基础的情况，本节先简要讨论一下真空束流传输的线性理论。为了方便描述，这里采用均匀模型[5-6]，具体内容如下。

（1）假定束流截面均匀，束半径沿轴向缓慢变化，轴向电场和径向磁场分量对传输的影响可以忽略。

（2）束轴与传输边界的电位差小于束粒子动能。

（3）束流在束内被均匀中和，所有粒子的轴向速度保持不变。

（4）束流为层流束。

（5）束流为稳态束，束截面在给定位置不随时间变化。

（6）粒子轨迹满足旁轴条件，即束半径很小，束半径增加速度小，可以看作与轴线平行。

对于电子束流，当电流强度为I，速度为v，电子束半径为r时，则电子密度为

$$n_e = \frac{I}{\pi r^2 ve} \tag{5-18}$$

则对应的电流的表达式为

$$I = en_e\pi r^2 v \tag{5-19}$$

电流密度表达式为

$$J = en_e v \tag{5-20}$$

由高斯定理可得$2\pi rE_r l = \frac{Q}{\varepsilon_0} = \frac{en_e\pi r^2 l}{\varepsilon_0}$，整理可得束流半径处径向电场为

$$E_r = \frac{en_e r}{2\varepsilon_0} \tag{5-21}$$

同样地，由安培环路定理可简单得到运动电流在束流半径处产生的磁场为

$$B_\theta = \frac{\mu_0 I}{2\pi r} \tag{5-22}$$

1. 受力

束流真空传输受力按圆柱坐标可分为轴向受力、径向受力和角向受力。考虑近似理论，假定束流为均匀截面，角向速度变化可以忽略，重点考虑径向和轴向受力，则式（5-9）～式（5-11）可改写为

$$\frac{\mathrm{d}}{\mathrm{d}t}(mv_r) = eE_r - ev_z B_\theta = \frac{e^2 r}{2\varepsilon_0} n_e - \frac{ev_z \mu_0 I}{2\pi r} \tag{5-23}$$

$$\frac{\mathrm{d}}{\mathrm{d}t}(mr^2 v_\theta) = 0 \tag{5-24}$$

$$\frac{\mathrm{d}}{\mathrm{d}t}(mv_z) = ev_r B_\theta = \frac{ev_r \mu_0 I}{2\pi r} \tag{5-25}$$

2. 扩散

由前面的受力分析可知，束流真空传输最大的影响当属电荷之间的库仑力，然后是自磁约束力。在考虑相对论的情况下，束流半径 a 与传输距离 z 有如下近似方程

$$aF\left[\ln(a/a_0)^{1/2}\right] \approx \left[z/(\beta\gamma)\right](I/I_A)^{1/2} \tag{5-26}$$

式中：a_0 为束流初始半径；F 为 Dawson 积分；$\beta = v/c$，v 为粒子的轴向速度；γ 为相对论因子；I 和 I_A 分别为束电流和阿尔芬电流。

5.1.4 虚阴极及限制电流

束流的横向空间电荷效应是束流扩散的主要因素。本节着重讨论束流的纵向空间电荷效应。纵向空间电荷效应会形成势垒，这一势垒是粒子运动方向上由于自身空间电荷场引起的，主要表现为电位下降，当下降到一定程度时虚阴极就会产生，限制电流的纵向传输。

1971 年，J. W. Poukey 用数值方法和解析方法对相对论电子束流传输的一维模型进行了研究，当注入束流超过极限电流时，就形成虚阴极[5]，虚阴极的位置为

$$z_m = \frac{1}{2\beta_0{}^{1/2}(\gamma_0 - 1)^{1/2}} \int_1^{\gamma_0} \frac{\mathrm{d}s}{(s^2 - 1)^{1/4}} \tag{5-27}$$

式中：z 用 $(\gamma_0 - 1)^{1/2} c/\omega_b$ 为单位，ω_b 为束电子的等离子体频率。势阱深度可

表示为

$$\phi_{\mathrm{m}}(\beta_0)=\int_0^{-2\beta_0[\gamma_0/(\gamma_0-1)]^{1/2}}\left\{\left[\left(\frac{\gamma_0-1}{\beta_0}x^2+2\gamma_0(\gamma_0-1)^{1/2}x+\gamma_0\beta_0\right)^2+1\right]^{1/2}-\gamma_0\right\}\frac{\mathrm{d}x}{x} \tag{5-28}$$

由式（5-27）和式（5-28）可知，虚阴极的位置和势垒深度主要与粒子的能量有关，确切地说主要与γ_0和β_0有关。在传输粒子能量较小时，主要取决于β_0，即粒子的速度。而随着传输能量提升到β_0大于0.95以后，虚阴极的位置主要由相对论因子决定。不难得出其基本规律：粒子速度越高、能量越大时，虚阴极的位置越远。

空间传输情况都是自由空间背景，这里不对漂移管中的传输问题进行描述。尽管经典的一维空间电荷限制流理论模型可以给出清晰的物理图像，便于理解虚阴极的形成，但是虚阴极是一个相当复杂的时空关联过程，没有任何简单的理论模型可以进行恰当的描述，粒子模拟方法是研究这一类复杂问题的最有效手段之一，后面的章节会专门介绍。

5.2 基于等离子体的空间传输理论

在一般的束流传输分析中，由于空间等离子体相当稀薄，所以真空近似是合理的。不过在一些特殊场合，如在极端粒子辐射环境、极小电流密度束流传输等情况时，等离子体的影响不可忽略，此时需要考虑等离子体并分析其影响机理。

5.2.1 空间传输损耗

地球轨道空间中有着极稀薄的等离子体和气体环境，在考虑束流传输时首先需要讨论其传输损耗，损耗的主要形式为电离和辐射。通过传输损耗分析确定碰撞损耗和韧致损耗的比重，可以为空间传输可行性提供初步的论证，并且可以作为简化模型的依据。由 Bethe 公式和韧致辐射公式[6-7]不难计算出束流的传输损耗，如图 5-2 所示，其中图 5-2（a）所示为低轨道情况，此时考虑背景离子主要为氧离子，电荷密度取值为 $10^{12}\ \mathrm{m}^{-3}$；图 5-2（b）所示为同步轨道情况，假定背景离子主要为氢离子，电荷密度取值为 $10^{7}\ \mathrm{m}^{-3}$。

由图 5-2 不难看出，由于空间等离子体和气体相当稀薄[8-9]，束流在空间传输时由电离和韧致辐射产生的能量损耗几乎可以忽略不计，在即使 1 000 km 量级的距离上也基本没有损耗。这一特性使空间束流传输可以近似看作不存在

碰撞、电离等损耗，为了简化计算，常常看作真空。近几十年大量的研究都是基于真空环境来讨论粒子束空间传输的，这一近似在束流密度远大于背景等离子体密度时误差很小，但是在弱电流空间传输时，真空近似的误差开始变得不可忽略，这一点在后面会详细讨论。

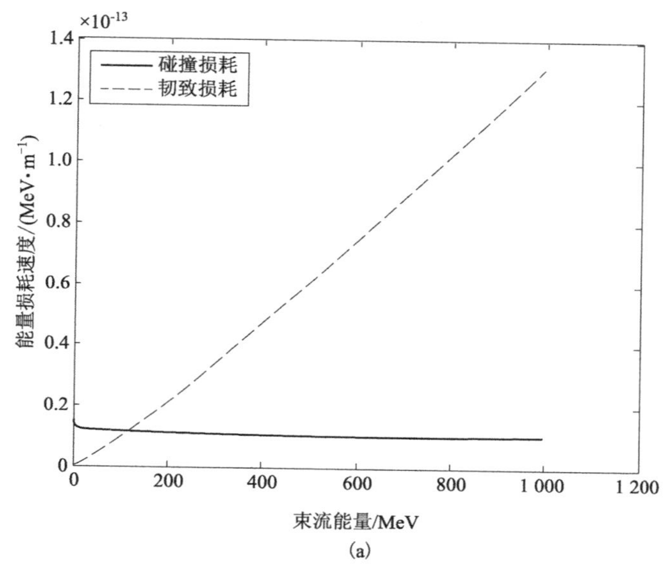

(a)

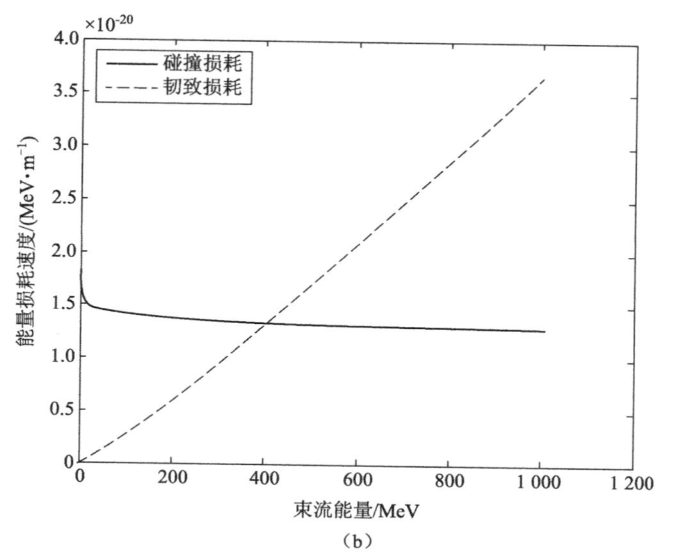

(b)

图 5-2　电子束在不同轨道时归因于电离和韧致辐射的能量损耗速度

5.2.2 基于等离子体背景的束流扩散

在强束流传输过程中，束流密度一般远大于背景等离子体密度，此时考虑真空背景即可。对于弱流离子束或中性束，等离子体背景的影响也基本可以忽略不计。但在弱流电子束传输时，就必须考虑空间等离子体环境，由于电子的速度远大于离子，可以形成离子通道，通道内的背景离子可以中和电子束的库仑力。此时，由于υ/γ远小于1，传输过程中不需要考虑虚阴极和阿尔芬电流的限制。假定束流为均匀层流且满足旁轴条件，依据Maxwell方程组不难得出自聚束条件[5]：

$$n_p \leqslant n_e \leqslant \gamma^2 n_p \tag{5-29}$$

其中，γ为束流相对论因子，n_p为背景等离子体离子电荷密度，n_e为电子束电荷密度。式（5-29）为等离子体束流自箍缩条件，也叫Budker自聚焦条件。其中要求粒子束密度比背景离子密度大是为了减小传输通道的振荡，确保传输的稳定性。无论在腔体还是自由空间中，式（5-29）都具有较好的适用性。由于空间中背景等离子体极为稀薄，只有极弱电荷密度或者极高相对论因子时式（5-29）才能够满足。

5.2.3 电流中和效应

当一束电子束入射到等离子体中时，等离子体中的电子将在很短时间内移出束的区域，而离子由于质量大得多，在短时间内运动幅度较小。在这一时间段可以看作：束流区域内的电子已逃离传输区域，离子则是静止的，静止离子会中和电子束中的空间电荷效应。

另外，电子束在等离子体中传输时会存在返回电流，这一现象已经被很多试验和理论证实。引入电流中和因子$f_m = j_p/j_b$，其中j_p为等离子体返回电流，j_b为入射束流，返回电流最明显的影响是降低束流产生的聚束磁场，因此f_m也被称为磁中和因子。存在明显返回电流的束流传输过程需要对束流聚束力、阿尔芬电流等进行修正：

$$r'' = \frac{qI(1-f_m)r}{2\pi\varepsilon_0 a^2 \beta^3 mc^3 \gamma^3} \tag{5-30}$$

$$I_A^* = I_A/(1-f_m) \tag{5-31}$$

由式（5-30）和式（5-31）可以看出：① 考虑返回电流之后，束流向内的箍缩力减小了；② 在等离子体环境中可以传输大于阿尔芬电流的强束流。

5.2.4　空间电荷效应

粒子在传输过程中，既依赖于外场，也依赖于束流产生的自场。空间传输中如果忽略地磁场以及其他可能的电磁影响，则粒子束的传输主要受自场的影响。自场受力主要有两种：一种为库仑力，另一种为磁场聚焦力。相对论因子越大磁场聚焦力越大，反之，则库仑力占据主导地位，产生的影响就属于空间电荷效应。

空间电荷效应[5, 10]可以分为横向和纵向两种，横向的空间电荷效应主要引起束流发散、变粗，这一扩散同时还会引起径向电位分布下降，是空间束流传输的主要障碍之一。纵向的空间电荷效应会使束团在轴向拉长、能散变大。纵向影响在大电流传输时十分明显，轴向电位分布下降会导致对发射电流的限制，即通常所说的二分之三次方定律。当传输电流超过某一电流密度时，就有可能在传输中产生虚阴极，从而影响或破坏束流传输。

束流发散和限制电流是束流真空传输的两大基本问题，特别是在强束流情况下，由于空中传输缺少引导磁场和正离子中和，远距离传输存在诸多物理限制因素，很难实现强流粒子束远距离传输[4]。

5.2.5　空间传输两大难点

空间传输的两大主要难点是束流发散和地磁场影响。地磁场影响主要是影响传输定位的精度，以及限制传输的最大作用距离，对束流空间应用的功能、模式及轨道等都有着较多限制；而束流发散则是对远距离传输束流的能量、束流强度等参数有着很大的限制，是带电粒子束空间应用的基本障碍[11]。本节基于束流空间应用的目的，分别对这两大难点进行详细的讨论。

1. 束流发散

带电粒子束在真空传输过程中会受到源于静电排斥的扩散。真空中的带电粒子束表面粒子受到的径向作用力可表示为

$$F_r = \frac{e^2 r n_e}{2\varepsilon_0 \gamma^2} = \frac{eI}{2\varepsilon_0 \gamma^2 \pi r v} \tag{5-32}$$

式中：n_e为束中粒子密度；r为束半径；ε_0为真空介电常数；γ为粒子的相对论因子；I为束流流强；v为粒子的运动速度。这个径向力是呈放射状向外的，其作用是将粒子推开，推开之后束半径增加而束流密度减小，此时径向受力也

相应减小。不难看出：① F_r 为恒正数，这意味着真空传输的束流只可能发散，这是由其物理性质决定的；② 提升相对论因子对减小扩散力十分有效，因此采用较高能量的相对论束流是必须的。对于电子束而言，MeV 量级以上，随着电子能量的提升，相对论因子迅速增加，相应的径向作用力迅速下降，对于离子束则一般要 GeV 量级以上才能够达到显著的相对论效应。

束流发散程度主要与束流能量、束流强度、初始束流半径以及初始发射度等因素有关：能量越高、束流强度（或束流粒子密度）越低、束流半径越大、初始发射度越小，则其扩散程度也越小。要想减小扩散，基本上只能从提升束流能量、降低束流强度（或束流粒子密度）、提升初始束流半径以及降低初始发射度这几个方面着手。对于 MeV 量级以上的粒子束，这几类提升都伴随着系统体积、重量等参数的迅速增加，在空间应用中都具有较大的限制，亟须寻找新的应用机理或模式来突破这些限制。

在空间传输过程中，在低束流密度情况下能够因为等离子体背景中和而适当改善，但其应用前景较为受限。而在高束流密度情况下基本只能依靠大幅提高粒子能量、降低束流密度来改善扩散程度。因为空间背景等离子体非常稀薄，在高束流密度情况下，背景能够中和的空间电荷基本可以忽略不计，此时可以近似看作真空传输。

2. 地磁场影响

地磁场对于电子束的最主要影响是洛伦兹力偏转引起的，一方面是由于偏转引起的传输距离限制，另一方面是由于偏转的不确定性造成定位偏差。下面分别对这两种影响进行专门的探讨。

1）地磁场对最大传输距离的影响

地球轨道磁场强度随着轨道高度的增加而变小，地球表面的磁场强度典型值约为 30 000 nT，在同步轨道上约为 100 nT。能量电子在空间磁场环境中传输时，电子束在洛伦兹力影响下做回旋运动。电子束传输方向与磁场方向垂直时，产生的洛伦兹力最大，回旋半径最小。在一般情况下，电子束通常不会始终以垂直于磁场的方向传输，它的方向随纬度、经度和海拔高度的变化而变化。因此人们总是期望粒子束的射程范围要小于这一回旋半径，因为如果粒子束的期望射程大于回旋半径，粒子束可能会无法达到靶目标。

电子在磁场中的回旋半径可表示[11]为

$$R = \gamma m_0 \beta c/(eB) \tag{5-33}$$

式中：R 为电子回旋半径；γ 为相对论因子；m_0 为电子静止质量；β 为电子的相对速度；c 为光速；e 为电子电量；B 为磁场强度。表 5-1 给出了不同能量电子在两个

不同地球轨道高度上的电子回旋半径，电子能量分别取 1 MeV、10 MeV、30 MeV、100 MeV、1 000 MeV，轨道高度为 1 000 km（低轨）时磁场强度的典型值为 30 μT，轨道高度为 36 000 km（同步轨道）时磁场强度的典型值为 100 nT。

表 5-1　不同能量电子在两个不同地球轨道高度上的电子回旋半径

E/MeV	β	γ	低轨 R/km	同步轨道 R/km
1	0.941 1	2.956 3	0.158	47.43
10	0.998 8	20.563	1.167	350.2
30	0.999 9	59.689	3.392	1 017
100	1	196.63	11.17	3 352
1 000	1	1 957.3	111.2	33 373

从表 5-1 可以看出，对于 10 MeV 以上的电子，其回旋半径与相对论因子成近似线性的关系。在低轨道，即使采用 1 GeV 的电子束，其回旋半径也仅为 111 km；对于 10 MeV 量级的束流则仅仅只有几 km。因此可以说，电子束在低轨道的传输射程很短，低于 1 GeV 以下的应用都受到极大的限制。在同步轨道，10 MeV 量级电子的回旋半径就已达到百千米量级，并随着能量提升迅速增加。因此，电子束空间传输在同步地球轨道的应用前景较好。

由上面的讨论不难得知，对于能量大于 2 MeV 的相对论电子束，电子的回旋半径与其相对论因子近似成正比，与磁场强度成反比。提高电子能量，相应的相对论因子迅速提升，就可以提高电子束的传输射程。但是空间电子束系统的电子能量提高在工程上受到系统体积、重量以及能量等因素的极大限制。

2）地磁场预测精度对最大传输距离的影响

电子束传输不确定范围与空间磁场模型预测误差之间关系[11]如下：

$$\Delta R = R(\Delta B/B) \tag{5-34}$$

式中：ΔR 为电子束传输距离为 R 时的位置不确定值；R 为电子束的传输距离；ΔB 为磁场模型预测值与真实值的差；B 为空间磁场的真实值；定义 $\Delta B/B$ 为磁场不确定度。从式（5-34）可知，电子束空间传输随着传输距离的增加，其空间位置的不确定性也越大。当磁场精度为 1‰ 时，传输 1 000 km 后，电子束斑位置不确定范围约 1 km。如果此时束斑仅为 10 m 量级，则空间瞄准的难度将非常大。

想要解决偏转不确定性问题，首先需要解决的是地磁场的精密测量或者建立高精度磁场预测模型。由于地磁场即使在特定轨道下也与纬度、经度、海拔高度、一天的时间、一年的季节甚至太阳黑子活动等因素都有关系，因此想得到地磁场精确模型是一个复杂的问题。经过多年的研究[12-15]，这一模型已达到一定的精度，误差可以控制在3%左右。第二种方法为地磁场精密测量，在较短距离传输时，直接测量当前的地磁场大小作为基准磁场，这一方法在较短距离（百千米以内）具有一定的可行性。

在远距离传输时，对磁场精度的要求相当高，一般要求至少1‰以上。然而建立高精度空间地磁场模型的难度很大，其精确度也难以评估。当前同步轨道的地磁场模型[15]主要以Tsyganenko模型和MHD模型为代表，离1‰以上的精度要求还有一定的距离。

空间中测量磁场的最常用仪器是磁强计[9]。磁强计的种类包括霍尔效应磁强计、核磁共振磁强计和磁通门磁强计。最常用的磁通门磁强计使用两根具有很强导磁性的杆，在没有外磁场作用时，两根杆的主线圈的感应磁场大小相等，且方向相反。在有外磁场作用时，两根杆的感应磁场大小不同，可由附加电路测量得到。磁通门磁强计的精度为0.1～2 nT，对于地球同步轨道而言，这一精度并不算太高，但最高精度已接近1‰。磁强计只能测量平台附近的磁场大小，对于传输路径上各点的磁场则难以测量，对于远距离传输时精度会大幅下降。可以考虑将磁强计与预测模型综合使用，有可能进一步提升预测的精度。

无论采用上述哪种方法，粒子束传输都需要经历以下几个过程：估算传输路径、发射粒子束、跟踪束轨迹、重新估算传输路径并调整发射参数、发射粒子束。这几个过程多次反复才有可能将粒子束投射到靶目标上。这就属于定位方法的研究，解决方法及技术途径可以参考和借鉴传统的激光束定位与控制技术。

5.2.6 空间传输其他重要问题

1. 发射度

在自恰束理论模型中，认为束是稳态和准稳态的，此时发射度保持守恒[5-6, 16-17]。但实际上束通常不是完全平衡态的，有许多因素能够引起束流发射度的增长。在空间传输过程中，由于不存在外加聚焦装置以及传输通道结构等因素，束流碰撞等因素也可以忽略，其发射度增长主要依赖于以下几个方面。

（1）由非稳态束密度剖面引起的空间电荷非线性力。

（2）束流横纵向运动的非线性耦合。

（3）束自场/地磁场与束粒子之间相互作用产生的不稳定性。

总体可以看出，在空间传输中，发射度的增长主要需要考虑的是空间电荷

非线性力、横纵运动的非线性耦合以及地磁场/束自场的相互作用。这几种因素并没有明确的分界线，有时相互依存，有时相互独立。这些过程都是非常复杂而烦琐的，通常采用理论分析具有较大的局限性，由于内容繁杂，这里仅做简要的概念介绍。

由于空间传输过程中外界的干扰并不明显，如果不考虑突发性事件（如太阳风、地磁亚暴等），其发射度的增长并不会十分显著，特别是在较低电流的束流传输过程中。

2. 不稳定性

发射度的增长往往是不稳定性开始的标志。可以说绝大多数不稳定性的产生都是由最初的发射度增长开始的，这是一个从量变逐渐发展到质变的过程。因此，稳定性的分析与发射度的影响因素基本上是一致的。由于空间中一般不存在强电磁波、稠密等离子体（或高气压气体）、传输通道边界以及强聚焦系统，其发射度的增长一般只依赖于空间电荷效应，其次为地磁场影响，其非线性不稳定性产生的可能性较小。

通常的研究中，束流传输的不稳定性[5-6, 17]主要分为横向不稳定性和纵向不稳定性两类。其中横向不稳定性包括束流崩溃不稳定性、横向阻性壁不稳定性、软管不稳定性以及细丝化不稳定性等。纵向不稳定性主要包括双流不稳定性、负质量不稳定性以及纵向阻性壁不稳定性等。空间传输中，由于等离子体极为稀薄，也没有明确的阻性壁，因此其不稳定性可能主要为软管不稳定性和丝化不稳定性，这两种不稳定性主要发生在束流通过等离子体（或离子通道）的情况下，下面分别做简要讨论。

（1）软管不稳定性一般发生在电子束通过离子通道的情况下，只要可形变的传输系统约束着粒子流，软管不稳定性就有可能发生。因此这类不稳定性只在弱流-等离子体系统或低轨（临近空间、大气层顶层）传输电子束时需要考虑到。在强流-弱等离子体（或真空）系统中这一类不稳定性基本是不会形成的。

（2）丝化不稳定性一般发生在相对论电子束被空间电荷中性化的情况下，即可以看作软管不稳定性的一个特殊情况。当没有电场存在时，束流产生的磁场扰动可以引起局部箍缩，增强的轴向电流区域中的磁场力吸引更多的电子，放大了电流，最终束流分成了电流细丝。丝化不稳定性不会使束流的平均位置发生变化——其主要效果是增加束流发射度。磁场将纵向动能耦合到横向运动。当横向速度扩展到足够高，足以抵抗箍缩力的时候，不稳定性达到饱和。

总体而言，空间束流稳定传输是可行的。当束流强时（远大于空间等离子体密度），其主要影响为空间电荷效应引起的发散，需要足够高的能量才可能实现远距离传输，其不稳定性主要为发散到一定程度引起的；当束流较弱时（与空间等离子体密度可比拟时）空间效应大幅降低，只需要MeV量级以上的能量即可实现100 km以上的远距离传输，但同时其不稳定性也可能发生，需要在设计传输策略时避免这一问题。

5.3 电子束空间传输解析方法

5.3.1 基于电荷中和的束流传输线性束理论

采用线性层流束理论[5-6]，忽略束内电离、碰撞以及电荷累积形成的空间不均匀性。由于空间气体及等离子体相当稀薄，这一近似具备较好的精度。假定电子束的头部在等离子体中形成了稳定的束流通道，引入导流系数的概念为

$$K = K_0(1 - \gamma^2 f_e) \tag{5-35}$$

式中：$K_0 = (I/I_0)\left[2/(\beta^3\gamma^3)\right]$；$f_e$为电荷中和因子。电荷中和能够有效增加作用在电子束上的聚焦力。假定束流为旁轴圆形束，且空间不存在聚焦磁场，则束流半径可以由包络方程来得到

$$r'' - \frac{K_0}{r}(1 - \gamma^2 f_e) - \frac{\varepsilon^2}{r^3} = 0 \tag{5-36}$$

$$\varepsilon = \gamma v_r / v_z \tag{5-37}$$

其中ε为束流的径向发射度。

5.3.2 单粒子运动方程

尽管上面的方法简单快捷，但是基于时域的方法可以得到更多的有用参

数，同时还能与上面的包络方程理论结果进行比对，因此有必要同时进行研究和比对。同样假定束流为均匀柱状束流，以束流外半径上的单电子作为研究对象，其运动方程可表示为[6]

$$\frac{\mathrm{d}}{\mathrm{d}t}(mv_r) = -ev_zB_\theta + eE_r = \frac{e^2r}{2\varepsilon_0}(n_\mathrm{e} - n_\mathrm{p}) - \frac{ev_z\mu_0I}{2\pi r} \tag{5-38}$$

$$\frac{\mathrm{d}}{\mathrm{d}t}(mr^2v_\theta) = 0 \tag{5-39}$$

$$\frac{\mathrm{d}}{\mathrm{d}t}(mv_z) = \mathrm{e}v_rB_\theta = \frac{ev_r\mu_0I}{2\pi r} \tag{5-40}$$

这里的 $m = \dfrac{m_0}{\sqrt{1-(v_r^2+v_z^2+v_\theta^2)/c^2}} = \gamma m_0$，采用式（5-37）即可转换发射度与径向速度的关系。

5.4　PIC模拟方法

实际上，粒子束在空间中传输是一个极复杂的过程，特别是需要考虑束团头尾发散、发射度增长、不稳定性产生以及特殊环境对传输影响等非线性问题时，前面的解析方法难以实现。基于束流控制、稳定性及应用模式的探索，需要更加精确的分析方法来研究传输过程中的这一类非线性问题。

粒子模拟方法是研究带电粒子与电场和磁场相互作用过程的重要数值模拟方法，已经被广泛应用到多个研究领域，其中最为典型的应用领域有受控热核聚变、空间物理和天体物理、等离子体物理和真空电子学领域。随着高速大容量计算机性能的进一步提高，必将进一步推动粒子模拟方法研究及其应用领域的发展、扩大研究和应用的范围、缩短研究和应用的周期、促进一些新兴学科的发展。

粒子模拟方法所用的模型[23-25]分为静电模型、静磁模型和电磁模型，其中电磁模型所对应的电磁粒子模拟方法，研究内容最为丰富，实际应用也最为广泛。这三种模型在基础理论上有很多共通之处，主要区别仅仅在于对电磁场的计算处理和应用的侧重点上。

静电模型用于模拟静电力起决定作用的物理问题。在模拟中，不必求解复杂的Maxwell方程组，只需要解泊松方程。静磁模型用于模拟只需要考虑低频自恰磁场的物理问题，如等离子体中的阿尔芬波、箍缩、离子回旋波等。在模拟中，将Maxwell方程组中的位移电流项去掉，不必采用完整的Maxwell方程

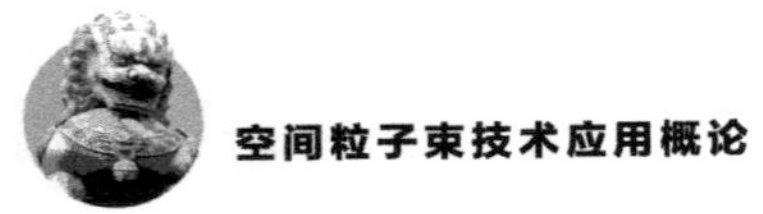

组。电磁模型用于模拟与电磁辐射或自恰电磁场有关的物理问题。在模拟中，需要求解完整的Maxwell方程组。

由于电磁模型的完备性，静电模型和静磁模型可以看作电磁模型在一定条件下的简化形式，所以静电问题和静磁问题一般也可以用电磁模型来解决，只是计算速度上会有所限制。电磁模型对应的粒子模拟方法称为电磁粒子模拟方法，是应用最为广泛的粒子模拟方法。因此这里简要介绍电磁粒子模拟方法。

电磁粒子模拟方法[18, 21-24]是以Maxwell方程组为基础、考虑粒子在真空中与场相互作用的第一性原理方法，广泛地应用在真空电子器件、加速器、等离子体等领域的研究和设计中，能够辅助试验改善器件性能、减少研发周期和试验开支。但是电磁粒子模拟方法需要求解完整的Maxwell方程组、洛伦兹力方程和粒子运动方程，而且受时间稳定性条件的限制，因而计算量比较大，特别是在三维的程序中，计算一个稍微复杂的真空电子器件就需要数天甚至数周的时间。而并行算法[23, 25]则是目前解决这一问题的最佳方法，消息传递模型则是并行算法的首选，国内外优秀的粒子模拟软件中大多采用这一模型。

电磁粒子模拟方法是由时域有限差分（Finite Difference Time Domain，FDTD）方法和粒子分室（Particle-in-cell，PIC）方法结合而成的。时域有限差分方法[18-24]的基本思想是在离散的网格中，以离散的时间步长，推进和求解离散的Maxwell方程组。PIC方法则是考虑场与粒子的相互作用，在离散网格中推进粒子运动的方法。

5.4.1 方法流程与物理基础

电磁粒子模拟方法的基本思路[18, 24]是：先给定初始条件，即在一定的电磁场环境中，有一定数量的带电粒子具有初始位置和速度；粒子和场从初始条件出发，按时间顺序推进，电磁场的更新和粒子的推动交替进行，如图5-3所示。

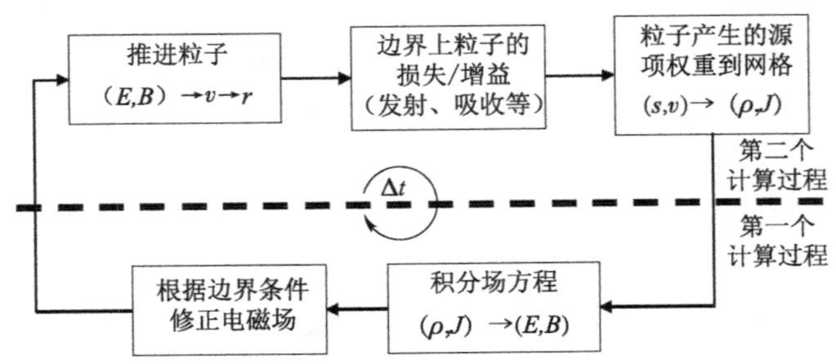

图 5-3 粒子模拟方法计算流程

在每一步迭代中，根据离散网格上的场值得到连续空间中粒子位置的场，从而推进粒子运动，粒子的运动又反过来对场方程中的源项（电荷密度和电流密度）产生影响，进而更新了场值，使循环继续下去。在计算过程中，还需要处理各种不同的场边界条件和粒子边界条件。如果考虑碰撞，还需要引入蒙特卡洛碰撞（Monte Carlo Collision，MCC）方法。

5.4.2　离散网格与离散时间模型

电磁粒子模拟方法的时间迭代是建立在时域有限差分方法基础上的，即所谓的 Yee 网格 [18，24-25] 单元。其基本原理是：把连续时间域内的问题转化为离散时间域的问题，即用各离散时间点上的数值解来逼近连续时间域内的真实解，是一种近似的计算方法。即使是近似方法，根据目前计算机的容量和速度，对许多问题都可以得到足够高的计算精度。

Yee 网格单元是 FDTD 算法的基础。图 5-4（a）所示为直角坐标系中的 Yee 网格模型，其中三个方向的电场分量和磁场分量分别用 E_x、E_y、E_z 和 B_x、B_y、B_z 表示。在 Yee 元胞连续排列组成的整个空间网格中，每一个磁场分量由四个电场分量环绕；同样，每一个电场分量由四个磁场分量环绕。这种电磁场分量的空间取样方式不仅符合法拉第感应定律和安培定律的自然结构，而且这种电磁场各分量的空间相对位置也适合 Maxwell 方程的差分计算，能够适当地描述电磁场的传播特性。从图中还可以看出，一般情况下，电场和磁场在不同方向上的分量位于不同方向空间全网格或半网格的位置，采用的是传统的中心差分方法，具有二阶精度。而在柱坐标中的 Yee 网格模型如图 5-4（b）所示，其电磁场分量的放置与直角坐标系基本类似。

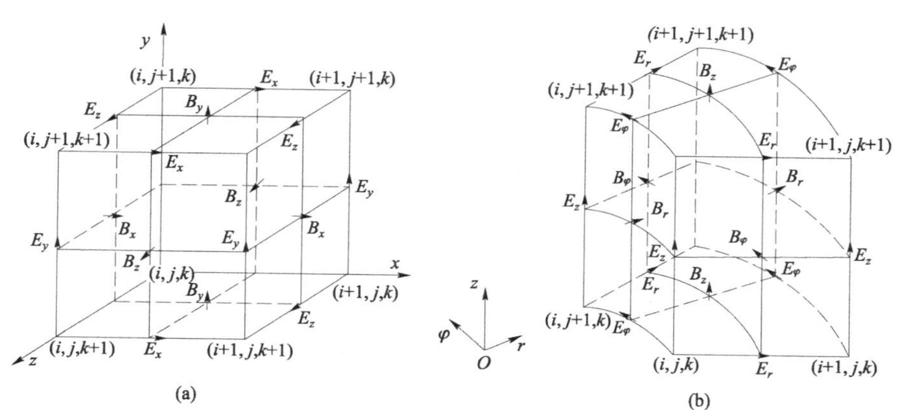

图 5-4　两种坐标系下的三维 Yee 网格单元

图 5-5 是电磁 PIC 方法的时间离散模型（蛙跳模型）[18, 23]。在场更新方面，电场 E 在整数时间步长计算，而磁场 B 在半时间步长计算；在粒子处理方面，粒子受力 F 和位移 x 的求解在整数时间步长，而粒子的动量 p 求解在半时间步长。

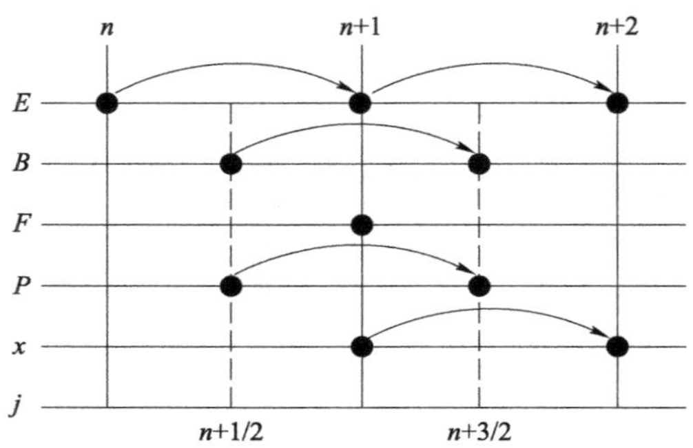

图 5-5　粒子模拟蛙跳格式示意图

从图 5-5 可以看出，根据变量计算的时间点，可以划分为全时间步变量和半时间步变量，这些变量在时间顺序上交替取样和更新，取样和更新时间间隔彼此相差半个时间步，又保证了每个时间步内只取样和更新一次，能实现时间上的快速迭代求解。

5.4.3　电磁场算法

这里以三维直角坐标系为例。只考虑 x 方向场分量，式（5-3）和式（5-4）可变化为如下方程式：

$$\frac{\partial E_z}{\partial y}-\frac{\partial E_y}{\partial z}=-\frac{\partial B_x}{\partial t} \tag{5-41}$$

$$\frac{\partial H_z}{\partial y}-\frac{\partial H_y}{\partial z}=-\frac{\partial D_x}{\partial t}+J_x \tag{5-42}$$

通过差分可以得到

$$(D_x)_{i+1/2,j,k}^{n+1}=(D_x)_{i+1/2,j,k}^{n}+\frac{\Delta t}{\Delta y}(H_z)_{i+1/2,j+1/2,k}^{n+1/2}-\frac{\Delta t}{\Delta y}(H_z)_{i+1/2,j-1/2,k}^{n+1/2}+\frac{\Delta t}{\Delta z}(H_y)_{i+1/2,j,k-1/2}^{n+1/2}-\frac{\Delta t}{\Delta z}(H_y)_{i+1/2,j,k+1/2}^{n+1/2}-\Delta t(J_x)_{i+1/2,j,k}^{n+1/2} \tag{5-43}$$

$$(B_x)_{i,j+1/2,k+1/2}^{n+3/2}=(B_x)_{i,j+1/2,k+1/2}^{n+1/2}+\frac{\Delta t}{\Delta z}(E_y)_{i,j+1/2,k+1}^{n+1}-\frac{\Delta t}{\Delta z}(E_y)_{i,j+1/2,k}^{n+1}+\frac{\Delta t}{\Delta y}(E_z)_{i,j,k+1/2}^{n+1}-\frac{\Delta t}{\Delta y}(E_z)_{i,j+1,k+1/2}^{n+1} \tag{5-44}$$

其中，Δx、Δy和Δz为三个方向的网格长度，Δt为时间步长，场分量的上标为对应的时间步，下标为对应的网格索引。同理y方向和z方向的差分格式可表示为

$$(D_y)^{n+1}_{i,j+1/2,k} = (D_y)^{n}_{i,j+1/2,k} + \frac{\Delta t}{\Delta z}(H_x)^{n+1/2}_{i,j+1/2,k+1/2} - \frac{\Delta t}{\Delta z}(H_x)^{n+1/2}_{i,j+1/2,k-1/2} + \frac{\Delta t}{\Delta x}(H_z)^{n+1/2}_{i-1/2,j+1/2,k} - \frac{\Delta t}{\Delta x}(H_z)^{n+1/2}_{i+1/2,j+1/2,k} - \Delta t(J_y)^{n+1/2}_{i,j+1/2,k} \tag{5-45}$$

$$(B_y)^{n+3/2}_{i+1/2,j,k+1/2} = (B_y)^{n+1/2}_{i+1/2,j,k+1/2} + \frac{\Delta t}{\Delta x}(E_z)^{n+1}_{i,j+1/2,k+1} - \frac{\Delta t}{\Delta x}(E_z)^{n+1}_{i,j,k+1/2} + \frac{\Delta t}{\Delta z}(E_x)^{n+1}_{i+1/2,j,k} - \frac{\Delta t}{\Delta z}(E_x)^{n+1}_{i+1/2,j,k+1} \tag{5-46}$$

$$(D_z)^{n+1}_{i,j,k+1/2} = (D_z)^{n}_{i,j,k+1/2} + \frac{\Delta t}{\Delta x}(H_y)^{n+1/2}_{i+1/2,j,k+1/2} - \frac{\Delta t}{\Delta x}(H_y)^{n+1/2}_{i-1/2,j,k+1/2} + \frac{\Delta t}{\Delta y}(H_x)^{n+1/2}_{i,j-1/2,k+1/2} - \frac{\Delta t}{\Delta y}(H_x)^{n+1/2}_{i,j+1/2,k+1/2} - \Delta t(J_z)^{n+1/2}_{i,j,k+1/2} \tag{5-47}$$

$$(B_z)^{n+3/2}_{i+1/2,j+1/2,k} = (B_y)^{n+1/2}_{i+1/2,j+1/2,k} + \frac{\Delta t}{\Delta y}(E_x)^{n+1}_{i+1/2,j+1,k} - \frac{\Delta t}{\Delta y}(E_x)^{n+1}_{i+1/2,j,k} + \frac{\Delta t}{\Delta x}(E_y)^{n+1}_{i,j+1/2,k} - \frac{\Delta t}{\Delta x}(E_y)^{n+1}_{i+1,j+1/2,k} \tag{5-48}$$

式（5-43）～式（5-48）就是对应Yee网格的直角坐标系的电磁场标准差分格式，也叫作中心差分格式[18]。其他坐标系下的差分格式的推导过程基本类似，在此不再赘述。

5.4.4 宏粒子模型

由于在实际情况下，任何器件的粒子总量都是要超过普通计算机的内存容量，因此使用简化的粒子模型也是电磁粒子模拟中不可或缺的一部分工作。

宏粒子模型实现原理为：每个时间步在发射网格上产生一定数量的宏粒子，每一个宏粒子代表不同个数的真实带电粒子，宏粒子的带电量等于真实粒子的总带电量[18, 25]。采用有限大小宏粒子模型，可以很好地处理它们之间的受力等问题，从而实现粒子的集体特性模拟。

事实证明：当计算区域内使用足够的宏粒子数来表示空间内的粒子时，结果是正确的，这是因为当宏粒子数达到一定数量时，模型就具有了良好的统计性质。

5.4.5 粒子运动方程

电磁PIC方法考虑粒子与场的相互作用，故而与实际情况更相近，这也是被称为第一性原理的一个重要因素。首先考虑场对粒子的影响，即考虑粒子在电磁场中的运动。相对论情形的粒子运动方程可由式（5-49）和式（5-50）来描述。

$$\frac{\mathrm{d}}{\mathrm{d}t}\gamma m v = q(E + v \times B) \tag{5-49}$$

$$\frac{\mathrm{d}}{\mathrm{d}t}x = v \tag{5-50}$$

式中，x为粒子位移，γ可由式（5－51）表示：

$$\gamma \equiv \frac{1}{\sqrt{1-(v/c)^2}} = \sqrt{1+(u/c)^2} \tag{5-51}$$

$$u \equiv \gamma v \tag{5-52}$$

这里的离散方法就是5.4.2节介绍过的蛙跳格式。由图5-5的模型可以将上面的运动方程变化为

$$\frac{u^{n+1/2} - u^{n-1/2}}{\Delta t} = \frac{q}{m}\left(E^n + \frac{u^n}{\gamma^n} \times B^n\right) \tag{5-53}$$

$$\frac{x^{n+1} - x^n}{\Delta t} = \frac{u^{n+1/2}}{\gamma^{n+1/2}} \tag{5-54}$$

对于式（5-53）的求解方法，Boris [26-27] 给出了一种分解求解法，这一方法符合电磁PIC方法的离散性质，是一种较为实用的方法：

$$u^- = u^{n-1/2} + \frac{q\Delta t E^n}{2m} \tag{5-55}$$

$$u' = u^- + u^- \times \frac{q\Delta t B^n}{2\gamma^n m} \tag{5-56}$$

$$u^+ = u^- + u' \times \frac{q\Delta t B^n}{m\gamma^n[1+(\Omega_c\Delta t/2)]^2} \tag{5-57}$$

$$u^{n+1/2} = u^+ + \frac{q\Delta t E^n}{2m} \tag{5-58}$$

不难看出，这一方法是将粒子运动过程分解为两次电场作用和一次磁场作用，从而将复杂的求解过程简单化。这里的式（5-55）和式（5-58）用于修正动量的大小，式（5-56）和式（5-57）修正动量的方向。其中需满足$\Omega_c\Delta t \ll 1$，这里的$\Omega_c = qB^n/(\gamma^n m)$，表示相对论回旋频率。$B^n$可以差分近似为$(B^{n-1/2} + B^{n+1/2})/2$，$\gamma^n$用$u^-$来计算，即$\gamma^n = \sqrt{1+(u^-/c)^2}$。

5.4.6 粒子与场互作用算法

由图 5-3 所示的电磁 PIC 方法流程可知，电磁场计算和粒子与场的互作用是电磁 PIC 方法中最为基础也是最重要的两个算法，基于 5.4.5 节的粒子模型与运动方程，这一节着重介绍粒子与场相互作用的过程及其算法实现。为了便于描述，这里同样以直角坐标系为例进行讨论和分析，柱坐标系和极坐标系下的情况可以类似推出。

1. 场对粒子的影响

由图 5-4 的 Yee 网格模型可以知道，电场分量是在棱心上的，而磁场分量是在面心上的，粒子则可能存在于网格中的任一位置，所以对于粒子的运动方程式（5-53）并不能直接使用。为了完成这一目标可分为两步来实现：首先将半网格上的电磁场分量权重到整网格上，然后再插值到粒子所在的位置。

首先来讨论第一步，将半网格上的电磁场权重到整网格。可以考虑将电场平均权重到网格线两端点上，对于磁场则平均权重到网格面四个角点上。以整网格点(i,j,k) x方向的场分量求解为例，有如下权重方法[25]：

$$E_x(i,j,k)=[E_x(i-1/2,j,k)+E_x(i+1/2,j,k)]/2 \tag{5-59}$$

$$\begin{aligned}B_x(i,j,k)=[&B_x(i,j-1/2,k-1/2)+B_x(i,j-1/2,k+1/2)+\\&B_x(i,j+1/2,k-1/2)+B_x(i,j+1/2,k+1/2)]/4\end{aligned} \tag{5-60}$$

其他方向的电磁场权重公式可类似得出。

然后是第二步，将整网格上的电磁场插值到粒子在网格中的实际位置。如图 5-6 所示，假定粒子 A 距离三个坐标面的距离分别为 s_x、s_y、s_z。不妨设定：

$$\begin{cases}\lambda_x=s_x/\Delta x\\\lambda_y=s_y/\Delta y\\\lambda_z=s_z/\Delta z\end{cases} \tag{5-61}$$

则对应的权重因子 w 有如下计算式：

$$w_{i,j,k}=(1-\lambda_x)(1-\lambda_y)(1-\lambda_z) \tag{5-62}$$

$$w_{i+1,j,k}=\lambda_x(1-\lambda_y)(1-\lambda_z) \tag{5-63}$$

$$w_{i,j+1,k}=(1-\lambda_x)\lambda_y(1-\lambda_z) \tag{5-64}$$

$$w_{i,j,k+1}=(1-\lambda_x)(1-\lambda_y)\lambda_z \tag{5-65}$$

$$w_{i+1,j+1,k}=\lambda_x\lambda_y(1-\lambda_z) \tag{5-66}$$

$$w_{i+1,j,k+1}=\lambda_x(1-\lambda_y)\lambda_z \tag{5-67}$$

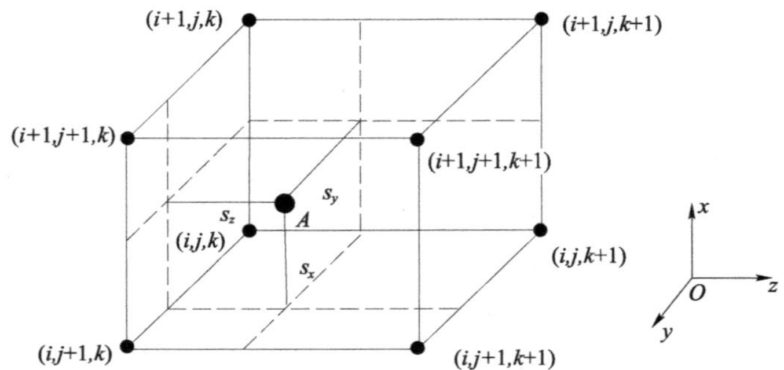

图 5-6　Yee 网格中粒子位置示意图

$$w_{i,j+1,k+1} = (1-\lambda_x)\lambda_y\lambda_z \tag{5-68}$$

$$w_{i+1,j+1,k+1} = \lambda_x\lambda_y\lambda_z \tag{5-69}$$

其中，w 的下标是对应的网格索引。由此可以得出，粒子 A 处 x 向场分量分别为

$$\begin{aligned}(E_x)_A = {} & w_{i,j,k}(E_x)_{i,j,k} + w_{i+1,j,k}(E_x)_{i+1,j,k} + w_{i,j+1,k}(E_x)_{i,j+1,k} + \\ & w_{i,j,k+1}(E_x)_{i,j,k+1} + w_{i+1,j+1,k}(E_x)_{i+1,j+1,k} + w_{i+1,j,k+1}(E_x)_{i+1,j,k+1} + \\ & w_{i,j+1,k+1}(E_x)_{i,j+1,k+1} + w_{i+1,j+1,k+1}(E_x)_{i+1,j+1,k+1}\end{aligned} \tag{5-70}$$

$$\begin{aligned}(H_x)_A = {} & w_{i,j,k}(H_x)_{i,j,k} + w_{i+1,j,k}(H_x)_{i+1,j,k} + w_{i,j+1,k}(H_x)_{i,j+1,k} + \\ & w_{i,j,k+1}(H_x)_{i,j,k+1} + w_{i+1,j+1,k}(H_x)_{i+1,j+1,k} + w_{i+1,j,k+1} \\ & (H_x)_{i+1,j,k+1} + w_{i,j+1,k+1}(H_x)_{i,j+1,k+1} + w_{i+1,j+1,k+1}(H_x)_{i+1,j+1,k+1}\end{aligned} \tag{5-71}$$

同理可以推出其他方向的场分量。

至此对应于每一个宏粒子的电磁场分量可以明确得出，再由式（5-53）和式（5-54）即可求出对应宏粒子的位移和动量变化。

2. 粒子对场的影响

场对粒子的作用过程是一个推动粒子、改变其动量和位置的过程。而这一过程中空间的电荷密度和电流密度必然也会发生改变。根据 Maxwell 方程组，这一改变同样会对场有着较大的影响。下面对这一影响进行详细的分析。

1）粒子推进对空间电荷密度的影响

首先考虑对空间电荷密度的影响，可以参照上一小节对场的权重，假设一个粒子被推动到图 5-6 的网格内的 A 处，则电荷的权重[25]可类似地表示为

$$(q')_{i,j,k} = (1-\lambda_x)(1-\lambda_y)(1-\lambda_z)q \tag{5-72}$$

$$(q')_{i+1,j,k} = \lambda_x(1-\lambda_y)(1-\lambda_z)q \tag{5-73}$$

$$(q')_{i,j+1,k} = (1-\lambda_x)\lambda_y(1-\lambda_z)q \tag{5-74}$$

$$(q')_{i,j,k+1} = (1-\lambda_x)(1-\lambda_y)\lambda_z q \tag{5-75}$$

$$(q')_{i+1,j+1,k} = \lambda_x\lambda_y(1-\lambda_z)q \tag{5-76}$$

$$(q')_{i+1,j,k+1} = \lambda_x(1-\lambda_y)\lambda_z q \tag{5-77}$$

$$(q')_{i,j+1,k+1} = (1-\lambda_x)\lambda_y\lambda_z q \tag{5-78}$$

$$(q')_{i+1,j+1,k+1} = \lambda_x\lambda_y\lambda_z q \tag{5-79}$$

式中：q'是该宏粒子对所在网格八个整网格点的电荷量的权重，下标为对应网格点的索引；q为宏粒子所带的电量。

这样整网格点的电荷密度就可以重新计算得到，计算式为

$$\rho = \frac{Q}{\Delta x\Delta y\Delta z} \tag{5-80}$$

式中：Q为所有宏粒子对该整网格点的电荷量权重的总和。

2）粒子运动对空间电流密度的影响

下面来分析粒子位置的改变对空间电流密度的影响。假设粒子从n时刻运动到$n+1$时刻，从A点到了B点，如图5-7所示，假定它的轨迹是平行于坐标轴的，则一共有如图5-8所示的六条随机路径可供选择来分配空间电流密度。由于稳定性条件可知，宏粒子在每个时间步长最多只能跨越一个网格，这里就以这种情况为例进行描述。假定$r_x(i,j,k)$、$r_y(i,j,k)$、$r_z(i,j,k)$分别为网格(i,j,k)的x、y、z方向的坐标。

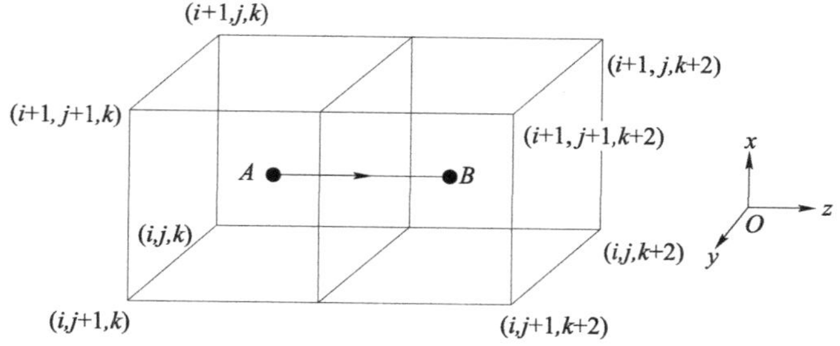

图5-7 粒子位置改变示意图

以粒子从A点沿x方向运动到B点所在yz平面为例，将运动分解为两个部分来形成电流密度。粒子沿x方向运动产生的电流，即粒子从n时刻起运动到yz面网格$(i+1,j,k)$处所产生的第一部分电流密度为

$$J_{x1} = \frac{q_A(r_x(i+1,j,k) - r_{Ax}^n)}{\Delta x\Delta y\Delta z\Delta t} \tag{5-81}$$

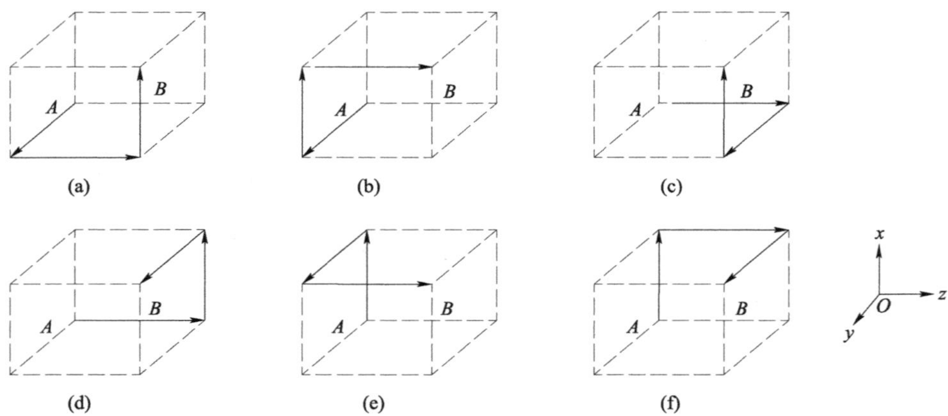

图 5-8　粒子随机运动轨迹示意图

而从 yz 面网格 $(i+1,j,k)$ 运动到 $n+1$ 时刻（B 点位置）所产生的第二部分电流密度为

$$J_{x2}=\frac{q_A\left[r_{Ax}^{n+1}-r_x(i+1,j,k)\right]}{\Delta x\Delta y\Delta z\Delta t} \tag{5-82}$$

然后将电流 J_{x1} 和 J_{x2} 分别权重到网格上去，如图 5-9 所示为网格 $(i+1,j,k)$ 在平面 yz 的投影图，投影点的位置为（r_{Ay}^n，r_{Az}^n），s_y、s_z 为粒子到网格面的距离。

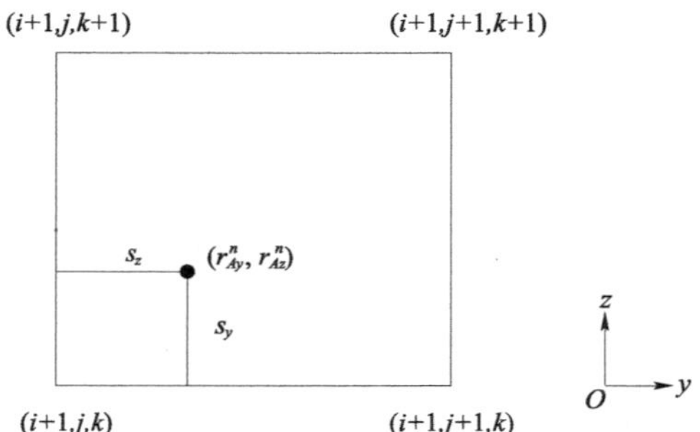

图 5-9　电流密度分配 YOZ 平面投影图

首先类似于前面的权重方法，可以假定：

$$w_y=s_y/\Delta y,\ w_z=s_z/\Delta z \tag{5-83}$$

就可以得到 J_{x1} 分配表达式如下（J_{x2} 可以类似得到）：

$$\begin{cases}\Delta J_x(i,j,k)=(1-w_y)(1-w_z)J_{x1}\\ \Delta J_x(i,j+1,k)=w_y(1-w_z)J_{x1}\\ \Delta J_x(i,j,k+1)=(1-w_y)w_zJ_{x1}\\ \Delta J_x(i,j+1,k+1)=w_yw_zJ_{x1}\end{cases} \tag{5-84}$$

同理可以得到粒子向其他方向运动的电流密度表达式[25]。将上述表达式代入迭代公式即可求得粒子运动对场的影响。

5.4.7 方法应用讨论

PIC模拟方法可广泛应用于求解粒子传输过程中与电磁场、地磁场、背景等离子体及太阳风等环境因素的相互作用，研究其稳定性及传输特性，具有很好的计算精度，针对一些复杂的非线性过程也能有很好的适用性。但需要指出的是，这一类问题采用PIC方法计算时计算量都很大，特别是在三维建模的情况下，采用并行算法在高性能集群上计算是一个可行的选择[23]。另外针对一些特殊的问题，计算模型可以适当简化，求解福克-普朗克方程或者符拉索夫方程[5-6]也能够取得较好的结果。

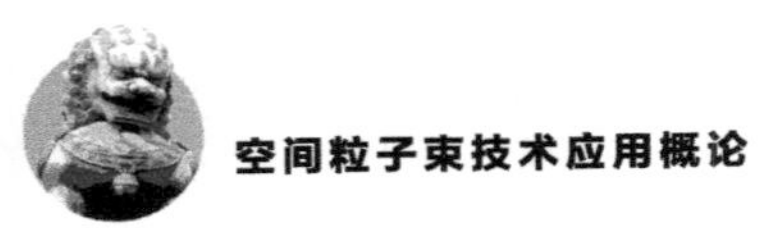

5.5 小　　结

强流束的传输近几十年来得到了相当多的研究，在加速器内部及大气层应用中的研究已经较为成熟，但是针对明确空间应用传输研究的文献很少。为了本章的系统性，本章的研究并不完全局限于强流束，主要以地面研究为基础，对空间束流传输进行了一些简要的概念和方法介绍。因为在空间中强流束应用的代价远大于弱流束[11]，弱流束的传输既可以形成独特的应用，也可以作为强束流空间应用的先期研究。

参考文献

[1] 陈金华. 低能电子辐照加速器加速管的设计与优化 [D]. 武汉：华中科技大学，2013.

[2] 吴涛. 强流相对论多注电子束的产生与传输技术研究 [D]. 成都：电子科技大学，2013.

[3] 韦峥. 强流中子发生器中子源特性模拟及快中子诱发锕系核素裂变物理研究 [D]. 兰州：兰州大学，2016.

[4] NIELSEN P E. Effects of directed energy weapons [M]. New York，USA：Directed Energy Professional Society，2009.

[5] 刘锡三. 强流粒子束及其应用 [M]. 北京：国防工业出版社，2007.

[6] STANLEY H J. Charged particle beams [M]. New Jersey：John Wiley&Sons，Inc.，1990.

[7] JACKSON J D. Classical electrodynamics (Third Edition) [M]. New Jersey：John Wiley&Sons，Inc. 1999.

[8] LAI S T. Fundamentals of spacecraft charging：spacecraft interactions with space plasmas [M]. Princeton，N J，USA：Princeton University Press，2011.

[9] PISACANE V L. The space environment and its effects on space systems [M]. Reston，USA：American Institute of Aeronautics and Astronautics，Inc.，2008.

[10] 谢文楷. 带电粒子束的理论与设计 [M]. 北京：科学出版社，2009.

[11] BEKEFI G，FELD B T，PARMENTOLA J，et al. Particle beam weapons-a technical assessment [J]. Nature，1980，284 (20)：219-225.

[12] 徐文耀，区加明，杜爱民. 地磁场全球建模和局域建模 [J]. 地球物理学进展，2011，26 (2)；398-415.

[13] 姜乙. 基于CHAMP卫星和地面数据的全球及区域地磁场建模研究 [D]. 南京：南京信息工程大学，2016.

[14] 徐文耀. 地磁场的三维巡测和综合建模 [J]. 地球物理学进展，2007，

22（4）：1035-1039.

[15] 徐文耀，杜爱民，白春华. 地球磁层的磁场模型［J］. 地球物理学进展，2008，23（1）：14-24.

[16] 裴元吉. 电子直线加速器设计基础［M］. 北京：科学出版社，2013.

[17] 刘乃泉. 加速器理论［M］. 北京：清华大学出版社，2004.

[18] 周俊. 电磁粒子模拟方法及其应用研究［D］. 成都：电子科技大学，2009.

[19] OKUDA H，BIRDSALL C K. Collisions in a plasma of finite-size particles［J］. Phys. Fluids.，1970，13（8）：21-23.

[20] BORIS J P. Relativistic plasma simulation-optimization of a hybrid code［C］//In Proc. 4th Conf. on Numerical Simulation of Plasmas. Washington，DC，1970：3-67.

[21] BIRDSALL C K，LANGDON A B. Plasma physics via computer simulation［M］. New York：McGraw-Hill，1985.

[22] HOCKNEY R W，EASTWOOD J W. Computer simulation using particles［M］. New York：McGraw-Hill，1991.

[23] 彭凯. 大尺度HPM器件电磁PIC若干关键技术研究及应用［D］. 成都：电子科技大学，2012.

[24] ELSHERBENI A，DEMIR V. The finite-difference time-domain method in electromagnetics：with matlab［M］. Raleigh：SciTech Publishing，Inc.，2006.

[25] 廖臣. 三维电磁粒子模拟并行算法及其应用研究［D］. 成都：电子科技大学，2010.

[26] BARKER R J，SCHAMILOGLU E. High-power microwave sources and technologies［M］. New Jersey，USA：Wiley-IEEE Press，2001.

[27] J. P. Boris. Relativistic Plasma Simulation-Optimization of a Hybrid Coole［C］. 4th conference on Numerical Simulation of plasmas，Washington，DC，1970：3.

第6章 空间电子束系统

电子束系统作为粒子束系统的一种，其在空间具有广阔的应用前景。本章首先详细介绍了空间电子束系统的结构组成及主要分系统优先采用的技术路线，随后，讨论了电子束系统空间应用需要重点考虑的几个其他问题，主要包括热控技术、平台自由电荷产生及平台电荷中性化技术等。

6.1 空间电子束系统组成

设想中的空间电子束系统[1]主要包括电子加速器子系统、脉冲功率源子系统、跟踪瞄准与控制子系统、电子源子系统等，如图6-1所示。预计其主要应用于空间碎片驱离或清除。

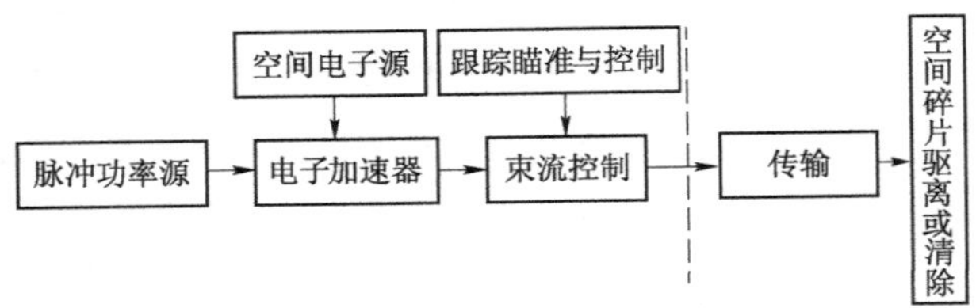

图6-1 空间电子束系统结构示意图

电子加速器是空间电子束系统的核心装置，主要作用是对低能电子束进行加速，使电子能量达到MeV量级甚至更高；初级功率源系统则是空间电子束系统的基础设备，将平台提供的初级电能变换成电子加速器要求的能量形式，供加速器用于加速电子。跟踪瞄准与控制系统则是空间电子束系统应用的必备条件，用以发现、跟踪、锁定空间碎片，并精确控制电子束的发射方向，克服空间磁场环境的影响，准确地将电子束射向空间碎片，其性能制约着空间电子束系统驱逐空间碎片的效能发挥。此外，空间电子束系统与地面电子束系统具

有较大的不同，需要特殊的电子源系统，为电子加速器系统提供自由电子，同时维持空间平台的电中性。空间电子束系统工作时，要产生大量的热，大功率热控系统也是空间电子束系统必备的装置之一。

6.1.1　电子束加速系统

空间电子束系统所发射的电子具有很高的速度，需具备足够烧蚀空间碎片目标的能量，加速器则是电子获得高能量的基本手段。传统的天基电子束系统由于要求电子能量达到 GeV 量级、束流强度 kA 量级，科学家和工程师论证了多种加速器备选方案[2-3]。通过对不同加速器特点进行分析，提出了几种有技术潜力的加速器体制：① 集团离子加速器；② 自动谐振加速器；③ 感应直线加速器。

如果用于千米量级的空间碎片清除或驱离，则空间电子束系统将与传统的粒子束定向能系统具有较大的不同，要求加速器工作在低能区（<100 MeV）、中流强（<500 mA）。这使以前不在预先方案中的加速方案重新引起了关注。例如，高频段的微波电子直线加速器，其具有加速梯度大、体积小、加速效率高、束流大等特点，可作为空间电子束系统中电子加速器的优选方案之一。

6.1.2　空间大功率微波源技术

空间大功率微波源的主要功能是将平台提供的初级能源变换为电子束加速器需要的高功率脉冲，具体应用到电子直线加速器则是高功率微波脉冲源。空间电子束系统加速器需要的微波脉冲峰值功率通常要达到 MW 量级。空间大功率微波源系统的基本工作过程是：初级能源通过功率调整系统给中间储能单元充电，完成能量初步压缩；然后中间储能单元通过脉冲开关和脉冲形成部分，输出高压脉冲给微波管；最后在微波管中激励出微波辐射，输出到加速腔中为电子提供加速能量。大功率微波源通常由初级能源装置、脉冲调制器和微波管三个部分组成，脉冲功率系统电能的一般处理流程如图 6-2 所示。

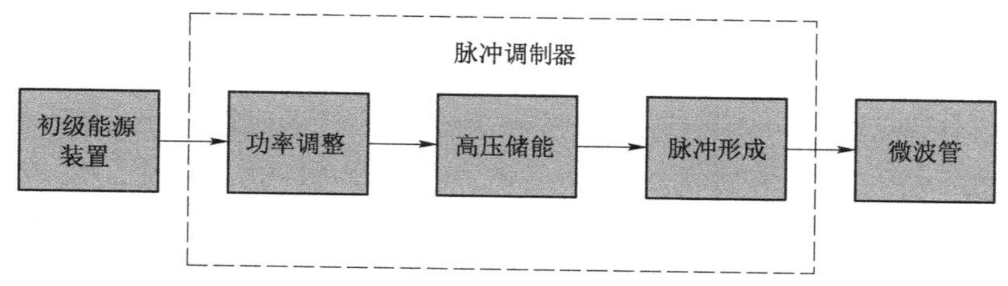

图 6-2　脉冲功率系统电能的一般处理流程

初级能源装置包括电源供给系统和储能系统，它将航天器上有限的能源存储起来，为大功率微波源工作时提供瞬时大功率能量供给。常见的电源供给方式主要包括太阳能电池、燃料电池、核电池等方式。储能方式主要包括电化学储能、电磁储能、机械储能等方式。

脉冲调制器将初级能源存储的低压电能变换成微波源需要的高压电能，为微波源的电子枪及微波管提供加速能量。其结构形式主要有线性脉冲调制器、钢管调制器、全固态调制器等。全固态调制器由于其具有体积小、功率密度大、波形可控等特点，成为最近几年研究的热点。

微波管是大功率微波源的核心器件，将电能变换成微波能量进行输出，常用的大功率微波管大都是电真空器件。可以用于电子束加速器的MW级微波管主要有速调管、磁控管等。最近几年，陆续开发出了各个波段可用于加速器的MW级至几十MW级的大功率速调管，极大地促进了加速器的发展。

此外，大功率微波源还有一些辅助系统，主要包括电控系统和热控系统等，电控系统主要负责控制初级能源的储能充放电、脉冲调制器的充放电开关动作等；热控系统主要负责为大功率微波管及负载进行有效散热。

6.1.3 空间碎片目标跟踪、瞄准与束流控制系统

空间碎片目标跟踪、瞄准与束流控制系统主要包括目标跟踪、瞄准系统与电子束流发射方向控制系统两大部分。碎片目标跟踪、瞄准系统主要由微波搜索跟踪雷达及光学跟踪瞄准装置等组成。探测系统发现目标后，定位系统跟踪目标，同时修正地球磁场等的影响，使粒子束在一定传输距离内满足对空间碎片目标的瞄准精度。

对于碎片目标跟踪、瞄准系统来说，核心技术为高精度跟踪技术。复合轴控制技术[4]广泛用于高精度光电跟踪系统、卫星激光测距、激光通信和激光光束稳定等，其典型系统结构如图6-3所示。复合轴伺服系统（Compound Axis Servomechanism）最早见于1966年W. Thomas发表的文章，作者在数字激光测距跟踪装置中采用了复合轴伺服机构，它是在主机架的粗跟踪基础上，用快速控制发射镜精确修正实现更高精度的跟踪。复合轴控制原理早在1950年就有研究，A. A. Krasovsky于1957年发表了分析双通道控制系统（Two-channel Control System）原理的文章，1960年D. B. Neuman深入分析了二维关联反馈控制系统（Two-dimensional, Orthogonal, Feedback Control System）交叉耦合的效应。复合轴系统是双通道控制或二维关联控制系统的一种实现结构。复合轴系统具有跟踪精度高、响应速度快和动态范围宽等优点，将传统的光电跟踪

系统的精度从数十角秒级提高到角秒级、亚角秒级，甚至 0.1 角秒以内。在惯性稳定控制领域，四框架多级稳定、惯性伪星参考稳定系统，都相当于复合轴控制。

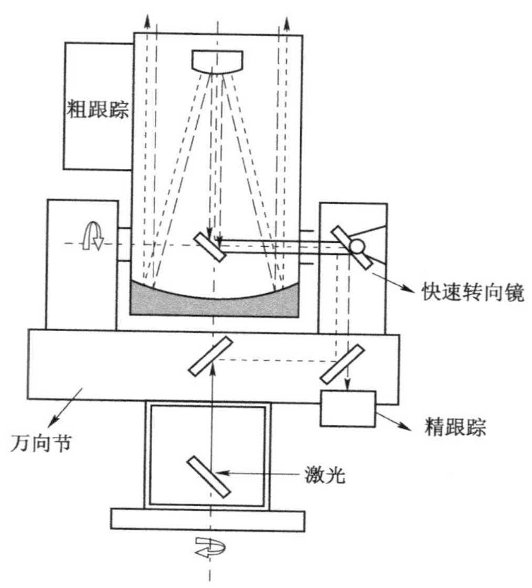

图 6-3　复合轴跟踪系统结构

可以看出，激光通信中的跟踪与瞄准系统可以为空间电子束系统提供很好的技术支持和借鉴，是一种很有潜力的目标跟踪与瞄准技术手段。空间电子束系统发射的电子束要能达到空间碎片目标，则需要精确控制电子束的出射方向。同时，由于空间电磁场的时变特性及空间碎片目标的运动特性，要求电子束控制系统具有高动态的角度控制能力。常见的电子束角度控制技术主要分为静电和磁力偏转系统等[5]。利用垂直于电子束运动方向的静电场使电子束改变方向，发生偏转的电子光学系统称为静电偏转系统。利用垂直于电子束运动方向的磁场使电子束改变方向，发射偏转的电子光学系统称为磁偏转系统，其中，最简单的一种是均匀磁场偏转系统。

6.2 空间电子束系统应用需考虑的其他问题

空间电子束系统要实现天基应用，成功实现对空间碎片的清除或驱离，除需攻克上节所涉及的关键技术外，还需要解决大功率热管理、平台系统电中性等技术问题。

6.2.1 热控系统

大功率热管理技术是空间电子束系统空间应用的保障。由于波（微波）注（电子注）能量互交换的工作原理限制，电子加速器对加速腔的温度变化要求苛刻（温度变化范围小于±1 ℃），这是加速器正常工作的基础条件。同时，电子束加速器峰值功耗MW级，其电效率约为30%，热功率较大。可以看出，大功率高精度废热管理技术是空间电子束系统需要解决的关键技术之一。此外，向电子束加速器提供大功率微波的微波管输出功率达到MW量级，电效率最高约为80%，其热处理问题也需要关注。

6.2.2 电子产生与平台维持中性一体化技术

空间电子束系统工作时，向外发射电子束的同时，平台势必会携带等量的正电荷，为了保证平台安全可靠且持续工作，需要提出一种维持电子束系统电中性的技术方案，并可在工程中得以实现。

对于自由电子产生与平台维持中性一体化问题解决方案，经过分析论证，有几种比较适用的方法：① 采用携带大量自由电子的超级电容模块，当某个模块中的电子被消耗完后，将其抛向太空[6]。② 采用类似电推进[7]的工作模式，电子束系统向太空喷射加速后的自由电子，同时也向太空喷射相同电量的离子，这样可以维持平台系统的电中性。按照不同能量形式电离中性气体、加速自由电子的方法，类似电推进的工作模式可分为直流放电、交流放电、微波放电等[8]方法。③ 平台携带电子收集器，收集空间自由电子同时供电子加速器加速后喷出。这种方法不需要消耗产生电子的气体工质，可以做到无工质工作。

6.3 小　结

本章简单介绍了空间电子束系统的基本组成，并对每个子系统的功能与关键技术做了基本介绍。此外，还分析了空间电子束系统其他需要关注的问题[9-24]，主要涉及大功率热控管理技术、电子产生与平台维持中性一体化技术等。空间电子束系统是一个综合系统，其不同子系统之间技术参数相互制约，空间具体的应用模式也会对空间电子束系统的技术参数产生较大影响。需要综合考虑与系统论证，寻求一种平衡物理条件限制、相关技术水平及现实应用需求的综合设计方案。

参考文献

[1] RICHARD M R. Introducing the particle-beam weapon [J]. Air University Reviews, July-August, 1984. http: //markfoster. net/struc/particle_beam_weapon.pdf.

[2] 袁致. 粒子束武器及其研究述评 [J]. 中国航天，2007 (4)：43-45.

[3] 张伟. 新概念武器 [M]. 北京：航空工业出版社，2008.

[4] 秦莉，杨明. 运动平台捕获跟踪瞄准系统建模与仿真研究 [J]. 系统仿真学报，2009，21 (16)：5179-5182，5192.

[5] 唐天同. 电子光学 [M]. 西安：西安交通大学出版社，1975.

[6] RETSKY M. Coulomb repulsion and the electron beam directed energy weapon [C]. Proceedings of SPIE, Bellingham, USA, 2004.

[7] NUNZ G J. Beam experiments aboard a rocket (BEAR) project final report Vol 1: Project Summary [R]. LA-11737-MS, 1, 199.

[8] [美] 罗思. 工业等离子体工程 [M]. 吴坚强，译. 北京：科学出版社，1998.

[9] BEKEFI G, FELD B T, PARMENTOL A J, et al. Particle beam weapons—a technical assessment [J]. Nature, 1980, 284 (5753): 219-225.

[10] RETSKY M W. Method and apparatus for deflecting a charged particle stream: US 5825123 [P]. 1998-10-20.

[11] 李绍青. 直线加速器加速管冷却系统的数值模拟和优化设计 [D]. 合肥：中国科学技术大学，2003.

[12] 范宏昌. 热学 [M]. 北京：科学出版社，2003.

[13] 周乐平，唐大伟，杜小泽，等. 大功率激光武器及其冷却系统 [J]. 激光与光电子学进展，2007 (8)：34-38.

[14] 童叶龙，李国强，耿利寅. 航天器精密控温技术研究现状 [J]. 航天返回与遥感，2016 (2)：1-8.

[15] 李明海，任建勋，宋耀祖，等. 天基激光器的排热方案研究 [J]. 激光技术，2002，26 (3)：198-200.

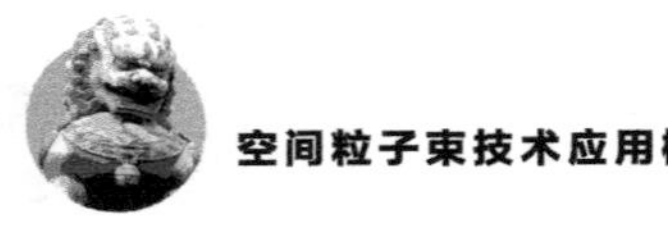

[16] 宋耀祖，王军荣，闵敬春. 天基激光武器中激光介质的热分析与热控制［C］//中国宇航学会飞行器总体专业委员会2004年学术研究会论文集，2005：403-409.

[17] 王磊，菅鲁京. 相变材料在航天器上的应用［J］. 航天器环境工程，2013（5）：522-528.

[18] ROSE M F，HYDER A R，ASKEW R F，et al. Novel techniques for the thermal management of space-based，high-power microwave tubes［J］. IEEE Trans. on Electron Devices，1991，38（10）：2252-2263.

[19] ROSE M F，CHOW L C，JOHNSON J，et al. Thermal management of space-based，high-power，solid-state RF amplifiers［R］. Final Report of Work Performed under SCEEE，1990.

[20] WILLIAM E L，SHERIF S A. Weight optimization of active thermal management using a novel heat pump［R］. NASA Glenn Research Center，2004.

[21] PARAMENTOLA J，TSIPIS K. Particle-beam weapons［J］. Scientific American，1979，240（4）：54-65.

[22] NIELSEN P E. Effects of directed energy weapons［R］. US-AD report，1994.

[23] SCHARF W. Particle accelerators and their uses［M］. New York：Harwood Academic Publishers，1986.

[24] LAWSON J D. The physics of charged particle beams［M］. Oxford：Oxford University Press，1978.

第7章 电子束加速技术

电子直线加速器是加速电子的一种带电粒子加速器。而带电粒子加速器是一种将带电粒子加速到很高能量的装置，顾名思义，电子直线加速器就是让电子沿直线轨道进行加速的加速器。本章重点针对这一加速器，首先分析空间应用选型问题，然后系统讨论其理论和设计方法，最后对空间应用进行了总结性的讨论。

7.1 加速器技术概述

7.1.1 加速器类型讨论

由于医疗、无损探伤、食品安全等领域的迫切需求，小型化电子加速器在20世纪得到了快速发展，其中最具竞争力的类型当属电子直线加速器、电子感应加速器和电子回旋加速器，主要用作射线源或放射源。早期的这一类电子加速器以感应加速器为主，随后直线加速器由于其独特优势，得到越来越广泛的应用。回旋加速器是在20世纪70年代以后才开始应用于医学的，尽管其具备输出量高、束流强度可调、可一机多用等优点，但其价格和运行费用较高，应用受到限制。感应加速器具备技术简单、成本低、能量高、可调范围大、输出量大等优点，但其束流质量不高、X射线输出量小。直线加速器相对来说综合性能较好，无论是电子束还是X射线都有一定的输出量，其缺点是机器复杂、成本较高、维护要求较高[1-4]。高能电子束的空间应用主要是作为电子源或X射线源，除了最为核心的体积、重量、功耗要求之外，还需要兼顾束流质量、加速效率以及X射线输出量等问题。综合分析认为电子直线加速器是当前最具可行性、性能较优的一个选择。

电子直线加速器分为行波型和驻波型两种。行波型的发展早于驻波型，驻波型具有分流阻抗更高、频率稳定性更好、束流负载影响较小等优点，而

行波型具有频率带宽较高、束流质量较好、建场时间短等优点。综合考虑，在总体质量体积都在合适范围内的情况下，两类加速器都具有一定优势，需要在后面的研制攻关过程中继续比较，本章以行波电子直线加速器为例进行介绍。

7.1.2 系统方案组成

典型行波电子直线加速器[3]总体系统方案示意图如图 7-1 所示，主要包括电子枪、盘荷波导、微波源系统、微波传输系统、离子源系统、真空系统、聚焦系统、恒温系统、束流输出系统、控制系统和电源系统等。

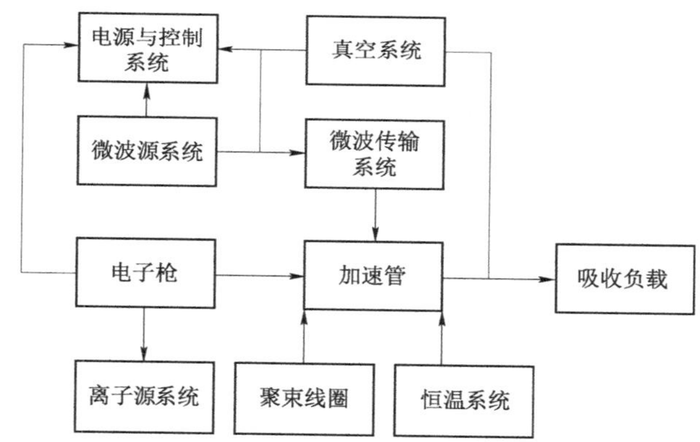

图 7-1　典型行波电子直线加速器总体系统方案示意图

1. 电子枪

为电子加速器产生并提供电子束的器件称为电子枪。其一般分热发射和场致发射两种，也有少量光致发射的电子枪。目前多采用三电极结构，即发射电子的阴极，对电子束起聚焦作用的栅极和吸出电子的阳极。通常阴极负高压为 40～120 kV，脉冲电流为几百毫安，束流宽度为 1～3 μs，并且对于电子束的品质和寿命需要有一定的要求。最简单的电子枪是皮尔斯二极枪。

2. 盘荷波导

盘荷波导是加速器的主体。行波电子直线加速器分为常阻抗和常梯度两种。通常以常阻抗居多，现在几乎都采用高导电无氧铜制造。由于电子直线加速器对加速波导的频率与相位特性提出的精度要求很高，因此对盘荷波导的加工精度及表面粗糙度等工艺要求也非常高。

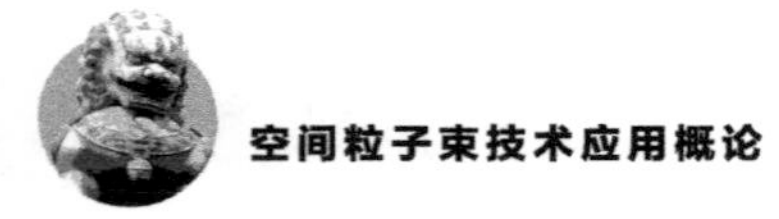

3. 微波源系统

行波电子直线加速器的工作频率一般在S波段，少量在L、C、X波段。微波功率源提供在这些波段建立加速电场所需的微波功率，主要有速调管和磁控管两种。一般来说，5 MW以下的功率采用磁控管，更高功率的微波源采用速调管。但这并不是绝对的，速调管在频带、频率稳定性等参数的表现更为优良，根据应用和需求的不同，即使在较低功率的加速器中，速调管的应用也相当广泛。

4. 微波传输系统

微波传输系统主要包括隔离器、耦合器、真空窗、吸收负载等，还有若干标准波导。这些部件不仅应当能够承受额定功率，而且输入的驻波比要较小。一般需要微波通道（耦合器及加速管）驻波比小于1.3的工作频率附近有几个MHz带宽以上，并在工作频率附近驻波比小于1.1。过大的驻波比会引起真空窗和隔离器打火，使隔离器因过热而损坏，导致微波源工作不稳定。为了获得好的通带特性，耦合器的调整是关键。

耦合器是矩形波导和圆形加速管之间的连接部件。一方面射频功率通过它进入加速管，另一方面它使矩形波导中的TE_{10}型波转换为盘荷波导中的TM_{10}型波。耦合器结构种类有多种，其中腔式耦合器最为常用，它可以承受较高的射频功率，但匹配调整复杂一些，并且耦合器前半部分的驻波场会影响电子的纵向运动，耦合器中场的径向非对称性会使电子束发生径向扰动。

为了防止波导打火，通常在矩形波导中充以几个大气压的干燥空气、氮气或氟利昂气体，应注意防止波导壁变形或损坏。当功率很高时，常常采用抽真空（1.333×10^{-4} Pa）的办法防止击穿。经过加速管后的微波剩余功率，通过输出耦合器、真空窗，在吸收负载上被吸收掉。吸收负载通常是一个通水的尖劈形玻璃负载，吸收的热量被水流带走，有时也用水冷的干负载。在不需要监视输出射频功率时，可以采用同轴内腔吸收负载，此时可以做到紧凑一体化。

5. 离子源系统

作为空间应用装置，要保持系统电中性，向外抛射与电子束电量相等的离子束流即可以实现。当然，也可以利用空间弱等离子体环境实现电子的补充，在地面上如果系统接地良好则不存在电子补给问题。

6. 真空系统

真空系统一般由钛离子泵机组及真空检测、控制等装置组成，以建立和维持加速波导、束流输运管道及部件中的高真空。加速波导中真空度一般应优于 6.7×10^{-7} torr（1 torr=133.3 Pa）。真空系统是加速器在地面运行调试的必要设备。

7. 聚焦系统

聚焦系统包括纵向磁场的螺线管、磁四极透镜以及横向聚焦等。在低能加速器中，可以减少磁四极透镜和横向聚焦，有些情况下可以不使用。在低能加速器中，加速管往往焊成一根整管，采用水套结构，聚焦线圈做成薄饼状，用铜带（垫绝缘薄层）绕制，可以提高电流密度，使线圈体积大大减小，聚焦线圈套在加速管的水套外径上。由于空间应用环境和需求不一样，空间加速器并不适合采用线圈聚焦，在低能的情况下可以考虑永磁。

8. 恒温系统

恒温系统通常是指加速管的恒温水控制系统。由于加速管壁上的欧姆损耗，产生大量的热，这部分热量就靠恒温水流带走，以便使加速器保持一定的温度。在考虑恒温问题时，应区分三个不同的概念：温升、温度梯度和温度稳定度。

加速管在通恒温水的条件下，加上微波功率后由于管壁上欧姆损耗发热，加速管的温度将指数上升，并在新的温度下达到平衡，这两温度之差就叫温升。加速管在新的温度下达到平衡后，加速管纵向温度差称为温度梯度。水温稳定度及它所直接影响的整个加速管温度分布上的稳定，叫作温度稳定度，即恒温控制精度。温升主要决定于加速管壁上功耗的大小，恒温水流量和加速管与恒温水管接触面的大小有关，而温度梯度则还与水流系统的安排有关。这是三个不同的概念，要求也不一样。要求最严格的是恒温水的稳定度，其次是温度梯度，而温升的大小严格讲对加速束流特性并无什么影响。

由于加速器的频率、相移等受温度的影响很大，因此电子行波加速器对温度稳定度和温度梯度都有严格的要求。例如，多数医用电子直线加速器要求温度稳定为±1 ℃，1~2 m 长的波导上温度梯度小于 2 ℃。在一些大型的加速器中，这一要求更高。因此对水冷管道的结构、布置与恒温装置有严格要求。

作为空间应用时，水冷不再具备优势，通常的应用有恒温箱，如相变材料冷却装置。温度直接影响加速器的出束质量好坏，因此天基系统的恒温装置应当有更加严格的设计。

9. 束流输出系统

束流输出系统将加速器中的电子引出输运到实验或工作区，一般包括束流变换器（BCT）、波纹管等。

10. 控制系统

控制系统管理和控制加速器的运行、保护、调整等，是保证加速器方便、安全工作的核心装置。

11. 电源系统

电源属于外设，却是至关重要的一环。对于微波源、电子枪、冷却恒温装置、真空泵、螺线管等都需要电源的支持。性能良好的电源是加速器正常工作的要素之一。

加速器详细方案示意图如图7-2所示。

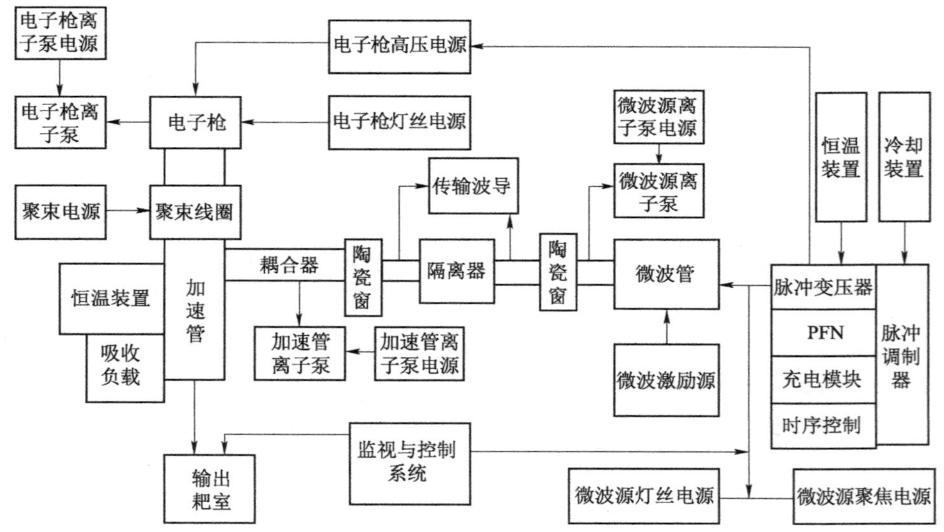

图7-2 加速器详细方案示意图

7.2　行波电子直线加速器的基本原理

7.2.1　行波电子直线加速器的加速原理

1. 基本原理

行波电子直线加速器的加速管是一段盘荷波导[5-8]。外加的微波功率在盘荷波导内激励起高频振荡，它在轴上存在着轴向电场，这个电场以波的形式沿盘荷波导传播，如果相位关系合适，电子可在这个行波的加速下不断获得能量[1-3]。

微波在盘荷结构这一类具有皱褶边界的波导内传播时，相速度可以小于光速。通过调节波导尺寸就可以控制微波在其中的相速度。从能量守恒观点来看，行波加速过程就是一种能量形式转换的过程，在这个过程中电磁场的能量转换成了电子的动能。

行波电场对电子能维持加速状态是有条件的。条件一旦破坏，场对电子不但不能起到加速作用，反而起到减速作用。这个条件就是必须保持行波速度与电子速度一致，因此也称同步条件。所谓的同步，就是指电子在行波电场作用下速度不断增加时，要求微波电场的传播速度也相应增加。场的速度增加情况必须和电子在场作用下增长规律相一致。

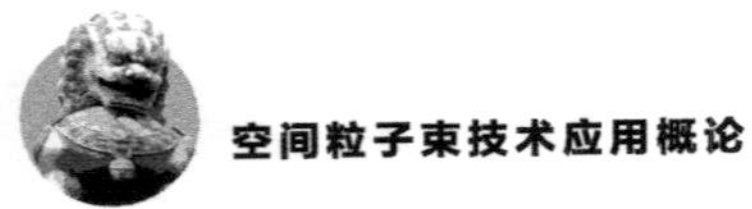

2. 加速电子速度变化规律

由于电子质量很小，当能量较低时其速度较大。但是当速度达到一定程度（能量大于2 MeV）时，电子的速度已与光速较为接近。以后能量再提升，其速度也不会有明显变化，只是在数值上越来越接近于光速，仅其相对论因子会迅速提升。这一特点在加速器领域是十分重要的，考虑电子直线加速器的工作原理和设计时要充分注意这一点。

基于这一特点，在盘荷结构中，当电子速度高于2 MeV以上时，电子速度基本不会增加，则盘荷波导的相速度也可以不变（约等于光速），此时盘荷结构可以是均匀的。这一特点可以极大简化加速器的设计和加工。

7.2.2 行波电子直线加速器的主要参数

1. 典型指标参数

电子直线加速器可分为低能、中高能电子直线加速器[1-3]。低能电子直线加速器主要是指电子束能量在几十兆电子伏特以下的电子直线加速器，当前主要应用于放射治疗、工业辐照、医用器械、食品辐照、红外及远红外自由电子激光等领域。高能电子直线加速器一般是指数百兆电子伏特以上的电子直线加速器，主要用于核物理和高能物理直线加速器、高能电子加速器的注入器以及作为深紫外、X射线自由电子激光的高性能电子束产生装置等。中能加速器位于两者之间，根据需要有特定的指标和参数，用途基本上区别不大。以当前的空间应用水平来看，低能电子直线加速器的应用可能性更大，主要用作高性能电子束产生装置以及优质射线源。不同加速器根据用途、使用场合等不同，对电子束的性能要求各不相同。归纳起来，主要有表7-1所示几种表征参数。

表7-1　加速器参数表

表征参数	相应符号
束流能量	W
脉冲束流强度	I
束流脉冲宽度	τ_b
工作频率	f
重复频率	f_b
束流能散度（FWHM）	$\Delta W/W_0$

续表

表征参数	相应符号
归一化束流发射度	ε_n
束斑尺寸	r_b
束流平均功率	P_b
加速器长度	L

1）束流能量

束流能量是衡量加速器性能的主要参数之一，它是指电子束出束的动能。束流能量与加速结构参数、束流强度以及馈入的微波功率等因素有关。

2）束流强度

几乎所有的直线加速器都工作在脉冲模式下，所以束流强度一般是指脉冲束流强度。但应当注意另外几个概念：宏脉冲束流强度、微脉冲束流强度以及平均束流强度。

宏脉冲束流强度就是通常所说的脉冲束流强度，它是指在一个脉冲过程中的平均电流强度。而平均束流强度则是指在工作时间（或一段时间内）的平均电流强度，它在数值上等于宏脉冲束流强度乘以占空比。而微脉冲束流强度是指在一个脉冲内，由于加速过程中电子会发生聚束、捕获、加速等过程，电子束团也只会在一定的相位范围内，也就是说即使在一个微波脉冲内，电子束也可能仅存在较小的相位范围，它在数值上等于宏脉冲束流乘以微波频率和微脉冲束流的时间宽度。

3）束流脉冲宽度

束流脉冲宽度是指一个微波脉冲过程中束流脉冲的宽度。它由微波宽度、电子枪束流宽度以及建场时间共同确定。如果采用足够宽的电子枪束流，则束流脉冲宽度由微波宽度和建场时间共同决定。一般来说，束流脉冲宽度小于等于微波宽度减去建场时间。

4）重复频率

重复频率f一般是指宏脉冲的重复频率，也常表示为f_b。在电子枪束流脉冲重复频率和微波功率源的重复频率一致时，重复频率f与前两者一致。若电子枪的束流重复频率小于微波功率源的重复频率，则宏脉冲的重复频率f与电子枪的束流重复频率相同。

微脉冲的重复频率f_M一般就是微波的工作频率，如果电子枪的束流宽度小于微波的周期长度，则微脉冲的重复频率与电子枪的束流重复频率相同。但如果该系统的聚束系统选取次谐波预聚束腔时，微脉冲重复频率为次谐波的工作频率。

5）束流能散度

加速过程中所有电子因为初始能量、位置、相位等不同，加速后的能量也不可能都相同，而是呈现一个能量分布，通常采用能量分散来描述这一特性。电子束的能量分布一般不是对称的，因此定义能量分散度$\Delta W/W_0$中的ΔW为能量分布曲线中的半高宽值，即束流强度与能量的关系曲线中强度的一半处所对应的能量宽度（FWHM），束流强度最大处所对应的能量为束流的标称能量W_0，则束流能散度为$\Delta W/W_0$。

值得一提的是，这一定义并不是唯一的，也有文献定义能量分散为能量分布曲线的底部宽度，即强度0.1倍处所对应的能量宽度作为$2\Delta W$，然后能量分布度定义为$\pm\Delta W/W_0$。

6）束流发射度

束流发射度ε是衡量束流品质的重要参数之一，它分为横向发射度和纵向发射度。横向发射度一般是指带电粒子径向运动的发射度，它由径向运动的相空间参数决定，即由（r，$\mathrm{d}r/\mathrm{d}z$）空间相面积所决定，在相空间内所有粒子都在同一个相椭圆内，这一相椭圆的面积定义为发射度ε，并称为几何发射度，度量单位为πmm · mrad或者πm · rad。加速过程中$\mathrm{d}r/\mathrm{d}z$会变小，因此横向发射度在加速过程中是变化的。而发射度在动量空间是一个不变量，因此通常用动量空间的发射度ε_n来度量，并称之为归一化发射度。它与几何发射度的关系为

$$\varepsilon_n = \beta\gamma\varepsilon \tag{7-1}$$

式中：β为粒子相对于光速的相对速度；γ为相对论因子；ε为几何发射度。

同理，在纵向相空间（z，p_z）的发射度也不是常量，但如果在束流的运动方向建立类似于横向发射度的概念，即角度和轨道径迹都没有明确的物理意义，而在直线加速器中，选加速波的相位以及动能与平均动量的差值来描述束流的纵向分布。如果束流的横向与纵向运动之间有耦合，那么横向和纵向发射度都不可能单独守恒，只有在（r，p_r，z，p_z）空间的相体积或在（x，p_x，y，p_y，z，p_z）空间的相体积是守恒的。

一般来讲，发射度越小，束流的品质越好。在同等束流强度下，发射度越小，束流的品质越好，同时亮度也越高。获得高亮度的束流并不容易，如何从源头上得到高亮度的束流，而且要面临在加速和传输过程中发射度增长的复杂问题，这是加速器应用中，无论是地面还是空间应用都需要重点研究的一个专门课题。

7）束流包络和束斑尺寸

由于束流的径向尺寸不是一个常量，且随z变化而变化，因此沿z方向各

处的最大径向位置的连线（束流包络）恰能反映这一物理量。知道了束流包络就可以知道束在加速运动过程中的最大束流径向位置和大小，从加速器结构设计来说，束流管道的半径必须大于束流包络的尺寸。依据束流包络，还可以知道束流在某处的径向尺寸，如在束流输出窗处、在靶处的束斑尺寸，或者说知道某处的束流包络较大，需采取措施来减小束流包络等。

8）束流功率

束流功率可分为脉冲功率和平均功率。束流脉冲功率为

$$\hat{P}_b = W \cdot I_b \tag{7-2}$$

式中：W是束流能量；I_b是宏脉冲束流强度。

束流平均功率为

$$P_b = \hat{P}_b \cdot \tau_b \cdot f \tag{7-3}$$

式中：τ_b是宏脉冲束流宽度；f是宏脉冲重复频率。

9）加速器长度

加速器长度，一般是指加速结构的长度。对于低能加速器而言，加速结构的长度可以由设计直接确定，等于所有加速腔长度之和。对于中高能加速器则可由式（7-4）估算

$$L = N(1+\eta)l \tag{7-4}$$

式中：l是加速节的长度；N为加速节数；η是考虑到加速节之间可能需安装束流测量元件、聚焦元件所需的空间，一般来说，$\eta \approx 0.12$~0.15。

2. 主要微波特性参数

1）衰减系数α

衰减系数反映了微波功率沿加速管高频损耗的程度，其表达式为

$$\frac{\mathrm{d}p}{\mathrm{d}z} = -2\alpha p \tag{7-5}$$

它随着负载系数或相速度的降低而快速地增加。这里的p是为注入加速管的微波功率，z为传输距离。

在常阻抗结构中，这一系数为定值。它与长度的乘积被称为总衰减量或衰减常数，一般来说，总衰减量的大小在0.5~0.75。过小会造成剩余功率过大，过大则会降低效率，浪费成本。

2）分路阻抗R_m

分路阻抗也叫分流阻抗。它是表示在单位长度上损耗的微波功率能建立起多高的场强。在数值上，它可以表示为

$$R_m = \frac{E_z^2}{2\alpha p} \tag{7-6}$$

它在电子直线加速器设计中是一个很重要的参数，一般来说总是希望R_m大一些，在消耗相同功率时能建立起更高的电场。这里的E_z是指加速管轴线上电场的轴向分量。

3）群速度V_g与充电时间t_F

群速度是微波能量传播的速度，其表达式为

$$V_g = \frac{d\omega}{d\beta} \tag{7-7}$$

它与波导结构尺寸、相速都有关。

充电时间是指微波能量充满加速管中的时间，也就是微波脉冲从加速管入口传到末端所需的时间，因此也叫作建场时间。充电时间是和群速度密切相关的，其表达式为

$$t_F = \frac{L}{V_g} \tag{7-8}$$

式中：L为加速管的长度。在充电时间内，加速管内的电磁场是处在一个不断建立的过程中，这段时间内是不能有效加速电子的，因此这段时间内也是不能正常出束的。有效出束时间宽度的表达式为：

$$\tau_{出束} = \tau - t_F \tag{7-9}$$

式中：τ为微波脉冲的宽度。在实际加速过程中，微波脉冲宽度应当大于充电时间的2倍才较为合理。

4）品质因数Q

加速管的衰减特性除了用衰减系数表示外，还常常以加速管腔体的无载品质因数Q值来表示。它等于腔体内的储能与腔体内在微波周期的每一弧度上高频损耗而引起的能量损失之比。其表达式为

$$Q = \frac{\omega W}{-dp/dz} = \frac{\omega}{2\alpha V_g} \tag{7-10}$$

式中：W为单位长度上储存的微波功率。

7.2.3 盘荷波导电磁场理论及计算

在行波直线加速器中，由于电子的速度总是小于光速，因此需要采用慢波结构使加速腔中的微波相速度降低，保持加速电子与微波场的相位同步，从而达到行波加速的目的。在行波加速器中，最简单有效的慢波结构当属盘荷结构，也叫作盘荷波导。盘荷结构作为一种慢波结构，同时也是一种周期结构。

盘荷结构可以看作在圆波导中加入了周期性的带孔盘片，可以有效降低其间传输的微波相速。由于圆波导的相速总是大于光速，为了加速电子，必须降低它的相速，使之接近或小于光速，周期性的盘片将圆波导分割为很多个腔体，其中一个腔体可以看作一个周期。

1. 盘荷波导慢波场

盘荷波导截面示意图（加速腔结构关于中心点对称，取中心点为图中原点）如图7-3所示，阴影部分为盘荷结构的盘片，其他为真空区域。为方便描述，以r_c为边界线，其下的沿轴真空区域为Ⅰ区，其上的真空区域为Ⅱ区。这里只考虑角向均匀的TM模，在圆柱坐标系中求各区域场分量的级数表达式[4]。

区域Ⅰ为近轴区域（$0 \leqslant r \leqslant r_c, -D/2 \leqslant z \leqslant D/2$），为慢波区，这里的电磁场为行波场，$TM_{01}$模场分量按级数（$m$、$n$范围为负无穷到正无穷）展开为

$$E_z = \sum_{-\infty}^{\infty} A_m \frac{J_0(\chi_m r)}{J_0(\chi_m r_c)} e^{-j\beta_m z} \tag{7-11}$$

$$E_r = \sum_{-\infty}^{\infty} jA_m \beta_m \frac{J_1(\chi_m r)}{\chi_m J_0(\chi_m r_c)} e^{-j\beta_m z} \tag{7-12}$$

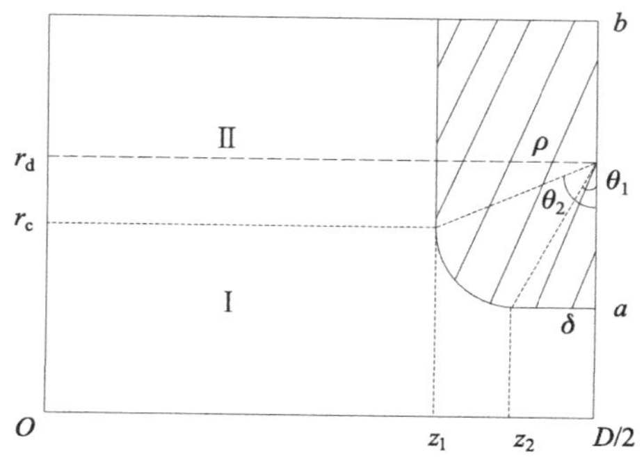

图7-3　盘荷波导截面示意图

$$Z_0 H_\phi = \sum_{-\infty}^{\infty} jA_m k \frac{J_1(\chi_m r)}{\chi_m J_0(\chi_m r_c)} e^{-j\beta_m z} \tag{7-13}$$

$$\chi_m^2 = k^2 - \beta_m^2 \tag{7-14}$$

$$\beta_m = \beta_0 + \frac{2m\pi}{D} \tag{7-15}$$

$$k = 2\pi/\lambda_0 \tag{7-16}$$

这里的A_m为场的不定系数，β_0为基波的相位常数。

区域Ⅱ为凹槽区（$r_c \leqslant r \leqslant b, -z_1 \leqslant z \leqslant z_1$），可以看成在$r=b$处短路的径向传输线，$z$方向为驻波，其电磁场表达式为

$$E_z = \sum_0^\infty B_n \frac{F_0(\xi_n r)}{F_0(\xi_n r_c)} {}^{\cos}_{\mathrm{j}\sin}(\eta_n z) \tag{7-17}$$

$$E_r = \sum_0^\infty B_n \eta_n \frac{F_1(\xi_n r)}{\xi_n F_0(\xi_n r_c)} {}^{\sin}_{-\mathrm{j}\cos}(\eta_n z) \tag{7-18}$$

$$ZH_\phi = \sum_0^\infty B_n \mathrm{j}k \frac{F_1(\xi_n r)}{\xi_n F_0(\xi_n r_c)} {}^{\cos}_{\mathrm{j}\sin}(\eta_n z) \tag{7-19}$$

$$\xi_n{}^2 = k^2 - \eta_n{}^2 = -z_n{}^2 \tag{7-20}$$

$$\eta_n = \frac{n\pi}{D-t} = \frac{n\pi}{d} \tag{7-21}$$

$$F_0(\xi_n r) = J_0(\xi_n r)Y_0(\xi_n b) - Y_0(\xi_n r)J_0(\xi_n b) \tag{7-22}$$

$$F_1(\xi_n r) = J_1(\xi_n r)Y_0(\xi_n b) - Y_1(\xi_n r)J_0(\xi_n b) \tag{7-23}$$

当ξ_n为虚宗量时，

$$F_0(\xi_n r) = I_0(z_n r)K_0(z_n b) - K_0(z_n r)I_0(z_n b) \tag{7-24}$$

$$F_1(\xi_n r) = I_1(z_n r)K_0(z_n b) + K_1(z_n r)I_0(z_n b) \tag{7-25}$$

这里的B_n为场的不定系数，当n为奇数时${}^{\cos}_{\mathrm{j}\sin}(\eta_n z)$为$\mathrm{j}\sin(\eta_n z)$，当$n$为偶数时，${}^{\cos}_{\mathrm{j}\sin}(\eta_n z)$为$\cos(\eta_n z)$。

2. 色散方程

考虑到两个区域在$r=r_c$的边界上连续，则由式（7-12）和式（7-18）整理化简可得

$$B_n = \sum_{-\infty}^{\infty} B_{nm} A_m \tag{7-26}$$

这里的

$$B_{nm} = \frac{2}{1+\delta_{0n}} \frac{1}{d} \frac{\xi_n F_0(\xi_n r_c)}{F_1(\xi_n r_c)} \frac{J_1(\chi_m r_c)}{\chi_m J_0(\chi_m r_c)} A_{mn} \tag{7-27}$$

$$A_{mn} = \frac{\sin(\chi_m + \eta_n)\frac{d}{2}}{\chi_m + \eta_n} \pm \frac{\sin(\chi_m - \eta_n)\frac{d}{2}}{\chi_m - \eta_n} \tag{7-28}$$

当n为偶数时，上式取加号，奇数时取减号。

考虑盘片倒角时，场分析法难以求解。采用变分法可转化为求解式（7-29）的非零解。

$$\sum_{-\infty}^{\infty} D_{mn} A_n = 0 \tag{7-29}$$

其中

$$D_{mn}=\left\{\frac{J_0(\chi_m a)}{J_0(\chi_m r_c)}\frac{J_1(\chi_n a)}{\chi_n J_0(\chi_n r_c)}+\frac{J_0(\chi_n a)}{J_0(\chi_n r_c)}\frac{J_1(\chi_m a)}{\chi_m J_0(\chi_m r_c)}\right\}\cdot$$

$$\left\{\frac{\sin(\beta_m-\beta_n)\dfrac{D}{2}}{\beta_m-\beta_n}-\frac{\sin(\beta_m-\beta_n)z_2}{\beta_m-\beta_n}\right\}\cdot a+$$

$$\int_{\phi_1}^{\phi_2}\left\{\left[\frac{J_0(\chi_m r)}{J_0(\chi_m r_c)}\frac{J_1(\chi_n r)}{\chi_n J_0(\chi_n r_c)}+\frac{J_0(\chi_n r)}{J_0(\chi_n r_c)}\frac{J_1(\chi_m r)}{\chi_m J_0(\chi_m r_c)}\right]\cos\phi\cos(\beta_m-\beta_n)z+\right.$$

$$\left.(\beta_m-\beta_n)\frac{J_1(\chi_n r)}{\chi_n J_0(\chi_n r_c)}\frac{J_1(\chi_m r)}{\chi_m J_0(\chi_m r_c)}\sin\phi\sin(\beta_n-\beta_m)z\right\}r\rho\mathrm{d}\phi+$$

$$\left\{\frac{J_1(\chi_n r)}{\chi_n J_0(\chi_n r_c)}+\frac{J_1(\chi_m r)}{\chi_m J_0(\chi_m r_c)}\right\}\frac{\sin(\beta_m-\beta_n)\dfrac{d}{2}}{\beta_m-\beta_n}r_c-\sum_0^{\infty}B_{1m}\frac{J_1(\chi_n r_c)}{\chi_n J_0(\chi_n r_c)}r_c A_{nl} \tag{7-30}$$

要想式（7-29）有非零解，根据线性代数则有

$$\|D_{mn}\|=0 \tag{7-31}$$

式（7-31）即为所求的色散方程[5-8]，通过求解此方程可以得到加速腔的基本尺寸。

3. 参数计算

在求得盘荷波导的基本几何尺寸后，基于式（7-29）计算其对应的A值，可得到结构腔中的电磁场表达式，然后就可以求盘荷波导的基本物理参数，如功率流P、储能密度W、串联阻抗R_S、分路阻抗R_M、品质因数Q、衰减系数α等。这些微波特性参数是衡量高频加速腔加速性能的重要指标。

1）盘片孔径功率流P

在盘荷波导中近轴处为行波，远轴处为驻波。研究行波在波导中的传输及损耗特性是十分有必要的，在盘片孔径处（图7-3的$z=D/2$处）通过横截面的功率流P可表示为

$$\begin{aligned}P&=\frac{1}{2}\mathrm{Re}\left\{\int_0^a E_r H_\phi^*\cdot 2\pi r\mathrm{d}r\right\}\\&=\frac{\pi k}{z_0}\sum_{-\infty}^{\infty}\sum_{-\infty}^{\infty}p_{mn}A_m A_n\end{aligned} \tag{7-32}$$

其中

$$p_{mn}=(-1)^{m+n}\beta_m\int_0^a\frac{J_1(\chi_n r)}{\chi_n J_0(\chi_n r_c)}\frac{J_1(\chi_m r)}{\chi_m J_0(\chi_m r_c)}\cdot r\mathrm{d}r \tag{7-33}$$

2）腔内总储能密度 W

为了便于计算品质因素以及群速度等参数的计算，总储能密度是一个关键量，其数学表达式为

$$\begin{aligned} W &= W_{\mathrm{H}} + W_{\mathrm{E}} = \frac{\varepsilon}{2D}\int_V E_z^2 \mathrm{d}V \\ &= \pi k^2 \varepsilon \sum_{-\infty}^{\infty}\sum_{-\infty}^{\infty} S_{mn} A_m A_n \end{aligned} \tag{7-34}$$

式中，$S_{mn} = \int_0^a \frac{J_1(\chi_n r)}{\chi_n J_0(\chi_n r_c)} \frac{J_1(\chi_m r)}{\chi_m J_0(\chi_m r_c)} \cdot \delta_{mn} r\mathrm{d}r +$

$$\frac{2}{D}\int_a^{r_c} \frac{\sin(\beta_m - \beta_n) z(r)}{\beta_m - \beta_n} \frac{J_1(\chi_n r)}{\chi_n J_0(\chi_n r_c)} \frac{J_1(\chi_m r)}{\chi_m J_0(\chi_m r_c)} r\mathrm{d}r +$$

$$\frac{d}{2D}\sum_0^{\infty} B_{1m} B_{1n} (1 + \delta_{01}) \cdot \int_{r_c}^{b} \left[\frac{F_1(\xi_n r_c)}{\xi_n F_0(\xi_n r_c)}\right]^2 r\mathrm{d}r \tag{7-35}$$

3）腔内壁功率损耗 P_{L}

微波在波导传输中在波导壁上损耗一部分功率，一般以热能的形式表现出来，损耗功率程度一般取决于波导材料的电导率以及微波的趋肤深度，其表达式为

$$\begin{aligned} P_{\mathrm{L}} &= \frac{R}{2}\int_S H \cdot H^* \cdot \mathrm{d}S = \frac{R}{2}\iint_S \left|H_\phi\right|^2 \cdot \mathrm{d}S \\ &= \frac{2\pi k^2 R}{Z_0{}^2} \sum_{-\infty}^{\infty}\sum_{-\infty}^{\infty} H_{mn} A_m A_n \end{aligned} \tag{7-36}$$

式中：$R = 1/(\sigma\delta)$ 为表面电阻；σ 为金属电导率；δ 为趋肤深度。趋肤深度的一般公式为 $\delta = \sqrt{\frac{2}{\omega\mu\sigma}}$，这里的 ω 为电磁场角频率，μ 为磁导率，σ 为电导率。

$$\begin{aligned} H_{mn} = & \frac{J_1(\chi_n r)}{\chi_n J_0(\chi_n r_c)} \frac{J_1(\chi_m r)}{\chi_m J_0(\chi_m r_c)} \cdot \left[\frac{\sin(\beta_m - \beta_n)\frac{D}{2}}{\beta_m - \beta_n} - \frac{\sin(\beta_m - \beta_n) z_2}{\beta_m - \beta_n}\right] \cdot a + \\ & \int_{\phi_1}^{\phi_2} \left[\frac{J_1(\chi_n r)}{\chi_n J_0(\chi_n r_c)} \frac{J_1(\chi_m r)}{\chi_m J_0(\chi_m r_c)}\right] \cos(\beta_m - \beta_n) z \cdot r \rho \mathrm{d}\phi + \\ & \sum_0^{\infty} B_{1m} \cdot B_{1n} \frac{(1 + \delta_{01})}{4} \cdot \left[\frac{F_1(\xi_n r_c)}{\xi_n F_0(\xi_n r_c)}\right]^2 \cdot b \cdot d + \\ & \sum_0^{\infty}\sum_0^{\infty} B_{im} \cdot B_{jn} \cdot \int_{r_c}^{b} \frac{F_1(\xi_i r_c)}{\xi_i F_0(\xi_i r_c)} \frac{F_1(\xi_j r_c)}{\xi_j F_0(\xi_j r_c)} \cdot r\mathrm{d}r \cdot (-1)^{i/2} \cdot (-1)^{j/2} \end{aligned} \tag{7-37}$$

4）其他主要参数

求得P、W、P_L后，则可由式（7-38）～式（7-42）求衰减系数α、特征阻抗R_M、串联阻抗R_S、群速度β_g和品质因数Q：

$$R_M = \frac{A_0^2 D}{J_0^2(\chi_0 r_c) P_L} \tag{7-38}$$

$$R_S = \frac{A_0^2}{J_0^2(\chi_0 r_c) P} \tag{7-39}$$

$$\alpha = \frac{P_L}{2DP} \tag{7-40}$$

$$Q = \frac{\omega D W}{P_L} \tag{7-41}$$

$$\beta_g = \frac{P}{cW} \tag{7-42}$$

通过上述一系列公式即可计算出相关的分路阻抗、品质因数、群速度以及衰减因子等加速器设计核心参数，不难看出整个计算的核心就是求解结构中的电磁场表达式。采用变分法编程计算是求解基本尺寸和电磁场的有效方法之一，下面具体讨论其实现过程。

4. 程序编制

1）程序功能讨论

在加速器设计及分析过程中，主要涉及基本尺寸求解、腔体频率求解、电磁场求解以及相关微波特性参数求解这四个方面的内容。根据上一节提到的变分法计算方法，可编制对应的程序，包括以下几个功能[5-8]。

功能A：给定设计频率f和沿轴向的相位传播常数β_0与其他基本尺寸，计算确定盘荷波导半径b。

功能B：给定盘荷波导半径b和沿轴向的相位传播常数β_0与其他基本尺寸，计算确定盘荷波导RF频率f。

功能C：给定盘荷波导的微波频率f和沿轴向的相位传播常数β_0与基本尺寸，计算确定盘荷波导的空间谐波幅度、分路阻抗、串联阻抗、群速度和品质因数。

功能D：计算边界上的电磁场和区域内任意点的电磁场。

2）多种盘片结构考虑

为了便于对照和辅助加工，提高程序的兼容性，可以在程序中考虑如图7-4所示的四种圆弧孔径结构。由于单元腔关于其中心对称，这里仍取单元腔的1/4来研究。图7-4（a）和（b）这两种结构考虑的倒角为1/4圆，且圆弧半径小于或等于盘片厚度的一半，两者的区别在于图7-4（b）结构的$\delta=0$。图7-4（c）和（d）两种结构的倒角圆弧小于1/4圆，且圆弧半径大于盘片厚度的一半。

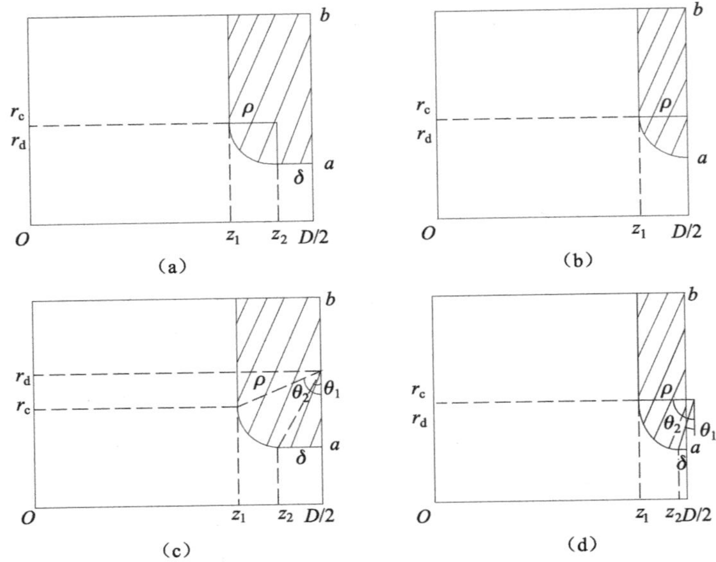

图 7-4 四种圆弧孔径结构

根据图 7-4 所示，不同的盘片结构，其计算所用边角参数 r 和 z 值分别可表示为：

对于图 7-4（a）、（b）两种结构有

$$\begin{cases} r = r_d - \rho\cos\phi \\ z = \dfrac{d}{2} + \rho(1 - \sin\phi) \\ \theta_1 = 0 \\ \theta_2 = \dfrac{\pi}{2} \end{cases} \tag{7-43}$$

对于结构图 7-4（c）有

$$\begin{cases} r = r_d - \rho\cos\phi \\ z = \dfrac{D}{2} - \rho\sin\phi \\ \theta_1 = \arcsin\dfrac{\delta}{\rho} \\ \theta_2 = \arcsin\dfrac{t}{2\rho} \end{cases} \tag{7-44}$$

对于结构图 7-4（d）有

$$
\begin{cases}
r = r_{\rm d} - \rho\cos\phi \\
z = \dfrac{d}{2} + \rho(1 - \sin\phi) \\
\theta_1 = \arcsin\dfrac{\delta + (\rho - t/2)}{\rho} \\
\theta_2 = \dfrac{\pi}{2}
\end{cases}
\tag{7-45}
$$

3）程序流程

单个程序难以同时实现前面所述的四个功能，综合考虑需要编制三个程序。其中，实现A功能的程序1流程示意图如图7-5所示，实现B功能的程序2的流程示意图与程序1类似，只需要更改b和f位置，即利用参数b为初始条件计算f。

实现功能C和功能D的程序3流程示意图如图7-6所示。

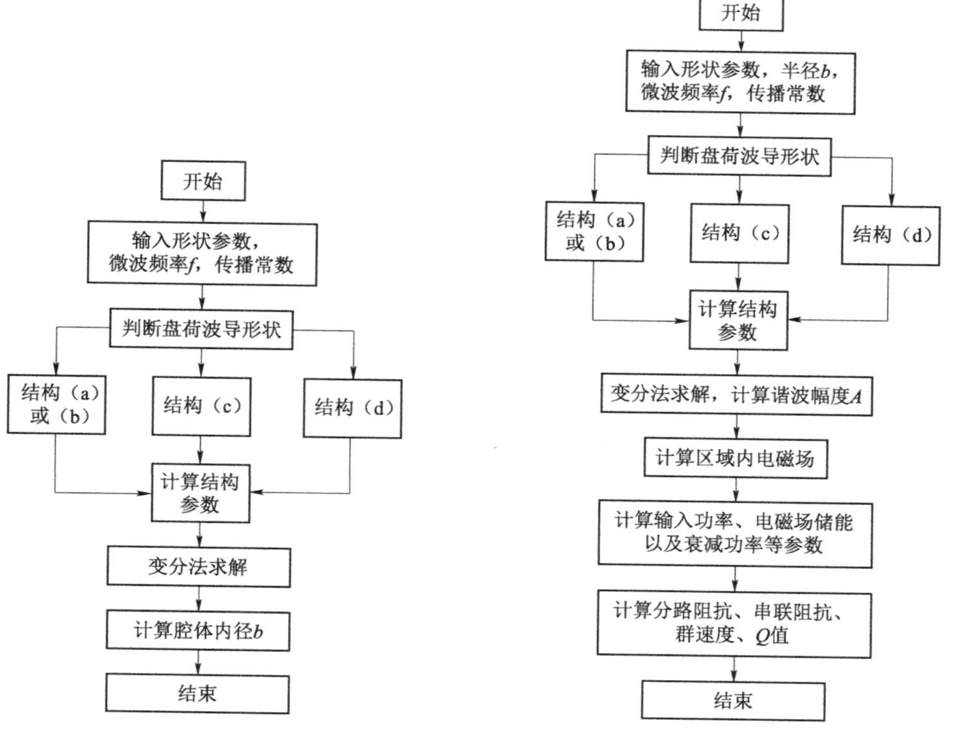

图7-5　程序1流程示意图

图7-6　程序3流程示意图

基于上述程序就可以进行加速腔设计及性能分析，一般具有较好的精确度。其结果可与CST、SUPERFISH等电磁仿真软件相互比对，辅助参数优化和腔体加工。需要指出的是，本节的电磁理论是针对TM_{01}模而言的，事实上，加速腔内的电磁场除了基模以外，还存在大量的高次模分量[8-9]，这些高次模分量对加速过程几乎不起作用，因此在低频段加速器中常常不做考虑。但是在高频段（C波段以上）、大电流等情况下其高次模场强会急剧增大，对束流品质甚至稳定性造成显著的影响，此时需要重点研究并考虑抑制方法[9-11]。

7.3 行波电子直线加速器物理设计

经过数十年的研究，电子直线加速器的设计理论及方法已基本成熟[12-14]。为了便于讨论，本节以设计一台工作频率为9.7 GHz的X波段盘荷波导行波加速器为例进行介绍，先确定基本参数，再进行相应的物理设计，包括基本形状、几何尺寸以及相应的基本物理参量的设计和计算。

7.3.1 基本参数设计

要想设计一台加速器，首先需要确定其基本参数，如工作频率f、工作模式ϕ_0、结构类型、盘片间距D、束流孔径a、盘片厚度t、周期单元腔形状、盘荷波导外径b、基本物理参数和衰减常数等[1, 5]。

1. 工作频率f

在直线加速器中，几乎所有的基本参数都与频率有关。因此在加速器设计中选择频率是至关重要的。频率的选择与微波源的工作频率紧密相关，一般而言，应当选择已有的微波源的工作频率作为加速器工作频率，或者是成熟的、可采购的相关型号微波源。

如果f=9.7 GHz，则工作波长对应为

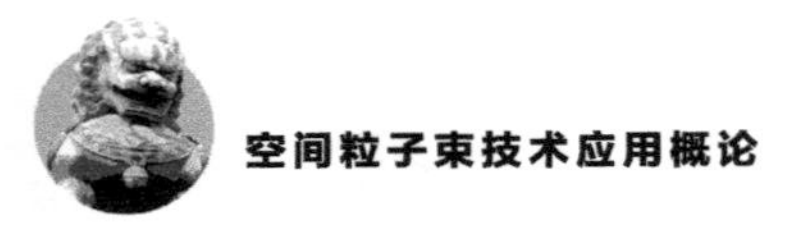

$$\lambda = c/f \approx 30.906(\text{mm}) \tag{7-46}$$

2. 工作模式 ϕ_0

工作模式定义为加速结构中每腔或每周期的相移量大小，可由下式确定

$$\phi_0 = 2\pi/n \tag{7-47}$$

这里的 n 为每个波导波长的盘片数或腔数。为了便于测量，n 多取整数，如 2、3、4，对应的工作模式分别为 π 模、$2\pi/3$ 模、$\pi/2$ 模。由于 $2\pi/3$ 模具有分路阻抗高，束流崩溃效应阈值高，加速效率高等优点，$2\pi/3$ 模是最主流的一种工作模式。在高频段或者低能阶段，也有人提出 $5\pi/6$ 模的工作模式，这一模式具有减小盘荷数、降低加工难度、提升加速效率等优点，但其 n 不为整数，不便于测量，设计也相对复杂一些。基于主流应用考虑，这里仍采用 $2\pi/3$ 模进行介绍。

3. 结构类型

盘荷波导加速结构的常用类型分为常阻抗和常梯度两种。常阻抗是均匀的加速结构，所有盘片尺寸都一样（在 2 MeV 能量以上的加速段），随着微波损耗，加速梯度是逐渐下降的。而常梯度结构的每个腔的尺寸是渐变的，加速场基本保持恒定。一般情况下，考虑到加工和测量的方便，多采用常阻抗的加速结构。这里也仍采用常阻抗的加速结构。

4. 盘片间距 D

盘片间距是指盘荷波导周期单元腔的周期 D，主要由其工作模式 ϕ_0 决定，由式（7-47）不难得到

$$D = \lambda\phi_0/(2\pi) = c/(nf) \tag{7-48}$$

这里的 n 与式（7-47）中的一致，λ 为自由空间波长，f 为微波频率，c 为真空光速。根据前面的设计参数不难求得 $D=10.302$ mm。

5. 束流孔径 a

束流孔径是指盘荷波导中盘片的孔半径，一般以 a 表示，a 与波长 λ 之比 a/λ 称为盘荷波导的负载系数。在流强较弱时，一般要求负载系数较小，反之则较大。这里采用 $a=3.0$ mm，则负载系数为 0.097，比较小，此时加速管壁的功耗略大，但是有利于减少剩余功率。

6. 盘片厚度 t

盘片厚度的确定主要考虑两个因素：一是机械强度和电击穿的问题；二是分路阻抗、品质因数以及群速等参数随其增大而下降。因此综合来看，盘片厚度应在满足机械强度和电击穿条件的前提下尽可能的小。在X波段加速器中，t 取1.5 mm是一个较为合适的值，此时 $t/\lambda=0.048\,5$，这样既能保证盘片的机械强度，也不至于使加速性能下降太多。

7. 周期单元腔形状

盘荷波导周期单元腔的断面图的1/4形状如图7-4（c）所示，这种腔的边缘为圆角，相比直角能够进一步提升波导储能，增加群速度，减少分路阻抗。依据前面的参数，假定盘片孔平头（图中 z_2～$D/2$ 处的盘片平顶）$\delta=0.3$ mm，圆弧半径 $\rho=0.85$ mm，一般来说半径越大，击穿越困难。此时

$$\theta_1 = a\sin(\delta/\rho) = 20.677\,8° \tag{7-49}$$

$$\theta_2 = a\sin(t/\rho/2) = 61.958\,9° \tag{7-50}$$

$$r = r_d - \rho\cos\phi \tag{7-51}$$

$$z = D/2 - \rho\sin\phi \tag{7-52}$$

$$r_c = a + \rho(\cos\theta_1 - \cos\theta_2) \tag{7-53}$$

$$r_d = a + \rho\cos\theta_1 \tag{7-54}$$

$$z_1 = (D - t)/2 \tag{7-55}$$

$$z_2 = D/2 - \delta \tag{7-56}$$

通过计算：$r_d=3.795$ mm。此时除了波导外径以外，其他参数都已确定。

8. 盘荷波导外径 b

在确定了盘荷波导的基本尺寸以后，其外径需要采用计算或仿真的方式得到，基于7.2.3节采用变分法编制的程序1，可以用来求解盘荷波导的外径 b。基于程序1不难求得 $b=12.042\,3$ mm。

9. 基本物理参数

在得到盘荷波导外径之后，利用程序3可以计算加速管的基本物理参数：分路阻抗为116.33 MΩ/m，衰减系数为1.489 1，品质因数为7 523，群速度为0.009 1。

10. 衰减常数

衰减常数定义为 $\tau=\int_0^l \alpha(z)\mathrm{d}z$，其中 l 为加速腔的长度，α 为衰减系数，对于常阻抗加速结构 α 为常数，此时 $\tau=\alpha l$。在不考虑聚束腔的情况下，假定设计的加速腔体个数为 36 个，则衰减常数为 0.55，此时的加速腔长度为 0.37 m。

由上面的一系列设计，不难得出 X 波段盘荷行波加速结构的基本参数，如表 7-2 所示。

表 7-2 盘荷波导基本参数

f	工作频率	9.7 GHz
λ	微波自由空间波长	30.906 mm
ϕ_0	工作模式	$2\pi/3$
D	盘荷周期长度	10.302 mm
b	圆波导内径	12.042 3 mm
a	盘荷中央孔的半径	3 mm
d	盘荷之间的间距	8.802 mm
t	盘荷厚度	1.5 mm
ρ	盘荷倒角半径	0.85 mm
δ	盘荷片孔平头长度	0.3 mm
Q	品质因数	7 523
R_m	分路阻抗	116.33 MΩ/m
α	衰减系数	1.489 1
N	腔数	36
τ	衰减常数	0.55
l	加速腔总长	0.37 m

7.3.2 耦合器

耦合器[15-16]是行波电子直线加速管的重要组成部分，用以实现标准矩形波导与标准加速腔间的阻抗匹配，以及所传输电磁场的波形转换，使微波功率能以尽可能小的反射馈入加速管，或将加速管的剩余功率耦合到与输出波导相连接的干负载。常见的单边耦合器为一个顶部开矩形耦合孔的腔体，与后面的加速结构同轴连接，因此也常称之为耦合腔。耦合腔的设计过程较为烦琐，三频率法为当前的一种主流设计方法。

1. 三频率法

三频率法（也称Kyhl方法）是美国SLAC国家加速器实验室的Westbrook于1963年提出的，当时主要用来调配电耦合的2π/3模行波加速管耦合器。该方法要求事先已知加速腔链的色散频率$f_{\pi/2}$、$f_{2\pi/3}$及$f_{mean}=(f_{\pi/2}+f_{2\pi/3})/2$，还要求耦合器后连接一小段加速腔链，且这一小段腔链可以是未完全调配好的腔链。用该方法调配耦合器主要遵循以下步骤。

（1）使用短路活塞失谐耦合腔，确定输入波导中与相应频率$f_{\pi/2}$、$f_{2\pi/3}$（加速管的工作频率）以及f_{mean}对应的失谐短路参考面。

（2）将短路活塞移动到与耦合腔相邻的腔中心面，使该腔失谐。

（3）调整耦合腔的腔体尺寸，以使与频率f_{mean}对应的反射相位在Smith圆图上相对于失谐短路参考面顺时针移动1/4个波长，即180°。如果移动的距离小于1/4个波长，则表明耦合腔的谐振频率偏低于$f_{2\pi/3}$，反之，则偏高于$f_{2\pi/3}$。

（4）保持短路活塞的位置不变，测量与频率$f_{\pi/2}$和$f_{2\pi/3}$对应的反射相位在Smith圆图的位置。如果耦合度β为1，则此时各个数据点在Smith圆图上的位置如图7-7所示。由于耦合器的耦合腔在调配前一般处于欠耦合状态，各个数据点在Smith圆图上的实际位置将有所偏离。

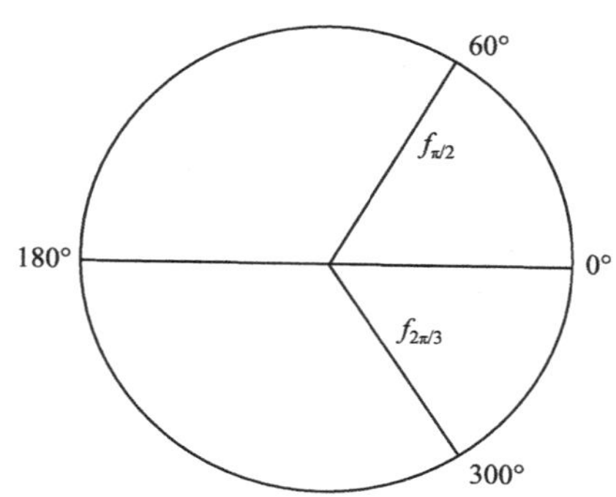

图7-7　使用三频率法调配耦合器时的Smith圆图

（5）调整耦合孔的尺寸，对其进行修整后，测量并记录修整好的尺寸。调整耦合孔的尺寸将会对耦合腔的频率有所影响。

（6）重复步骤（3）、（4）、（5），直到耦合度等于1为止，此时，对耦合器的调配即告完成。

1993年，法国的Chanudet把三频率法推广到任意模式的电耦合或磁耦合的行波加速结构，其结论为：失谐耦合腔并假设所有频率的输入反射相角都为0°，则移动活塞到相邻腔的中心面，并测量输入波导中三频率$f_{\pi/2}$和f_θ（加速管的工作频率）以及f_{mean}对应的反射相位$\phi_{\pi/2}$、ϕ_θ及ϕ_{mean}，则当耦合器匹配时，满足表7-3所示关系[15]。

表7-3　不同工作模式对应的反射相位

工作模式	反射相位	电耦合结构	磁耦合结构
$0\leqslant\theta\leqslant\pi/2$	ϕ_{mean}	π	π
	ϕ_θ	-2θ	2θ
	$\phi_{\pi/2}$	2θ	-2θ
$\pi/2\leqslant\theta\leqslant\pi$	ϕ_{mean}	π	π
	ϕ_θ	$2(\pi-\theta)$	$-2(\pi-\theta)$
	$\phi_{\pi/2}$	$-2(\pi-\theta)$	$2(\pi-\theta)$

上述三频率法都只能定性判断耦合器频率偏差Δf（耦合腔的实测频率与设计频率的差）的高低及输入耦合度β的强弱，不能定量地计算Δf以及β值。郑署昕等在Chanudet的基础上对三频率法测量耦合器做了定量分析，给出了定量判断Δf以及β的方法。用该方法，只需要知道任意两个频率的测量数据（频率f、反射相位），就可近似计算耦合器在工作模式处的耦合度和频偏Δf，其计算公式为[15]

$$\Delta f\approx\sqrt{f_1f_2}\sqrt{\frac{\tan\dfrac{\phi_2}{2}f_2-\tan\dfrac{\phi_1}{2}f_1}{\tan\dfrac{\phi_2}{2}f_1-\tan\dfrac{\phi_1}{2}f_2}}-f_{\pi/2}\left(1-\frac{k}{4}\cos\theta_0\right)\tag{7-57}$$

$$\beta=\frac{1}{\dfrac{k}{2}\omega_{\pi/2}\sin\theta_0}\frac{\tan\dfrac{\phi_1}{2}\tan\dfrac{\phi_2}{2}(\omega_1^2-\omega_2^2)}{\tan\dfrac{\phi_2}{2}\omega_1-\tan\dfrac{\phi_1}{2}\omega_2}\tag{7-58}$$

其中，k为相邻腔间的耦合系数，可以由加速腔链的色散方程$f_\theta=f_{\pi/2}(1-k\cos\theta/2)$计算得到。

2. 基于CST软件的耦合器设计

耦合器的设计在前人的工作基础上，已经由最初的试验探索性方式发展到现在的利用快速的计算机模拟软件的方法。试验探索方法需要研究人员具有丰

富的经验，耗时耗力效果还不好。电磁模拟软件的发展和应用为耦合器的设计、调配提供了极大的便利。在早期常应用基于MAFIA3D时域求解器的调节方法，但此种方法在3D建模时有缺陷，尤其是在复杂的模型上。建立在有限元基础上的CST微波工作室相比MAFIA3D有更为友好的用户界面，使初学者较易掌握，尤其是其PBA（Perfect Boundary Approximation，完美边界近似）和TST（Thin Sheet Technology，薄板技术）功能使得用户在较小的网格划分中得到满足误差范围内的结果，这样就为研究节省了很多时间，而且CST中的时域和本征模求解器可以在调配过程中相互佐证，确保了调节结果的正确性。本小节重点介绍在三频率法的基础上如何应用CST软件调配耦合器。

对于一个设计、调配好的耦合器应该具备以下两个条件：第一，它能与标准的矩形波导相匹配，起到波形转换的作用，并且将功率源中的功率最大效率地馈入加速管中，这一目标通过调节耦合孔的尺寸来实现；第二，它必须工作在谐振频率下，使得单元腔相移和场分布均符合要求，这一点只需通过调节耦合腔的内径。在耦合器调配的过程中，给定一个初始的耦合孔的高度值t，只要调节耦合孔的宽度h和内半径b值就可以，最终确定满足以上两个条件的耦合器的尺寸。在计算中，先确定在满足误差范围内的网格划分，以便在以下所有的计算中统一网格。具体计算步骤如下[17]。

（1）在三频率法中调配耦合器，计算加速单元在三个不同相移条件下的谐振频率$f_{\pi/2}$、$f_{2\pi/3}$以及f_{mean}，这在之后的调节中是很重要的参数。通过本征值求解器求解单个盘荷单元的谐振频率如表7-4所示。

表 7-4　三频率法中的谐振频率　　GHz

$f_{\pi/2}$	$f_{2\pi/3}$	f_{mean}
9.665 87	9.699 984	9.682 927

（2）根据经验给出初始的b和h值，建立如图7-8所示模型，输入波导L值应足够大，以使得包含所有的失谐段路面。在MWS中将短路金属棒端部放在耦合腔的中心位置（不同的加速结构金属棒的位置有所偏差），使耦合器失谐。设定输入波导末端的边界条件为电边界，利用MWS中本征模求解器的频率扫描功能，扫面随L值变化的本征模频率，找出耦合器的谐振频率满足$f=f_{mean}$的L值，此时波导长度记为L_{mean}。可以直接用MWS中的频域快速求解器求解S_{11}参数求得L值，如图7-9所示，当f_{mean}对应的相位小于180°时，减小L值；当f_{mean}对应的相位大于180°时，增大L值，直至f_{mean}对应的相位正好为180°。

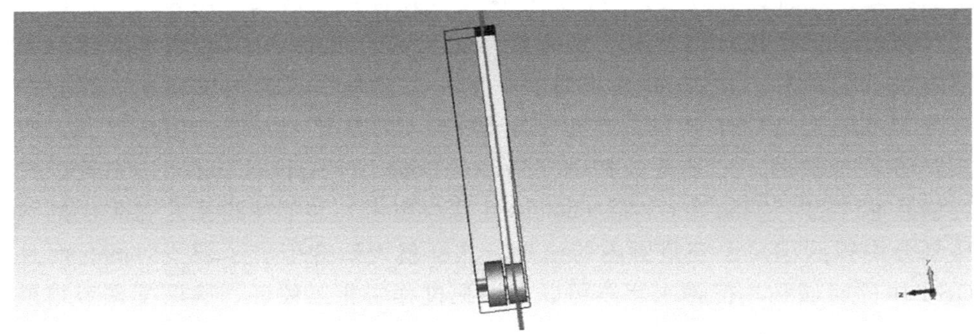

图 7-8　耦合腔设计仿真结构

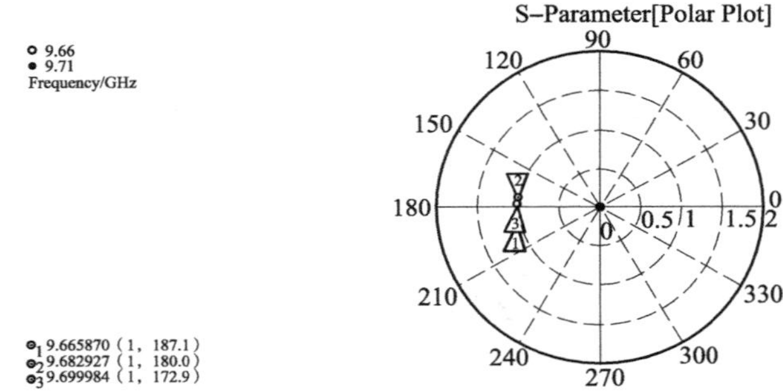

图 7-9　f_{mean} 刚好在 180° 的 Smith 图

（3）不同结构需要移动金属棒的位置不同。经反复试验，此种加速结构将短路金属棒移动至加速腔中心位置，能使加速腔失谐。保持 L_{mean} 不变，设定波导末端为磁边界。利用 MWS 中的频域快速求解其 S_{11} 参数。如果 f_{mean} 的相位大于 0°，增大 b 值；反之，减小 b 值，直至 f_{mean} 的相位正好为 0°，此种方法相对直接利用本征模求解器求解耦合器的谐振频率更快。得到 b 值后可以求解出耦合器的谐振频率，得到 $f = f_{mean}$。这部分是调谐过程。

（4）此时，再观察图中 $f_{\pi/2}$、$f_{2\pi/3}$ 相应相位的角度大小。如果两者相位的差值大于 120°，耦合是欠耦合，需要增大耦合口的尺寸以减小两相位之间差值；如果它们之间的相位差值小于 120°，耦合是过耦合，需要减小耦合口的尺寸以增大它们之间的差值，直至两相位之间差值为 120°。如以上步骤均满足设定条件，最终用理论计算得知耦合度为 1。

（5）调谐和调耦合度之间是相互影响的，每一步的改变都改变前一步的结果，所以在达到加速腔失谐时 $f_{\pi/2}$、$f_{2\pi/3}$ 对应的相位分别为 60° 和 300°，f_{mean} 的相位与失谐耦合腔时的 f_{mean} 的相位相差将近 120° 时，在不改变尺寸的情况下，需要重复（2）、（3）、（4）的步骤，直至每一步的结果都满足上述条件。调配好的Smith图如图7-10所示。

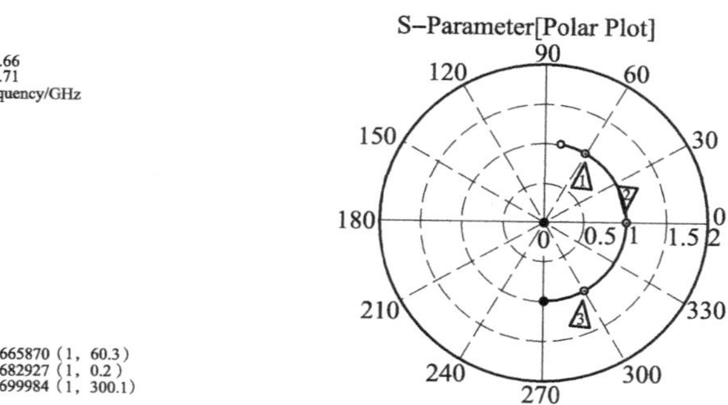

图7-10　调配好的Smith图

上述步骤是在三频率法的基础上，加上笔者在调配过程中总结的经验得出的较为快速的调配方法，两种求解器可以相互佐证。

3. 基于CST软件的仿真与分析

在耦合器调配工作完成后，利用得到的匹配尺寸，在MWS中建立一个四单元对称结构模型，因为四单元的模型在调配完好的情况下相移恰好为360°，便于以后在模拟得出的结果中用以验证调配的效果。耦合腔测试仿真模型如图7-11所示，图7-12所示为微波耦合电场示意图，可以看出它们具有很好的周期对称性。

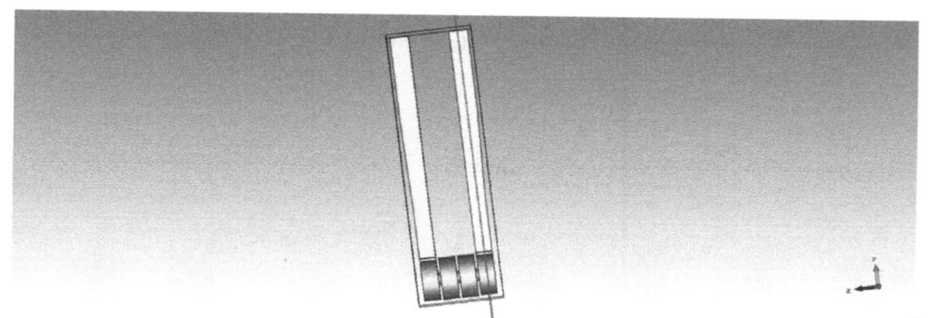

图7-11　耦合腔测试仿真模型

图7-13所示为四单元模型结构的S参数曲线，可以看出频率在9 700 MHz附近时其反射系数S_{11}为-54.97 dB，传输系数S_{12}为$-0.000\,2$ dB，则$\rho=(1+S_{11})/(1-S_{11})=1.001$，得出的传输效率接近100%，证明耦合器调配良好。不难看出，在9.7 GHz附近有十几MHz的小于-26 dB的通带范围，说明此耦合器性能良好。

图 7-12 微波耦合电场示意图

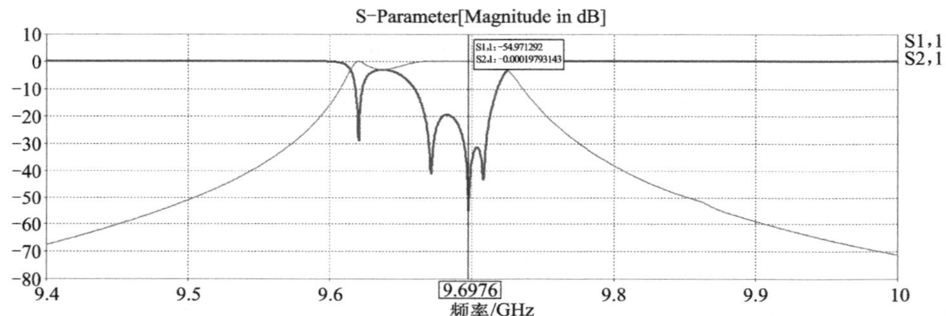

图 7-13 四单元模型结构的 *S* 参数曲线

图 7-14 表示的是四单元模型结构的沿监视线的电场相位分布，从图中可以看出，输入输出耦合腔相移分别为 59.3°、59.2°，中间两个加速腔的相移分别

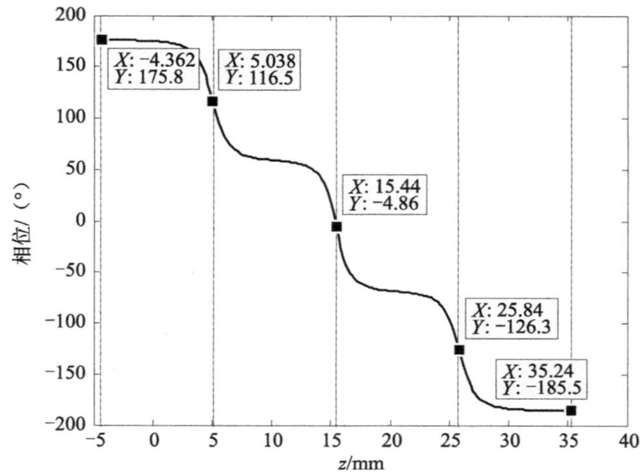

图 7-14 四单元模型结构的相位变化示意图

为 121.36°、121.44°。四个腔的相移接近满足理想情况下的相移，总的相移为 361.3°，与理想情况下的 360°符合较好。输入耦合腔的前半部分和输出耦合腔的后半部分为驻波场，而输入和输出耦合腔靠近加速腔的部分为行波场，四个腔相当于 3 个完整的 2π/3 模式的行波场，总相移为 360°。

图 7-15 表示的是四单元模型结构沿轴线（监视线）的电场振幅分布，可看出到束流孔末端电场基本为零，可以看出，轴向电场的幅度总体是呈周期性对称分布的，加速腔中的电场幅度最大值略大于耦合腔中的电场幅度最大值，这是因为调配得到的尺寸中，加速腔的内径略大于耦合腔的内径。

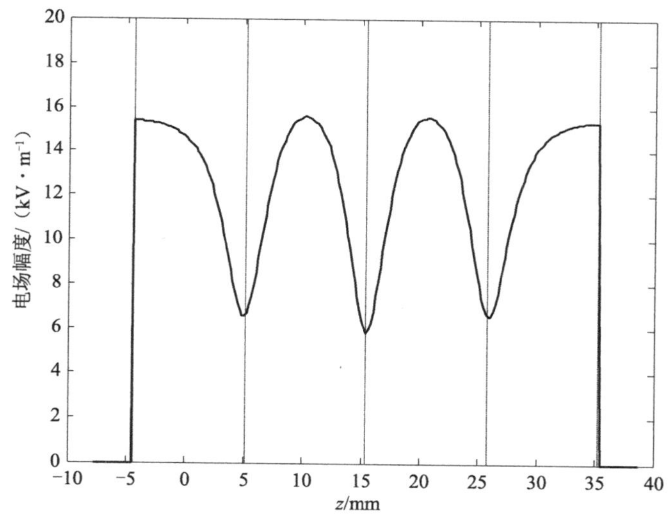

图 7-15　四单元模型结构的电场幅度示意图

至此耦合器的设计基本完成，考虑添加束流通道或接同轴负载时将模型做适当的调整即可。基于篇幅限制，这里没有详细讨论单边耦合器的场不对称问题。事实上减少加速腔中场不对称性的方法有多种，采用偏轴单边耦合器 [1] 是最简单有效的方法。另外采用电耦合对称输入耦合器 [1]、介质棒加载耦合器 [18] 等也能很好地抑制不对称场问题。

7.3.3　聚束段与加速腔

在加速的初始阶段，电子的纵向运动最为复杂，且其束流性能对整个加速器的最终束流性能参数至关重要 [1, 19-20]。因此聚束段设计已成为电子直线加速器设计中的重要内容之一。根据加速器对束流性能的要求不同，可以将聚束段的设计分为两类：组合型聚束器与分离型聚束器。一般在低能加速器中采用前一种，即聚束器和加速段在结构上是组合在一起的，仅由一个输入波导馈入微波功率。如图 7-16 所示，输入耦合器之后的前几个腔属于聚束腔，这几个腔的结构往往需要认真设计和调试，每一个聚束腔都不相同。一般来说，设计的相速需要不断增加，从一个较低值逐渐增加至较高值。

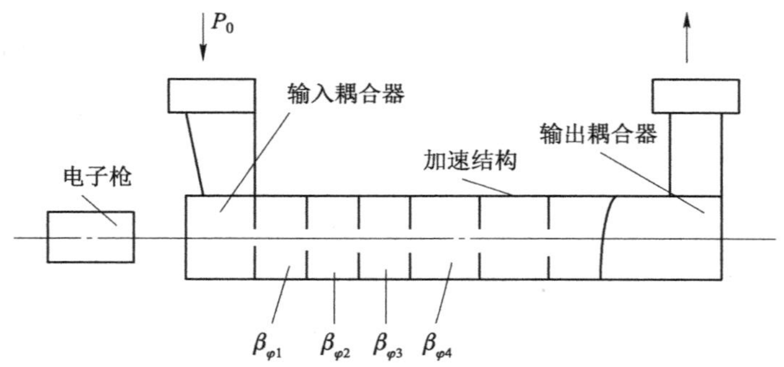

图 7-16　加速结构布局示意图

考虑束流负载效应，聚束段的束流动力学过程计算公式如下：

$$\frac{\mathrm{d}\gamma}{\mathrm{d}z}=\frac{eE(z)}{m_0c^2}\cos\varphi \tag{7-59}$$

$$\frac{\mathrm{d}\varphi}{\mathrm{d}z}=\frac{2\pi}{\lambda}\left(\frac{1}{\beta_\varphi}-\frac{1}{\beta}\right) \tag{7-60}$$

$$E(z)=\sqrt{2\alpha(z)Z_s(z)P(z)} \tag{7-61}$$

$$\frac{\mathrm{d}P}{\mathrm{d}z}=-2\alpha P-I_b E(z) \tag{7-62}$$

这里的式（7-59）和式（7-60）由动力学公式得到，式（7-61）和式（7-62）分别由分路阻抗公式与功率平衡公式得到。根据这几个公式进行离散递推，可以进行电子束沿加速结构轴向的束流参数计算。这些公式考虑了束流的负载效应，具有很好的计算精度。

7.3.4　不同相位电子聚束与加速分析

本章所设计的加速器属于低能电子加速器，故而聚束腔与加速腔可以一体化设计。通过 7.2.3 节三个程序一系列的计算可得结果如表 7-5 所示，其中 n 为选取的计算截止阶数。

表 7-5　2π/3模、盘荷波导尺寸及微波性能参数表（a=3 mm，t=1.5 mm，n=25，f=9.7 GHz）

腔相速/c	b/mm	衰减系数 α	分路阻抗 R_m	品质因数 Q	群速度 V_g/c
0.40	12.386 5	6.823 1	15.667	3 400.2	0.004 4
0.50	12.276 8	4.005 4	32.707	4 441.0	0.005 7
0.55	12.235 1	3.343 0	42.183	4 852.7	0.006 3
0.60	12.199 8	2.866 6	51.768	5 241.5	0.006 8
0.64	12.175 3	2.578 0	59.327	5 561.1	0.007 1
0.68	12.153 5	2.352 5	66.708	5 848.1	0.007 4
0.72	12.134 1	2.170 2	73.880	6 115.4	0.007 7
0.76	12.116 7	2.022 8	80.805	6 358.1	0.007 9
0.80	12.101 1	1.899 6	87.446	6 581.8	0.008 1
0.85	12.083 7	1.763 8	95.403	6 858.5	0.008 4
0.90	12.068 2	1.653 4	102.88	7 105.5	0.008 7
0.95	12.054 4	1.562 5	109.90	7 328.0	0.008 9
0.97	12.049 3	1.531 0	112.58	7 409.9	0.009 0
0.98	12.046 8	1.515 8	113.89	7 449.6	0.009 0
0.99	12.044 4	1.501 5	115.18	7 488.6	0.009 0
0.999	12.042 3	1.489 1	116.33	7 523.0	0.009 1

表7-5是设计聚束腔与加速腔的基础，在这一基础上还需要计算程序来分析组合而成的聚束腔和加速腔是否具有聚束并加速的功能。一般来说，初始电子枪电压一般在40～80 kV。首先假定初始电子枪产生的电子能量为45 kV，则初始相对相速约为0.394，假定电子枪产生的电子的相位分布为0～2.4，初步选取的聚束腔与加速腔各腔对应相位如表7-6所示。

表 7-6　聚束腔与加速腔各腔对应相位

腔数	1	2	3	4	5~34	腔体总长/m
腔体相速	0.60	0.80	0.95	0.99	0.999	0.343

这里采用的微波功率为4.5 MW，可以看出，在微波功率较高的情况下，聚束腔只需要几个腔体即可。如果微波功率降低，则聚束腔会相对长一些，由于聚束腔中电磁场损耗较高，因此一般情况下不宜太长，否则会影响加速器的总体效率。同时可以看出在频率较高的情况下，加速腔长度更短，加速梯度更大，整个腔体结构较为紧凑，总长可以小于1 m。腔体内的微波与粒子特性分布分别如图7-17～图7-19所示。

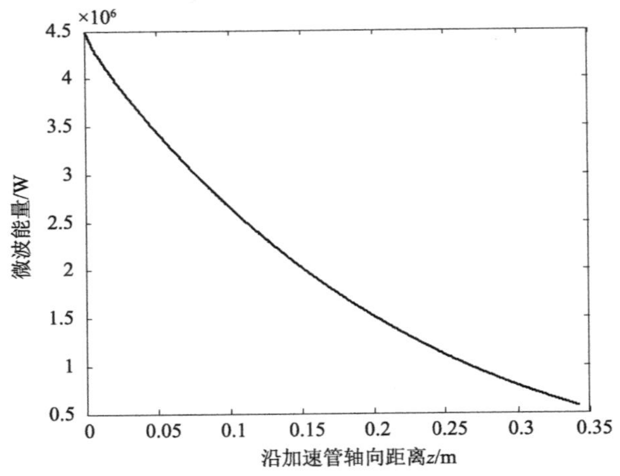

图 7-17　沿加速管轴向的微波功率变化图

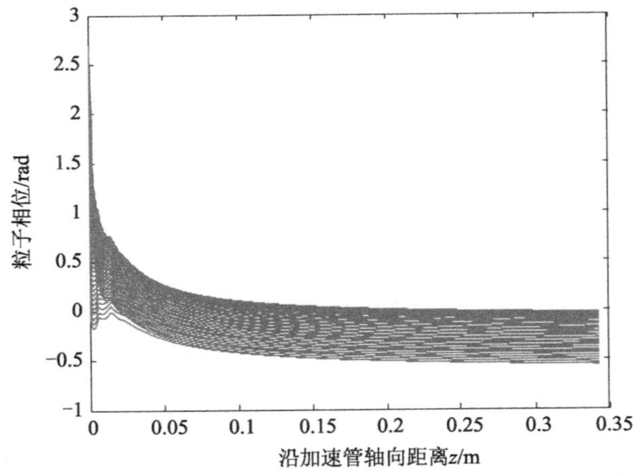

图 7-18　沿加速管轴向的不同相位粒子的相位变化图

由图 7-17 可以看出，微波功率在加速腔中迅速衰减，4.5 MW 的微波功率至 0.34 m 处已衰减至 1 MW 以下。由图 7-18 得知不同相位的粒子经聚束腔之后都基本聚束到了 0 相位附近，得到了较好的群聚。图 7-19 则显示经过 0.34 m 加速管之后，电子的能量大约能加速到 8.5 MeV，并且电子的能量较为集中，束流质量较好，同时可以看出粒子加速梯度已大幅变慢，这是由于此时的加速微波已大幅减小，只剩下接近 0.5 MW 的微波功率了。

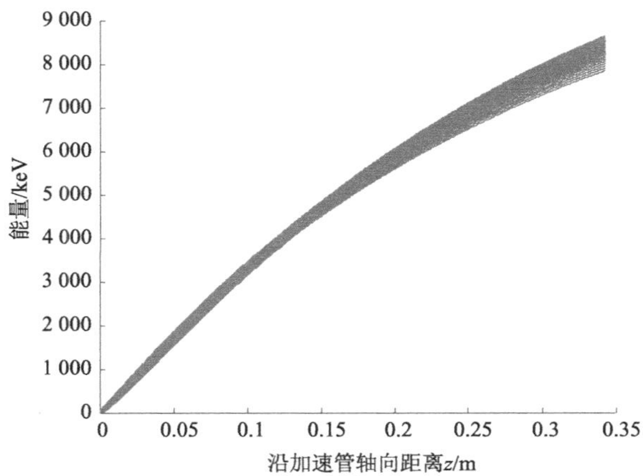

图 7-19 沿加速管轴向的不同相位粒子的能量变化图

7.3.5 物理参数与几何公差的关系

由于不同相速加速腔的结果略有差别，这里以0.999c相速的加速腔为例来进行分析。由程序2计算可以得出

$$\frac{\partial f}{\partial b} = -0.80\,\text{MHz}/\mu\text{m} \tag{7-63}$$

$$\frac{\partial f}{\partial a} = 0.19\,\text{MHz}/\mu\text{m} \tag{7-64}$$

$$\frac{\partial f}{\partial t} = 0.09\,\text{MHz}/\mu\text{m} \tag{7-65}$$

$$\frac{\partial f}{\partial d} = -0.02\,\text{MHz}/\mu\text{m} \tag{7-66}$$

$$\frac{\partial f}{\partial \delta} = -0.03\,\text{MHz}/\mu\text{m} \tag{7-67}$$

$$\frac{\partial f}{\partial \rho} = -0.03\,\text{MHz}/\mu\text{m} \tag{7-68}$$

频率误差和均方差为

$$\mathrm{d}f = \frac{\partial f}{\partial b}\cdot\Delta b + \frac{\partial f}{\partial a}\cdot\Delta a + \frac{\partial f}{\partial t}\cdot\Delta t + \frac{\partial f}{\partial d}\cdot\Delta d + \frac{\partial f}{\partial \delta}\cdot\Delta\delta + \frac{\partial f}{\partial \rho}\cdot\Delta\rho \tag{7-69}$$

$$\delta f = \pm\sqrt{\left(\frac{\partial f}{\partial b}\cdot\Delta b\right)^2 + \left(\frac{\partial f}{\partial a}\cdot\Delta a\right)^2 + \left(\frac{\partial f}{\partial t}\cdot\Delta t\right)^2 + \left(\frac{\partial f}{\partial d}\cdot\Delta d\right)^2 + \left(\frac{\partial f}{\partial \delta}\cdot\Delta\delta\right)^2 + \left(\frac{\partial f}{\partial \rho}\cdot\Delta\rho\right)^2} \tag{7-70}$$

由上面公式计算可知，X波段（9.7 GHz）对尺寸精度要求很高，同比之下约为2.856 GHz加速腔的敏感度的10倍左右，即对于加工的精度要求更高。表7-7给出了标准尺寸附近工作频率的相对变化与盘荷波导基本尺寸相对工作波长变化量的对应关系。因此，应考虑不同变量的正负影响，提出相应的加工精度[5]。

表7-7 不同尺寸误差对于相对频率的影响

$\Delta b/\lambda$	$\Delta a/\lambda$	$\Delta t/\lambda$	$\Delta d/\lambda$	$\Delta\delta/\lambda$	$\Delta\rho/\lambda$	$\Delta f/f$
3×10^{-5}	0	0	0	0	0	−8.136 1e−5
0	3×10^{-5}	0	0	0	0	1.618 8e−5
0	0	3×10^{-5}	0	0	0	6.349 1e−6
0	0	0	3×10^{-5}	0	0	−1.997 2e−6
0	0	0	0	3×10^{-5}	0	−4.099 6e−6
0	0	0	0	0	3×10^{-5}	−4.835 4e−6

7.4　行波电子直线加速器聚焦系统设计

7.4.1　螺线管线圈

一般而言，行波电子直线加速器在低能部分都是采用螺线管线圈的磁场来聚焦的，它不仅可以抵消高频场的散焦作用，而且可以克服束流空间电荷效应，克服因各种效应导致的束流横向发射度增长而引起的束流半径过分增长，甚至还可以抑制束流崩溃（BBU）效应。研究聚焦装置需要对电子在加速过程中的受力和运动状态进行充分的理论分析与数值仿真，据此给出最为优化的线圈参数。

1. 参数设计

假定螺旋管线圈的中心为纵轴坐标原点，则沿纵轴的轴向磁场分布公式[1]可写为

$$B(z)=\frac{\mu_0 j}{2}\left[(L+z)\ln\frac{R+\sqrt{R^2+(z+L)^2}}{r+\sqrt{r^2+(z+L)^2}}-(z-L)\ln\frac{R+\sqrt{R^2+(z-L)^2}}{r+\sqrt{r^2+(z-L)^2}}\right] \tag{7-71}$$

式中：j为线圈的平均电流密度，A/m^2；线圈长度为$2L$；R和r分别为螺线管线圈的外径和内径。

在前面动力学束流计算的基础上，编制程序求解以下包络方程[1-2]

$$\frac{\mathrm{d}^2R}{\mathrm{d}z^2}+\frac{1}{\beta^2\gamma}\frac{\mathrm{d}\gamma}{\mathrm{d}z}\frac{\mathrm{d}R}{\mathrm{d}z}=\frac{eR}{\beta\gamma m_0c^2}\left[\frac{\pi}{\lambda}E\sin\varphi\left(\frac{1}{\beta\beta_\varphi}-1\right)-\frac{1}{2\beta}\frac{\partial E}{\partial z}\cos\varphi+\frac{\mu_0cI}{2\pi R_s^2\beta^2\gamma^2}-\frac{eB^2}{4m_0\beta\gamma}\right]+\frac{\varepsilon^2}{\beta^2\gamma^2R^3} \tag{7-72}$$

式中：R 为包络；z 为纵向坐标；B 为螺线管产生的轴向磁场；ε 为束流初始发射度，单位为 $m_0c\cdot m$（动量相空间的发射度单位，下同）；I 为束流强度；R_s 为束团半径。这一方程利用降次法和差分法编程即可以求解。

举一个简单的例子，对于一个紧凑型加速器，考虑电子枪出束初始发射度为 $6.24\times10^{-6}\ m_0c\cdot m$，初始束流半径为 1 mm，电流为 200 mA，不同相位电子在加速管中的包络曲线如图 7-20 所示，不难看出，一个微波周期相位变化为 2π，束流外径处 −0.5~2.5 相位的束流最大包络半径为 1.8 mm，小于盘荷的 3 mm 半径，符合设计要求。图 7-21 所示为设计线圈的中心磁场大小，磁场强度范围为 0.049~0.058 T。

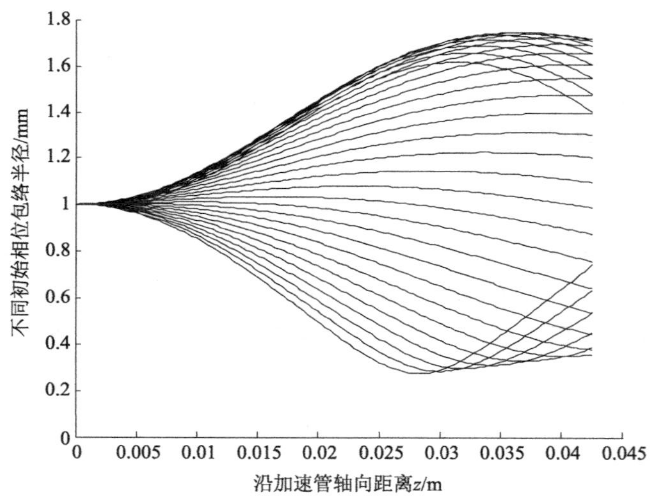

图 7-20　不同相位电子在加速管中的包络曲线

2. 线圈工程指标

在低能段聚焦系统的应用中，利用螺线管线圈所产生的纵向磁场对电子的横向运动进行聚焦是简便且有效的方法。它的基本原理是带电粒子在进入螺线管入口处时受到边缘场的影响产生的角向速度与元件中心区域的纵向磁场成分相互作用的结果。其典型设计指标[1]有以下几点。

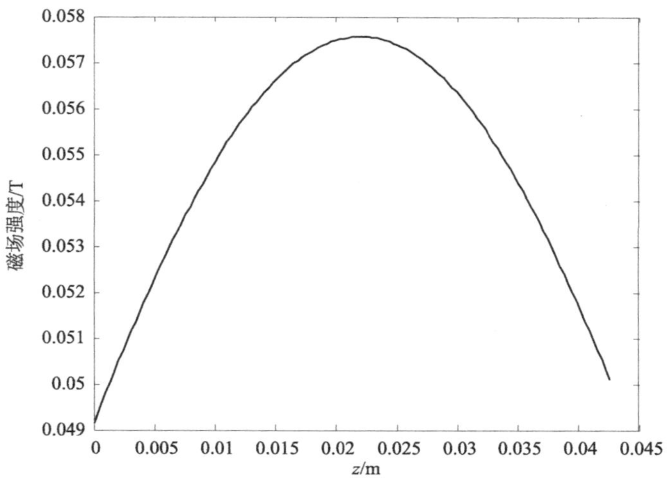

图 7-21 设计线圈的中心磁场大小

（1）聚束磁场可调范围达到20%。

（2）精度达到额定值的0.1%。

（3）稳定性优于0.1%。

（4）磁轴斜角小于10 mrad，同轴度小于0.25 mm。

（5）系统电源转换效率大于85%。

（6）具有一定的远程加载、卸载、励磁电流预置与回读、电流显示、运行状态分析与故障报警等智能化功能。

7.4.2 永磁体

尽管线圈在磁场中性能稳定、可调、高精度等方面有着很好的优势，但在一些需要紧凑型或空间应用情况下，线圈并不适合用于加速器系统，其体积较大、控制烦琐，此时可采用永磁体作为有效替换。在需求强磁场时线圈是一个很好的选择，但在较低磁场的情况下，永磁体具有不耗电、结构紧凑等优势，这些优势都是空间平台应用的重要指标，因此在不需要强磁场的空间装备中都可以采用永磁体。

永磁体尤其是稀土永磁研究的时间却并不是很长，第一代稀土永磁产生于20世纪60年代，经50多年的发展。现在被广泛应用的是第三代稀土永磁体Nd-Fe-B [21-22]。由于Nd-Fe-B优异的性能，较高的稳定性，所以被广泛应用于风力发电、电子信息、石油化工、卫生医疗、工业电机、轨道交通与国防军工 [23-24] 等领域。

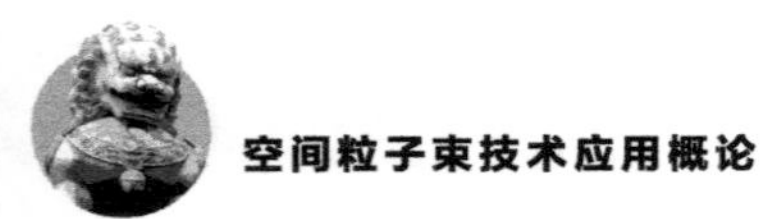

7.5 束流集体不稳定性

前面章节介绍的带电粒子研究中主要考虑单粒子问题，并没有考虑带电粒子之间的相互影响，即粒子的运动完全由外部电磁场决定。在较低流强下，束流在加速器中的运动可以看作无相互作用的带电粒子的集合在外部场（如加速、聚焦、导向等电磁场）中的运动，因此可以用单粒子来描述。但在强束流情况下，束流自身产生的电磁场，特别是与周围环境相互作用而激发的电磁场，将叠加在外部场上，从而扰动束流的运动。当扰动足够强时，束流的运动将变得不稳定。为了研究这类动力学问题，必须采用多粒子描述。具体来说，高流强的束流在真空管道内运动时，与环境相互作用将产生电磁场，即所谓尾场。尾场会反作用在束流上，扰动束流的运动。在一定条件下，这一扰动会进一步增强尾场，从而最终导致束流运动幅度指数增长，即发生集体不稳定性，它伴随着束流品质的降低和大量粒子的丢失，因此集体不稳定性是限制现代加速器性能的一个重要因素[3, 25-27]。

依据束流的运动方向，集体不稳定性可分为横向和纵向不稳定性；依据所研究的束流类型，集体不稳定性又可分为单束团、多束团以及连续束团不稳定性。在加速器中，比较典型的集体不稳定性问题有直线加速器中的束流崩溃不稳定性、环形加速器中的强头尾不稳定性或头尾不稳定性、纵向 Robinson 不稳定性等[26]。

束流崩溃不稳定性本质上属于横向不稳定性，是电子加速器中危害性最大的集团不稳定性之一。它限制了许多加速器所能传输的流强，包括射频直线加速器、直线感应加速器、电子回旋加速器和储存环等。虽然这种不稳定性的机制对于所有的加速器都是相同的，但对不同的几何结构，这种不稳定性机制的形成理论也会有较大的不同。束流崩溃不稳定性涉及粒子动能由纵向运动向横向运动的转化，其结果是当束流在加速器中运动的时候，它的横向振荡逐渐增长。对于弱的不稳定性，振荡会引起发射度增加和束流瞄准误差。强烈的束流崩溃不稳定性可以导致束流完全损失掉。这种不稳定性主要来源两个相互耦合的过程：① 横向振荡的束流在腔阵列中激发起横向的电磁振荡；② 谐振模式的磁场引起束流的位移。这种不稳定性现象一般称为束流崩溃效应。

7.6 空间加速器技术探讨

粒子加速器的空间应用并不是一个新概念，早在20世纪70年代到90年代，美国和苏联就进行了多次电子、质子等粒子加速器（粒子束定向能系统）的空间平台测试，主要涉及军事方面的应用[28]。尽管测试的细节和结果没有公布，但是有关资料显示，空间应用与地面有着明显的区别——除需要考虑束流传输[25-27]等问题，由于空间独特的应用环境[29-31]，空间加速器也需要一些独特的工程性改进。

1. 真空系统

在地面上的真空系统一般采用多级泵，将其真空度抽到10^{-5} Pa甚至更低，其真空度要求主要受到表面闪络、微波击穿以及电子枪运行等几个方面限制。而在空间中运行时，外部真空度本就很高，达到了超高真空或极高真空环境，此时的真空系统采用多级泵显然不适合，在加速腔壁强化老练之后，其放气速度也较低，此时可以直接采用离子泵，或者开放式设计（让内部气体迅速扩散到真空中去）。根据粒子束装置运行轨道不同，需要有针对性地选用真空策略。

2. 冷却系统

地面上最常见的冷却系统当属水冷系统，由于水的高比热容以及经济性，使得水冷成为绝大多数加速装置的首选。然而在空间应用时，水并不容易大量储存，经济性也不好，因此水冷系统会受到较大的挑战。真空变压降温装置是当前的一个有效方法。

3. 环境适应性

空间中很多材料容易放气、变形甚至改变形态，或者具有易于充放电、光反射能力强、二次电子系数高等特性，这样的材料一般不能应用于空间有效载荷中。对于整个加速器系统而言，必须要进行空间环境适应性研究。在未来的空间粒子束系统或装置中，应当将环境适应性列入设计当中，并进行系统级的空间环境适应性测试，如此才能最大限度地保障空间粒子束系统的可靠性和寿命。

7.7 小　结

电子束加速技术是电子束空间应用的核心技术之一，是实现电子束指标参数的物理及工程基础。作为空间电子束的产生装置，电子加速器的性能直接关系到空间电子束应用的成败。本章从地面电子束加速技术出发，讨论了电子直线加速器的特点及组成，重点介绍了行波电子直线加速器的基本原理和设计方法，最后针对束流不稳定性和空间应用进行了简要的论述。本章的空间应用技术讨论主要限于加速器主体部分，基于本书的主旨，电子加速器空间应用研究在后续章节中会有更多的讨论。

参 考 文 献

[1] 裴元吉. 电子直线加速器设计基础 [M]. 北京：科学出版社，2013.
[2] 刘乃泉. 加速器理论 [M]. 北京：清华大学出版社，2004.
[3] 陈佳洱. 加速器物理基础 [M]. 北京：北京大学出版社，2012.
[4] 陈金华. 低能电子辐照加速器加速管的设计与优化 [D]. 武汉：华中科技大学，2013.
[5] 尹厚东. X波段盘荷波导行波加速结构的研究 [D]. 合肥：中国科学技术大学，1999.
[6] 尹厚东，裴元吉，黄贵荣，等. X波段盘荷波导加速结构的模拟计算与实验测试 [J]. 原子能科学技术，2000，34 (6)：507-513.
[7] NAKAMURA M. A computational method for disk-loaded waveguides with rounded disk-hole edges [J]. Japanese journal of applied physics，1968，7 (3)：257-271.
[8] WANG L F，LIN Y Z，HIGO T. Variational-method-based higher order mode analysis extendible to realistic tapered disk-loaded structures [J]. Nuclear instruments and methods in physics research A，2002，481 (1-3)：95-119.
[9] 王兰法，候汩，张闯，等. 盘荷波导栏片圆弧对频率和尾场的影响 [J]. 强激光与粒子束，2001，13 (2)：219-222.
[10] 王兰法，林郁正. 下一代直线对撞机失谐结构尾场的精确计算——盘荷波导电磁场的研究 [J]. 高能物理与核物理，2000，24 (6)：567-572.
[11] LI Z，ADOLPHSEN C，BURKE D L，et al. Optimization of the X-band structure for the JLC/NLC [R]. SLAC-PUB-11916，2006.
[12] 陈怀璧，丁晓东，林郁正. 9 MeV行波电子直线加速器加速管的物理设计 [J]. 原子能科学技术，2000，34 (1)：20-26.
[13] 何笑东. X波段介质-金属膜片混合加载加速器的研究 [D]. 合肥：中国科学技术大学，2009.
[14] 裴士伦，张敬如，侯汩，等. BEPCII直线加速结构的整管RF特性计算 [J]. 原子能科学技术，2013，47 (6)：1055-1059.

[15] 汪宝亮，裴士伦，赵明华，等. 上海光源2998 MHz加速管波导耦合器的设计 [J]. 核技术，2009，32 (12)：889-893.
[16] 袁文华. 直线加速器耦合器的有关优化设计及热结构分析 [D]. 合肥：中国科学技术大学，2015.
[17] WANG R，PEI Y J，JIN K. A calculation method for RF couplers design based on numerical simulation by microwave studio [J]. High energy physics and nuclear physics，2006，30 (6)：566-570.
[18] 魏献林，吴丛凤. 减小直线加速器耦合腔中不对称性的方法 [J]. 核技术，2013，36 (7)：8-12.
[19] CHAO A W. Physics of collective beam instabilities in high energy accelerators [M]. New York：John Wiley & Sons，Inc.，1993.
[20] 谢文楷. 带电粒子束的理论与设计 [M]. 北京：科学出版社，2009.
[21] 兰剑亭. PrNd-Ce-Fe-B/PrNd-Fe-B 烧结永磁体磁性能的研究 [D]. 呼和浩特：内蒙古科技大学，2016.
[22] 徐志斌. 速凝工艺结合双合金法烧结稀土 Nd-Fe-B 永磁体及其结构性能研究 [D]. 大连：大连理工大学，2008.
[23] 刘忠，马乔生，李正红，等. 永磁包装相对论返波管振荡器实验研究 [J]. 微波学报，2012，28 (2)：79-81.
[24] 高梁，钱宝良，葛行军，等. 1 GHz永磁封装同轴相对论返波振荡器研究 [C] //中国核科学技术进展报告（第二卷）核聚变与等离子体物理分卷，2012.
[25] 刘锡三. 强流粒子束及其应用 [M]. 北京：国防工业出版社，2007.
[26] UMPHRIES S J. Charged particle beams [M]. New York：John Wiley & Sons，Inc.，1990.
[27] JACKSON J D. Classical electrodynamics (Third Edition) [M]. New York：John Wiley&Sons，Inc.，1999.
[28] NIELSEN P E. Effects of directed energy weapons [M]. New York：Directed Energy Professional Society，2009.
[29] Pisacane V L. The space environment and its effects on space systems [M]. Reston，USA：American Institute of Aeronautics and Astronautics，Inc. 2008.
[30] 沈自才. 空间辐射环境工程 [M]. 北京：中国宇航出版社，2013.
[31] 闻新. 航天器系统工程 [M]. 北京：科学出版社，2016.

第8章 空间大功率微波源技术

大功率微波源在地面上相应领域应用广泛，但要在空间中应用还受到体积质量等各种因素的制约，需要进行航天工程改进和技术探索。本章从大功率微波源的技术发展现状出发，对大功率微波源的空间应用进行一定的技术探讨。最后，介绍了两个大功率微波源的设计案例。

8.1 大功率微波源在空间电子束系统中的地位与作用

电子直线加速器是当前空间电子束系统中电子加速装置的重要选择之一，而微波源是电子直线加速器中必不可少且极为重要的一个部分。在直线加速器中，微波源是加速结构设计、束流优化以及加速器总体性能的基础，其参数、性能对加速器的影响相当显著，主要体现在以下两个方面。

1. 微波频率

对于电子直线加速器而言，最核心的过程是微波与电子束在加速腔中的相互作用，即能量交换过程。微波频率一般情况就是加速器的工作频率，因此可以说，它是耦合腔、加速结构等关键部件尺寸的决定性因素。在加速器的工作频率确定之后，想要得到高品质束流，微波频率必须具备很好的稳定性。

另外，由于微波频率直接决定加速结构的大小，更高的微波频率对应着更小的加速结构，一般而言，微波频率提升1倍，加速系统的体积重量等参数可以下降数倍之多。这一特性对空间粒子束系统的小型化是极为有利的。

但随着频率的提升，结构加工误差对应频漂变大，因此加工要求更高；在束流品质等方面高阶尾势等影响也更为显著。由于加速器窄带特性，微波频率的漂移会影响束流质量，严重的还会引起微波反射急剧增加，导致局部打火等现象。

2. 微波功率

在加速器功率容量范围内，尽可能地提高微波功率，可以提升加速梯度，从而在很大程度上降低加速器的重量、体积，这对空间电子束系统意义重大。同时，微波功率的提高也有利于提高束流品质。但需要注意的是，微波功率提升时要注意微波击穿的问题。

总体而言，在加速器微波结构设计合理的前提下，微波功率及频率稳定性是影响加速器性能及可靠性的关键参数，同时，也是天基电子束系统小型化、高性能的重要指标。同时，与所有天基定向能系统中能源系统质量体积太大的问题类似，微波源作为能源系统在天基电子束系统中占据了 50% 以上的体积和质量，它的小型化直接制约了电子束系统的工程化应用。因此，要推进电子束系统的空间应用必须解决大功率微波源系统的小型化问题，需选用高能量密度、高功率密度的初级源系统，设计简单、紧凑的脉冲调制器，研制高峰值功率、小型化的微波管。

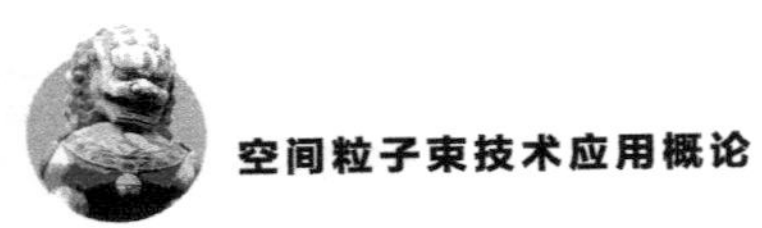

8.2 空间大功率微波源的系统组成

空间大功率微波源是粒子束加速系统的重要部分，也是粒子能量的来源，其主要包括初级能源、脉冲调制器、微波管和辅助系统四个部分，如图 8-1 所示。其基本工作过程是：初级能源通过功率调整系统给中间储能单元进行直流充电，完成能量初步压缩，然后中间储能单元通过脉冲开关和脉冲形成部分输出高压脉冲给微波管，最后在微波源中激励出微波辐射，输出到加速腔中为电子提供加速能量。

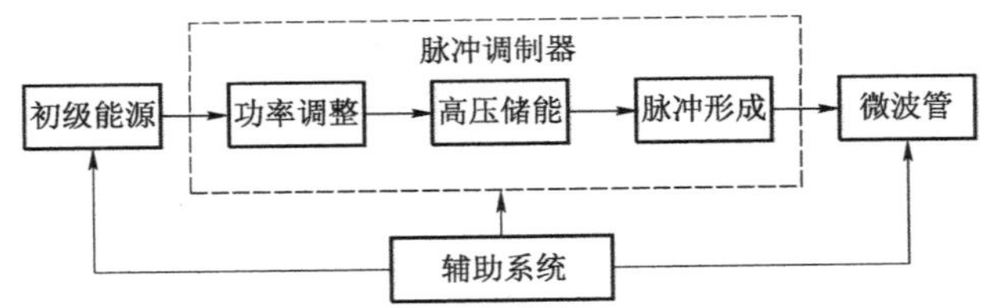

图 8-1　空间大功率微波源系统组成

初级能源包括电源供给系统和储能系统，它将航天器上有限的能源存储起来，为大功率微波源提供短时大功率的输出。

脉冲调制器将初级能源存储的低压电能变换成微波源需要的高压电能，并对输出高压进行调制，输出高压脉冲，为微波源的电子枪提供加速能量。

微波管是大功率微波源的核心器件，将电能变换成微波能量并输出，常用的大功率微波管都是电真空器件。

辅助系统包括电控系统和热控系统，电控系统负责初级能源的储能充放电控制、脉冲调制器的充放电开关控制、电路状态监测等，热控系统负责将大功率微波源系统产生的热量排放出去，防止系统过热无法工作。

8.3 初级能源系统

航天器上的初级能源系统包括电源供给系统和储能系统，一般航天器电源供给方式有太阳能电池、化学电池、核能等，储能方式有化学储能、飞轮储能、电磁储能等[1]。电源系统的平均功率从数百瓦到数百千瓦，它可以提供稳定的功率输出，具有长时间工作的特点；储能系统则是将电源系统供给的能量存储起来，为大功率微波源提供短时高功率的能量输出。

8.3.1 电源供给系统

航天器上都带有电源供给系统，目前应用最广泛的是太阳能电池和燃料电池。核电源是近年来研究的热门电源供给系统。

1. 太阳能电池

太阳能电池依靠半导体的光伏效应，将太阳能直接转换成电能。在地球附近的空间环境中，太阳能是最丰富且最易获取的能源，这一特点使得太阳能电池在空间航天器上得到广泛的应用。据统计，在空间飞行时间超过数周的航天器上，以太阳能电池作电源供电的约占90%[1]。

太阳能电池种类繁多，其中满足空间任务需求并已被成功应用的主要有单

晶硅太阳能电池、高效率硅太阳能电池、GaAs单结和多结太阳能电池。

单晶硅太阳能电池的转换效率较高，技术成熟，具有高稳定性和高强度，是最早用于空间领域的太阳能电池，但其抗辐射性能相对较弱；高效率硅太阳能电池是对硅太阳能电池的设计和制造工艺进行改进，提升其光电转换效率（从10%提升到17%）[3]。

GaAs属于直接跃迁型材料，对可见光吸收系数很高，并且厚度小、柔性好，容易制作成薄膜型电池，体积和重量大大减小。目前，单结GaAs太阳能电池的效率可达28%，美国空军制造的双结GaInP/GaAs/Ge电池转换效率达到24.2%，三结GaInP/GaAs/Ge电池转换效率达到25.5%。因此，GaAs太阳能电池逐渐取代硅太阳能电池，成为航天器太阳能电池的主流选择[4]。

航天器上的太阳能电池一般组装成阵列，其功率容量也从最初的不到1 W发展到现在的75 kW，未来还会更高。相关报道的大功率太阳能电池阵一般采用大型面板的展开式结构，由基板、连接架、压紧释放机构和展开锁定机构等部件组成，最大容量可达75 kW，能量密度达到45 W/kg。随着组装技术的发展，采用柔性结构的电池阵能量密度可达100 W/kg[3]。

2. 燃料电池

燃料电池（Fuel Cell）技术是以电化学、化学动力学、材料科学、物理学、催化剂理论、电力电子工程等学科为基础的一门高技术。燃料电池是一种将燃料和氧化剂中的化学能直接、连续地转变为电能的发电装置。由于大多数电池包括各种原电池、蓄电池和储备电池等，都只能用于短时间、小范围、低电压、小电流的局部供电，不可能发展成发电设备，而燃料电池却展现特殊的发展前景，其燃料和氧化剂分别储存在电极之外，使用时只要连续不断地将燃料和氧化剂分别供给燃料电极与氧化剂电极。它就可以不断工作，将化学能转变为电能。用作燃料电池的燃料主要有氢、甲醇、联氨、甲醛、煤气、丙烷和碳氢化合物等，用作氧化剂的有氧、空气以及氯溴等卤族元素[1-2]。它的主要优点有以下几个。

（1）不受“卡诺循环”的限制，其能量转换效率可达60%～80%。

（2）洁净，无污染，噪声低，隐蔽性强。

（3）模块结构，适应不同功率要求，灵活机动。

（4）比功率大，比能量高，对负载的适应性能好。

（5）可实现热、电、纯水联产。

航天领域应用的燃料电池通常是碱性（AFC）和质子交换膜（PEMFC）两种类型，燃料和氧化剂分别采用液氢与液氧，能量转换效率可达50%～

70%，适合用作功率要求在1～10 kW，飞行时间在1～30 d载人航天飞行器的主电源[1]。

AFC采用KOH（氢氧化钾）溶液为电解质，纯氢为燃料，纯氧为氧化剂，是航天领域中应用较成功的一种燃料电池。但由于电解液KOH的高腐蚀性，导致AFC电池寿命短，且电池本身制造成本和维护成本都很昂贵，安全性差。

PEMFC最初采用聚苯乙烯磺酸膜，这种膜降解速度快，电池很快就失效。近20年来，新型PEMFC在地面上的应用研究取得了较大进展，航天领域又将燃料电池的研究重心回到PEMFC上，目前的研究热点是将PEMFC结合电解水系统组成再生型燃料电池（RFC）。

3. 核电源

空间核电源是将核衰变或核裂变过程中产生的热能转换为电能，主要分为放射性同位素电源和反应堆电源两类。放射性同位素电源一般应用于功率在千瓦以下的场合，而反应堆电源的功率可以达到数百千瓦甚至上兆瓦[5]。

核反应释放的热能转换成电能有静态转换和动态转换两种方式，静态转换方式是通过静态能量转换装置（如热电转换器或热离子转换器）直接将热能转换为电能；动态转换方式是先将热能转换成机械能，再通过机电装置发电，是一种间接热电转换。动态转换的能量转换效率一般比静态转换高，但是由于系统存在运动部件，结构比较复杂，因此可靠性和寿命较低。采用热离子和动态转换相结合的热电发电机，能尽可能提高空间核电源的转换效率。

目前，美国和俄罗斯正在研制功率达到数十至数百千瓦反应堆热离子发电器，主要用作航天器电推进系统的电源。欧洲、日本、中国等国也在空间核电源方面开展研究。总体上说，空间核电源正朝着大功率（数百至数千千瓦）、长寿命（10～15年）方向发展[1]。

8.3.2 储能系统

目前航天器上的储能方式众多，就储能机理而言，大致可分为三种：① 电化学储能，如铅酸电池、铷镉电池、镍氢、锂电池等化学电池，化学电池技术成熟，应用十分广泛；② 电磁储能，常见的有超大电容储能、超导电磁储能等；③ 飞轮储能。

1. 电化学储能

化学储能主要是指各种通过化学反应的方法来储存、释放电能的能源，主

要有各种化学蓄电池。化学蓄电池储存的电能容量有限，主要用于太阳能电池在产电高峰期时储能以应对地影期的设备电力供应。

在航天活动中最为常见的一次化学电池是银锌电池、锂原电池及 $Li/SOCl_2$ 电池等，这类电池无法重复充电，目前只在返回式卫星、火箭等少数短时航天飞行器及一些航天飞行器的备用电源中还有应用。$Li/SOCl_2$ 电池的优点是可在−55～85 ℃的温度范围内正常工作，短时大电流放电可达几百安培，单位质量能量密度已经达到0.4～0.6 kWh/kg，单位体积能量密度则为800 kWh/m^3，但在高电流放电时存在散热问题并导致安全性问题，限制了这种电池的发展[1, 6]。

航天活动中已经实际应用的蓄电池组主要包括银锌、银镉、镍镉、镍氢、锂离子蓄电池组等类型。表8-1所示为几种主要航天蓄电池组的基本性能。

表8-1　几种主要航天蓄电池组的基本性能

电池类型	单位质量能量密度 /（$kWh\cdot kg^{-1}$）	单位体积能量密度 /（$kWh\cdot m^{-3}$）	工作温度 /℃	寿命 /年	循环寿命 /充放电次数
银锌蓄电池	0.05～0.09	70～180	5～25	1	10
镍镉蓄电池	0.02	23	0～15	10	30 000
镍氢蓄电池	0.02	9	−5～15	15	>10 000
锂离子蓄电池	>0.1	120～160	−5～30	5～10	>1 000

银锌蓄电池性能稳定，1957年苏联发射的世界第一颗人造地球卫星Sputnik-1采用的就是银锌蓄电池组。银锌蓄电池在干燥环境中可以保存5年以上，但在湿态条件下自放电现象严重，只能保存1～2个月，且循环充放电次数较少。由于缺点明显，目前银锌蓄电池组在航天活动中的应用已经很少见，多应用于载人航天的应急备用电源上[1]。

镍镉蓄电池在航天中的应用最早可以追溯到1959年美国发射的Explorer-6卫星上。其具有很长的使用寿命和循环寿命，是目前技术最为成熟的航天应用化学电源，在航天应用中已经实现了标准化，外形为矩形结构，尺寸为12.3 in×7.3 in×7.7 in（1 in=0.025 4 m），在静止轨道卫星和中低轨道卫星的储能电源上有很广泛的应用，我国发射的“神舟号”载人航天飞船采用的电源储能系统就包括镍镉蓄电池组。镍镉蓄电池具有充电和放电记忆性，过放电会较大地影响电池的使用循环寿命。近年来镍镉蓄电池充放电记忆性已经较好地得到改善，但随着镍氢蓄电池的应用日益成熟，其在许多场合逐渐被替代已不

可避免。镍氢蓄电池是在镍镉蓄电池的基础上发展而来的，于1977年第一次出现在美国海军技术卫星2号上，正极与镍镉蓄电池相同，负极则用燃料电池的氢电极代替镉电极使得电池的质量降低，单位质量能量密度增高，但电池负极是气体电极，体积较大，单位体积能量密度相对较低。镍氢蓄电池的充放电记忆性远弱于镍镉蓄电池，且在过放电和过充电时对电池的性能影响相对较小，但自放电速度较高，且氢气具有一定的安全隐患。目前的高空卫星上的储能电源系统应用镍氢蓄电池已经很普遍，在低轨道飞行器如国际空间站和哈勃太空望远镜上已经开始使用镍氢蓄电池组代替镍镉蓄电池来做储能电源[4]。

锂离子蓄电池在航天储能系统中的最早应用是应用于2000年英国发射的STRV-1d小型卫星，应用还处于早期，通过对比可以发现锂离子蓄电池组的单位质量和单位体积能量密度都显著地高于其他化学电池，且温度适用范围也较宽，具有很好的发展潜力。锂离子电池的循环使用寿命较低，在未来的航天应用中充当过渡电源的可能性较高[4, 6]。

银锌蓄电池是航天活动起始阶段所使用的人造卫星主电源，随后发展的镍镉和镍氢及其他蓄电池组均作为储能电源使用，镍镉蓄电池是应用最多的航天蓄电池组，镍氢蓄电池优良的功率特性使得其在航天上的应用迅速增加，和镍镉蓄电池构成目前储能电池的主体部分，此外还有锂硫、钠硫蓄电池等许多处于试验阶段的蓄电池类型。

2. 电磁储能

1）超导储能

在磁场中放置一个超导体圆环，周围温度被降至圆环材料的临界温度以下，然后该磁场被撤去，圆环中便由于电磁感应而产生感生电流。只要温度一直处于临界温度以下，该感生电流就会一直持续下去。试验数据表明，这种电流的衰减时间超过10万年。显然这是一种理想的储能装置，称为超导储能。

从上述可知，超导储能装置是一种把能量储存于超导线圈的磁场中，通过电磁相互转换实现储能装置的充电和放电的先进储能方式。超导储能的优点是能量损耗非常小，因为在超导状态下线圈不具有电阻，而且它的主要存储性能也很好，几乎不会对环境造成污染。其缺点是实现超导的温度非常低，因此，持续维持线圈处于超导状态所需要的低温而花费的维护费用就十分昂贵。维持低温的费用过高就成了人们在选择长期能量储备方式时不得不考虑的因素，这样便限制了超导储能应用的普及。在空间环境下，实现超导的低温装置也占用较大的体积质量，限制了其在航天中的应用。但是，超导储能仍然是许多科研工作者的研究方向。

2）超级电容

超级电容器是近年来发展的新型储能器件，它与常规电容器不同，其容量可达到数千法拉，而且能在电极端电压超过额定电压的过充电状态下不被击穿。它的功率密度介于常规电容器和充电电池之间，具有内阻小，充放电效率高（90%~95%）、循环寿命长（几万至十万次）、无污染等优点，所以它在脉冲电源方面具有很好的应用前景。这个方面相关的研究文献尚少，但受到研究者们的重点关注，将可能成为技术和应用领域的一个新方向和热点。韩国 Ness Cap 公司研制出了 5 000 F 的超级电容，其容积大概只占半公升多一点。目前已经有研究人员把超级电容用于脉冲功率领域[8]。

超级电容与普通化学电容、蓄电池的功率密度/能量密度对比如图 8-2 所示。相比电化学电容和蓄电池，超级电容具有非常高的功率密度。

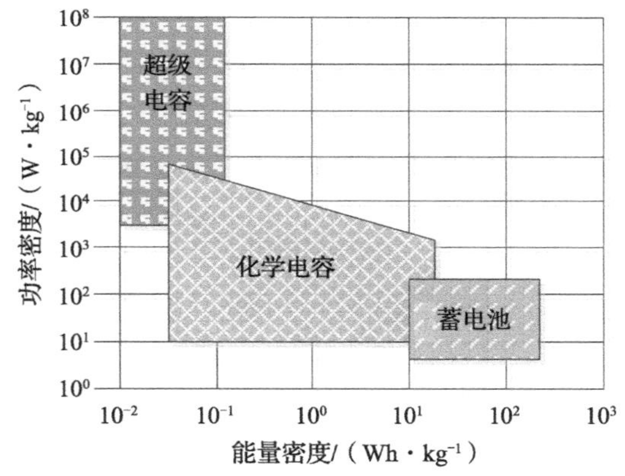

图 8-2　超级电容器与化学电容、蓄电池对比

按照介质类型和工作原理的差异，电容器一般可分为三类：静电式电容器、电解式电容器和电化学电容器。电容器储能密度每一次大的提高均伴随着新材料或者新工艺的应用：储能脉冲电容器结构的变化（从纸/铝箔结构、纸膜结构发展到金属化电极结构），浸渍剂的改变，电极材料的变化，介质材料的更新等。美国的 Aerovox Inc. 和 Maxwell Energy Products Inc. 在这方面处于领先地位。目前国内脉冲功率电源中所用电容器的储能密度一般为 100~200 J/L，少数达到 500 J/L，国际上所用脉冲电容器的储能密度水平一般在 500~1 000 J/L。利用 TPL Inc. 新的电介质膜，在一般的工艺流程下即可把电容器的功率密度提高到 3 500~4 000 J/L。General Atomics Energy Products 公司已经把脉冲电容器的储能密度提高到 5 000 J/L 以上[7]。

虽然超级电容具有功率密度大、充放电效率高等优点，但它也存在不少的缺点，主要有能量密度低、端电压波动范围比较大、电容的串联均压问题。

3. 飞轮储能

飞轮储能是一种利用高速旋转的飞轮存储能量的技术，具有储能密度高、使用寿命长、工作温度范围宽、效率高、储能状况容易测量、无污染等优点，日益受到人们的关注。近年来，在不间断电源（UPS）、电动汽车、卫星和航天器、电热化学炮及电磁炮、电力质量和电网负载调节等方面都有所应用，被认为是近期最有希望和最有竞争力的储能技术，有着非常广阔的应用前景，极大地引起了国际能源界与工程界的关注[9]。表 8-2 对比了飞轮储能、化学储能和超级电容储能的性能指标。飞轮储能的装置称为飞轮电池，是一种机电能量转换与储存装置，它分为充电和放电两个阶段。充电阶段，又称储能阶段，这一阶段的主要功能是通过电动机拖动飞轮，使飞轮加速到一定的转速，将电能转化为动能；放电阶段，又称能量释放阶段，在这一阶段中，电动机作为发电机运行，由飞轮带动进行发电，将动能转化为电能。

表 8-2　飞轮储能、化学储能和超级电容储能对比

项目	化学电池	超级电容	飞轮储能
效率/%	85	90	90
能量密度/（$Wh\cdot kg^{-1}$）	5～100	5～30	15～150
功率密度/（$W\cdot kg^{-1}$）	低	高	高
循环寿命	短	长	长
放电时间	数小时	数秒	数分钟

飞轮储能技术必须借助于磁悬浮技术、电机技术、电力电子技术、传感技术、控制技术和新型材料（复合材料和高矫顽力永磁材料）技术，并将这些技术有机地结合起来才能真正研制出具有实用价值的飞轮储能系统[10]。

飞轮储能系统中最重要的环节即为飞轮转子，整个系统得以实现能量的转化就是依靠飞轮的旋转。

飞轮旋转时的动能 E 表示为

$$E=1/2\,J\omega^2$$

式中：J 为飞轮转动惯量；ω 为飞轮角速度。由此可见，为提高飞轮的储能量有两个途径：① 增加飞轮转子转动惯量；② 提高飞轮转速。

在这项技术中，需解决四方面的问题：① 转子的材料选择；② 转子的结构设计；③ 转子的制作工艺；④ 转子的装配工艺。

飞轮储能系统的应用十分广泛，目前主要作为峰值动力和用于储能。作为

峰值动力用的有电力系统峰值负载的调节、分布式发电系统中电网电力的波动调节、混合动力车辆负载的调节以及运载火箭和电磁炮等的瞬时大功率动力供应源等；作为储能装置平时储存能量，需要时释放能量，如卫星和空间站的电源、各种重要设备（如计算机、通信系统等）的不间断电源（UPS）等[9]。

美国自20世纪80年代就开始了飞轮储能系统在航天领域应用的可行性研究。研究结果表明飞轮储能系统不仅能取代蓄电池作为航天器的储能装置，还可以利用储能飞轮的动量矩对航天器的姿态进行有效控制，这样就可以省去航天器用于姿态控制的反作用轮或控制力矩陀螺，大大减轻了航天器的重量，进一步提高了飞轮电池的储能密度。有研究表明，飞轮储能系统取代镍氢蓄电池和控制力矩陀螺时，航天器重量将减少50%～70%。飞轮电池独特的兼有储能和姿态控制的双重功能，对于提高宇宙飞船、空间站、人造卫星、运载火箭等诸多航天器的性能有显著意义[10]。

8.3.3　空间大功率微波源系统初级源方案简析

通过上面的介绍可知，航天器的各种发电方式和储能方式各有优势，功率密度和能量密度差异很大。在航天器实际应用中，发电方式和储能方式是配合使用的，最常见的是太阳能电池＋蓄电池的组合方式，在目前的航天器中使用率很高。下面从提高功率密度和能量密度出发，简析几种适用于大功率微波源系统的初级源组合方式。

1. 太阳能电池＋蓄电池＋超级电容

太阳能电池＋蓄电池是航天器最常见的发电＋储能组合电源系统，该组合系统能量密度高，适合用作长航时航天器的电源系统。但是，这种组合电源系统的功率密度较低，不适宜搭载大功率载荷设备。通过前面的分析，超级电容器与蓄电池在技术性能上具有互补性，通过一定的方式将两种储能技术混合使用，使得混合储能系统同时具有蓄电池能量密度大与超级电容器功率密度大的特点。蓄电池组满足系统平均负载功率需求，超级电容器满足系统峰值功率需求，可使储能装置具有很好的负载适应能力。因此，太阳能电池＋蓄电池＋超级电容的组合电源系统兼具高能量密度和高功率密度的特点，既满足航天器长航时飞行的需求，又满足大功率载荷系统短时间工作的需求。

蓄电池与超级电容器组合的拓扑形式多样，不同形式对电源系统性能有不同的影响。其中，蓄电池组通过功率变换器与超级电容器组并联是一种优化的方式，通过功率变换器对蓄电池组和超级电容器组进行电压匹配，控制蓄电池或超级电容器的放电电流，提高系统性能，并可适应不同负载的需求。功率变换器可以组装在不同的位置[11]，如图8-3所示。结构1中超级电容器通过功率变换器与电源母线相连的结构，适用于小功率航天器的脉冲负载；结构2中蓄电池组、超级电容器分别通过功率变换器与电源母线相连，适用于中小功率、中低频率脉冲负载；结构3中蓄电池通过功率变换器与电源母线相连，超级电容器直接连在电源母线上，有利于超级电容器输出高峰值功率，适用于大功率脉冲负载。

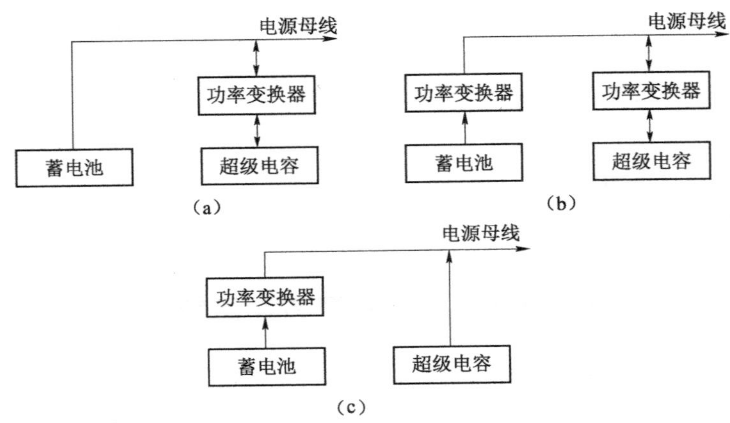

图8-3　蓄电池与超级电容器通过功率变换器的不同连接方式

(a) 结构1；(b) 结构2；(c) 结构3

2. 太阳能电池＋飞轮电池＋蓄电池

采用太阳能电池发电，飞轮电池存储大部分的能量，蓄电池存储小部分的能量。飞轮存储的电能供给一些大功率、短时工作的载荷系统，蓄电池存储的电能供给航天器平台的基础保障系统。太阳电池阵＋储能飞轮＋蓄电池组成的复合电源系统如图8-4所示。

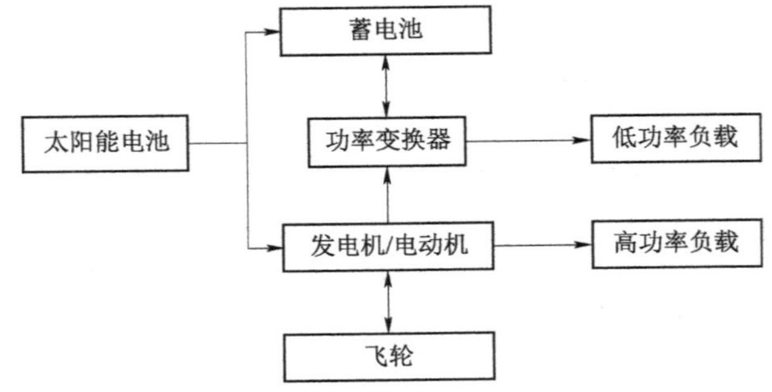

图8-4　太阳电池阵＋储能飞轮＋蓄电池组成的复合电源系统

系统中采用的电机是电动机和发电机一体化设计，它与储能飞轮的转轴相连，完成机械能与电能之间的相互转换。在光照期间，太阳电池阵一方面通过蓄电池为负载供电，同时将过剩的电能驱动电动机工作，加速飞轮的转动，实现电能到机械能的转换；在阴影期间，当蓄电池的电能不足以供给航天器系统正常工作时，电机以发电机模式工作，将飞轮的动能慢速转换为电能，通过功率变换器调节后，在给负载供电的同时给蓄电池充电；当大功率负载工作时，飞轮通过发电机快速释放电能，保证大功率负载正常工作的功率需求[12]。

由于飞轮的能量密度和功率密度都比蓄电池大，太阳电池阵＋飞轮电池＋蓄电池组成的复合电源系统采用飞轮替代大部分的蓄电池，可以大大减小电源系统的体积质量，且能满足大功率负载的需求，适合应用在功率需求大的空间站、月球基地等。

3. 核能＋飞轮电池

空间核能源动态转换方式具有较高的能量转换效率，它先将热能转换成机械能，再通过机电装置发电。目前，动态转换有三种不同的循环系统：布雷顿（Brayton）循环、兰金（Rankine）循环和斯特林（Stirling）循环。布雷顿循环发电系统的工作原理是核能热源加热惰性气体工质（氖气或氩气）至 900 ℃以上，推动涡轮机带动发电机发电，气体做功后经放热压缩，再次进入核能热源加热[13]。

采用动态转换方式的空间核能源，通过控制核反应发热来控制输出功率的难度较大，输出过剩的电能需要较大的存储装置。通过上面分析动态转换的原理发现：动态转换中都有将热能转换成机械能的过程。因此，可以先将核反应热能转换成飞轮的机械能存储起来，在需要的时候通过发电机来发电。核能与飞轮复合电源如图 8-5 所示。

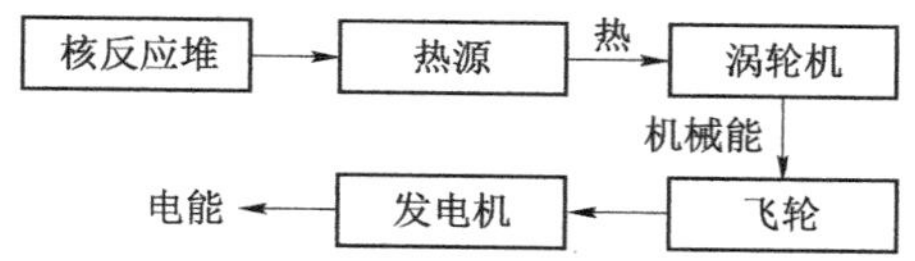

图 8-5　核能与飞轮复合电源

其工作过程是：核反应产生的热能加热载热工质，载热工质推动涡轮机，带动飞轮旋转，将能量转换成机械能存储到飞轮中，需要时飞轮通过发电机将机械能转换成电能输出。这种组合方式方便对空间核电源产生能量的控制，同时具有储能功能，延长核电源的续航能力，未来在月球基地、深空探测领域都有良好的应用前景。

8.4 脉冲调制技术

脉冲调制器负责将初级储能变换后给微波管供电，利用脉冲电压达到改变微波源输出脉冲振荡幅度的目的，从本质上看，就是功率转化器。它的工作原理是将初级电源输出的低压功率转化为高电压的直流功率，脉冲产生系统再将直流功率转换成负载所需的调制脉冲，实现对负载的控制。

8.4.1 脉冲调制器的分类

根据采用微波管工作机理的不同，脉冲调制器可分为控制极脉冲调制器和阴极脉冲调制器。其中，控制极脉冲调制器是采用微波管阴极的高压电源为电子注提供能量，并通过改变微波管控制极的电场来控制电子束的通断，从而产生脉冲信号；阴极脉冲调制器则是在对微波管电子注进行调制的同时，还给电子注提供能量，最终产生脉冲信号。

控制极脉冲调制器一般应用于微波管调制方式为栅极、阳极、聚焦极等控制极的情况。阴极脉冲调制器一般应用于微波管为阴极脉冲调制方式工作的情况。虽然控制极脉冲调制器和阴极脉冲调制器都用于调制微波管，但这两种调制器由于工作机理和应用场合的不同，仍存在不少差异，其主要差异如表 8-3 所示[14]。

表 8-3 控制极脉冲调制器和阴极脉冲调制器的对比

内容＼类型	控制极脉冲调制器	阴极脉冲调制器
调制微波管的电极	栅极、聚焦极、阳极等	阴极
功率大小	较小	较大
调制器所处电位	阴极电位，控制极相对阴极电位高低变化	可在零电位产生脉冲高压
偏置	一般提供负偏压	无偏压
波形宽度及控制	灵活可变	取决于开关管和储能元件
调制器电源	一般需要正、负偏电源，功率小	单电源，功率大

一般大功率微波管的调制方式多采用阴极脉冲调制，根据脉冲调制器的调制方式，阴极脉冲调制器可分为线型脉冲调制器和刚管调制器。后面将详细阐述这两种脉冲调制器的基本电路、工作原理及特点。

8.4.2 线型脉冲调制器

线型脉冲调制器作为阴极脉冲调制器的常用形式之一，主要由高压电源、充电电路、放电开关、反峰电路、脉冲形成网络（PFN）、脉冲变压器和匹配网络等部分组成，其基本电路如图 8-6 所示，其中充电电路包括充电电感 L_1、充电隔离元件 D_1，反峰电路包括反峰硅堆 D_2 和反峰电阻 R_1 [15]。

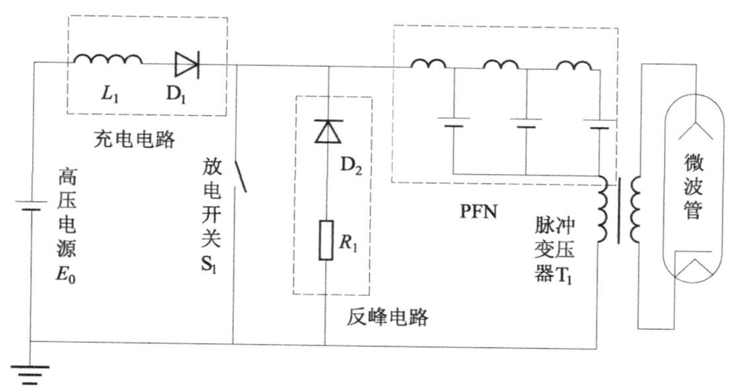

图 8-6 线型脉冲调制器基本电路

高压电源 E_0 经充电电感 L_1、充电隔离二极管 D_1，给 PFN 充电，放电开关 S_1 受放电同步信号控制，在 PFN 充电结束后的某一时刻导通，PFN 通过放电开关 S_1、脉冲变压器 T_1 的初级放电，产生一脉宽为 τ 的调制脉冲经 T_1 升压后，加到微波管的阴极，产生使微波管工作的电子注脉冲电流。在调制脉冲过后，放电开关S_1在其通过的电流小于其维持电流之后自动恢复阻断能力，E_0又开始新一轮向PFN充电的过程，然后又是S_1导通放电，周而复始。最终，调制器以一定的重复频率向微波管提供脉宽为τ的调制脉冲。

图8-6中的高压电源E_0、充电电感L_1、充电隔离元件D_1和脉冲形成网络PFN组成了线型调制器的充电电路。高压电源E_0给调制器提供所需的能量；L_1既是充电隔离元件，在给PFN充电时，又与PFN的电容产生谐振，使得PFN的充电电压达到近似E_0的2倍值；D_1是充电隔离二极管，当PFN的充电电压高于E_0和L_1与PFN产生谐振充电时，D_1要阻断PFN向高压电源放电的电流，使PFN的电压维持在谐振充电后的电压，以等待放电开关S_1的导通放电。脉冲形成网络的作用是形成输出脉冲形状和储存负载所需的脉冲能量。

图8-6中的脉冲形成网络PFN、放电开关S_1和脉冲变压器T_1的初级组成了线型调制器的放电电路。其中PFN在充电期间充电到预定值，在S_1受控导通后，PFN通过S_1向脉冲变压器的初级放电，经脉冲变压器耦合到次级，送到微波管的阴极与管体间。

线型脉冲调制器具有以下几个特点[15]。

（1）软关断式放电开关，即仅在放电开关的维持电流大于放电电流的情况下，开关才缓慢回到阻断状态。此类器件主要包括电真空类的充气闸流管、引燃管和真空火花隙；固态器件类的有可控硅（SCR）和反向开关整流器（RBDT）等。

（2）基于软性开关的工作过程，PFN可达到充分放电，在阻抗匹配的状态下，PFN可将能量完全输出给负载。

（3）若PFN与负载的阻抗失配，则会给脉冲调制器的可靠性带来严重的损害。正失配时（负载阻抗大于人工线特性阻抗），将会延长放电开关的导通时间。严重时容易使放电开关不能恢复阻断状态而连通，使线型脉冲调制器不能正常工作；负失配时（负载阻抗小于人工线特性阻抗），容易使人工线在放电结束时被反向充电，该反向电压在下一次充电时，将与高压电源叠加在一起向人工线充电，使人工线的充电电压高于电源电压两倍，如此反复，严重时容易使人工线被充上数倍于电源的电压值，造成人工线电容过压而击穿。只有匹配状态是线型脉冲调制器较佳的工作状态。实际工作中，为保证调制器整体的工作可靠性，脉冲调制器常工作在轻微负失配的情况下。同时，调制器需要设计反峰电路，来削弱负载短路时产生的反向电压值，达到保护调制器的目的。

（4）软关断式放电开关的工作特点，也使得触发脉冲仅能作为放电开关的激励导通信号。因此，该信号不仅要求上升时间短，还必须具有一定的脉冲宽度和脉冲幅度，以保证开关快速导通并在达到擎住电流前维持导通状态。

（5）线型脉冲调制器的高压电源部分，其电压值略低，并且电路结构较为简单。

8.4.3 刚管调制器

刚管调制器是指调制开关不仅具有受控导通，也有受控关断的调制器，其调制开关具有“刚性”特性，其储能元件通常为电容。由于调制开关可受控通断，因而输出调制脉冲的脉宽可以灵活变化。图 8-7 所示为一种与微波管直接连接的最基本的刚管调制器基本电路。图中 E_0 是高压电源，L_1 是隔离电感，C_1 是储能电容，S_1 是刚性调制开关，R_1 是旁路电阻，D_1 是微波管[15]。

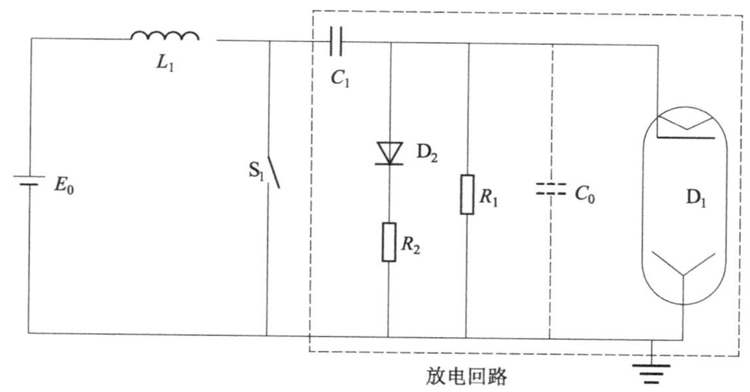

图 8-7　刚管调制器基本电路

如图 8-7 所示，通过 L_1 向 C_1 充电，C_1 中开始储存能量。在理想状态下，一个充电周期结束后，近似于 E_0 的能量储存在 C_1 中。预调器产生脉冲激励信号作用于 S_1，开关导通，C_1 中的能量经过放电回路将部分输出给负载，E_0 与 S_1 上的压降之差则为负载上的脉冲幅值，预调器产生的脉冲激励信号决定了其脉冲宽度。

由于 D_1 存在输入电容，而调制器存在输出分布电容，记其总和为 C_0。在脉冲期间 C_0 被充满电荷，脉冲结束时，由于 D_1 的等效阻抗较大，C_0 上的电荷不能及时释放，使脉冲后沿拖长，因此需采用旁路电阻 R_1 加快 C_0 上的电荷释放，减小后沿拖尾。同时，由于脉冲期间给 C_1 补充能量的充电电流将流过 D_1，而该电流与 D_1 的极性相反，D_1 将呈开路状态，给 C_1 补充能量无法实现，因此

必须在微波管 D_1 的两端并联由高压硅堆 D_2 和高压电阻 R_2 的串联电路，给充电电流提供通路。

刚管调制器具有以下几个特点[15-16]。

（1）脉冲激励信号控制着放电开关的通断，储能电容仅将部分能量传递至负载。硬性关断式放电开关，也被称作刚管（刚性开关管）。常用的刚性开关管包括真空三极管、四极管、固态三极管、场效应管和绝缘栅双极晶体管（IGBT）等半导体器件。

（2）激励脉冲波形决定了输出脉冲波形。由于激励脉冲功率小，易于改变脉冲宽度（简称脉宽）和形状，因此这类调制器可输出不同宽度的脉冲，非常适用于改变脉冲宽度的要求。

（3）对激励脉冲的顶部平坦度要求较高。

（4）刚管调制器的储能电容需要具备充分的储能容量以消除过大的脉冲顶降。但这不仅使电容的体积和重量都增大，而且容易当负载短路或出现打火等不安全状况时，调制器中相对薄弱的组成部分无法承受储能电容中储存的过大能量，最终造成调制器的损坏。

（5）对阻抗的匹配要求不严，可允许在失配状态下工作。

（6）刚性调制器的输出脉冲波形受储能电容分布参数的影响程度较大。当刚性调制器系统中采用输出脉冲变压器时，输出脉冲波形的脉冲顶降增大。同时，脉冲变压器也会有顶降。而储能电容无法产生顶升来补偿这些顶降，因此输出脉冲前、后沿反而会因为储能电容的分布参数的影响，使性能指标变差。

（7）电路较复杂，体积大且笨重。

8.4.4 全固态刚管调制器

随着半导体技术和电磁技术的发展，刚管调制器也发展出了很多新型的结构，更利于调制器的小型化和轻量化。下面介绍几种实用的全固态刚管调制器[17]。

1. 采用IGBT串并联的直接耦合型全固态刚管调制器

直接耦合全固态刚管调制器原理如图8-8所示，调制开关直接串联在电源和负载之间，所有开关均浮动在高电位上。这种调制器的特点是，由于采用直接耦合方式，脉冲波形较好，前后沿较快，一般前后沿可做到1 μs以内，可以高重复频率工作。但电源电压较高，以1 MW的管子为例，所需脉

冲电压约为 80 kV，因此需 80 kV 的直流电源，整个系统存在较大的耐压问题，必须采用油箱结构，同时由于电压较高，串联的开关管非常多，研制难度较大。

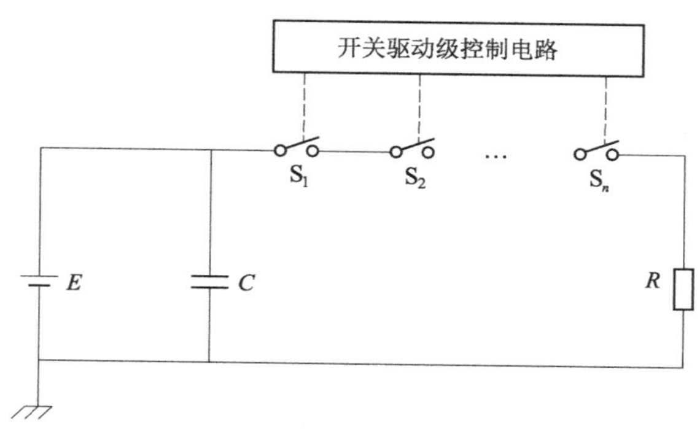

图 8-8 直接耦合全固态刚管调制器原理

这种调制器的关键技术为开关管的驱动及负载短路快速保护技术，采用直接串联的电路拓扑，必须保证驱动信号的一致性，否则会引起串联管工作电压不均衡，最慢导通的管子将承受全部电压而被击穿，而实际上所有串联管驱动信号严格一致是很难实现的，但可以控制在一定范围之内。因此，必须设计动态均压电路，以缓冲开关不一致引起的电压不均衡，但均压电路是以增加损耗为代价的，在重复频率较高的场合将会产生较大的损耗。这种调制器的负载多为大功率速调管或回旋管，存在因真空度下降引起打火问题，必须在较短的时间内快速同时关断开关管，否则将容易损坏调制器及负载。

因此，这种调制器适用于脉冲宽度宽、平均功率大、波形要求严格、重复频率高、电压不是太高的场合，对于近年来广泛应用的多注速调管尤为适用。

2. 采用 IGBT 串并联的变压器耦合全固态刚管调制器

变压器耦合全固态刚管调制器原理如图 8-9 所示，与直接耦合型不同的是与负载通过变压器进行耦合，由于采用变压器升压，降低了初级的直流电压，但增大了初级电流，加大了 IGBT 串联开关的均压难度，即需增加吸收电容的容量，吸收电容容量的增加是以损耗的增加为代价的。采用变压器，脉冲宽度受到一定的限制，在脉冲宽度较大的情况下，变压器的体积和重量迅速增加，同时脉冲前后沿较差，因此很难兼顾到窄脉冲，不适用于宽窄脉冲并存的系统，由于变压器的恢复时间问题，又导致重复频率不能太高。

这种调制器适用于高峰值功率、低重复频率、脉冲宽度在 100 μs 以内且宽度范围变化不大的场合。

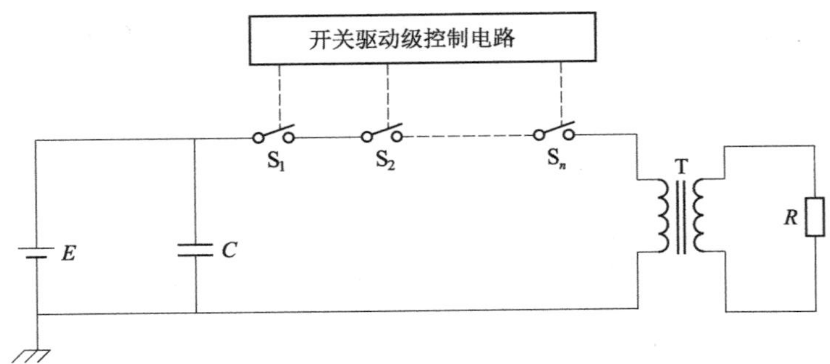

图 8-9　变压器耦合全固态刚管调制器原理

3. 加法器式全固态刚管调制器

近年来高功率微波武器系统发展迅速，其关键技术之一为高功率微波源，而高功率调制器为高功率微波源的重要组成部分，同时高能物理领域也迫切需要高功率调制器。例如，峰值功率为 50 MW 的速调管，工作电压高达 350 kV，电流达 400 A 左右，如此大功率调制器，采用直接串联的方法很难实现，串并联管数量巨大，存在非常严重的耐压问题，因此必须采用新的电路拓扑来实现。

美国斯坦福加速器中心提出并成功实现了大功率加法叠加式调制器，研制出了 500 kV/2 000 A 超大功率全固态加法器式调制器，驱动 8 只峰值功率达 75 MW 的速调管，其原理如图 8-10 所示。

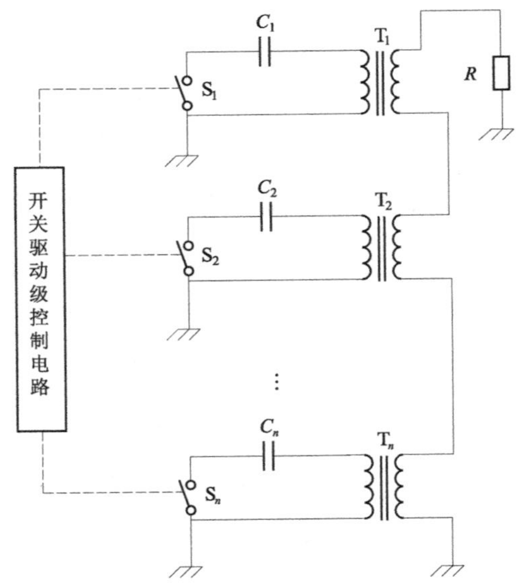

图 8-10　加法器式固态脉冲调制器原理

这种调制器输出的脉冲由脉冲变压器耦合和叠加，脉冲变压器的初级位于低电位上，每一个脉冲变压器初级电路为一个基本刚管调制器，所有的初级调制电路和触发电路均相同，且处于低电位上。因此，触发电路比较容易实现，无须考虑绝缘问题，绝缘由脉冲变压器实现。这种调制器的优点如下。

（1）初级电路简单，模块化设计。

（2）开关器件的电压等级要求不高，无须串联。

（3）驱动电路均在低电位上。

（4）绝缘由变压器实现。

但这种调制器一般采用变压器升压，初级必须通过很大的电流，需采用高压大电流的模块作为开关，目前功率最大的模块有6 600 V/800 A，这种模块价格昂贵，必须精心设计保护电路，以保证在负载短路的情况下有效地保证模块不被损坏。而且，初级回路电流高达上千安培，元件、回路的分布电感和变压器漏感对输出波形的前后沿有显著的影响，因此设法减小分布参数成为这种调制器的难点之一。同时由于采用了脉冲变压器，最大脉冲宽度受变压器磁芯可用伏秒特性的限制，一般在10 μs以内。因此这种调制器适用于超高峰值功率、窄脉冲、低重复频率、工作比不大的场合。

4. MarX固态刚管调制器

图8-11所示为最基本的MarX固态刚管调制器原理，由图中可以看出，这种调制器在充电期间，电容器接成并联，而在放电期间，开关管导通，电容器被接成串联，每个电容器上的电压在脉冲期间叠加到负载上，因此采用电压为E的直流电源，通过n个MarX组件的串联，可以得到几倍于电源电压的脉冲电压。图8-11所示为一个采用电阻充电方式4倍电压的MarX调制器，输出脉冲电压为4 V_{in}。关于充电方式，可根据不同的场合选用电阻充电（适用于小功率场合）、共模扼流圈充电（适用于窄脉冲）或充电开关充电方式（能适用于各种场合，但增加了充电开关，系统复杂）。

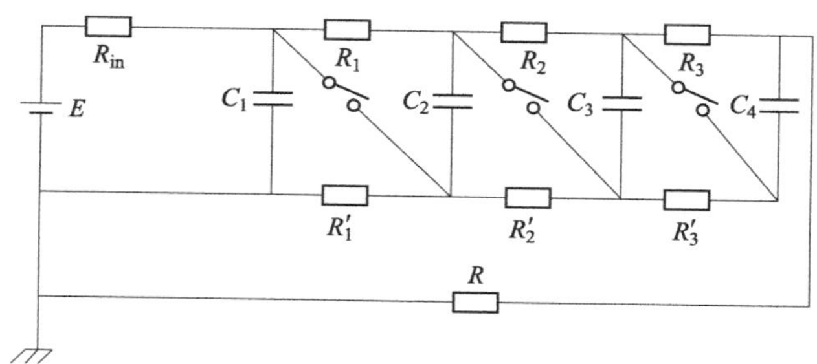

图8-11 MarX固态刚管调制器原理

MarX 调制器的特点[16]如下。

(1) MarX 调制器使用较低的电源电压，采用电路拓扑的转换进行升压，去除了脉冲变压器，工作直流电压低，输出波形好。

(2) 每组 MarX 单元均承受电源电压，组与组之间不存在均压问题，每组 Marx 单元耐压较低，比较容易实现。

(3) 如果有一组 MarX 组件未导通，可通过旁路二极管形成回路，只是输出脉冲电压降低，因此这种调制器对每组组件驱动信号的一致性要求不是非常严格。

(4) 整个系统直流电压较低，脉冲电压也是级联上升，耐压问题相对较易解决，可以做到干式不浸油，有利于减小体积重量。

(5) 由于放电时电容器是串联的，等效容量较小，因此输出大脉宽时需要大容量电容，造成体积较大，但也可以通过组合电容方式或其他办法来解决。由于需通过 *LC* 充电来补充脉冲期间失去的电荷，因此重复频率不宜做很高。

(6) 具备固态调制器的所有优点，是一种很有前途的高压脉冲调制器。

8.4.5 空间大功率微波源系统脉冲调制器方案简析

上面对线型脉冲调制器和刚管脉冲调制器的组成、工作原理及特点进行了详细的阐述，线型脉冲调制器具有脉冲顶降性能较好、脉间幅度稳定性高、调制器效率较高等优点；刚管脉冲调制器具有抗负载失配能力好、脉宽变化受控可变、脉冲顶部波动性能良好等优点。对于具体的脉冲调制器来说，采用哪种脉冲调制器电路，需要根据微波管对调制器参数的要求，如脉宽变化情况、脉冲波形的要求以及脉冲幅度稳定度等参数的要求，进行折中选择。

通过对空间大功率微波源系统进行分析可知，空间大功率微波源系统需要的脉冲参数大致为脉冲功率数 MW，脉冲电压数十 kV，脉冲宽度数 μs。对于这样参数的脉冲功率系统，上面所述的几种全固态刚管调制器都可以实现，线型脉冲调制器也可以实现，但是线型脉冲调制器在设计时，其脉冲形成网络设计较为困难，形成短脉冲时，会遇到脉冲形成网络节间电感制作困难以及对电容器的内部电感要求苛刻等一系列工程技术难题，使得形成的波形质量较差。因此，一般优先考虑将刚管调制器作为空间大功率微波源系统的调制电源。

MarX 固态刚管调制器作为一种很有前途的高压脉冲调制器，具有全固态脉冲调制器的所有优点。现在有全开关控制的 MarX 固态刚管调制器，它的脉冲波形好，重复频率高，脉冲宽度可控，非常适合用于空间大功率微波源系统的调制电源。

8.5 微 波 管

空间大功率微波源系统的核心是微波管，它是将电能转换成电磁能，以微波的形式进行输出。对于粒子加速装置来说，微波源是其主要能量来源，直接参与粒子的能量交换，因此，对微波源的输出功率要求很高。固态微波器件峰值功率有限，一般采用真空微波管产生高功率微波。

8.5.1 微波管的类型

常用于直线加速器的真空微波管主要分为两大类：一类是线性注管，主要是速调管；一类是正交场器件，主要是磁控管[18]。

1. 速调管

速调管是线性电子注器件（简称线性注管），它们是由电子枪（包括灯丝、阴极、聚焦电极或阳极或控制栅极）、互作用结构（慢波结构或谐振腔）、收集极、电子注聚焦系统、射频（RF）输入和输出装置、外壳和封装等几部分组成的。它们的功能分别阐述如下。

（1）电子枪是产生电子、形成并控制电子注流的装置，它由灯丝、阴极和控制电极组成。其中灯丝是给阴极加热的，阴极是发射电子的，控制电极（含调制阳极、绝缘聚焦电极和控制栅极）是控制电子注通断或改变电子注电流大小的。

（2）互作用结构是射频波和电子注相互作用并进行能量变换的场所。

（3）收集极用于收集互作用后的电子。

（4）电子注聚焦系统用于聚焦互作用的空间电子注，以获得尽可能高的电子通过率和尽可能小的管体电流，它可以是周期永磁聚焦（PPM）型，也可以是电磁聚焦型。

（5）射频输入和输出装置，分别为线性注管的射频输入和输出提供接口，它可以根据其功率的大小和频率的高低采用同轴接头或波导。

（6）外壳和封装即把处于真空的电子枪、互作用结构和收集极封装起来，使其保持足够高的真空度，以避免管内高压打火，从而维持阴极长寿命地工作。密封绝缘陶瓷是一种封装材料，它可以将电子枪、收集极和射频输入/输出装置支撑起来．以保护微波管和安装接口。

速调管主要有单注多腔速调管和多注速调管[18]。

1）单注多腔速调管

单注多腔速调管的互作用电路是由射频输入腔、漂移腔和射频输出腔组成的，它的结构示意图如图 8-12 所示。单注多腔速调管的电子枪比行波管的电子枪简单，一般为二极管枪。高功率单注速调管的聚焦系统采用电磁聚焦的居多，低功率、高频、窄带速调管也可采用周期永磁聚焦系统。

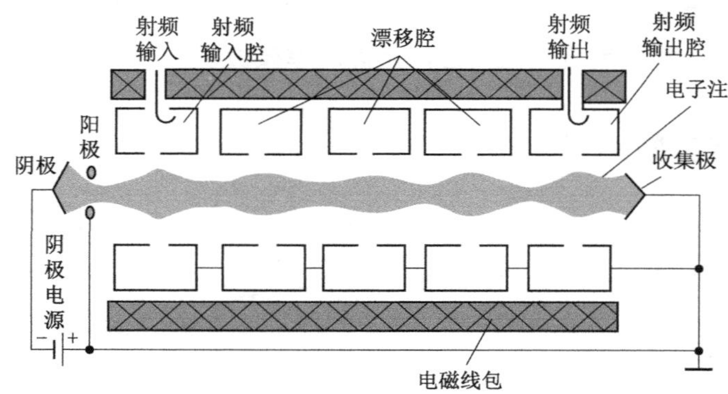

图 8-12　单注多腔速调管结构示意图

2）多注速调管

多注速调管的聚焦系统采用周期永磁聚焦结构的居多，功率高的则采用电磁聚焦结构。

多注速调管的电子枪多为带控制电极的电子枪，其电子注可达 6~36 个，

它的互作用电路与单注速调管一样仍由输入腔、谐振腔、漂移腔和输出腔组成，但它们为多个电子注所公用，其结构较复杂，图8-13所示为多注多腔速调管内部结构示意图。

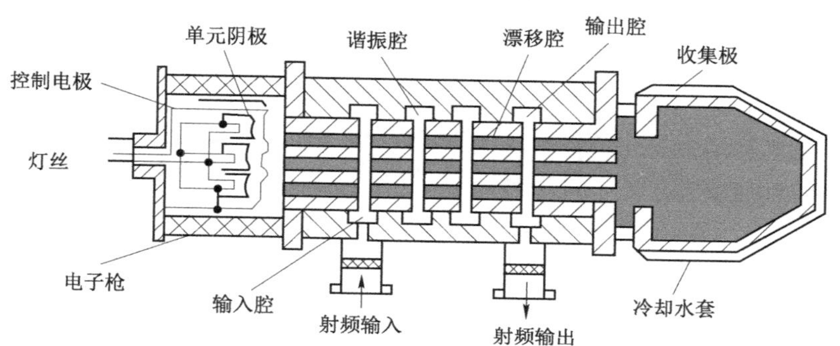

图8-13　多注多腔速调管内部结构示意图

在多注速调管中，每个电子注有一个对应的阴极和电子注通道，公共的控制电极、输入腔、漂移腔和输出腔在每个对应的电子注处都有通孔，以便让电子注通过并形成与射频场互作用的过程。每个腔与通孔相交处都有与单注速调管一样的腔体间隙，以便在间隙处形成高频电场。

2. 磁控管

磁控管是正交场器件，正交场器件多为二极管器件，它由发射电子的阴极和用作谐振腔或慢波结构的阳极组成。其中阴极分热阴极和冷阴极两种，通常采用分布发射的圆柱形结构，置于管子的中心。阳极在阴极的外边，其轴线与阴极轴线同心。

在正交场器件中，磁控管的历史最悠久，使用也最广，但是由于它是振荡器，其输出信号稳定度较差，因此在现代雷达中已经很少使用了；而正交场放大器中的前向波管因性能好，所以用得较多。

从本质上来讲，磁控管是一个二极管，它的阴极与阳极都是圆筒形状，而且具有同轴性。一般来说，磁控管工作在微波波段，它的谐振系统与阳极紧密结合在一起，是阳极不可分割的一部分。除此之外，磁控管工作所需要的磁场与其轴是平行的，而电场是径向的，因此，在磁控管中电场与磁场是相互垂直的。

磁控管结构示意图如图8-14所示。环绕阴极的是一个由许多小谐振腔组成的谐振系统，它有一个为发射电子提供电流的阴极，产生振荡后的高频能量由能量输出器输出。

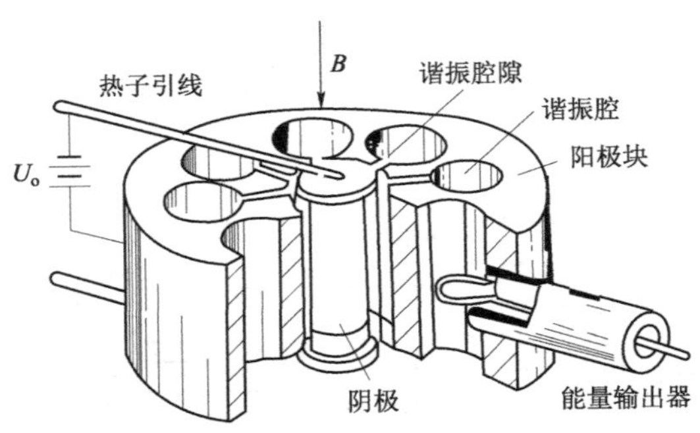

图 8-14　磁控管结构示意图

8.5.2　微波管的发展

1. 速调管的发展

20 世纪 70 年代至今，在应用和技术的推动下，大功率速调管在功率、效率、带宽、寿命等性能方面取得了很大突破。与此同时，在多注速调管、分布作用速调管和带状注速调管等新型速调管方面也取得了重要进展[19-25]。

高能量正负电子对撞机是研究基本粒子物理的重要手段，美国、日本、中国及欧洲的一些国家均建有能量不同的正负电子对撞机。而高功率速调管在对撞机中有广泛的应用。美国斯坦福直线加速器中心（SLAC）的能量为 100 GeV 的 S 波段直线对撞机（SLC）就是一台典型的高能正负电子对撞机，它采用 240 个 S 波段速调管，其单管脉冲功率为 65 MW，脉冲宽度为 3.5 μs，工作频率为 2 856 MHz。中国科学院高能物理研究所的北京正负电子对撞机 BEPC-Ⅱ的能量为 2.5 GeV，直线加速器采用 16 个脉冲功率为 50 MW 的 S 波段速调管，储存环的加速腔用 2 个输出功率为 250 kW、频率为 500 MHz 的连续波速调管推动。

20 世纪 90 年代和 21 世纪初，美国 SLAC 提出了基于常温加速腔工作的下一代直线对撞机（NLC）计划。为了达到 500 GeV 的能量，需要采用 4 000 个脉冲功率为 75 MW、脉冲宽度为 1.6 μs 的 X 波段速调管，SLAC 已研制出 75 MW 的 PPM 聚焦 X 波段速调管，平均功率为 14.4 kW，效率大于 50%。日本高能物理研究所（KEK）与俄罗斯核物理研究所（BINP）已合作研制出 77 MW 的 PPM 聚焦 X 波段速调管，脉冲宽度为 100 ns[21]。一些典型的用于高能电子直线加速器的超高峰值功率速调管如表 8-4 所示[19-20]。

表 8-4　高能电子直线加速器的超高峰值功率速调管

型号	研制单位	频率/GHz	峰值功率/MW	平均功率/kW	增益/dB	效率/%	电压/kV	电流/A	脉宽/μs	质量/kg	长度/m
5045	SLAC	2.856	65	40		46	350	414	3.5		
			150	22.5		40	535	700	3.0		
			200		58	47	610	780	1.0		
XP3	SLAC	11.424	75	14～29		55	490	257	3.2		
E3768	东芝	11.424	74	16.6	60	55	500	270	1.5	190	1.9
E3761	东芝	11.424	57	4.3	60	49	470	250	1.5	190	1.9
E3746A	东芝	5.712	50	6.25	52	47	354	315	2.5	300	1.4
TH2132	TED	2.998 5	22.5	14	51.5	37	226	221	12.5	70/500	1.65
			45	20	54.5	43	304	291	4.5		
E3712	东芝	2.856	100	5	56	46	422	552	1	380	1.9
			80	16	53	44	391	474	4		

近年来，法国、日本和美国等国开始研制用于加速器的多注速调管，其中法国的 Thales 电子器件公司（TED）、美国的 CPI-MED 公司和日本的东芝公司等为欧洲正负电子对撞机成功研制了峰值功率为 10 MW、平均功率为 150 kW 的 L 波段高功率多注速调管，如表 8-5 所示。美国海军研究实验室（NRL）正在研制 S 波段 600 kW 的多注宽带速调管。美国 CCR 公司和法国 TED 公司等单位正在发展高峰值功率多注速调管，期望在 X 波段获得大于 50 MW 的峰值输出功率[21-22]。

表 8-5　高功率多注速调管

型号	研制单位	频率/GHz	峰值功率/MW	平均功率/kW	增益/dB	效率/%	电压/kV	电流/A	脉宽/ms	质量/kg	长度/m
TH2108	TED	1.3	10	150	47	65	115	136	1.5	300	2.56
E3736	东芝	1.3	10	150	49	66	116	134	1.5	340	2.3
VKL8301	CPI	1.3	10	150		59	120	141	1.5		

采用带状电子注技术是在高工作频率获得高输出功率的另一个重要手段，为了发展一种能够替代现有 11.4 GHz，周期永磁聚焦 75 MW 速调管的高平均功率、低成本的器件，SLAC 也开展了 X 波段带状注速调管的研究，并完成了详细的计算机仿真设计以及高频组件的冷测。美国 CCR 公司（Calabazas Creek

Research，Inc.）的研究人员曾经设计了一种具有控制极的电子枪，该电子枪用于作为加速器推动源的功率为40 MW的X波段带状注速调管，他们也提出了一种周期永磁聚焦方案能够使得带状电子注在超过80 cm的距离上实现98%的束流通过率。作为多年研究的结果，2009年，美国CPI公司（Communication and Power Industries，Inc.）首次报道了一只峰值功率为5 MW的X波段带状注速调管，其电子注电压和电流分别为73 kV和152 A，实测结果表明峰值输出功率达到了2.67 MW，但束流通过率只有63%。尽管作为实际的器件来说还需要做进一步的改进完善，但CPI的工作仍然是十分有意义的尝试[22，25]。

在国内，电子所、北京真空电子技术研究所和南京电子管厂等单位从20世纪50年代末开始研制大功率速调管，60年代至80年代先后研制成功用于雷达、加速器和通信等领域的多种类型大功率速调管，并在整机系统上获得广泛应用[23]。

从1992年开始，电子所和北京真空电子技术研究所等单位开始发展多注速调管，至今已经研制出和正在研制覆盖整个微波波段的多种类型多注速调管，其中多种类型的多注速调管已用于实际的微波电子系统。近年来，电子所、北京真空电子技术研究所和电子科技大学等单位正在开展带状注速调管和分布作用速调管的研究工作。我国研制的大功率速调管，其峰值功率已超过50 MW，平均功率已达100 kW。电子所、高能所和4404厂等单位已研制成功50 MW和65 MW S波段高峰值功率速调管，电子所正在研制100 MW S波段高峰值功率速调管。电子所研制的高平均功率速调管，其平均功率在L波段达到了100 kW，在S波段达到了50 kW。为雷达和电子对抗系统研制了多种类型的宽带速调管，其产品的工作频率覆盖整个微波波段，脉冲功率达数百千瓦至数兆瓦，带宽为其中心频率的5%～10%[23-24]。

2. 磁控管的发展

在电子直线加速器中，微波源大都采用高功率磁控管或速调管。与速调管相比，磁控管具有这些优点：一是磁控管效率高，一般为40%～60%，而速调管为20%～40%；二是速调管作为功率放大器，还需要激励源，而磁控管本身即是振荡源，体积小，更适合安装于机器的回转体中；三是速调管的内阻较高，工作电压高达150～200 kV，而磁控管的工作电压一般小于50 kV。因此，磁控管广泛应用于低能、中能和部分高能级直线加速器，而速调管一般在大型高能加速器中使用[23，26]。

磁控管作为一种振荡型微波真空器件，其工作电压低、效率高。连续波磁控管的输出功率为几kW至100 kW，广泛应用于电子对抗、家用微波炉、工业

加热和微波理疗装置。脉冲磁控管广泛应用于引导、火控、测高、机载、舰载、气象等雷达系统和粒子加速器。前向波放大器是基于磁控管工作原理的一种正交场放大器件，它结合磁控管和行波管的优点，具有工作电压低、工作带宽宽的优点，其脉冲功率达几十kW至MW级，平均功率为kW至十几kW，应用于宽带雷达系统[26]。

在大功率、高频段领域，磁控管的应用较少，现在较少有大能量加速器系统采用磁控管作为微波源，但在中低能量加速器领域，较小体积的磁控管也不失为一种很好的选择。

8.5.3　空间大功率微波源系统微波管应用简析

空间粒子加速技术所需要的微波源，具有以下几个特点。

（1）高频段（X波段以上）。微波频率越高，加速器的物理尺寸越小，较高的频段有利于加速系统的小型化。

（2）高峰值功率。在直线加速器中，电子的能量来自微波，微波功率的提高有利于减少直线加速器的级数，并提高能量交换的效率，MW级的功率是较好的选择。

（3）长脉冲。长脉冲意味着可以加速更多的电子，提高单次发射的电子数，提高电子束的空间密度，有利于触发各类效应，如应用于对空间碎片的热烧蚀或带电驱离等。

如前所述，大功率速调管是峰值功率和平均功率容量最高的微波真空电子器件，其最高峰值功率达200 MW，连续波功率可达1 MW，适合应用在大能量的电子直线加速器中。多注速调管是采用多电子注技术发展起来的一种新型微波真空电子器件，它具有工作电压低、频带宽、效率高、体积和重量小等特点，有在空间应用的潜力，是电子直线加速器微波源的一大优选。

8.6 空间大功率微波源辅助系统

空间大功率微波源辅助系统包括控制系统和热控系统，控制系统主要完成微波源系统中的电路控制及监测，热控系统则及时将大功率微波源关键发热部分的热量排放出去，保证微波源的正常工作。

8.6.1 控制系统

空间大功率微波源的控制，是通过内部硬件上的控制电路和控制器的相互协调工作来完成的。控制系统的任务是使空间大功率微波源运行稳定、安全可靠。在空间大功率微波源运行时，其控制系统要起到如下作用：作为微波源内部的一部分，随时掌握微波源当前的运行信息；并能够通过逻辑分析，通过硬件上的控制电路对微波源进行相应的调整，以保证微波源处于正常、安全的状态；进而在此基础上保证微波源的运行状态满足要求[15]。

初级能源控制系统主要实现初级能源的充放电控制，包括在微波源系统不工作时对储能系统进行慢速充电，同时为航天器其他载荷提供电能，合理地进行电能分配，防止影响其他载荷的正常工作。

脉冲调制器控制系统实现对脉冲调制器的控制，其包括控制驱动电路、测量电路及保护电路，这三种电路的主要作用有以下几点。

（1）控制驱动电路：控制电路输出开通或关断等控制信号，驱动电路接收控制信号，将驱动能量施加在脉冲功率开关上，实现开关的导通和关断。

（2）测量电路：测量脉冲电流、电压及温度等信息。

（3）保护电路：检测开关器件的电压及导通电流，当开关承受的电压或电流超过开关允许值时，保护电路输出故障信号给控制电路，控制电路输出停止信号，电源停止工作。

微波管控制系统主要是实现微波管的射频信号输入控制，以及微波管的状态监测，保证微波管的工作正常。

由于空间大功率微波源工作时产生的高电压、大电流、微秒级的脉冲会对周围工作环境产生极其强烈的干扰，因此系统要想能够稳定可靠地运行，除了本身的技术参数达标外，其控制系统是很重要的一个部分，其性能在很大程度上决定了系统的性能。目前随着数字技术的发展，高性能的数字芯片为了降低功耗，其核心电压都在 1.2～3.3 V，采用此类芯片的控制系统特别要注意隔离干扰信号。因此，控制系统需要采用软件抗干扰技术、光电隔离技术，光信号传输技术和滤波技术实现高低电压隔离，以便使控制系统能够稳定可靠地运行[15]。

8.6.2　热控系统

空间大功率微波源系统热设计的目的是降低发热元器件的热点温度、控制和调节设备内的温度，给微波源提供一个适宜的工作环境，以提高微波源工作的稳定性和可靠性，提高适应空间恶劣环境的能力，并延长贵重元器件的寿命。由于微波管的热量密度大，因此其热设计是空间大功率微波源系统结构设计的重点之一。如何通过对微波功率管、发热元器件进行冷却，保证微波源及其元器件工作在允许的温度范围内，是热控系统需要重点解决的问题。

空间大功率微波源系统的冷却方式主要根据各分系统的发热密度数值来选择，其次是根据微波源的工作状态、结构复杂性、空间或功耗大小、环境条件及可行性，综合考虑各方面的因素，使其既能满足热设计的要求，又能达到电气性能指标，所用的代价最小、结构紧凑、工作可靠。

初级源系统是一个长期稳定工作的系统单元，其长期工作产生的热量通过一定的散热措施进行外部空间辐射，达到热平衡状态。而微波管和脉冲调制器是短时大功率工作的，瞬时能耗很大，因此，空间大功率微波源系统的热源主要集中在微波管和脉冲调制器上。

如前所述，空间大功率微波源系统一般选用速调管作为微波源核心器件，

其高频转换效率一般在30%～50%，剩余的电源功率将绝大部分转化成热量。速调管的功耗主要来自收集极，其次来自管体和输出窗，需要采取相应的措施进行散热，否则会影响速调管输出微波的性能，从而影响整个空间加速器的性能。具体的热控措施将在后面章节详细介绍。

脉冲调制器包括灯丝电源组件、调制器组件和高压整流组件等。灯丝电源组件功耗主要集中在电阻、高压开关变压器上；调制器组件功耗主要集中在充/放电回路的各元器件上；高压整流组件的功耗集中在电源变压器、电感和整流桥上。通过采用热管导热、相变材料吸热等热控措施，降低脉冲调制器局部器件的热量，保证脉冲调制器的正常工作。

8.7　空间Ku波段MW级微波源设计案例

基于上述的空间大功率微波源的系统论述，本节以空间Ku波段MW级微波源的设计为例，详细介绍一下空间大功率微波源设计流程与要点。该大功率微波源主要应用于空间微波效应试验研究。

8.7.1　参数及工作要求

基于对特定空间微波效应的研究及分析，提出了微波源的设计参数如下。

（1）微波频率：15 GHz。

（2）脉冲重复频率：100 Hz。

（3）脉冲宽度：1 μs。

（4）峰值功率：1 MW。

（5）功耗：≤1 000 W。

（6）系统质量在300 kg以内，体积小于1 m^3。

8.7.2　系统设计

Ku波段大功率微波源原理框图如图8-15所示。

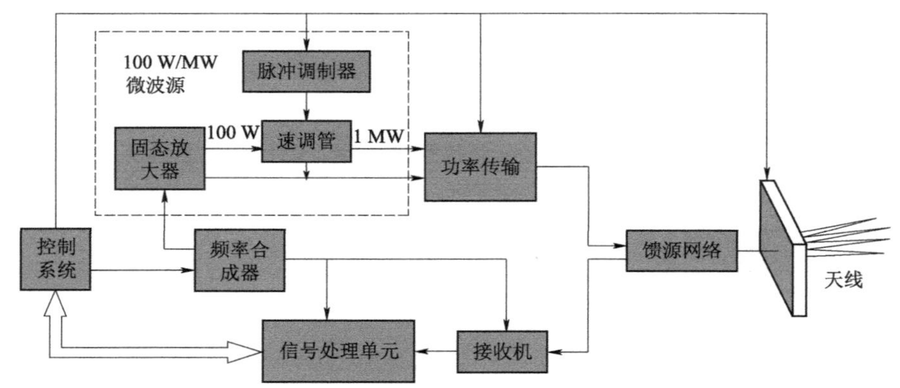

图 8-15　Ku 波段大功率微波源原理框图

系统从功能上进行划分，包含了微波管、固态放大器、脉冲调制器、频率合成器、控制系统、信号处理、接收机、功率传输、馈源网络、天线等单元，下面详细介绍微波管设计、调制器设计和初级储能设计。

1. 微波管设计

从参数上进行分析，选择速调管作为系统的微波产生器件，根据速调管使用要求和条件，需要实现 1 MW 脉冲输出功率水平，同时尽量减小管子的体积重量，降低工作电压，提高整管效率和增益，提高整管工作的可靠性。该管的设计有以下几个特点。

1）脉冲输出功率大

该管工作在 Ku 波段，频率较高，高频电尺寸（谐振腔隙缝、耦合孔、输能窗和波导等）较小，在脉冲输出功率为 1 MW 时，高频场强较大，易引起高频击穿。为了实现脉冲输出功率的指标，要求高频部件具有耐击穿的能力，设计时需要尽量增加高频尺寸以及采取相应抑制击穿的措施，而这与提高管子的效率、增益等形成矛盾。

2）低电压、高效率

受到工作环境条件限制，需要尽量降低速调管的体积重量和工作电压。因此，速调管采用多电子注方案；与单注速调管相比，在同等功率水平下，可以极大降低电压和聚焦磁场，较低的工作电压使管子工作更稳定，同时能够减小聚焦磁体的体积重量，有利于系统应用的实现。但是，多电子注电子枪结构较复杂，多漂移通道的高频结构装配、焊接的工艺控制更严格。

3）接近点频工作

该管接近点频工作，对带宽要求不高，高频设计可以侧重考虑尽量提高互

作用阻抗，尽可能地提高增益和效率。

4）平均功率小

输出脉冲宽度只有1 μs，工作比仅万分之一，平均功率小，有利于漂移管、腔壁、收集极传导散热，同时，可以采用大负荷阴极，减小阴极尺寸。

综上所述，大功率微波源采用速调管工作模式，便于谐振频率调整；采用多电子注阴极控制方案，永磁聚焦结构，具有体积小、重量轻、电压低、功率大、效率高、稳定性好等优点，有利于减小整机体积重量和提高系统性能。根据速调管功率大、效率高、增益高等技术难点，确定速调管技术方案如下。

（1）采用阴控多注电子枪（6注），其中阴极为覆膜钡钨阴极。

（2）采用径向充磁的永磁聚焦系统实现电子注聚焦。

（3）高频互作用段采用6个同轴多注谐振腔。

（4）采用标准波导完成功率馈送，输入输出为盒形窗。

（5）采用外调谐机构优化效率和增益特性。

（6）冷却方式为接触传导自然冷却。

速调管主要技术指标如表8-6所示。

表8-6 速调管主要技术指标

序号	指标名称	参数
1	工作频率范围	Ku波段
2	脉冲输出功率/MW	≥1
3	脉冲宽度/μs	1
4	工作比/%	≤0.01
5	效率/%	≥40
6	增益/dB	≥45
7	输入功率/ W	≤25
8	阴极脉冲电压$\|-U_k\|$/kV	≤45
9	阴极电流I_k/A	≤60
10	灯丝功率/W	≤100
11	调制方式	阴调
12	输入、输出方式	BJ-140波导
13	负载驻波比	1.3：1
14	聚焦方式	永磁
15	冷却方式	传导辐射
16	结构尺寸（$W\times H$）/（mm×mm）	≤ϕ160×220
17	管体质量/kg	≤18

最终设计的Ku波段速调管实物图如图8-16所示。

2. 调制器设计

如前文所述，脉冲调制器有刚性开关调制器和线型开关调制器。其中刚管调制器为部分放电型调制器，脉冲宽度可瞬时变化，直接耦合方式的脉冲波形较好，这种调制器适用于脉冲宽度组合较多，大平均功率的系统，存在储能系统较大、抗打火能力较差、整个调制器耐压问题严重、可靠性相对较差的问题。线型调制器为全放电型调制器，脉冲宽度由仿真线确定，宽度不能瞬时变化，变压器耦合的（多数软管调制器采用）脉冲波形相对较差，但仿真线上存储的是一个脉冲的能量，同时仿真线本身有特性阻抗，打火对调制器来说是严重负失配，能量与刚性开关比小很多，抗打火能力很强。同时这种类型调制器一般用变压器耦合，整个系统中唯一的高压端为脉冲变压器次级，可采用油浸或灌封的方式解决，耐压问题比刚性直接耦合容易解决，从而表现出很高的可靠性。对于波形前后沿指标可采用调制套高频的方式来满足输出射频脉冲的指标，如图8-17所示，即调制脉冲略宽于射频脉冲，在调制电压的平顶阶段加入射频激励，完全可以满足系统前后沿的指标，代价是牺牲部分速调管的直流工作比和效率，通常速调管直流工作比均有余量可满足要求。

图8-16　Ku波段速调管实物图

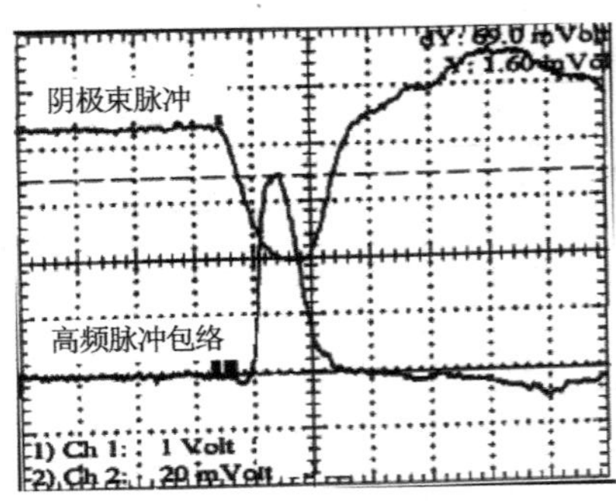

图8-17　高频脉冲套在束脉冲之内

本设计对调制器的可靠性有一定的要求，对于脉冲调制器来说，线型调制器的可靠性较高，这在很多实践中也得到了检验；同时，根据系统所需求的信号形式，本设计的微波源属于高峰值功率窄脉冲低工作比，且脉冲宽度固定，采用线型调制器最为适合。因此本方案采用全固态线型调制器。

根据速调管的使用要求，脉冲调制器的主要电气指标如下。

（1）调制电压：−45 kV。

（2）调制电流：−60 A。

（3）脉冲宽度：2 μs。

（4）脉冲前沿：≤1 μs。

（5）脉冲后沿：≤1 μs。

（6）脉冲平顶时间：≥1.2 μs。

（7）重复频率：100 Hz。

脉冲调制器组成框图如图 8-18 所示。

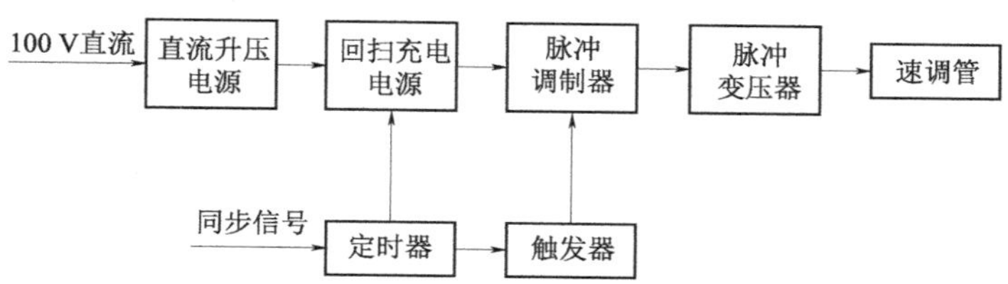

图 8-18　脉冲调制器组成框图

输入到调制器的 100 V 直流电压经过 DC/DC 电源升压至 500 V，输入回扫充电电源，回扫充电电源接收到充电定时信号后，通过充电变压器为调制器的人工线充电，充电结束后，人工线电压达到精确的设定值，触发器收到放电定时信号后，立刻输出放电触发信号，调制组件的人工线放电，经脉冲变压器升压，输出调制脉冲。其原理如图 8-19 所示。

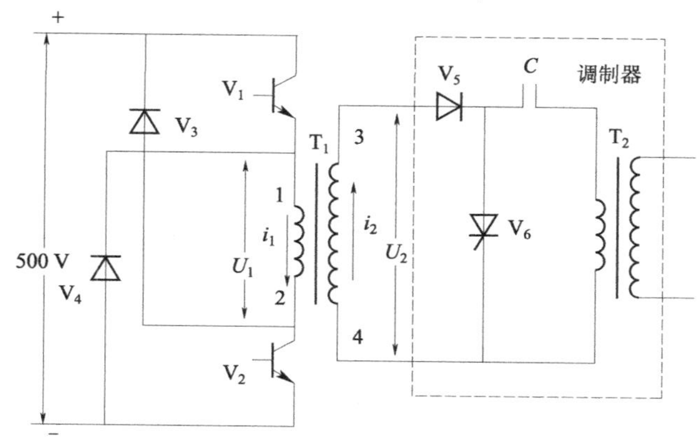

图 8-19　调制器原理

图8-19中，V_1、V_2是充电开关管，V_3、V_4是续流二极管，T_1是充电变压器，V_5、V_6、T_2、C分别为调制器中的充电二极管、放电开关管、脉冲变压器及人工线电容。

此处设计的充电电路采用了先进的回扫充电技术，采用回扫充电技术具有以下好处。

(1) 闭环时，充电精度可达到0.1%，并可方便地调节充电电压。

(2) 调制器可承受较大的失配，而不会导致开关管“连通”。

(3) 可方便地实现延时充电及改变延时时间。

根据多注速调管参数，电子注电压为45 kV，电子注电流为60 A，可求得速调管静态阻抗$R_L=U_k/I_k=45\times10^3/60=750$（Ω），脉冲变压器变比为$n=1/20$，得到初级脉冲电压为$45\times10^3/20=2\ 250$（V），则人工线充电电压$U=2\ 250\times2=4\ 500$（V），求得负载与人工线匹配时人工线特性阻抗为$R_0=R_L/n^2=750/400=1.875$（Ω），考虑到调制器负失配工作，人工线阻抗取$\rho=1.875\times1.1\approx2.06$（Ω），调制器脉宽$\tau$取2.0 μs（50%处计），人工线电容$C_0=1/2\times\tau/\rho\approx0.48$（μF）。

人工线充电电压为4 500 V，按5 000 V设计，调制器采用1 600 V，300 A可控硅6只串联，极限耐压为9 600 V，1 μs脉冲电流可以拉到2 000 A，远大于初级工作脉冲电流1 200 A。

来自充电变压器的充电电流，经充电二极管给脉冲形成网络（人工线）充电。来自触发器的触发脉冲，经SCR触发板分成6路，分别触发SCR开关组件上的6个串联的脉冲开关管。脉冲形成网络中的储能，通过已被触发导通的脉冲开关管，输入脉冲变压器，在脉冲变压器初级产生2 200～2 500 V的脉冲高压，在脉冲变压器次级得到约45 kV的脉冲高压。SCR均压板使6个串联的脉冲开关管均匀分担人工线上的充电电压，并有吸收网络和用于检测每一个开关管好坏的取样电阻。调制器中设计有反峰回路和阻尼回路，防止变压器反峰过高损坏可控硅。

3. 初级能源设计

本设计的大功率微波源系统用于地面试验，其初级能源系统仅设计了储能系统，能源供给采用市电变换后的电源系统。

经过前面的分析，采用蓄电池单独作为储能电源具有许多优势，蓄电池的储能大，结构灵活，电流纹波小，是比较理想的电源。但同时，蓄电池的内阻比较大，电流上升时间长，导致脉冲调制器放电效率低。而电容器电源的特点则是结构简单，电流上升时间短，相比之下可以几乎在瞬间上升到峰值，但持续时间比较短。

综上所述，可以采用把电容器与蓄电池组合起来构成混合储能电源，把两

种电源并联起来同时给脉冲调制器供电。无源式混合储能系统是将超级电容器组与蓄电池通过无源器件连接组成的，如电感、二极管等。无源器件的工作特性决定了超级电容器组与蓄电池之间的能量流动过程。无源混合储能系统结构简单，没有复杂的电路结构，本设计采用超级电容器组与蓄电池通过二极管连接的无源式混合储能系统作为初级储能系统。其原理框图如图 8-20 所示。

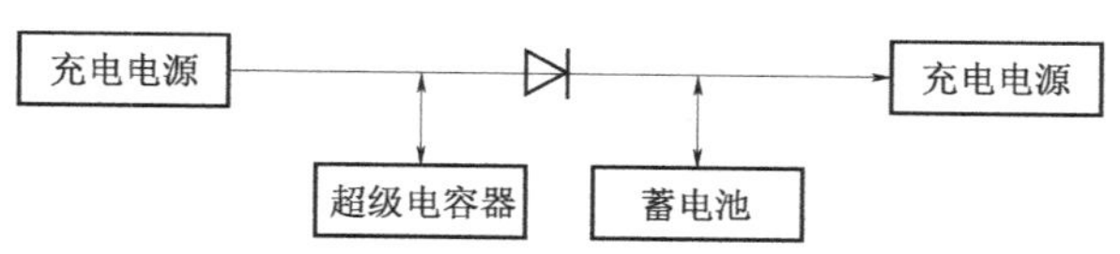

图 8-20　初级电源框图

蓄电池电源部分采用 8 个铅酸蓄电池串联而成，蓄电池容量为 100 Ah，内阻 3.3 mΩ，单个电池最大放电电流不超过 100 A。串联后的蓄电池电压实测值为 103 V，内阻为 26.7 mΩ。蓄电池实物图如图 8-21 所示。电容器电源部分采用电容大小为 2.2 mF、最大电压为 160 V，由 20 个电容组成 44 mF 的电容器组。两者之间通过并联的大电流二极管来进行连接。

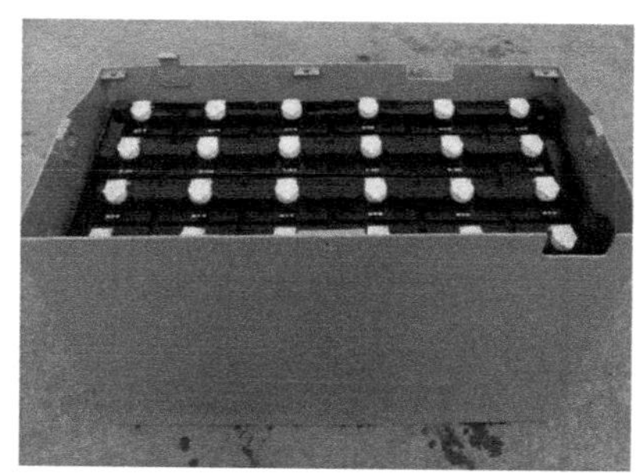

图 8-21　蓄电池实物图

8.7.3　系统指标

经过设计和调试，得到的大功率微波源的实物测试参数如表 8-7 所示。

表 8-7　实物的主要技术指标

参数	设计指标	实测指标
发射功率/ MW	1	1.1
频率/ GHz	Ku 频段	15
脉宽/μs	1	1.05

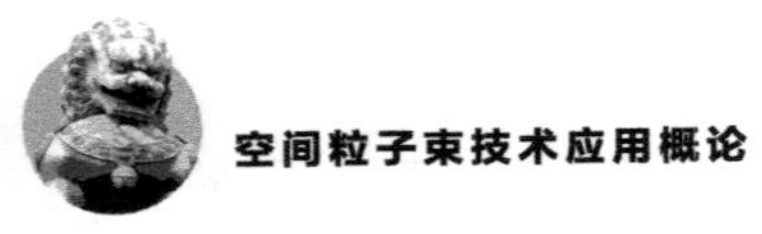

续表

参数	设计指标	实测指标
重复频率/Hz	100	100
工作时间/s	180	200
质量/kg	300	100
体积/m³	<1	0.9
功耗/W	<1 000	620

该大功率微波源成功应用于空间微波效应试验中，在中心点频率处的工作效能良好，将来可应用于空间电子加速器系统的设计及试验测试中。

8.8 小　　结

大功率微波源系统是电子直线加速系统的重要组成部分，作为电子能量的直接来源，其参数、性能对加速器的影响显著；同时，大功率微波源作为能源系统在空间电子束系统中占据了50%以上的体积和重量，它的小型化直接制约了空间电子束系统的空间工程化应用。初级能源、脉冲调制器和微波管作为大功率微波源系统的三个核心部分，它们的技术发展对大功率微波源系统的研制有极大的推动作用。

初级能源是限制功率水平的重要因素，随着储能飞轮、电磁储能等高比能量、高比功率储能系统的应用，大幅减小初级储能系统的体积和重量依然可期；未来空间核能源的使用将为空间粒子束的应用进一步扫除障碍。

脉冲调制器直接影响微波管的发射特性，刚管调制器负载匹配性好，设计和调试简单，固态半导体器件的发展将推动其向更高功率发展，同时实现小型化、轻量化，并提升调制器的性能。

微波源需要高频段、高峰值功率的微波管，目前X波段速调管峰值功率最高可以达到100 MW，同时具有高工作比、长脉冲宽度的特点，非常适用于未来作为空间粒子加速器的微波源使用。

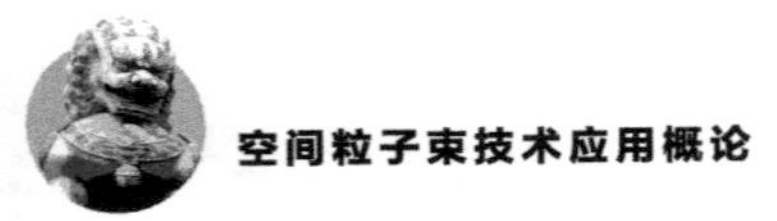

参 考 文 献

[1] 马世俊，韩国经，王远征，等. 卫星电源技术 [M]. 北京：中国宇航出版社，2001.

[2] 吴峰，叶芳，郭航，等. 燃料电池在航天中的应用 [J]. 电池，2007，37 (3)：238-240.

[3] 邱冬冬，杨永枫，金华松. 空间用太阳电池的种类和发展 [J]. 电源技术，2013，37 (11)：2070-2072.

[4] 杨紫光，叶芳，郭航，等. 航天电源技术研究进展 [J]. 化工进展，2012，31 (6)：1231-1237.

[5] CASSADY R J，FRISBEE R H，GILLAND J H，et al. Recent advances in nuclear powered electric propulsion for space exploration [J]. Energy Conversion and Management，2008，49 (3)：412-435.

[6] GOODENOUGH J B，KIM Y S. Challenges for rechargeable Li batteries [J]. Journal of Power Sources，1996 (16)：6688-6694.

[7] 陶立. 电容储能式脉冲发生器的分析与设计 [D]. 南京：南京理工大学，2008.

[8] 王恩峰. 超级电容器储能系统的充放电研究 [D]. 衡阳：南华大学，2015.

[9] LAPPAS V，RICHIE D，HALL C，et a1. Survey of technology developments in flywheel attitude control and energy storage systems [J]. Journal of Guidance Control and Dynamics，2009，32 (2)：354-365.

[10] 戴兴建，邓占峰，刘刚，等. 大容量先进飞轮储能电源技术发展状况 [J]. 电工技术学报，2011，26 (7)：133-140.

[11] 李逢兵. 含锂电池和超级电容混合储能系统的控制与优化研究 [D]. 重庆：重庆大学，2015.

[12] 井元良，王超，雷英俊. 采用太阳电池阵和储能飞轮的电源系统设计与分析 [J]. 航天器工程，2014，23 (3)：54-61.

[13] GALLO B M，EI-GENK M S. Brayton rotating units for space reactor pow-

er systems [J]. Energy Conversion and Management, 2009, 50 (9): 2210-2232.

[14] 明先霞. 4 Mev固态小型化调制器的设计与控制软件实现 [D]. 成都: 电子科技大学, 2014.

[15] 柳树. 某大功率脉冲调制器的设计、仿真与控制实现 [D]. 成都: 电子科技大学, 2014.

[16] 龙霞锋. MarX型脉冲形成网络研究 [D]. 长沙: 国防科学技术大学, 2007.

[17] 黄军, 戴广明, 田为. 几种全固态刚管调制器的对比 [J]. 现代雷达, 2010, 32 (3): 80-83.

[18] 郑新, 李文辉, 潘厚忠, 等. 雷达发射机技术 [M]. 北京: 电子工业出版社, 2006.

[19] 丁耀根, 刘濮鲲, 张兆传, 等. 真空电子学和微波真空电子器件的发展和技术现状 [J]. 微波学报, 2010 (S1): 397-400.

[20] LEVUSH B, ABE D, CALAME J P, et al. Vacuum electronics: status and trends [J]. IEEE A&E System Magazine, 2007, 9 (9): 28-34.

[21] VLIEKS A E. X-band klystron development at SLAC [R]. Menlo park USA: SLAC-PUB-13741, 2009.

[22] CUSICK M, ATKINSON J, BALKCUM A, et al. X-band sheet beam klystron (XSBK) [C] //Proc IEEE Int Vac Electron Conf, 2009.

[23] 丁耀根, 刘濮鲲, 张兆传, 等. 大功率微波真空电子器件的应用 [J]. 强激光与粒子束, 2011 (8): 1989-1995.

[24] 丁耀根, 刘濮鲲, 张兆传, 等. 大功率速调管的技术现状和研究进展 [J]. 真空电子技术, 2010 (6): 1-8.

[25] 赵鼎, 陆熙, 梁源, 等. X波段带状注速调管的设计及实验研究 [J]. 真空电子技术, 2014 (3): 18-21.

[26] 杨金生, 谢磊, 黎深根, 等. 高功率系列磁控管研究进展 [C] //第九届全国医用加速器学术交流研讨会论文, 2012.

第9章 天基系统的热控技术

航天器的许多载荷温度需要精确控制才能正常工作，典型如导航卫星的原子钟等。对于大功率航天器来说，其大约有30%以上的重量被热控设备所占据。空间粒子加速系统属于大型电子系统，其能量消耗很大，相应的热损耗也非常大，并且，空间粒子加速系统的大功率微波源系统和加速器系统对温度稳定性有较高的要求。因此，空间粒子束系统需有良好的热管理系统作为基础，其性能对空间粒子加速系统的可靠性和运行效率至关重要。

9.1　航天器空间热环境及热交换

对于航天器来说，无论是航天器平台还是有效载荷设备，都需要通过热控将部件和系统的温度保持在一个特定的范围内。航天器的热设计就是通过对航天器内外热交换的控制，保证航天器及携带的设备在整个生命周期内保持在正常工作温度范围[1-2]。卫星上典型载荷系统的工作温度范围如表9-1所示。

表9-1　卫星上典型载荷系统的工作温度范围

部件	运行温度范围/℃
通用电子部件	－15～＋45
蓄电池	0～25
红外探测仪	－269～－173
燃料	10～50
太阳能电池板	－100～＋120
陀螺/反作用轮	0～40
光学系统	21±1
天线	－90～＋100

9.1.1 航天器空间热环境

在地球外层空间，航天器所处的基本环境条件，如空间外热流、真空、微重力、低温及空间粒子辐照等，都直接或间接地影响到航天器各个部位的温度。航天器所处的与热控制有关的基本空间环境如下。

（1）真空和低温。在远离地球的宇宙空间气体非常稀薄，如在距地球表面高度 3 000 km 处，气体密度在 7.5×10^{-16} kg/m^3，处于高真空状态。高真空环境下航天器的热量将以辐射的方式排散，不包括太阳及其附近卫星的辐射，银河系及它以外的辐射能量仅约 10^{-5} W/m^2，且各向同性，相当于 3 K 的绝对黑体，被称为宇宙空间热沉 [1]。

（2）地球大气环境。地球空间的大气密度随距离地球表面高度的增加而基本上按指数规律下降。大气密度还随时间、纬度、季节及太阳活动情况变化。大气温度在 120 km 以上时随高度呈指数分布；在 300 km 以上接近于等温 [1]。高空大气温度只是离子速度和能量的一种度量，其密度极低，对航天器热平衡没有影响。

（3）太阳辐射。太阳是航天器在太阳系中飞行时遇见的最大的外热源。太阳每时每刻都在向空间辐射巨大的能量，包括从波长短于 10^{-14} m 的 γ 射线至波长大于 10 km 的无线电波。其可见光和红外辐射主要来自太阳光球，相当于 6 000 K 的黑体辐射。热力学所涉及的是其可能转变成热能的部分，主要是从 0.18 μm 至 40 μm，它占太阳总辐射能的 99.99% [1]。在地球大气层外，从太阳到地球的平均距离称为一个天文单位，太阳在单位时间内投射到距太阳一个天文单位处并垂直于射线方向的单位面积上的全部辐射能，称为太阳常数，其值为 S=1 353 W/m^2。

9.1.2 航天器的热交换

在真空环境下，航天器与太空的换热为辐射换热；在航天器内部的换热主要以辐射和传导的形式进行；对于有密封舱的航天器，在密封舱内还可能有对流换热，但因为微重力环境，没有自然对流，只有强迫对流 [3, 5]。

1. 热传导

热量从系统的一部分传到另一部分或从一个系统传到另一个系统称为热传导，物体或系统内的温度差是热传导的必要条件。对热传导现象的定

性研究很早就开始了。1822 年，傅里叶采用如下公式对热传导进行了定量计算：

$$\vec{q} = -k\nabla T \tag{9-1}$$

式中：k 为导热系数，W/(m · K)；T 为温度，K。

典型材料的导热系数如表 9-2 所示[2]。

表 9-2　典型材料的导热系数　　　$\mathrm{W \cdot m^{-1} \cdot K^{-1}}$

材料	导热系数	材料	导热系数
空气	0.024	铝	250
二氧化碳	30	铍	218
铜	109	碳	1.7
碳钢	54	环氧树脂	0.35
玻璃纤维	0.04	玻璃	0.15
金	310	氦	0.142
铁	80	煤油	0.15
镍	91	聚乙烯	0.46
银	429	不锈钢	16
锡	67	水	0.58

热传导是航天器或有效载荷内部一种重要的传热方式，根据微分的能量守恒可得如下热传导方程：

$$\rho c_p \frac{\partial T(r,t)}{\partial t} - \nabla[k\nabla T(r,t)] = \dot{q}_v \tag{9-2}$$

式中：c_p 为比热容，J/(kg · K)；k 为导热系数，W/(m · K)；$\dot{q}_v$ 为容积热，W/m^3；r 为空间位置，m；ρ 为密度，kg/m^3；ρc_p 为容积热容量，J/(m^3 · K)。

如果热传导率具有空间连续性，则式（9-2）可表达为

$$\frac{\partial t(r,t)}{\partial t} - \kappa\nabla^2 T(r,t) = \frac{\dot{q}_v}{\rho c_p} \tag{9-3}$$

其中，热扩散系数 κ 定义为热传导率与容积热容量之比，即为

$$\kappa \equiv \frac{k}{\rho c_p} \tag{9-4}$$

式中：κ 为热扩散系数，m^2/s。

表 9-3 所示为典型材料的热扩散系数[2]。

表 9-3 典型材料的热扩散系数 m^2/s

材料	热扩散系数	材料	热扩散系数
空气	0.19	铝	0.999
二氧化铝	0.088	陶瓷	0.02
铜	1.13	玻璃	0.004 3
金	1.27	尼龙	0.001 3
聚四氟乙烯	0.001 1	银	1.700 4
不锈钢	0.040 5	水	0.001 4

2. 热对流

热对流是流体中质点发生相对位移而引起的热量传递过程，它能加速物体表面和运动流体间的热交换。在空间环境下，一般采用强迫对流（如鼓风机）的方式实现航天器的对流热交换。热对流采用如下公式计算[2]：

$$\dot{q} = h\Delta T = h\left| T_{流体} - T_{表面} \right| \tag{9-5}$$

式中：h 为热交换系数，$W/(m^2 \cdot K)$；$\dot{q}$ 为热流密度，W/m^2；$T_{流体}$、$T_{表面}$ 为流体温度和物体表面温度，K；ΔT 为流体与物体表面的温度差，K。

对流热交换系数由气体或流体的物理性质决定。大多数气体的对流热交换系数为 1～20 $W/(m^2 \cdot K)$，一般流体为 100～1 000 $W/(m^2 \cdot K)$。

航天器上的热对流是利用流体对流换热的方法对卫星内部整体或局部实施热控[3]。对流热控技术用于卫星热控制有其特殊的问题：首先，由于空间环境是真空的，系统必须严格保持密封，以保证对流控制系统有足够的流体进行热交换；其次，由于失重，不存在以浮力为基础的自然对流，因此需要使用强制对流的手段组织热交换，如风机、机械泵等。这样使用运动机械，要消耗电能，系统比较复杂，但是对流换热有其突出的优点，就是换热能力很强，组织卫星内部的换热比较容易。

3. 热辐射

物体的热辐射是以电磁波的形式向空间传播的，物体单位面积单位时间向半球空间发射的全波长能量为

$$E = \int E_\lambda \mathrm{d}\lambda \tag{9-6}$$

其中：

$$E_\lambda = \frac{\mathrm{d}E}{\mathrm{d}\lambda} \tag{9-7}$$

物体是黑体时，有

$$E_b = \sigma T^4 \tag{9-8}$$

其中，$\sigma = 5.67 \times 10^{-8}\ W/(m^2 \cdot K)$；

物体是灰体时，有

$$E = \varepsilon\sigma T^4 \tag{9-9}$$

黑体是能全部吸收外来射线的物体，即吸收率 $a=1$ 的物体。发射率是实际物体的辐射本领（E）与黑体辐射本领（E_b）之比。

$$\varepsilon = E/E_b,\ \varepsilon_\lambda = E_\lambda/E_{b,\lambda},\ \varepsilon_{\lambda\theta} = J_\lambda/J_{\lambda,b} \tag{9-10}$$

单色发射率与波长无关的物体，称为灰体，即 ε_λ=常数。实际物体的发射率是随温度和波长而变化的。

航天器表面处在常温或低温范围，而在这段较窄的波长范围内可认为（假定）是灰体，$\varepsilon=\varepsilon_\lambda$，可用Stefan–Boltzmann定律计算其辐射能[3]。航天器表面间的辐射换热可认为 $\alpha=\varepsilon$，因为，这些表面的温度一般都处在常温或低温范围，而在这段波长范围内可认为是灰体。

航天器表面对来自太阳辐射的吸收率与该表面本身的发射率是不等的。因为，航天器表面的温度一般在常温或低温下，在红外波段的范围（>2 μm），而入射的太阳辐射是相当于5 760 K的黑体辐射，其辐射能的波长范围主要在可见光和近红外（0.33～2 μm）。这个特性为航天器表面温度的控制提供了条件[3]。

热辐射作为航天器与空间环境进行热交换的重要手段，可以通过控制辐射热阻 R_r 的方法来对航天器进行温度控制[1]。当航天器布局确定后，仪器设备与航天器蒙皮之间的辐射换热热阻主要是仪器表面发射率 ε_p、辐射面积 F_p、辐射温度 T_p 以及蒙皮温度 T_s 和发射率 ε_s 等的函数，即

$$R_r = f(\varepsilon_p、F_p、T_p、T_s、\varepsilon_s) \tag{9-11}$$

当被控热源发热量变化时，主动热控系统自动改变 ε_p，从而改变 R_r，以此将 T_p 的变换控制在允许的范围内。

整体而言，航天器在轨道上运行时的热平衡主要有以下几个部分[1]：太阳辐射到航天器上的热量 Q_1，地球及其大气对太阳辐射的反射热量 Q_2，地球的红外辐射热量 Q_3，空间背景辐射热量 Q_4，航天器内热源 Q_5，单位时间内这五部分热量之和等于卫星向宇宙空间辐射的热量 Q_6 加上卫星内能的变换 Q_7，即

$$Q_1 + Q_2 + Q_3 + Q_4 + Q_5 = Q_6 + Q_7 \tag{9-12}$$

9.2 航天器常用热控技术

被控对象热容越大，抵抗内、外热源扰动的能力越强。合理的热设计主要是为被控对象提供一个较好的热环境，以减少被控对象的温度波动。减小被控对象温度波动的常用措施主要有减少内、外热源扰动和增加热容两种方法[1, 5]。航天器热控技术一般可以分为被动热控技术和主动热控技术两大类。

9.2.1 被动热控技术

航天器被动热控制是根据空间和航天器内部的热状况合理组织航天器内外的热交换过程，合理选择辐射、导热等参数，并对航天器内设备的合理布局，通过自然热平衡将航天器各部分的温度控制在规定范围内。其中包括利用不同热物理性能的材料和各种传热器件，如热控涂层、多层隔热组件、热管、相变材料和热辐射器等。

一般情况下，只要航天器的内热源和外部热流变化不大，而又没有温度控制要求很精密的设备，使用被动热控制方法完全能达到热控目的。被动热控制是航天器热控制的基本和常用方法。

1. 热控涂层

改变航天器表面温度特性（热辐射性质）最简单的技术就是涂覆一层热物理性质合适的热控涂层。航天器可以使用的热控涂层，有简单实用的涂料型涂层，还有通过化学或物理工艺加工的具有特殊热性质的涂层。航天器表面的光滑程度和涂层的厚度对涂层的红外发射率与太阳吸收比有很重要的影响[3]。

涂料型涂层是迄今航天器上应用最为广泛的一类热控涂层，按不同的黏结剂，涂料可分为有机漆和无机漆[1]。根据所采用的各种配比的颜料，可以得到黑漆、白漆、灰漆和金属漆等各种热辐射性质不同的品种。有机漆是应用最广的一类热控涂层：有机白漆具有较低的太阳吸收率和较高的发射率；有机黑漆具有较高的太阳吸收率和发射率；有机灰漆由有机黏结剂与白黑等颜料配制而成，按照不同配比得到吸收-发射比在白漆与黑漆之间的各种灰漆；有机金属漆是以有机黏结剂与金属颜料配制，具有较低的发射率。

电化学涂层也是一种常见涂层，包括阳极氧化涂层、铝光亮阳极氧化涂层和电镀[1]。阳极氧化涂层是利用阳极氧化工艺使金属表面形成一层厚度一定、致密而稳定的氧化膜层。氧化层并不改变金属底材对可见光的反射特性，而且可以用控制膜层厚度的方法控制红外发射率，从而控制涂层的吸收-辐射比。铝光亮阳极氧化涂层是在镜面抛光的铝材表面上通过酸性电解液阳极氧化处理而形成的透明的氧化铝膜涂层。电镀是制成金属涂层的一种常用方法，不仅可以在金属表面形成金属镀膜，而且还可以在非金属上实施电镀。

二次表面镜是一种复合涂层表面，反射涂层可以沉积在透明表面层的第一表面或第二表面上，分别得到第一表面镜或第二表面镜。因此，第一表面镜可发射表面层面的辐射，而第二表面镜则可反射表面层后面的辐射。在第二表面镜中，入射的太阳辐射穿过透明的表面层后被第二表面镜反射，因此它对太阳辐射具有很好的反射性[2]。同时，红外辐射热也通过第二反射表面进入透明的表面层。比较有代表性的二次表面镜涂层有以下几种[1]。

（1）光学太阳反射镜是在很薄的石英玻璃片的背面上真空镀铝或银，即成为反射器。石英玻璃透光性极好，而背面的银膜或铝膜对可见光反射性很强，所以这种结构的太阳吸收率很低，而石英玻璃对远红外辐射是不透明的，故热发射率高。

（2）塑料薄膜型二次表面镜是用薄膜代替石英玻璃而制成的二次表面镜。其优点是方便应用于弯曲表面，可以大面积制备和使用。使用时多用双面压敏胶带将它粘贴于底材上。

（3）涂料型二次表面镜是用透明涂料层代替石英玻璃或塑料薄膜而制成的

二次表面镜。它的具体结构是，在对可见光强烈反射的金属表面或金属真空镀膜表面上喷涂一层对可见光透明而对红外辐射吸收较强的清漆。

2. 多层隔热组件

多层隔热组件由多层防辐射热的隔热层组成，具有很好的隔热性能。它是一个尽量减少辐射和固体导热的组合系统而不仅仅是一种材料，每个独立的隔热层由一层具有防辐射热功能的有机薄膜和用于隔离传导热的间隔组成。

实际应用的多层隔热系统基本上是由反射屏、间隔层及其定形件组成的。原理上，如果两个很大的平面之间放置若干同样大的平面，若所有这些平面都有相同的表面反射率而且平面间为真空并彼此不接触，则两端平面之间的传热量是很小的。实际应用时，由于结构因素造成的漏热等，对隔热系统性能有较大的影响。

多层隔热组件设计时需要考虑以下因素[1]：层密度适中、整体布置的合理性、规范生产加工过程、保证层内真空度。

3. 相变材料

相变材料通过物理状体的相变（如升华或溶解）来储存热能，应用于内热源（或外部热环境）较大且周期性变化的情况，当仪器设备工作时相变材料利用相变潜热吸收热量，并将过多的热量储存，在关机时相变材料将储存的相变潜热放出，保持仪器的温度。相变材料改变温度的能量是有限的，一旦相变发生了，就无法再吸收额外的能量。理想的相变材料具有较高的熔解潜热、较高的热导率、较高的比热容、循环工作时可靠性高、熔解时体积变化小及相变可逆等性能。表 9-4 所示为几种常见的相变材料热性质[2, 10]。

表 9-4　几种常见的相变材料热性质

材料		相变	相变温度/℃	潜热/（$kJ \cdot kg^{-1}$）	密度/（$kg \cdot m^{-3}$）
石蜡	十四烷	固–液	5.5	0.228	771
	十六烷	固–液	16.7	0.237	774
	十八烷	固–液	28.0	0.244	774
非石蜡有机物	聚乙烯乙二醇	固–液	68～77	146	1 100
	乙酸	固–液	16.7	187	1 050
	硬脂酸甘油	固–液	56	190.8	862
无机盐水合物	磷酸氢钠	固–液	36	280	1 520
	硝酸锂	固–液	29.88	296	1 550
	氢氧化钡	固–液	78	301	1 720

续表

材料		相变	相变温度/℃	潜热/（$kJ\cdot kg^{-1}$）	密度/（$kg\cdot m^{-3}$）
金属类	铋基低熔合金	固－液	70	32.6	9 400
	镓	固－液	30	80.3	8 903
	赛洛朗低熔合金	固－液	58	90.9	8 800
固－固	二氨基季戊四醇	固－固	68	184	—
	2-氨基，2-甲基	固－固	78	264	—
其他	水	固－液	0.0	333.4	999.8
	氯化铝	固－液	192.4	272	2 440
	芳香烷烃	固－液	12	97.9	1 060

4. 热辐射器

被动结构热辐射器是航天器表面直接向空间的散热面，这是常用的技术。航天器内部热流通过热辐射器向空间排散热量。热辐射器通常是铝制表面，作为航天器结构的一部分暴露在空间环境中。热辐射器表面的涂层一般选择具有高红外发射率（>0.9）和低太阳吸收比（<0.3）的涂层材料，以提高辐射器的散热能力。如果需要向空间排散大量的热量，可以采用具有多个散热表面的散热片型辐射器。可展开式辐射器具有更大的散热面积，航天器在地面和处于发射状态时，为折叠收拢形状，入轨展开后，具有很强的散热能力。例如[2]，国际空间站使用的可展开辐射器，采用驱动泵液氨回路将热量传递到辐射器。辐射器由14块辐射板组成，每块板为1.8 m×3 m，总面积为156 m^2。

5. 热管

热管是利用管内工质的相变和循环流动而工作的器件，是具有高效导热路径的封闭系统。在热管内，热量通过蒸发和冷凝实现转移，由于管内的蒸发和凝结的热阻很小，当工质流动压降很小时，热管在很小温差下就可以传递很大的热流。

典型的热管由端盖、壳体、吸液芯组成。沿热管的轴向一般分为三个部分：蒸发段、绝热段和冷凝段，热管典型结构如图9-1所示[2]。

由于热管工作是利用了在真空状态下，工作介质的沸点降低，在加热段受热汽化再在冷凝段相变放热而进行的，对于构成热管本体的管壳、端头、工质都有较高要求。首先应根据其实际工作环境确定其材料及结构。应考虑其工作

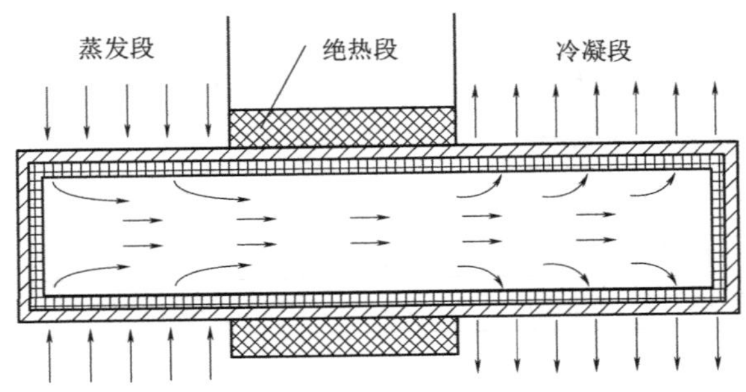

图 9-1 热管典型结构

的温度区间，工作温度不同，决定了充装工质的不同。根据所选工质及工作环境，确定能与其相容的管壳材料，进而确定其具体加工尺寸，并进行相关强度计算。

热管是依靠工作介质的相变换热工作的，采用不同的工质，热管可以在极其广泛的温度范围内工作。不同工作介质，其对应的饱和温度、压力及临界点都不相同。航天器电子设备一般工作范围在 200～350 K，这一区间其最佳的工质是氨，目前航天器上应用最多的是铝氨轴向槽道热管。表 9-5 所示为热管常用的工质性能[2]。

表 9-5 热管常用的工质性能

工质	沸点/K	汽化潜热/（$kJ\cdot kg^{-1}$）	比热/（$kJ\cdot kg^{-1}\cdot K^{-1}$）	等效温度变化（潜热/比热）/K
丙酮	329	518	2.15	241
氨	240	1 180	4.80	246
锂	1 615	19 330	4.27	4 526
甲烷	111	509	3.45	147
氧气	90	213	1.90	112
钾	1 032	1 920	0.81	2 370
钠	1 152	3 600	1.38	2 608
水	373	2 260	4.18	541

环路热管是一种新型热管，可以高效解决空间电子设备散热问题。在环路热管系统中，工质以多孔介质所产生的毛细抽力为循环动力，通过工质在蒸发和冷凝过程中的吸放热来实现热量的传递。由于毛细结构所具有的某些特性，使得环路热管克服了传统热管安装固定、传输距离短的限制，同时兼具了传热能力强，无须外加驱动及启动装置、热阻低、等温性好、效率高等优点。环路

热管主要由蒸发器、液体补偿器、二次芯、冷凝器、蒸气和液体管线组成，环路热管结构如图 9-2 所示[11]。

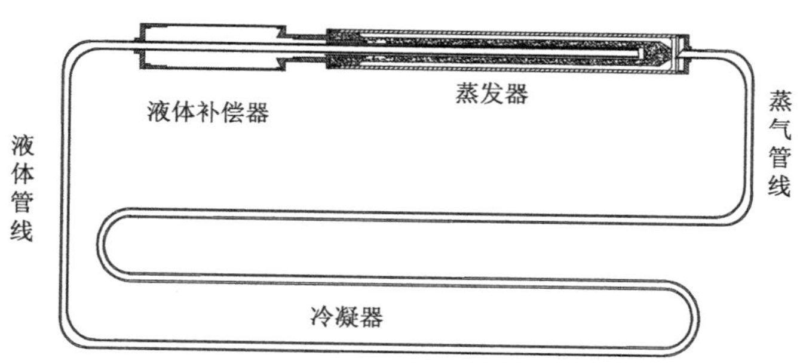

图 9-2　环路热管结构

9.2.2　主动热控技术

当航天器内、外热流状况发生变化时，通过自动热量调节系统使航天器内部仪器设备的温度保持在指定范围内，这种热控调节系统称为主动热控技术。主动热控技术一般在要求控温精度高的设备上使用，如太阳望远镜、高分辨率照相机、原子钟等。一些热环境变化剧烈或自身发热量变化大的设备，采用主动热控技术也是必要的。电子加速器系统的加速管是需要高精度控温的部件，微波源则是自身发热量大的设备。

1. 热控百叶窗

热控百叶窗是一种可控散热装置，当某个参数（特别是温度）发生变化时，热控百叶窗通过主动或被动的机械机构来改变辐射面积[1]。热控百叶窗是一种利用低辐射率可动叶片不同程度地遮挡高辐射率散热表面的方法来控制温度的装置，即叶片的转动使得辐射系统的当量辐射率发生变化。热控旋转盘的控温原理与百叶窗基本相同。与热控百叶窗相比，热控旋转盘的优点是重量较小、占用空间小、装配简单；不但可以用于平面，还可用于球形曲面，缺点是散热能力只有原来的一半。

2. 电加热器

电加热热控制技术是常用的主动热控技术，它由电加热器、温度敏感元件、继电器、恒温控制器或管理计算机及软件组成。尽管这种主动热控方法需要消耗航天器上的能量，但目前大多数航天器都使用电阻加热器[1-2]。

早期卫星对电加热器的控制是采用实时的遥控指令，而没有自主管理方式，随着嵌入式计算机在卫星上的应用，对电加热器的控制逐渐发展为自主控制和遥控同时存在。

对于自主管理，目前有两种实现方法：一种是将自主管理计算机、遥测采集及指令输出设备合并，一般称之为热控仪；另一种是将二者分开，控制器由数管分系统的中心计算机（CTU）承担，遥测采集及指令输出由数管分系统的远置单元（RTU）承担。其中后一种方法在大卫星上应用广泛，前一种方法在小卫星上应用较多[6-7, 9]。

3. 放射性同位素加热器

由于电加热器需要持续消耗电能，而部分功能部件需要持续加热，当热控系统不能使用电加热器时，可选择放射性同位素加热器。例如，卡西尼-惠更斯土星探测器采用了82个放射性同位素加热器，惠更斯号探测器携带了35个放射性同位素加热器[2]。

目前使用的放射性同位素加热器尺寸较小，长约3.2 cm，直径约为2.6 cm，如图9-3所示。其质量约为40 g，其中包含燃料球芯片，芯片形状和尺寸同橡皮擦一样，质量约为2.7 g。热量由钚-238发出的射线衰减产生，半衰期约为87.7 a，放射性同位素加热器既没有活动部件，也不消耗电能。但是该类加热器会产生辐射环境[12]。

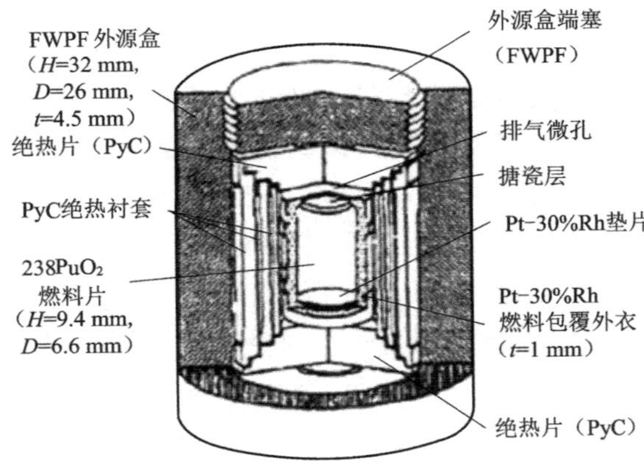

图9-3 放射性同位素加热器

“玉兔”巡视器在国内航天器上首次采用同位素热源提供月夜期间保温所需的热能[13]。同位素热源通过支架隔热安装在巡视器车尾，以减小月昼期间

高温的同位素热源对巡视器舱内设备的热影响；同时同位素热源壳体外设计有散热翅片，保证月昼期间同位素热源的最高温度不超过235 ℃，月夜期间在−10 ℃温度水平下具备向流体回路传递70 W的供热能力。

4. 可变热导热管

可变热导热管是利用不凝气体来控制热管的工作温度，从而控制与其蒸发段热连接的设备温度。与普通热管相比，在冷凝段端部加一个不凝气体储气室，其管芯与其他部分管芯相连通，内部充有不凝气体如氮、氦。其工作原理是：当热管启动时，蒸汽和分散在管内的不凝气体向冷凝段流动，蒸汽在这里冷凝后流回蒸发段，但不凝气体仍留在冷凝段。当热负荷增加时管内蒸汽压力升高，压缩不凝气体，使冷凝段有效冷却长度增加，散热能力增加，使温度不再上升。相反，热负荷减少，气体膨胀，冷凝段有效长度减少，散热减少，可使温度不再下降。

5. 泵回路系统

泵回路系统利用热管中的热流将热源处的热量排散到空间中。综合技术成熟程度、性能、成本以及应用经验等因素，载人航天器的主动热控制系统方案大多以泵驱动单相流体回路作为主要的排热方式，辅助空气对流传热，热量通过辐射散热器排出。目前人类发射的载人航天器都采用这种方式，如俄罗斯的“礼炮”系列空间站、“和平号”空间站、“联盟号”宇宙飞船，美国的航天飞机、“双子星座”飞船、“天空实验室”，我国的“神舟”飞船系列和“国际空间站”[24]。泵回路中曾使用的工质有国际空间站的氨、漫步者号火星探测器的氟氯化碳-11、航天飞机的水、天空实验室的甲醇和水。工质在温度调节装置的控制下，由离心泵输送[2]。

9.3 天基粒子束装置温控系统研究现状

在典型空间粒子束装置中，通常由高功率射频系统向加速器提供能量，其射频脉冲功率达到了MW量级，其中的能量部件会产生大量的废弃热量。热管与系统功率紧密联系，在空间系统中，废弃热量的处理系统约占整个系统重量、体积的30%[18]。

在1989年美国的天基中性氢粒子加速器试验中，采用液氦对加速管进行温度控制，如图9-4所示。由于氢离子加速器属于粒子加速器，其采用射频频率相对较低的波进行加速，工作频率为425 MHz，波长远大于应用电子加速器的射频波长，其慢波结构热形变的容忍度比电子加速器要高很多[17]。总体而言，电子加速器的恒温系统比离子加速器的恒温系统要求苛刻，温度波动范围更小。

空间粒子束装置与空间大功率激光装置能源利用及发热情况类似，空间大功率激光装置的研究开展较早，论证比较充分，下面简单介绍一下空间激光设备的热控方法及手段。

空间大功率激光设备或系统的热负荷密度通常为10～2 000 W/cm^2，采用的冷却方法取决于热负荷密度、运行环境和温度、热控制精确要求等因素。评价冷却方法的原则包括散热能力、温度均匀性、抽运功率和系统体积等[15-16]。图9-5给出了在此原则下大功率激光装置冷却方法的发展趋势[14]。

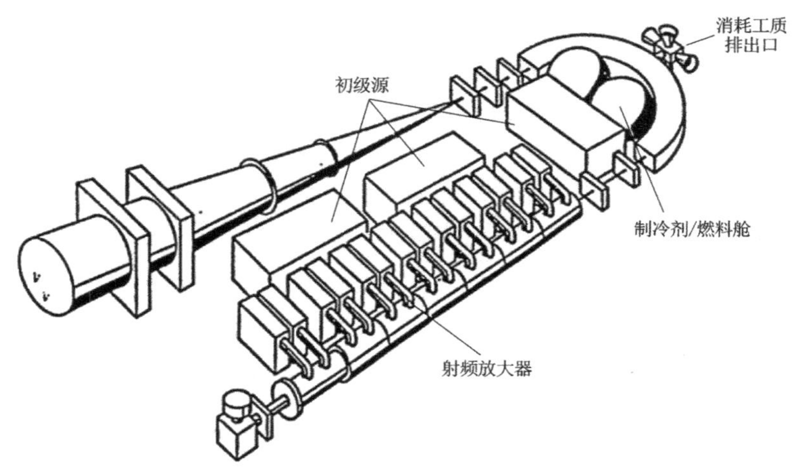

图 9-4　美国空间粒子束试验系统整体结构示意图

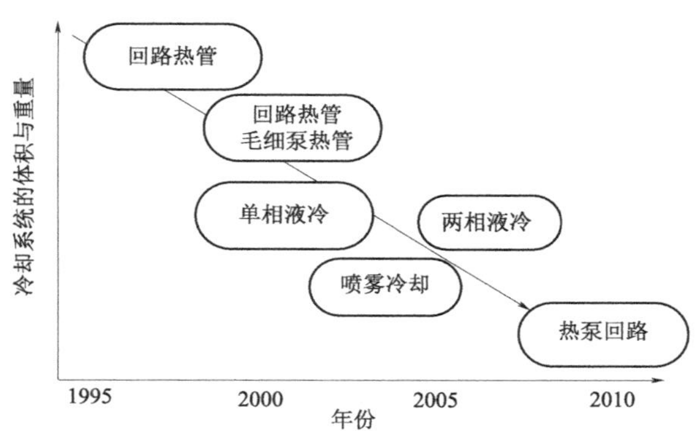

图 9-5　大功率激光装置冷却方法的发展趋势

对于固体激光器，其热负荷范围为 500～1 500 W/cm²，可采用微通道液冷或喷雾冷却等方法。对于化学氧碘激光器等，其功率通常超过 1 MW，采用喷雾冷却或热泵等方法。

天基激光器的子系统主要有激光本体系统、热管理系统和电源系统。其中热管理系统按功能结构又分为内部集热回路和外部排热回路。对外部排热回路而言，由于天基激光平台所处的工作环境是真空，故不存在传导或对流形式的散热。因此，可供利用的终端排热方式只有两种：① 从外表面将热量辐射到宇宙空间的热辐射器；② 消耗性冷却剂。由于消耗性冷却剂带来重量增加的问题，对长期在轨运行的激光器而言，一般不考虑采用这种排热的方式[16]。因此，在设计激光器的热管理方案时，如何将激光器所产生的废热有效地排放到太空环境中，这就涉及热管内回路与辐射器之间需采用何种耦合方式以保证废热的高效传输和排放。

目前，在航天器热控技术中被广泛采用的单相流体/两相流体热控回路通常由内回路和辐射器回路（外回路）两部分组成，它原则上适用于天基激光器热管理系统，不足之处在于辐射器面积过大，如图 9-6 所示。该回路的工作流程是：内回路流体吸收来自激光本体系统、供电系统等处的废热，通过中间热交换器传输给外回路的工质，然后经辐射器排放至宇宙空间。

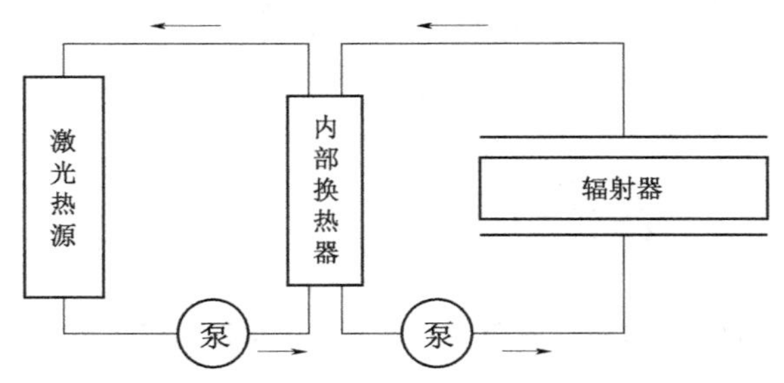

图 9-6　单相流体/两相流体热控回路方案

结合天基激光器的工作性能指标（受空间供电系统所限，1 kW 激光器持续工作时间通常不超过 1 h），文献［15］提出辐射冷却-冰蓄冷组合热控方案的设想，如图 9-7 所示。通过设计一块较小面积的辐射器，在激光器未工作时，一定流量的外部回流体在泵驱动下沿外回路 1-2-3-4-1 做循环流动，当流经辐射器时，由于辐射致冷，出口流体温度降低，当经过蓄冰器时，流体将冷量传输给蓄冰器中的蓄冰介质，如此反复循环，当循环历经一段周期后，蓄冰器中的水便可全部凝结为冰；激光器正式启动后，内回路中的流体吸收来自激光器的废热，在节点 8 处分为两路，一部分沿 8-3-4-1-5 路径经空间辐射器放出热量，另一部分则沿 8-6-5 路径流经蓄冰器吸收冷量，两路流体在节点 5 处汇合后继续回到舱内重复废热的收集和传输。由于此组合热控方案可借助蓄冰来达到减少辐射器面积的目的，因而大大降低了激光器排热系统的重量。

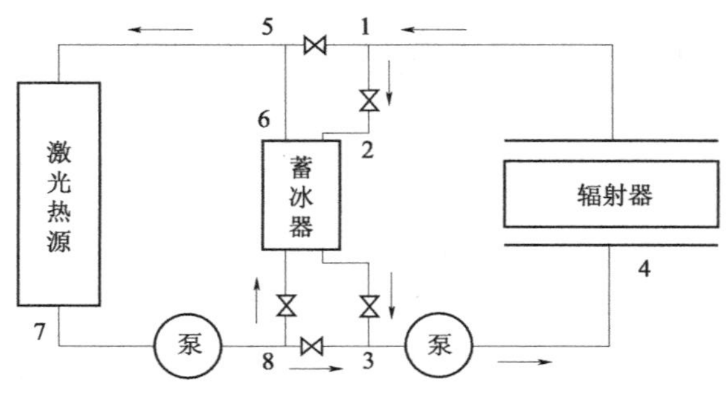

图 9-7　辐射冷却-冰蓄冷组合热控方案

9.4　天基电子束系统对热控系统的要求

天基电子束系统的核心是电子直线加速器，电子直线加速器的加速管由若干个同轴的小腔体构成。为了跟随电子而始终为其提供加速电场，每个腔体的两端所加的电场都是交变的高频微波电场。工作过程中由于受大功率微波能量耗散等因素的作用，加速管会发热变形而导致其谐振频率发生改变，直接影响到其性能指标，甚至造成加速器不能正常工作。因此，恒温冷却系统是加速器设计中不可或缺的部分。

在天基电子束系统工作过程中，不可避免会产生大量的废热。排热系统对其进行有效的冷却，是保证天基电子束定向能系统安全运行的重要保障，占有重要地位。因此，天基电子束系统的热控排热系统具有重要意义，同时也是空间电子束技术应用十分关键的技术之一。比起其他热控系统，天基电子束系统的排热装置需要考虑以下问题：① 热负荷很高；② 天基电子束系统是非连续工作的，热负荷具有一定的时间效应；③ 通常运行在小卫星平台上，辐射器面积有限。

加速器在加速电子的过程中，由于加速器内部的电流会产生热，电子加速器加速电子的过程中消耗在内壁上的能量占微波能量的20%以上[21-22]，加速器热控需注意以下两个问题：① 加速器耗散的热量太大，需要使加速器的辅助支撑设备处于合适的工作温度中，这些对热控的要求不是太苛刻，温度控制

区间较大；② 微波能与电子能交换的场所——慢波结构中，由于微波波长很小，其谐振特性受慢波结构形变影响很大，会严重影响加速器的加速性能。加速器的材料主要是无氧铜材料，其吸热形变特性受热量大小影响。

第一个问题相对较容易实现，可以借鉴天基大功率激光器温控技术。第二个问题则是要保证加速器的恒温控制，实现难度较大。电子加速器要可靠、有效地工作，其慢波结构的工作温度波动需要控制在±1 ℃，对于小功率的加速器来说，工程上比较容易实现，对于MW级以上大功率加速器，其需要散热的峰值功率通常都在百kW级以上，虽然整体能量不高，但是瞬间能量很大，这对于加速器空间工程应用来说是个很大的挑战，解决的技术途径只能是采用高比热容、高热传导率等特点的工质。

9.5　大功率微波管的热控方法

大功率微波管是电子直线加速装置的核心器件，它为直线加速器提供功率输入。大功率微波管的效率从 70% 到超过 85%，大约有 30% 的能量输入将以热的形式排放，如果对其热量不进行处理，其温度会达到 2 000 K [18]。空间大功率真空微波管的热控技术主要可以考虑采取以下两个措施。

1. 星载液氢直接冷却电子收集结构 [18]

图 9-8 展示了一种集成制冷通道的圆柱体收集极结构，这种能量收集器采用铜材质双层结构制作，长度 L 是半径 R 的 2 倍，L 最大取 0.305 m，双壁的间

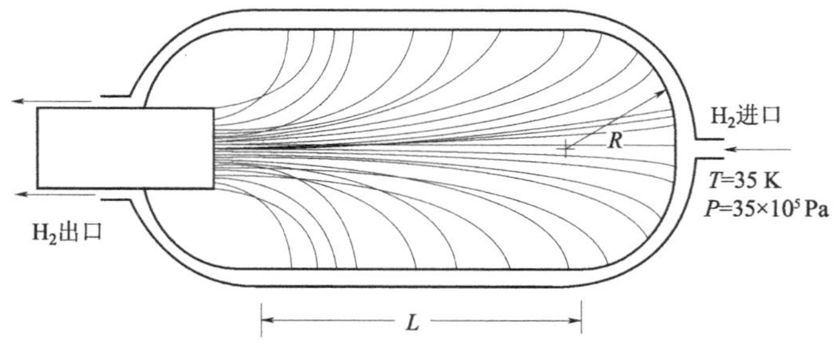

图 9-8　氢冷却示意图

隙取 0.003 m。氢气从右边流入，经过内部的螺旋形通道从左边流出，螺旋形通道的宽度从 0.04 m 到 0.07 m。采用螺旋形设计机构是为了氢气在流动过程中吸收足够的热量。

这种结构散热效率高，瞬时热控效果好，未来电子束定向能系统的大功率速调管器件可以借鉴采用以上散热方案。

2. 电子收集器直接向空间辐射热能[18]

电子束在微波管中与微波交换能量，一部分电子打到腔壁上，产生热量，交换能量剩余的电子流可以射入金属体，将动能转换为热能，这些热能直接向自由空间辐射。直接向空间辐射热量受 Stefan–Boltzmann 方程约束，其描述了辐射能量与物质温度的关系。

$$E = \sigma\epsilon T^4 \tag{9-13}$$

式中：E 为总的辐射功率；σ 为 Stefan–Boltzmann 常量，$5.6697\times10^{-8}\ \mathrm{W/(m^2\cdot K^4)}$；$\epsilon$ 为发射率；T 为物质温度，K。

为了使发射体尽可能辐射多的能量，需要使发射率接近 1 和较高的工作温度。真空管内部真空度需要维持在 10^{-9} Torr 以内，并且要求工作温度在 1 700～2 000 K，这就限制了可选用的材料类型。Gilmour 研究不同材料的蒸发压力与温度之间关系，认为 Ru、Mo、Nb、Os、Ta、W、Re、Zr 等可以满足以上要求。由于以上很多材料特殊，认为能够满足要求的材料为 W、Ta、Nb、Re 等。

这种直接向空间辐射热量的方案，工作温度高，辐射时间长，对材料的要求高，限制了微波管的使用。

9.6 空间高能电子加速器热控方法

1. 利用星载储能媒质吸收废弃热量

相变控温是利用相变材料（PCM）的相变过程来储存或释放热量（相变潜热），从而实现对物体温度的控制。目前在相变材料使用中存在的一个问题是在一定的温差条件下，如何将设备工作产生的热量在短期内传递给相变材料，即如何保证相变材料在有限的时间内全部熔化，或者在放热过程中全部凝固。因为通常使用的相变材料是导热系数很小的石蜡类物质，同时，微重力条件又限制了对流传热效应。相变装置内部的高效传热是制约相变装置设计使用效果的另一个关键因素。

研究结果表明[10]：在石蜡中加入质量分数为5%～20%的铝粉和铜粉时，其导热系数分别提高了20%～48%和11%～24%；在脂酸中加入质量分数为5%～20%的铝粉和铜粉时，其导热系数分别提高了23%～56%和13%～28%。在相变材料中添加石墨后，其热导率从纯石蜡的0.242 W/(m·K)提高到4～7 W/(m·K)，储热用的相变材料的储热时间和放热时间分别比纯石蜡缩短了70.7%与56.5%。

高孔隙率的泡沫金属材料是近年来开发的一种新型材料，以高孔隙泡沫金属材料为骨架，在其中填充相应的相变材料所制成的复合相变材料，在密度和单位体积的相变潜热都改变很小的情况下，可以使复合材料的等效导热系数大大提高，如把水充入孔隙率为 94.6% 的泡沫铝中，其等效导热系数可由 0.6 W/(m·K) 提高到 5.4 W/(m·K)。图 9-9 所示为泡沫碳和石蜡/泡沫碳复合相变材料的结构[23]。

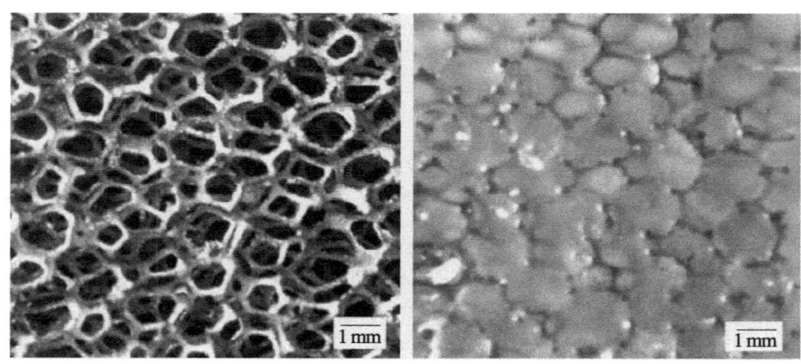

图 9-9　泡沫碳和石蜡/泡沫碳复合相变材料的结构

相变材料可以用于短时间工作的大功率电子加速器的恒温控制，通过在加速腔的腔壁结构中设计泡沫金属和相变材料复合结构，将加速腔产生的大量热量快速存储，实现加速管的恒温控制。

2. 利用相变热管将热量输运到辐射结构

热管是一种利用工质的相变而传递热量的元件，在小温差下能够传递很大的热流。将热管与相变材料结合起来，即采用附加有填充相变材料腔体的热管，是航天器用热管的一种新尝试[10]。相变热管是将相变材料充装到双孔热管型材的一个孔中，而另一个孔充装氨工质，其结构如图 9-10 所示。相变热管既能利用氨工质热管的良好等温性，又可利用相变材料在相变点温度时的良好恒温性，达到对发热设备实现等温和恒温的双重控制。

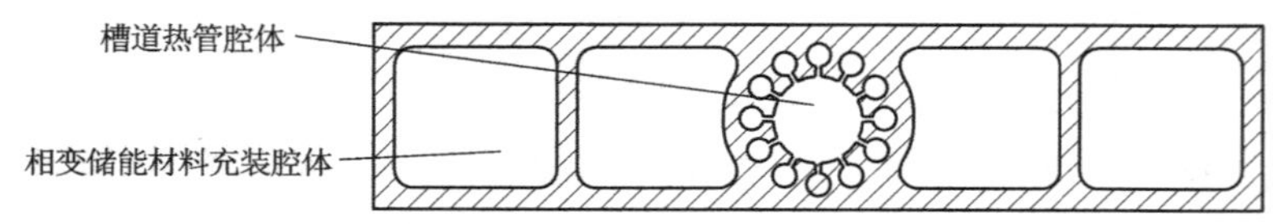

图 9-10　相变热管结构

这一方法可以用于将大功率电子加速器产生的热量快速转移到辐射结构，通过在加速腔中设计相变热管结构，将加速腔产生的热量快速转移，以实现加速管的长期稳定工作。

9.7 小　结

天基电子束系统由于其峰值功率通常都在MW级以上，包括初级能源系统、脉冲功率系统、微波源系统、粒子加速器系统等能量传递的各个环节。不同环节上的能量转换效率和正常工作允许温度波动范围差别很大，需要采取的热控技术也不尽相同。因此，采用多种热控技术组合、热控系统与载荷系统一体化设计等将是天基电子束系统热控设计的重要方向。

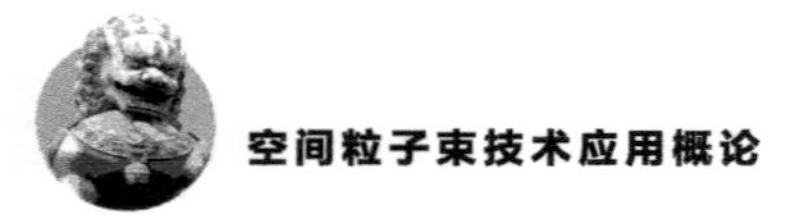

参 考 文 献

[1] 徐福祥，林宝华，侯深渊．卫星工程概论［M］．北京：中国宇航出版社，2003.

[2]［美］文森特·皮塞卡．空间环境及其对航天器的影响［M］．张育林，陈小前，闫野，译．北京：中国宇航出版社，2011.

[3] 侯增祺，胡金刚．航天器热控制技术原理及应用［M］．北京：中国科学技术出版社，2007.

[4] 闵桂荣．卫星热控制技术［M］．北京：中国宇航出版社，1991.

[5] 苗建印，张红星，吕巍，等．航天器热传输技术研究进展［J］．航天器工程，2010，19（2）：106-112.

[6] 童叶龙，李国强，耿利寅，等．航天器精密控温技术研究现状［J］．航天返回与遥感，2016（2）：1-8.

[7] 郭坚，陈燕，邵兴国．航天器热控自主管理中的智能控制技术［J］．航天器工程，2012，21（6）：49-53.

[8] 訾克明，吴清文，李泽学，等．某空间光学遥感器的热分析和热设计［J］．光学技术，2008，34（S1）：89-90.

[9] CHOI M K. Thermal assessment of swift instrument module thermal control system and mini heater controllers after 5+ years in flight［C］//40th International Conference on Environmental Systems，2010.

[10] 王磊，菅鲁京．相变材料在航天器上的应用［J］．航天器环境工程，2013，30（5）：522-529.

[11] 徐计元，邹勇．环路热管毛细结构的研究进展［J］．中国电机工程学报，2013，33（8）：65-73.

[12] 黄志勇，姜胜耀，周子鹏，等．反应堆生产放射性同位素热源材料及其应用［J］．原子能科学技术，2009，（S2）：400-403.

[13] 向艳超，陈建新，张冰强．嫦娥三号“玉兔”巡视器热控制［J］．宇航学报，2015，36（10）：1203-1209.

[14] 周乐平，唐大伟，杜小泽，等．大功率激光武器及其冷却系统［J］．激

光与光电子学进展，2007（8）：34-38.

［15］李明海，任建勋，宋耀祖，等. 天基激光器的排热方案研究［J］. 激光技术，2002，26（3）：198-200.

［16］宋耀祖，王军荣，闵敬春. 天基激光武器中激光介质的热分析与热控制［C］//中国宇航学会飞行器总体专业委员会2004年学术研讨会，2004.

［17］NUNZ G J. Beam experiments aboard a rocket（BEAR）project Final Report Vol 1：Project Summary［R］. LA-11737-MS，1，1990.

［18］ROSE M F，HYDERA K，ASKEW R F，et al. Novel techniques for the thermal management of space-based high-power microwave tubes［J］. IEEE Trans. On Electron Devices，1991，38（10）：2252-2263.

［19］ROSE M F，CHOW L C，JOHNSON J H. Thermal management of space-based，high-power，solid-state RF amplifiers［R］. Final Report of Work Performed under SCEEE，1990.

［20］WILLIAM E L，SHERIF A. Weight optimization of active thermal management using a novel heat pump［R］. USA：NASA Glenn Research Center，2004.

［21］李绍青. 直线加速器加速管冷却系统的数值模拟和优化设计［D］. 合肥：中国科学技术大学，2003.

［22］李春光，李金海，杨京鹤，等. 边耦合腔直线加速器的冷却结构设计与热分析［J］. 原子能科学技术，2014，48（S1）：700-703.

［23］肖鑫. 多孔基相变蓄能材料的热质传递现象和机理研究［D］. 上海：上海交通大学，2015.

［24］徐向华，程雪涛，梁新刚. 载人航天器主动热控制系统流体回路的优化设计［J］. 宇航学报，2011，32（10）：2285-2293.

第10章 空间电子束系统电子补给技术

空间电子束系统的核心是电子加速器[1-4]，其基本原理为通过电子加速器将束流加速到一定能量，再通过发射系统发射到外部空间中去[5-8]。由于空间真空度高，大气和等离子体都相当稀薄[9-12]，依靠空间环境来补给电子，保障系统自身的电中性具有一定的限制，因此需要开展电子补给技术研究。本章基于这一问题，介绍了电子束系统保持电中性的方法，并讨论了天基系统依赖环境等离子体补给电子的可行性和条件。

10.1　天基电子束系统的中性化概念

天基电子束系统在工作时要向空间辐射大量的自由电子，此时系统将携带大量的正电荷，不可避免会呈现高正电位。高正电位可能会造成如下几个问题：① 空间载荷充电至高正电位可能引起航天器不等量充电或绝对充电[12]，充电至一定程度甚至可能产生静电放电，造成极其严重的后果；② 充电至高正电位的航天器平台会对辐射电子产生明显的吸引作用，减缓甚至阻止电子束发射，造成发射束流能量和品质下降，返回的电子束又可能引起局部充放电等问题；③ 高正电位航天器平台还会吸引空间中的大量高能电子，可能引起航天器局部微放电、深层充放电等问题；④ 由于空间等离子体极其稀薄，补充电子的能力有限，工作中可能很长时间持续带有高电位——此时的航天器还可能会因为地磁场的影响产生明显的轨道漂移，不利于自身定位和跟瞄空间碎片目标。因此中和或释放空间电子束系统中过多的净电荷，使其自身电位维持在一个合理的范围是相当有必要的，对于系统维持自身安全、保障可靠性等方面都具有重要的意义。

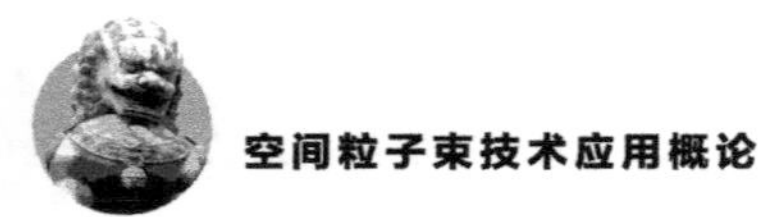

10.2 天基系统中性化常用方法

10.2.1 天基电中性化方法概述

过去的几十年间，研究者们提出、讨论和测试了多种抑制天基系统带电，保障其中性化的方法，这些方法各有利弊。通常，天基系统中性化方法[12]分为两类：主动式和被动式。主动式是通过命令控制的，被动式是自主的，不需要控制。其常用方法概述如表10-1所示。

表10-1 天基系统电中性化常用方法概述

方法	类型	物理现象	评论
尖角法	被动式	场致发射	需要高电场；尖角的离子溅射能减缓航天器导电性结构地的带电，但对绝缘介质无效，会引起不等量带电
导电栅网法	被动式	防止形成高场强	周期性表面电位
半导电涂料法	被动式	提高电介质表面电导率	抑制电介质表面带电，涂层的导电性会逐步发生变化
高二次电子发射系统材料	被动式	二次电子发射	仅适用于抑制能量位于二次电子发射系数为1的初始电子

续表

方法	类型	物理现象	评论
热灯丝法	主动式	热电子发射	限制空间电荷电流。仅用于减缓导电性地的带电，会引起不等量带电
电子束发射法	主动式	电子发射	仅用于减缓导电性地的带电，会引起不等量带电
离子束发射法	主动式	低能量离子返回	“热”点中和；对导电性地和介质表面均有效；能量足够大的离子可作为二次电子产生器；除非电荷交换，否则无法减缓能量低于离子发射能的电位
等离子体发射	主动式	发射电子和离子	比单独发射电子或离子更有效
蒸发法	主动式	蒸发会吸附电子的极性分子	对导电性和非导电介质表面均适用；不适用于深层带电；可能产生污染
金属基介质	被动式	增加介质表面导电性	抑制深层带电；使用时必须注意材料均匀性；需要研究金属基电介质的电导率和控制

在自然环境的影响下，航天器不会充电至较高的正电位，所以表 10-1 所述的中性化方法基本上都是用于中和负电位的。除了少量采用涂层、特殊材料等方法，中和负电位的最常用方法为发射电子、离子或等离子体，其中等离子体发射法在中和负电位的同时，可以减缓和抑制不等量充电的产生，总体性能要优于单独发射电子或离子的方法[12]。

当考虑非自然因素，如存在带电粒子束的辐射或辐照时，航天器可以充电至高的正电位。与负电位中和不同，航天器充电至较高正电位时，发射电子束只会进一步提升正电位，电子束返回流以及其产生的二次电子等都不能有效逃逸出航天器表面，因此不能用发射电子束的方法来中和航天器正电位。离子发射法或等离子体发射法对于航天器正电位中和仍然具备较好的可行性：① 发射的离子束只需要极小的能量离开航天器，就可以由航天器正电位加速逃逸，余下的电子则可以有效中和航天器表面的正电荷；② 发射等离子体时，离子同样受到航天器的排斥加速逃逸，这一点与单独发射离子束基本类似。不同的是，发射等离子体中的绝大多数电子会由于库仑力吸引返回航天器表面，进一步缓解不等量带电的问题。基于这一考虑，在正电位航天器中性化方法中，发射等离子体的方法也要优于单独发射离子的方法。

10.2.2 等离子体或离子发射基本原理

受空间电推进设备工作原理的启发，可采用类似于电推进装置[13]来发射等离子体（或离子）。如图10-1所示为空间电子束系统电中性化原理示意图，加速器在向外辐射高能电子的同时，采用一个放电电离装置产生适量的等离子体，将其（或适量的正离子）喷射出系统外部，来实现整体系统电中性的目的。

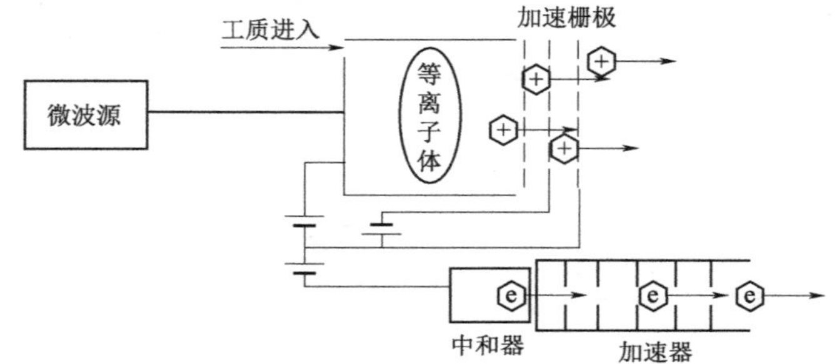

图10-1 空间电子束系统电中性化原理示意图

10.2.3 等离子体产生方法

无论是发射等离子体还是离子，一般都需要先将工质电离成等离子体。与电推进装置原理类似，按照不同能量加速自由电子并产生等离子体的方法[14-15]，可以分为直流放电等离子源和交流放电等离子源。下面分别进行简要介绍。

1. 直流放电等离子源

直流放电中，电极上所加电压的极性在时间上是恒定的，一般把正电位一侧称为阳极，把负电位一侧称为阴极。等离子体的生成和维持主要是通过阴极鞘层中的电子加速和等离子体中的焦耳热来实现的。常见的直流放电形式如图10-2所示。

辉光放电是直流放电中的一种主要形式，根据放电时的电压-电流不同特性，它可以分为前期辉光、正常辉光和反常辉光等类型。这种辉光放电生成的等离子体，相对于离子而言电子温度会更高一些，因此也常常被称为低温等离子体。低气压辉光放电的击穿机制是：从阴极发射的电子，在放电空间引起电子雪崩，由此产生的正离子再轰击阴极使其发射出更多的电子，由电子雪崩的不断发展而引起的放电。

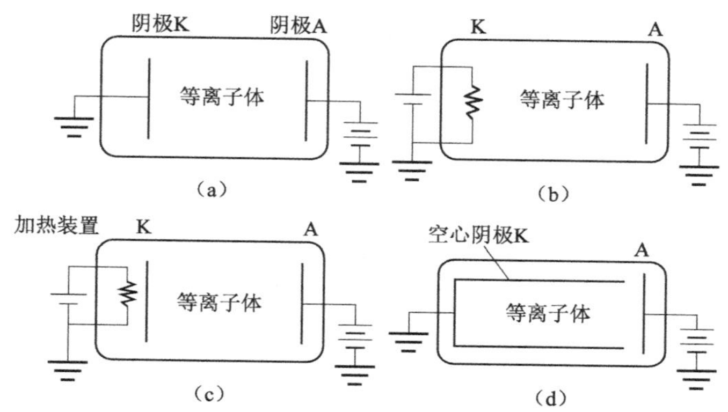

图 10-2 常见的直流放电形式

(a) 冷阴极；(b) 直热式热阴极；(c) 旁热式热阴极；(d) 空心形阴极

2. 交流放电等离子源

交流放电也称高频放电。高频放电依据耦合方式不同，又可分为射频放电（电容耦合和电感耦合）和微波放电（电磁波耦合）。

图 10-3 所示为交流放电的三种耦合方式，其中图 10-3（a）为静电耦合，又称电容耦合，主要利用静电场来加速电子；图 10-3（b）为感应耦合，利用感应电场来加速电子；图 10-3（c）为电磁波耦合，利用电磁波成分来供给等离子体能量。图 10-3（a）方式产生的等离子体一般称为电容耦合等离子体；图 10-3（b）方式中如无磁场则叫作感应耦合等离子体，有磁场则叫作螺旋波等离子体；图 10-3（c）方式中如无磁场则叫作表面波等离子体，有磁场则叫作电子回旋共振（Electron Cyclotron Resonance，ECR）等离子体。

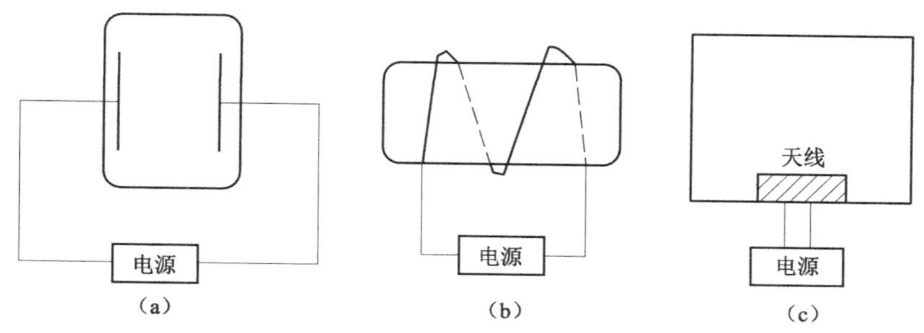

图 10-3 交流放电的三种耦合方式

(a) 静电耦合；(b) 感应耦合；(c) 电磁波耦合

交流放电中最常见、最简单的当属静电耦合方式。在平行板电容器中，气体在外加射频功率的激励下产生放电，由此产生的等离子体称为电容耦合等离

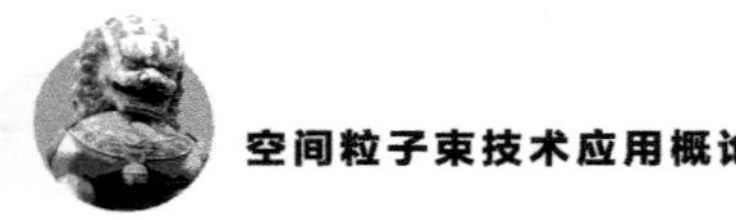

子体（Capacitive Coupled Plasma，CCP）。例如，在压强为10～1 000 Pa，电极间距为1～5 cm，射频频率为13.56 MHz，射频功率为20～200 W条件下，生成等离子体密度可以达到10^{16} m^{-3}量级。此方法的优点为：① 能够容易生成大口径等离子体，低气压时，放电的发光分布均匀；② 绝缘膜堆积在电极上，也可以维持稳定的等离子体状态。

微波等离子体具有能量效率高、电离率高等优势，目前在电推进、托克马克等领域广泛应用。以ECR等离子体装置为例，当有磁场存在时，电子便会在洛伦兹力的作用下做环绕磁力线的回旋运动。这种运动的频率（电子回旋频率）由磁场强度所决定。如果从外部施加同一频率的振荡电场，那么做回旋运动的电子会受到同相位电场的作用而被“直流式”地持续加速。这样一来，当电场角频率与电子回旋角频率一致时，就会发生电子的共振加速，电子由此获得较高的动能，所以这种现象被称为电子回旋共振。利用这个原理的ECR等离子体装置，由于吸收了微波能量的高速电子频繁地引起电离，所以即使在低气压下也可以获得高密度等离子体。

10.3　空间电子束系统电子补给需求

一般来说，要空间电子束系统连续工作，必须考虑电子补给的问题。电子补给一般是需要俘获外部的自由电子，如从空间等离子体中获取。但由于空间等离子体中的自由电子数量并不是太大，在发射电流较大的情况下常常来不及补给。因此另一种有效方法就是主动向外喷射离子（或等离子体），以保证净电子流（或返回电子流）可以补偿阴极的电子损失。假定空间电子束系统的平均发射束流强度为 100 mA，则平均每秒需补偿的电子个数大约为 6.25×10^{17}。考虑到不同发射束流强度，其电子补给需求如表 10-2 所示。

表 10-2　电子束定向能系统电子补给需求

平均发射束流强度	每秒需补偿的电子个数/个
1 000 A	6.25×10^{21}
1 00 A	6.25×10^{20}
10 A	6.25×10^{19}
1 A	6.25×10^{18}
100 mA	6.25×10^{17}
10 mA	6.25×10^{16}
1 mA	6.25×10^{15}

这里的计算中假定发射的电子与需要补偿的电子数相等，需补偿的平均电流等于发射的平均束流。以当前空间加速器的技术水平来说，平均流强达到A级以上的难度和代价是很大的，更不用说达到kA量级。从工程实现的角度考虑，目前1 mA以下平均发射流强的电子束系统具有一定的工程可行性。

10.4　不同轨道高度空间电子补给能力

由于空间等离子体十分稀薄，并不能总是满足天基系统净电荷的快速中和要求，采用气体电离装置产生并喷射适量的带电粒子是一个十分有效的方法，这一点在前面的10.2节中已有讨论。无论是否使用电离装置喷射等离子体或正离子，天基系统在空间等离子体中运行时的补给电子能力都是需要专门讨论的。特殊地，如果在一些弱流强的应用中空间等离子体的补给能力可以支持天基系统的电荷消耗，这无疑可以大幅降低系统的体积、功耗等指标。基于系统性考虑，本节简要讨论空间等离子体补给电荷的能力，并不局限于补给电子，对正离子（以质子为例）的补给也将做一定的讨论。

10.4.1　空间带电模型

在讨论补给之前，首先要明确航天器在辐射带电粒子束时的自身充电影响。为简便起见，假定航天器为球体，在一般情况下，可看作双球形电容模型，它可近似看作以航天器为内半径，德拜长度为外半径的双球形电容模型，此时近似电容可表示为

$$C = \frac{4\pi\varepsilon_0 R_1(R_1 + D)}{D} \tag{10-1}$$

式中：R_1 为物体半径；D 为德拜长度。假定电子与离子温度相同，则德拜长度[9]的表达式为

$$D = \sqrt{\frac{\varepsilon_0 kT}{2ne^2}} \tag{10-2}$$

式中：ε_0 为真空介电常数；k 为玻尔兹曼常量；T 为粒子温度；n 为等离子体密度；e 为元电荷电量。

以半径分别为 1 m、10 m、20 m 的球体为研究对象，分别对应不同尺寸的航天器，研究在发射高能电子束时，其自身的极限充电情况。表 10-3 给出了地球轨道等离子体参数[9]。表 10-4 给出了发射 1 MeV 电子束流时航天器自身极限充电参数。

表 10-3 地球轨道等离子体参数

等离子体	电子密度/（$n \cdot m^{-3}$）	电子温度 T/K	德拜长度 D/m	等离子体电子频率/Hz
300 km 轨道	5×10^{11}	1 500	0.003	6.3×10^6
1 000 km 轨道	8×10^{10}	5 000	0.012	2.5×10^4
36 000 km 轨道	1×10^7	1×10^7	49	2.8×10^4

表 10-4 发射 1 MeV 电子束流时航天器自身极限充电参数

半径/m	电容 C/F（300 km）	带电量 Q/C（300 km）	电容 C/F（1 000 km）	带电量 Q/C（1 000 km）	电容 C/F（36 000 km）	带电量 Q/C（36 000 km）
1	3.7×10^{-8}	3.7×10^{-2}	9.4×10^{-9}	9.4×10^{-3}	1.1×10^{-10}	1.1×10^{-4}
10	3.7×10^{-6}	3.7	9.3×10^{-7}	0.9	1.3×10^{-9}	1.3×10^{-3}
20	1.5×10^{-5}	14.8	3.7×10^{-6}	3.7	3.1×10^{-9}	3.1×10^{-3}

由表 10-4 可以看出，在较低轨道，德拜半径 D 一般远小于航天器半径，此时式（10-1）可改写为 $C \approx 4\pi\varepsilon_0 {R_1}^2/D$，此时电容和带电量近似与半径的平方成正比。在同步轨道，电容和带电量近似与半径是线性变化。这是由于在同步轨道上德拜半径 D 常常远大于航天器半径，此时航天器电容可近似为 $C \approx 4\pi\varepsilon_0 R$，此时电容近似与航天器半径成正比。

同时应注意到，理论上天基系统可发射出的电子电量等于上述极限电量。在不考虑外部等离子体中和或其他中和方法的情况下，超出此电子电量的电子束都会被航天器减速并返回，发射过程会中止。这也是空间电子束系统平台需要补给电子的一个重要原因。

10.4.2 空间带电物体中和模型

空间物体带电会吸引附近的异性电荷，排斥同性电荷，这一过程是引起德

拜屏蔽的主要原因。然而由于空间等离子体密度低，带电航天器中和过程（或进一步充电过程）并不能直接以库仑力的表现形式笼统计算。一般来说，将空间物体看作一个朗缪尔探针，依据轨道限制机制可以估算其中和过程，这一机制在高轨及同步轨道具有很好的适用性，低轨道误差略大一些，但也在承受范围内。

非带电情况属于比较理想的情况，此时既不会吸引也不会排斥电荷，一般来说，这种状态并不存在，但它却是带电情况的理论基础。基于朗缪尔探针近似，球形物体收集流[12, 16]为

$$I_0 = 4\pi r^2 qvn \tag{10-3}$$

式中：r为物体半径；q为收集流粒子带电量；v为物体运动速度；n为等离子体电荷密度。一般情况下，由于正离子质量远大于电子，对于非带电或弱带电物体，其电子通量比离子通量要高两个量级左右。如果物体带正电，则其吸引电子，排斥正离子，此时基本可以完全忽略正离子的碰撞引起的电流；如果物体带负电，则其吸引正离子，排斥电子，此时物体的净电流需要综合讨论。在讨论带电航天器补给电荷能力之前，先讨论一下不带电时航天器收集电子和质子的能力，其结果分别如表10-5和表10-6所示。

表10-5　不同轨道高度上不同大小航天器收集电子流的能力

轨道高度/km	300		1 000		36 000	
航天器半径/m	收集流/A	平均每秒收集电子个数/个	收集流/A	平均每秒收集电子个数	收集流/A	平均每秒收集电子个数
1	0.24	1.5×10^{18}	0.07	4.4×10^{17}	4e−4	2.5×10^{15}
10	24.2	1.5×10^{20}	7.07	4.4×10^{19}	0.04	2.5×10^{17}
20	96.8	6.1×10^{20}	28.3	1.8×10^{20}	0.16	1×10^{18}

表10-6　不同轨道高度上不同大小航天器收集离子流的能力

轨道高度/km	300		1 000		36 000	
航天器半径/m	收集流/A	平均每秒收集质子个数/个	收集流/A	平均每秒收集质子个数/个	收集流/A	平均每秒收集质子个数/个
1	5.7×10^{-3}	3.6×10^{16}	1.7×10^{-3}	1.1×10^{16}	9.3×10^{-6}	5.8×10^{13}
10	0.57	3.6×10^{18}	0.17	1.1×10^{18}	9.3×10^{-4}	5.8×10^{15}
20	2.27	1.4×10^{19}	0.66	4.1×10^{18}	3.7×10^{-3}	2.3×10^{16}

假定航天器净收集流与发射流相等，航天器保持不带电持续运行，这里的净收集流正好等于可由空间等离子体自行中和的最大发射电流，主要由运行轨道环境、航天器尺寸等参数决定。净收集流是指航天器在轨同时收集的电子流与离子流的差值，由表10-5和表10-6中数据可知，离子收集流远小于电子收集流，因此也可以近似看作等于电子收集流。在航天器半径1～20 m范围内，不难看出在低轨道下，零电位航天器最大可发射电子流的范围为0.24～96.8 A，同步轨道仅为0.4～160 mA，收集质子的速度比电子还要小1～2个量级，相应地可发射质子流也下降1～2个量级。因此可以说，空间补给离子的能力远小于补给电子，而且同等能量、同等束流离子束的实现难度远大于电子束，电子束的应用在这一方面要优于离子束。

10.5　带电航天器补给电子能力

由上一节的讨论可以看出，非带电情况下航天器自动补给电子的能力是十分有限的，而且事实上也不存在真正意义上的非带电航天器。以半径1 m的球形航天器为例，其低轨发射电子能力约为0.24 A，同步轨道发射电子能力约为0.4 mA，发射质子能力还要下降1~2个量级。通常情况下超过这一水平的束流发射平台就必须要配备适当的中性化装置（如10.2节中的电离装置），但中性化装置的引入无疑大幅增加了载荷的实现代价。考虑到航天器在自身带电之后，其补给能力大幅增加，且航天器自身一般都会带有一定的电荷，这里有必要再进一步对带电航天器的补给电子能力进行简要的讨论。

10.5.1　带正电物体中和模型

航天器发射带电离子会诱发自身充电，发射电子束时诱发自身带正电，如果发射离子束，则自身带负电。本节先讨论带正电的情况。对于一般结构，吸引电流表达式[12, 16]为

$$I_\phi = I_0\mu[1 - q\phi/(kT)]^a \tag{10-4}$$

式中：a和μ是经验指数，μ约等于1.1，a为0.7~1.2。q为接收粒子电荷量；ϕ为航天器电位；k为玻尔兹曼常量；T为粒子温度。一般讨论中可认为两者都

为 1，即有

$$I_{\phi} = I_0[1 - q\phi/(kT)] \tag{10-5}$$

带正电的情况下，正离子被排斥，电子被吸引，因此可以只考虑电子电流中和，中和电流 $Q = It = CU$。收集流 I_{ϕ} 随着电势的增加而增加，总中和电荷是一个积分值。假定航天器可保持电位范围为 1 000～500 V，考虑这一过程中的收集流的变化，采用有限差分法求解可得结果如表 10-7 所示。

表 10-7　带正电中和情况

轨道高度/km	航天器半径/m	1 000 V 时收集流/A	500 V 时收集流/A	平均收集流/A
300	1	1.9×10^3	9.4×10^2	1.4×10^3
	10	1.9×10^5	9.4×10^4	1.4×10^5
	20	7.5×10^5	3.7×10^5	5.6×10^5
1 000	1	1.6×10^2	8.2×10^1	1.2×10^2
	10	1.6×10^4	8.2×10^3	1.2×10^4
	20	6.5×10^4	3.3×10^4	5×10^4
36 000	1	8.5×10^{-4}	6.2×10^{-4}	7.4×10^{-4}
	10	8.5×10^{-2}	6.2×10^{-2}	7.4×10^{-2}
	20	0.34	0.25	0.3

由表 10-7 可知，航天器带正电时，中和电流随着电位增加而大幅提升，中低轨道上收集流约有 10^4 倍增长，同步轨道则仅提升一到两倍——这是由于同步轨道上等离子体过于稀薄造成的。由于收集流明显提升，高正电位航天器的净正电荷可以很快被中和，不难估算，表 10-7 中的 1 000 V 到 500 V 中和时间都在微秒到毫秒范围。因此可以说，选取适当的航天器尺寸和安全悬浮电位，能够进一步加快中和速度，提升系统的自动收集电子能力，对应的可发射电流强度也进一步提升。显然，低轨情况下的提升会更加明显一些。

10.5.2　带负电物体中和模型

带负电物体的中和模型较为复杂：一方面排斥电子，另一方面又吸引正离子。此时两者需要同时考虑，则朗缪尔轨道限制方程[12, 16]为

$$I_{\phi} = I_{0i}(1 - q_i\phi/kT) - I_{0e}\exp[-q_e\phi/(kT)] \tag{10-6}$$

这里的 I_{0i}、I_{0e} 分别是零电位时正离子和电子的收集电流，此处电位 ϕ 是负值，因此正离子数比零电位时增加，电子数比零电位时减少。同样采用有限差分法可得表 10-8 的结果。

表 10-8　带负电中和情况

轨道高度/km	航天器半径/m	1 000 V 时收集流/A	500 V 时收集流/A	平均收集流/A
300	1	43.7	21.8	32.8
	10	4.4×10^{3}	2.2×10^{3}	3.3×10^{3}
	20	1.8×10^{4}	8.7×10^{3}	1.3×10^{4}
1 000	1	3.81	1.88	2.85
	10	3.8×10^{2}	1.9×10^{2}	2.9×10^{2}
	20	1.5×10^{3}	7.5×10^{2}	1.1×10^{3}
36 000	1	-1×10^{-4}	-2.1×10^{-4}	—
	10	-1×10^{-2}	-2.1×10^{-2}	—
	20	-4×10^{-2}	-8.3×10^{-2}	—

由表 10-8 可以看出，中低轨情况下，航天器带负电也可以明显地提升中和流，在 1 000 V 的电位下也有近四个量级的提升，这对于离子束的传输来说是十分有效的。但在同步轨道上，由于离子速度远低于电子速度，所以即便是带负电，收集的电子也比正离子数量多，负电位会进一步上升，这也是同步轨道上航天器进入地影区前后易充电至高负电位的原因。因此可以说，一般情况下同步轨道上带负电时单纯依靠环境离子中和是不可行的，往往需要依靠光电子[17-18]、二次电子[19-20]或中性化装置来中和。当然如果是较高的负电位（高于充电平衡电位），收集的离子流将大于电子流，此时环境等离子体仍可以将其中和至较低（约等于充电平衡电位）的负电位上。这一充电平衡电位为航天器在等离子体中运行时平衡充电电位的估值，其同步轨道的典型值约为 −2 kV[9]，其值大小主要依赖于等离子体的温度。

10.5.3　空间电子补给能力讨论

本节以航天器表面充电为研究对象，考虑的是理想带电情况（主要是绝对充电的范畴）。事实上空间物体充电过程相当复杂，这里只是介绍一个相对简化的模型。为了方便讨论，本节没有考虑电流中和过程中的光电子、二次电子等因素的影响，在带正电的中和模型中这样的考虑基本没有影响，但是在带负电的模型中则可能有所偏差，在必须考虑这些因素时需要重新建模讨论。但如果为极高电位情况（10 kV 甚至以上），此时这些影响因素也并不占据主导，在一般估算中仍然可以忽略。其次，高电位航天器对周围等离子体的扰动在分析中被忽略掉了，但实际上也还是有一定影响的，主要表现为：附近等离子体的温度会上升，这种情况下德拜长度会上升，航天器电容和带电量会有所下降。这一过程为非稳态过程，精确的讨论比较复杂。这一扰动在同步轨道的影响很小，在低轨道则略大一些，但对于最终结论的影响可能并不会太大。总体而言，空间电子补给能力在中低轨时还是十分可观的，特别是自身带电以后，这种补给能力最高能有数个量级以上的提升。但是涉及航天器自身电位不易过高的问题，因此在强流发射时仍然要考虑其他中和手段。对于同步轨道情况，平均流强 100 mA 以下是一个较可行的工作范围，此时空间等离子体基本可以满足电子补给需求。如果考虑更强束流工作，则必须采用电离中性化装置。

10.6　小　　结

针对电子束系统的空间应用，本章给出了保持系统电中性以及空间电子补给能力的概念，论述了保持系统电中性的一般方法，并基于空间稀薄等离子体讨论了天基系统自动电子补给的能力。对于利用空间等离子体实现的天基系统自动电子补给技术而言，电子束应用的优势要明显大于离子束。考虑适当的工作占空比和电流，无工质消耗的天基系统电子补给技术是可行的。

参 考 文 献

[1] 裴元吉. 电子直线加速器设计基础 [M]. 北京：科学出版社，2013.
[2] 刘乃泉. 林郁正，刘国治，等. 加速器理论 [M]. 北京：清华大学出版社，2004.
[3] 陈佳洱. 加速器物理基础 [M]. 北京：北京大学出版社，2012.
[4] 陈金华. 低能电子辐照加速器加速管的设计与优化 [D]. 武汉：华中科技大学，2013.
[5] RETSKY M. Coulomb repulsion and the electron beam directed energy weapon [C]. SPIE，orlando，2004.
[6] NUNZ G J. Beam experiments aboard a rocket (BEAR) project final report vol 1：project summary [R]. LA-11737-MS,1，1990.
[7] NIELSEN P E. Effects of directed energy weapons [M]. New York，USA：Directed Energy Professional Society，2009.
[8] BEKEFI G，FELD B T，PARMENTOLA J，et al. Particle beam weapons-a technical assessment [J]. Nature，1980，284 (20)：219-225.
[9] PISACANE V L. The space environment and its effects on space systems [M]. Reston，USA：American Institute of Aeronautics and Astronautics，Inc.，2008.
[10] 沈自才. 空间辐射环境工程 [M]. 北京：中国宇航出版社，2013.
[11] 闻新. 航天器系统工程 [M]. 北京：科学出版社，2016.
[12] LAI S T.Fundamentals of spacecraft charging：spacecraft interactions with space plasmas [M]. Princeton，NJ，USA：Princeton University Press，2011.
[13] 毛根旺，唐金兰. 航天器推进系统及其应用 [M]. 西安：西北工业大学出版社，2009.
[14] 殷冀平，蔺增，巴德纯. 电子回旋共振波等离子体及其应用 [J]. 真空科学与技术学报，2016，36 (3)：324-333.
[15] [美] ROTH J R. 工业等离子体工程：第Ⅰ卷基本原理 [M]. 吴坚强，等译. 北京：科学出版社，1998.

[16] WANG S, WU Z C, TANG X J, et al. A new charging model for spacecraft exposed dielectric (SICCE) [J]. IEEE Trans. On Plasma Sci. 2016, 44 (3): 289-295.

[17] LAI S T, CAHOY K. Trapped photoelectrons during spacecraft charging in sunlight [J]. IEEE Trans. On Plasma Sci. 2015, 43 (9): 2856-2860.

[18] YU K K, HUANG X Z, ZHENG N, et al. Monte carlo based simulation on surface charging phenomena of insulators prior to flashover in vacuum [C]. //24th Int. Symp. on Discharges and Electrical Insulation in Vacuum, Braunschweig, 2010.

[19] LAI S T. Some novel ideas of spacecraft charging mitigation [J]. IEEE Trans. Plasma Sci., 2012, 40 (2): 402-409.

[20] LAI S T. Importance of surface conditions for spacecraft charging [J]. Journal of Spacecraft and Rockets, 2010, 47 (4): 634-638.

第11章 利用电子束系统进行空间碎片清除

空间碎片是指人类在太空活动中产生的废弃物及其衍生物，主要包括废弃航天器、火箭末子级、执行任务过程中的抛弃物、火箭爆炸物、空间飞行器解体及碎片之间相互碰撞产生的碎片等。空间碎片是空间环境的主要污染源，轨道上日益增多的空间碎片必将影响和威胁人类对空间资源的可持续利用，空间碎片清除是航天任务必须面对的重要问题[1-4]。按机构间空间碎片协调委员会（IADC）技术工作组划分，空间碎片问题研究分为探测、环境及数据库、防护和减缓四个技术领域，本章涉及内容主要为减缓技术，介绍了空间碎片概况和常用空间碎片清除方法，提出利用电子束的热烧蚀法和带电轨道偏移法等空间碎片清除方法，简述了这两种方法的基本原理和可行性。

11.1　空间碎片概况

11.1.1　空间碎片

在人类航天环境中，除各类带电粒子、场和电磁辐射外，还存在大量空间碎片（Space Debris）。空间碎片是伴随人类航天发射活动而产生的太空垃圾，是对地球轨道内（高度 200～36 000 km）无任何功能和作用的所有人造物体的统称[5]。

自 1957 年苏联发射世界第一颗人造卫星 Sputnik-1 号以来，人类已进行了 4 000 多次空间发射活动，发射入轨的航天器超过 5 500 个。这些人造物体绝大多数分布在高度 2 000 km 以下的低地轨道（LEO）和高度约 36 000 km 的地球同步轨道（GEO）区域内，其中又以高度约 800 km 的太阳同步轨道（SSO）区域分布最多、最密集。目前，这些人造物体有相当一部分仍滞留在地球轨道上，另有一些或已重返大气层自行陨落、消失泯灭，或已脱离地球引力飞向深空。

空间碎片主要源于失效航天器、运载火箭末级、任务相关碎片（操作性碎片）和航天器在轨解体碎片等几个方面，而且各部分所占比例并不固定，是随时间而变化的。据美国空间监视网（Space Surveillance Network，SSN）及天基探测统计数据，截至 2009 年 4 月 1 日，在地球轨道内，尺寸 10 cm 以上的编目空间物体超过13 800个，其中正常运行的航天器只约占6%，其余94%均为空间碎片，尺寸1 cm以上空间碎片超过50万个，尺寸1 mm以上超过3 500万个，微米级以上尺寸数量更是庞大，且每年仍以约5%的速度在增长。SSN编目物体数量及组成逐年变化情况如图11-1所示[6]。

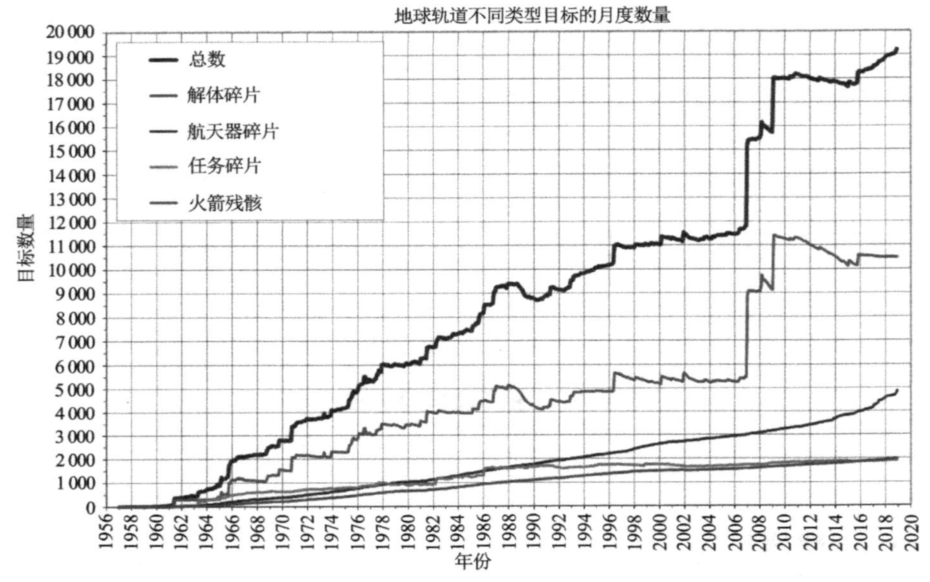

图11-1　SSN编目物体数量及组成逐年变化情况[6]

空间碎片的主要成分是铝、锌、钛等金属氧化物，部分为航天员产生的含钠、钾成分的废物及电子产品产生的含铜、银成分的碎片，平均密度约为2.8 g/cm³。在LEO轨道上，空间碎片绕地运动速度为7~8 km/s，与其他空间物体的平均相对碰撞速度约为10 km/s。

在不同尺寸空间碎片来源方面，cm级以上尺寸的大空间碎片主要来源于末级运载火箭、寿终航天器、工作遗弃物、意外解体碎片、钠钾冷却剂等；mm级空间碎片主要来源于航天器表面老化剥离碎片、溅射物、三氧化二铝残渣、钠钾冷却剂、意外解体碎片、微流星体等；μm级空间碎片则主要来源于航天器表面老化剥落碎片、三氧化二铝粉尘、溅射物、微流星体等。

研究表明，当前地球轨道的总质量已达6 000 t以上，其中约有一半物质分布在2 000 km以下的LEO轨道（图11-2）。由于航天活动的特点，2 000 km以下的近地轨道和36 000 km的地球同步轨道是空间碎片的集中区域，其中，300~2 000 km又是碎片密度最高的区域，800 km轨道及1 500 km轨道

尤为严重；在 GEO 区域，空间碎片主要分布在倾角为 0.1°～0.4°范围（通信卫星最密集的区域），绝大多数碎片的偏心率在 0～0.01，最大分布密度可达 1.1×10^{-9} 个/km³。轨道高度超出 GEO 区域，空间碎片数量急剧下降。空间碎片密度随轨道高度变化曲线如图 11-3 所示，不同轨道碎片密度与碎片尺寸的关系如图 11-4 所示，不同尺寸碎片累积通量随高度分布如图 11-5 所示。

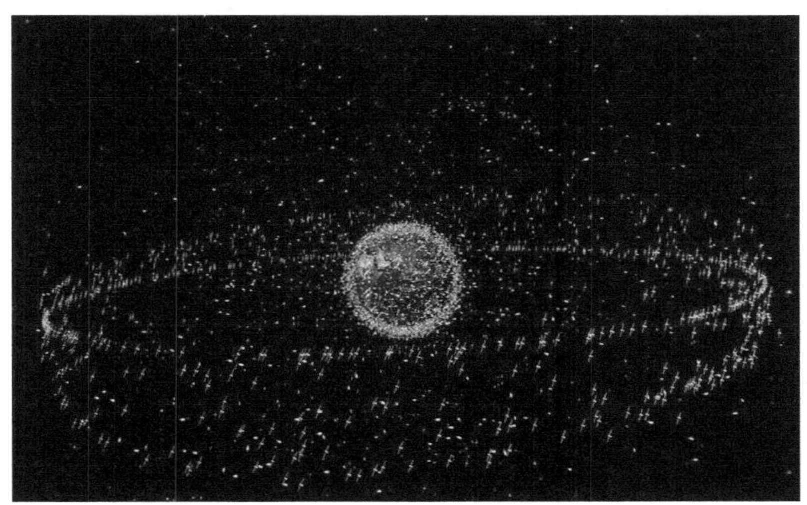

图 11-2　2011 年 NASA 组织公布的空间碎片模拟分布图

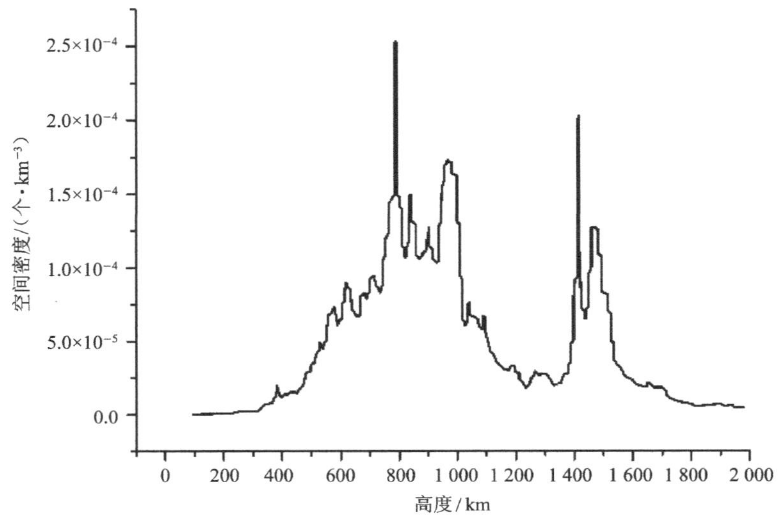

图 11-3　空间碎片密度随轨道高度变化曲线

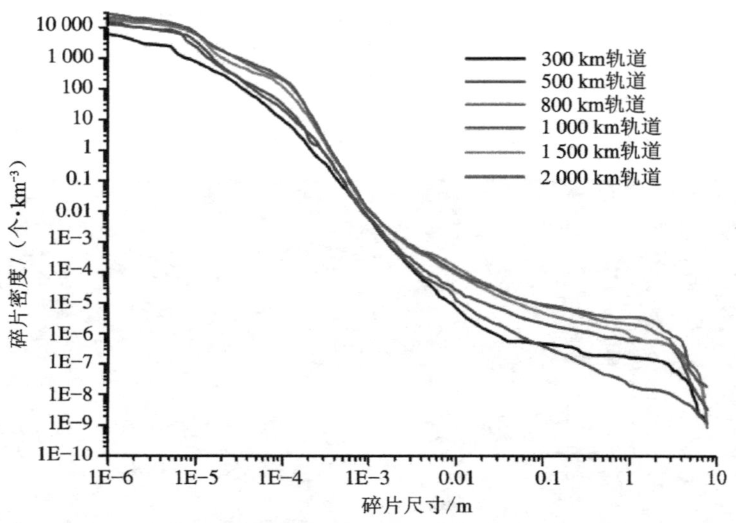

图 11-4　不同轨道碎片密度与碎片尺寸的关系

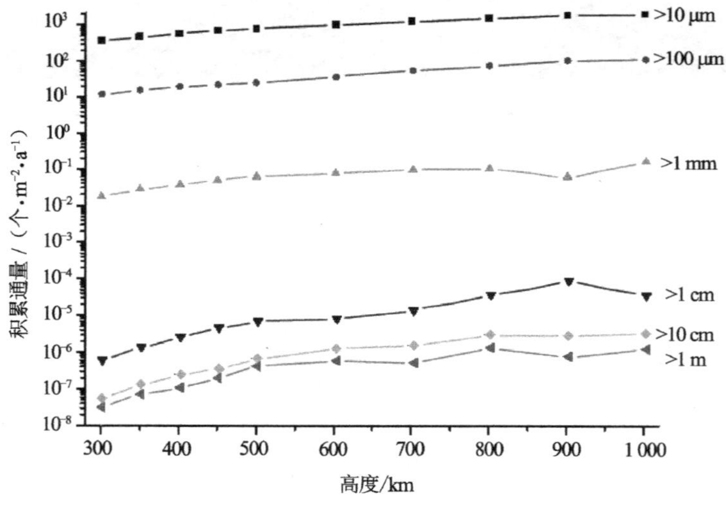

图 11-5　不同尺寸碎片累积通量随高度分布

11.1.2　空间碎片危害

航天器一旦发射入轨，即处于空间碎片和微流星体环境之中。空间碎片和微流星体与航天器平均相对碰撞速度高达 10～20 km/s，对在轨航天器安全运

行构成巨大的潜在威胁，其特征主要体现为空间碎片和微流星体超高速碰撞造成的航天器机械损伤以及由此引起的功能破坏甚至失效。航天器遭遇空间碎片与微流星体空间分布密度相关外，还与航天器暴露表面积及在轨运行时间有关，碰撞危害程度及表现形式则主要取决于空间碎片尺寸大小及速度，相应地采取的对策、方案及措施也不尽相同。

一般来说，平均尺寸 10 cm 以上的空间碎片碰撞可造成航天器毁灭性的破坏，由于这类空间碎片尺寸大，航天器基本无法通过加固自身来防护，但可通过地基雷达和望远镜等探测手段进行监视、跟踪、定轨和预警，通常采取轨道规避策略避免碰撞事件的发生。cm 级空间碎片也可导致航天器彻底损坏，而且受目前探测能力和水平的制约，尚无法精密跟踪和定轨，既无法逐一预警和规避，又缺乏有效的结构防护方法和手段，是潜在威胁最大的危险空间碎片，唯一的方法是在航天器设计及运营上设法降低遭遇致命性碰撞的风险。对于 mm 级和 μm 级空间碎片，虽然这类空间碎片数量庞大，而且无法跟踪和规避，但可以通过优化航天器总体设计方案和设置防护结构等方法进行防护，因此也是目前空间碎片结构防护的主要对象。

mm 级空间碎片碰撞可造成航天器舱壁成坑或穿孔、密封舱或压力容器泄露、液氧箱爆炸、天线变形、功率下降和信号失真等后果，而且碰撞部位、舱壁厚度不同，造成的危害程度会有很大不同。例如，尺寸 1 mm 铝质碎片能穿透约 2 mm 厚铝合金板，穿孔直径可达约 4 mm；尺寸 10 mm 碎片则能穿透约 20 mm 厚铝合金板，穿孔直径可达约 50 mm。统计数据进一步表明，在 LEO 区域，对于厚度为 0.1 mm 的铝制舱壁，每年每平方米表面上有可能发生 1 000 次破坏性碰撞，而对于厚度为 1 mm 的铝制舱壁，每平方米表面上几十年才有可能发生 1 次破坏性碰撞。

μm 级空间碎片单次碰撞后果虽不会十分严重，也不会对航天器的结构强度直接造成影响，但这类空间碎片数量庞大，与航天器发射碰撞的概率高，其积累碰撞效应会导致航天器表面产生侵蚀和光敏、热敏等器件功能下降甚至失效。例如，尺寸为 1 μm 的空间碎片碰撞铝制舱壁，产生的撞击坑直径约 4 μm，深度约 2 μm。碰撞玻璃舷窗，损伤区直径可达 100 μm，成坑深度约 3 μm。尽管损伤尺寸不大，但会降低光学表面的光洁度、改变热控表面的辐射特性、击穿抗原子氧腐蚀的保护膜等，累积效应会导致光学表面发生污染和凹陷剥蚀，破坏太阳电池阵电路和热防护系统等易损表面，使航天器功能下降或失效。空间碎片对航天器各分系统的碰撞危害列于表 11-1 [7-10]。

表 11-1 空间碎片对航天器各分系统的碰撞危害[7-10]

分系统名称	性能影响
结构系统	导致航天器结构表面发生成坑、穿孔和裂纹，背面发生层裂和削落
电子系统	碰撞产生电磁脉冲导致系统发生异常
能源系统	损坏太阳能电池阵、蓄电池和配电网
光学系统	导致表面光敏性能下降和变坏
推进系统	导致储箱和管路发生泄漏、爆裂甚至爆燃
测控通信系统	碰撞产生电磁脉冲引起系统故障
热控系统	导致热控表面涂层剥落和热敏器件功能下降与变坏

11.1.3 空间碎片研究范畴及方法

伴随人类和平开发利用外空资源步伐的加快和航天发射活动的日益频繁，空间碎片环境正日益恶化，时至今日，空间碎片问题已成为全球共同面临的空间环境污染问题。如再不采取有效措施遏止空间碎片数量的增长和空间碎片环境的进一步恶化，在可以预见的将来，空间碎片环境问题终将成为人类航天活动和可持续和平开发利用外空资源的根本制约因素[5]。

本章涉及的内容主要为空间碎片减缓/清除技术。在空间碎片减缓/清除技术措施方面，各航天国家从空间碎片预防和治理两个方面，提出了多种减缓技术措施方案和设想。例如，预防技术措施有钝化、系留、垃圾轨道、重复使用、避免在轨碰撞等，治理技术措施有离轨、回收、烧毁及收集等。这些技术措施的实施，为有效遏制空间碎片增长和空间碎片环境的进一步恶化，保护外空环境和轨道资源提供了技术保障。

11.2　常用空间碎片清除方法

空间碎片清除技术通常关注的是碎片密度较高的轨道区域，目标主要是特定范围和特定尺寸的空间碎片[11]。由于尺寸在 10 cm 以上的碎片可能导致航天器解体等灾难性的后果，同时地面观测设备观测 LEO 轨道目标的极限值也为 10 cm 左右，因此 10 cm 为划分研究碎片清除理论的一个典型尺寸。近年来，研究比较多的空间碎片清除技术包括增阻离轨清除技术、非接触推移离轨清除技术和抓捕推移离轨清除技术，图 11-6 描述了现有空间碎片清除技术。

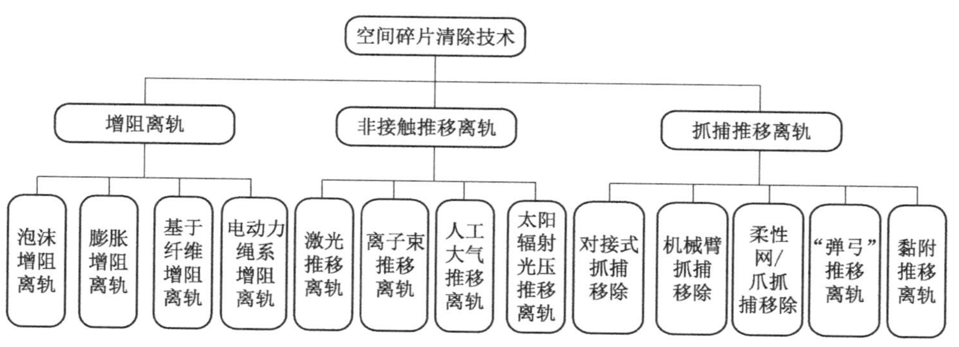

图 11-6　空间碎片清除技术

11.2.1 增阻离轨清除技术

增阻离轨技术就是通过某种方法，增加空间碎片飞行阻力，降低飞行速度，缩短轨道运行寿命，使其再入大气层而坠毁。增阻离轨清除技术中执行清除任务的卫星（清除卫星）与空间碎片保持较大的距离，避免了清除卫星与碎片的直接接触，降低了清除困难，并且较自然阻力（大气阻力）对降低碎片寿命的作用更明显。通过增加碎片的面质比可增大其所受大气阻力，并且对于不同尺寸的碎片，需使用不同的增阻离轨方法。由于分布在低地球轨道上（LEO）的空间碎片所受大气阻力较大，因此增阻离轨清除技术适用于LEO轨道。

1. 泡沫增阻离轨

当清除卫星与空间碎片交会并且绕碎片飞行时，泡沫增阻离轨方法为：清除卫星通过安装的喷射装置向空间碎片喷射泡沫，泡沫黏附在碎片上，接着泡沫包覆碎片的整个表面逐渐形成泡沫球。通过喷射泡沫，碎片的面质比由于泡沫球的低密度、大体积特性而因此增大[12]。为了将碎片有效地清除，泡沫增阻系统和电推进系统经常是联合工作的，当空间碎片成为泡沫球体后，清除卫星使用电推进系统使其脱离轨道并加快速度进入大气层，清除卫星在任务结束后也会使用电推进系统脱离轨道[13]。

2. 膨胀增阻离轨

膨胀增阻离轨是使用膨胀球代替了泡沫球，在此方法中，低层轨道游丝网（Gossamer Orbit Lowering Device，GOLD）是一个有效的工具。GOLD是一个非常大且轻的“气球”，当它膨胀到足够大时，开始吸附空间碎片，使得空间碎片在再入大气层过程中，弹道系数减小一到两个量级。与电推进系统脱离轨道方法比较，对于大空间碎片和已损毁的其他在轨卫星而言，GOLD方法风险更小[14]。然而，如果小空间碎片撞到了GOLD上，那么清除任务就会失败，这是碰撞增阻离轨的一大弊端。为了解决这一问题，提出了一种先使用3个膨胀机械爪抓住空间碎片再使用GOLD清除碎片的方法[15]。

3. 基于纤维增阻离轨

此方法与上述方法类似，只是材质由泡沫变为了纤维。基于纤维的增阻离轨清除技术是将纤维从清除卫星的热源喷出，包裹并拦截住空间碎片，使空间

碎片的面质比增大，从而使空间碎片再入大气层[16]。

4. 电动力绳系增阻离轨

电动力绳系（EDT）增阻捕获离轨方法中，电动力绳系以轨道速度在地磁场中运动，绳系上产生了电势，电离层中的带电粒子在绳系顶端被收集起来，并从末端发射出去，形成了稳定的电流，地磁场则对绳系产生了洛伦兹力并垂直于绳系上电流的方向，由于洛伦兹力与空间碎片运动速度方向相反，使得卫星的轨道能量减少，轨道高度下降，使碎片降轨移除[17-18]，图 11-7 所示为电动力绳系示意图和工作原理图[19]。与利用电推进使目标离轨相比，由于电磁场强度的限制，电动力绳系无法清除轨道高度高于 LEO 的空间碎片，并且由于通过电动力绳系的电流较低，导致所受洛伦兹力较小，绳系不具备足够的力实现轨道的转移，因而此法适用于低轨碎片移除。

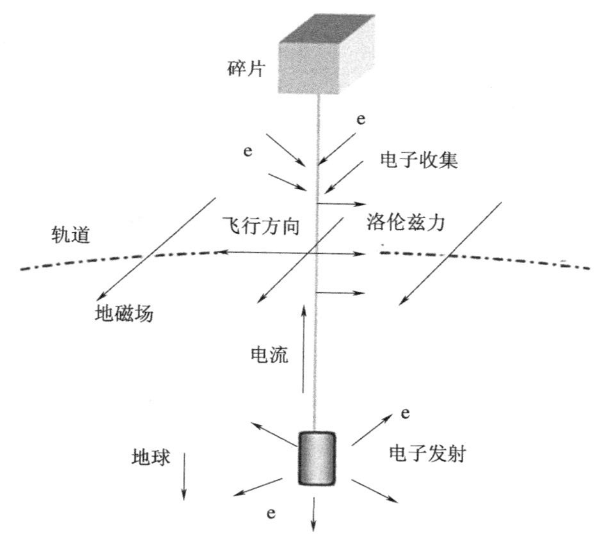

图 11-7　电动力绳系示意图和工作原理图[19]

当使用电动力绳系进行碎片清除时，首先使用机械臂抓取空间碎片，接着伸出绳系与碎片连接起来。为了探究 EDT 的稳定性和动力调度能力，Kawmoto 进行了数值仿真，建立了绳系的模型并且研究了绳系的灵活性[20]。由于空间环境的复杂，电动力绳系在椭圆轨道上并不稳定，而是处于振动状态，Zhong 等人建立了数值仿真模型表明，通过模型耦合证明，轨道面外的振动比面内的振动对绳系的稳定性具有更大的影响，因此可以通过控制轨道面外的振动来保持绳系的稳定[21]。

2010年，美国国防先进研究计划局（DARPA）提出了“电动碎片移除器”（Electro Dynamic Debris Eliminator，EDDE）计划，如图11-8所示，拟通过电动力缆绳+小型绳网移除低轨碎片[22]。日本宇宙航空研究开发机构（JAXA）研究了“空间碎片微型移除器”（SDMR），通过机械臂抓捕碎片，并展开电动力缆绳，实现增阻离轨[23]，如图11-9所示。

图11-8　EDDE计划示意图[22]

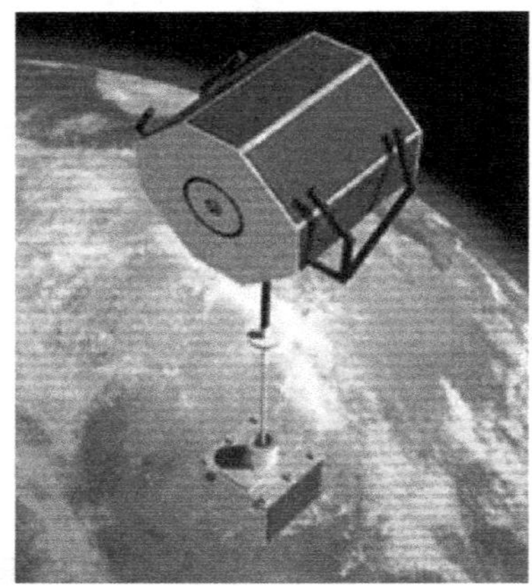

图11-9　SDMR项目示意图[23]

11.2.2　非接触推移离轨清除技术

如果通过清除卫星与空间碎片的近距离接触实现推移，可能造成两者的不可控，破坏两个目标间的稳定性，本节描述的推移离轨是非接触的推移方法，利用激光、太阳辐射、离子束等能量粒子将空间碎片推离原运行轨道，达到清

除目的。非接触的推移离轨技术用时较长，目前提出的非接触推移离轨方法主要包括太阳辐射光压推移（也被称为太阳帆推移）、离子束推移、激光推移以及人工大气方法。

1. 激光推移离轨

激光推移离轨方法适用于大空间碎片（直径＞10 cm）和小空间碎片（直径＜1 mm）。激光清除一般分为烧毁和推移两种方法，推移方法是利用高能脉冲激光束照射碎片表面，降低碎片运行速度和轨道高度；烧毁是使用强大的连续波激光照射碎片，使碎片温度升高乃至升华[11]，激光烧毁移除适用于厘米级的小碎片。Phipps 等人在 1996 年首次表明被 20 kW、530 nm 且连续不断的地基高能脉冲激光束照射能将空间碎片推离原轨道。NASA（美国国家航空航天局）和美国空军资助的 ORION 研究中，采用了 Phipps 等人的方案，该系统拥有一个高精度的监测系统以及发射激光束的地基激光清除系统。根据研究表明，该系统能够清除 1 500 km 轨道高度上的所有碎片以及能够利用 4 年左右时间清除轨道高度低于 1 000 km、质量小于 500 kg 的所有空间碎片[24]。激光轨道碎片清除（Laser Orbital Debris Removal，LODR）系统基于 ORION 系统进行改进，它能够每 8 个星期将 Envisat 卫星推离轨道 40 km。该激光系统能够被装载，能够放置于赤道区域和极地区域[25]。在天基激光移除计划方面，早在 1989 年，美国洛斯阿拉莫斯国家实验室 Metzger 即提出了天基激光移除碎片方案[26]。2015 年一个国际科学家小组提出利用天基系统解决日益严重的空间碎片问题的方案，拟在“国际空间站”上部署，可以使距离天基系统 100 km 范围内的空间碎片脱轨，如图 11-10 所示[27]。当激光照射到碎片表面上时，碎片的行为受激光束形状影响，Liedahl 进行了详细的分析与研究[28]。

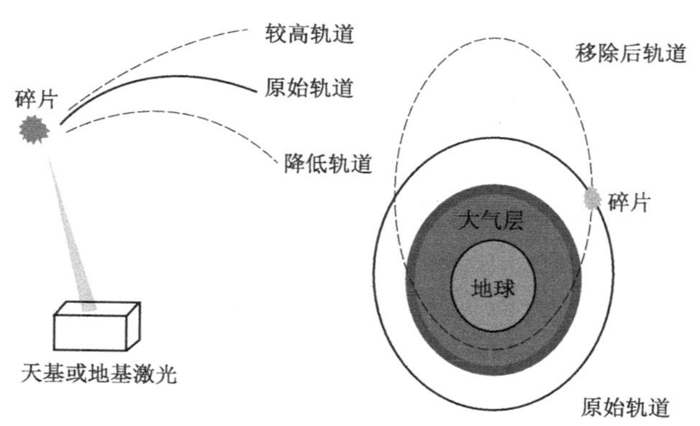

图 11-10　激光推移离轨清除系统[27]

2. 离子束推移离轨

离子束推移离轨（Ion Beam Shepherd）利用远距离发射的高能离子束与空间碎片产生作用力，降低碎片的轨道高度。离子束用于产生碎片的离轨力，是离子束推移离轨清除技术的核心。离子束推移离轨方法为：首先产生离子束并将其向碎片射出，接着与空间碎片产生作用力使碎片脱离原轨道，图 11-11 所示为离子束推移离轨系统示意图[29]，Bombardelli 研究了球形、圆柱形碎片在受到离子束作用时的行为[30]；Merino 建立了 IBIS（Ion Beam Interaction Simulator）仿真模型用来分析、测试、验证 IBIS 系统的理论设计，制订离轨计划，同时还针对推进器需求，分析了离子束特性以及离子束连接清除卫星和空间碎片时的动量转移效率[30-31]。对于 GEO 区域的空间碎片，Kitamura 使用数值分析法以及试验，证明了 6 种 GEO 空间碎片可以被 179 d 连续不断的离子束推移离轨[32]。

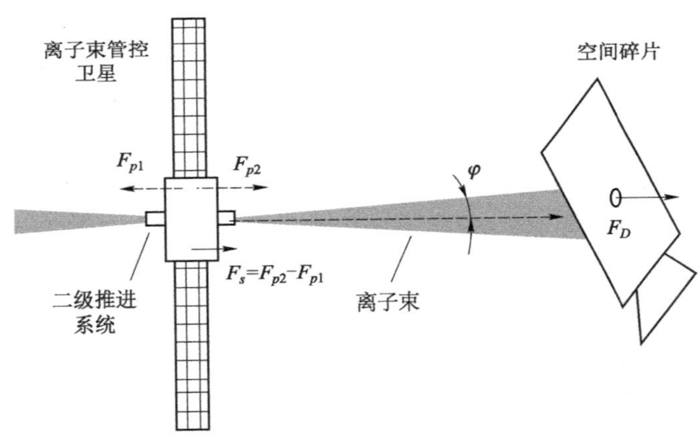

图 11-11　离子束推移离轨系统示意图[29]。

3. 人工大气推移离轨

人工大气推移离轨是推动大气粒子向空间碎片移动，致使碎片速度减小，轨道高度降低。大气粒子可以是以羽状气态形式喷出，也可以是涡流式，但喷射方向是朝向碎片方向的。Kofford 设计出由一个点火装置和易燃推进剂构成的人工大气传输系统[33]。为了使空间碎片再入大气层，在空间碎片周围如何产生足够密度的瞬时气态云也是需要研究的内容[34]。由于大气粒子不会对卫星造成损害，在接触碎片之后也会进入大气层，所以人工大气推移离轨技术不会对空间环境造成污染，该方法也被认为是比较有发展前景的空间碎片清除技

术之一。

4. 太阳辐射光压推移离轨

太阳辐射光压推移离轨技术是在2010年由JAXA首次验证的[35]。当某些卫星的推进系统失效或者推进剂不足以使卫星完成再入大气层过程，而所装载或者附着的太阳帆控制系统仍正常时，太阳光压推移离轨方法就可以用于清除这些卫星。当目标的太阳帆被太阳光照射时，太阳光光子持续不断地撞击太阳帆，太阳帆反射太阳光光子产生推力，随着力的不断累积，空间碎片就能被推移出原轨。当空间碎片沿着轨道运行并远离太阳时，卫星轨道的长半轴 a 会增大，反之则会减小，在一个轨道周期完成时，长半轴的净变为零。

根据上述变化，可以在卫星处于轨道上某个合适的点时，旋转太阳帆获得太阳辐射光压，使轨道降低。Borja在研究中表明，如果要利用太阳光压方法将一颗地球同步卫星推移到轨高235 km的新轨道，用时不会超过5.8年[36]。然而该方法的缺点是高度依赖太阳帆控制的准确性，因此Licking针对该缺点提出了利用太阳光压、大气阻力和地球扁率共同作用来进行清除工作[37]。由于大气密度的影响，太阳辐射光压方法适用于轨道高度高于750 km轨道处的卫星。Macdonald在研究中表明，太阳辐射光压推移离轨技术对极轨道碎片的清除效果比对赤道轨道碎片的清除效果要好[38]。

11.2.3　抓捕推移离轨清除技术

抓捕推移离轨清除技术是在清除过程中，清除卫星与空间碎片直接接触从而对空间碎片产生力的作用，将空间碎片推离原轨。其主要包括对接式抓捕移除、机械臂抓捕移除、柔性网／爪抓捕移除、“弹弓”推移离轨和黏附推移离轨清除技术。

1. 对接式抓捕移除

该方法利用远地点发动机喷管捕获机构＋星箭对接环锁紧机构抓捕目标，由于捕获机构的专用特征，对接式抓捕的用途较为受限，无法适应形态各异的空间碎片的捕获需求。运用此法的典型项目如美国ViviSat公司提出的任务扩展飞行器方案（MEV），如图11-12所示，旨在对寿命末期的静止轨道卫星实施延寿或离轨操作。

图 11-12　MEV 与目标星的对接示意图 [27]

2. 机械臂抓捕移除

机械臂抓捕通过末端执行机构，抓捕碎片的特定部位（如喷管、对接环、连接螺栓等），进而拖动碎片离轨。由于抓持机构的专用特征，导致其可抓捕的碎片类型受限。利用机械臂抓捕在轨目标的类型按机械臂数量可分为单机械臂抓捕和多机械臂抓捕两类。单机械臂抓捕的典型项目如德国在轨服务任务（DEOS）项目，如图 11-13 所示；多机械臂抓捕的典型项目如美国的通用轨道修正航天器任务（SUMO&FREND），如图 11-14 所示。

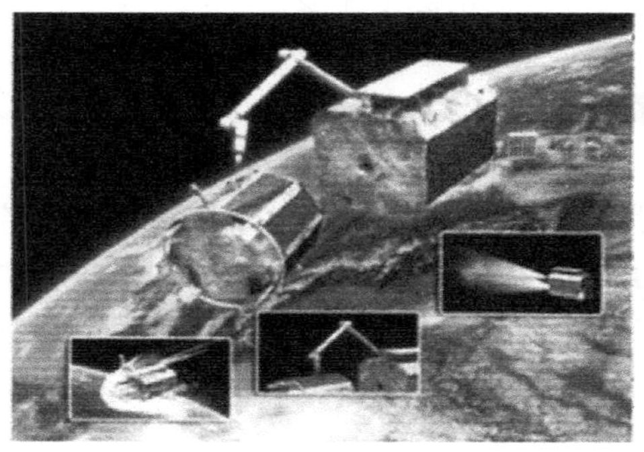

图 11-13　DEOS 项目 [27]

3. 柔性网/爪抓捕移除

通过绳网、口袋、鱼叉等装置实现对目标的柔性抓捕，不需要考虑特定的抓捕位置，可适用于不同形状、尺寸的碎片抓捕。在网捕方面，具有代表性的项目如欧洲航天局的机械人地球静止轨道复位器项目（ROGER），如图 11-15 所示。

图 11-14　SUMO&FREND 项目[27]

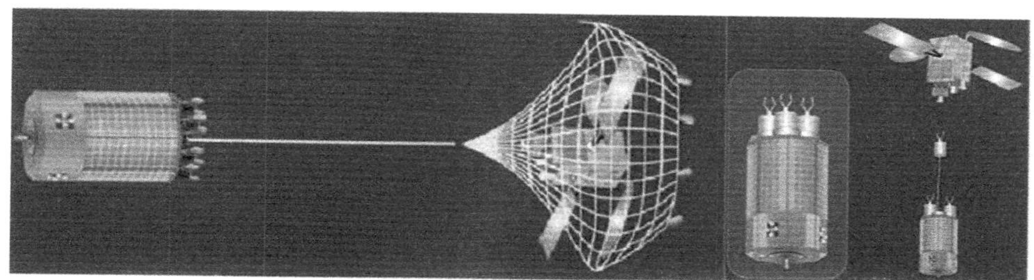

图 11-15　ROGER 项目网捕获器与绳爪机构概念图[39]

4. “弹弓”推移离轨

4S（Sling Sat Space Sweeper）是典型的“弹弓”推移离轨清除技术工具。它是由Texas大学设计的一个可以在空间碎片清除过程中节省耗能的卫星。该卫星能够将抓取到的空间碎片朝向地球扔出，通过扔出动作获得的动量进行下一个碎片的抓取清除工作，因此可以一次性清除多个碎片[40]。4S装置有两个相连的收集器，当卫星上的吊索向空间碎片伸出时，4S接下来就会进行抓取、自旋加速、驱逐以及返回4个动作来完成清除工作。Missel针对4S清除碎片方法，建立了一个基于角动量守恒定律的数学模型[41]。

5. 黏附推移离轨

黏附推移离轨技术也是一次能够清理多个空间碎片的方法，由Astro Scale提出。在该方法中，一个装载着推进系统的离轨推移结构将被清除卫星释放并黏附到旋转的空间碎片上，将碎片推移出原轨道。清除卫星将配备6个上述结构，当一个离轨推移结构被释放之后，清除卫星就会转向另一个碎片，重复上述动作，由此多个空间碎片就能一次性清除。推移离轨结构的前部是一个置有

硅黏附混合物的金属盘，用于与空间碎片的平坦表面进行黏附。该过程适用于旋转角速度低于0.017～0.035 rad/s的空间碎片。推移离轨结构接近旋转空间碎片的两种典型方法为：① 沿着碎片的旋转轴；② 垂直于碎片的旋转轴。但无论使用哪种方法，在黏附碎片前，结构与碎片的高度必须同步[42]。

空间碎片清除任务操作的对象大都是非合作性目标，包括火箭上面级、已失效的卫星以及由于卫星碰撞或解体而产生的残骸等。由于它们都是非合作性目标，因此清除卫星并不能获得碎片的详细信息，而不同的清除技术适用于大小、形状、轨道区域不同的碎片，所以空间碎片清除任务显得更加复杂和困难。因此为了有效、合理地清除空间碎片，针对不同碎片，制定不同清除任务，采用不同的清除技术是非常重要的。

11.3 利用电子束系统进行碎片驱离原理

前述常用空间碎片清除技术方法在作用距离、复杂程度、时效性和适用性方面各有优缺点，对于不同的作用对象，需要采用不同的空间碎片清除技术方法。而且，上述技术方法成熟度参差不齐，部分还只是在概念研究阶段，对于形态各异、数目庞大的空间碎片，这些技术方法仍然不足，还需要开发更多的空间碎片清除技术。现基于激光烧蚀和离子束推移等方法启示，提出了一种利用高能电子束清除空间碎片的新方法。

电子束清除空间碎片的方法主要有两种：其一与激光类似，属于热烧蚀清除法，即利用高能电子束辐照空间碎片使其表面熔融、汽化、电离，形成等离子体羽流，冲量耦合使碎片获得速度增量，碎片轨道因速度增量而发生改变。当碎片轨道的近地点高度低于稠密大气层边界时，碎片将再入大气层烧毁，从而达到碎片清除的目的。其二为带电轨道偏移法，即利用高能电子束对空间碎片进行充电，使其在一定时间内保持一定的电量，在地磁场的影响下偏离原来轨道，达到清除出航天器轨道的目的。

11.3.1 空间碎片的降轨模式及原理

为了便于讨论高能电子束进行碎片清除的机理和可行性，这里首先对空间碎片降轨清除的基本原理、降轨模式进行简要的介绍。

1. 降轨清除判据

一般认为，空间碎片在降轨再入大气层的过程中，当其轨道高度降至130 km时将在大气阻力的作用下逐渐烧毁[43-44]。为了节省能量、提高清除效率，在设计碎片降轨的最终轨道时，可充分利用空间碎片再入大气层的自然降轨过程，适当提高最终轨道的近地点高度。为了估算碎片自然降轨所需的时间，以圆轨道为例。空间碎片运动一圈时高度的变化Δr为[45]

$$\Delta r = -2\pi r^2 \frac{C_D S}{m} \rho \tag{11-1}$$

式中：r为空间碎片的初始轨道高度；C_D为阻力系数，在200～500 km的范围内为2.2～2.5；ρ为大气密度；S为有效阻力面积。

初始轨道高度为r的碎片在烧毁之前需要运行的圈数n为

$$n = \frac{1\,000(r - 130)}{\Delta r} \tag{11-2}$$

碎片的运行周期T为

$$T = 2\pi \sqrt{\frac{a^3}{\mu}} \tag{11-3}$$

式中：a为轨道的半长轴；μ为地球引力常数，其值为$3.986 \times 10^5\ \text{km}^3/\text{s}^2$。通过自然降轨逐渐烧毁所需的时间为$t = nT$。以运行在高度为200 km的圆轨道、半径为5 cm的铝球为例，其通过自然降轨逐步烧毁所需的时间为7 d左右。考虑到降轨时间和效率，可选择h=200 km的圆轨道作为空间碎片降轨清除的判据。

2. 常用变轨方案

当前的碎片降轨清除中，较为常见的当属霍曼转移和单脉冲共面变轨。下面分别对这两种变轨方案进行简要的介绍。

1）霍曼转移

霍曼转移是指两个同心圆轨道之间的转移，主要用于清除为特定区域内的空间碎片，部分近圆轨道空间碎片的降轨过程也可视为霍曼转移。采用霍曼转移可以估算特定区域内空间碎片清除所需的激光或高能电子束能量，为激光器或电子束系统的参数设计提供依据。霍曼转移过程如图11-16所示。

激光或电子束在A点辐照空间碎片后，产生的速度增量使碎片沿长轴为$r_1 + r_2$的椭圆转移轨道运行，当碎片运行到高度为200 km时再入大气层烧毁。

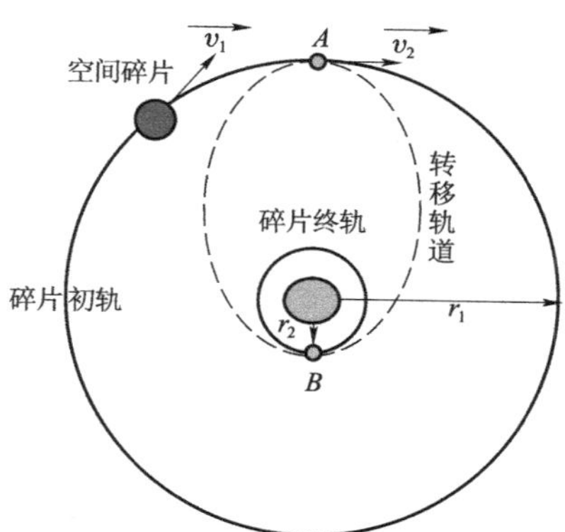

图 11-16　霍曼转移过程

碎片在初始轨道上的运行速度 v_1 为

$$v_1 = \sqrt{\frac{\mu}{r_1}} \tag{11-4}$$

在转移轨道上 A 点处的速度 v_2 为

$$v_2 = \sqrt{\frac{2\mu}{r_1} - \frac{2\mu}{r_1 + r_2}} \tag{11-5}$$

所需要的速度增量为

$$\Delta v = \sqrt{\frac{\mu}{r_1}}\left(1 - \sqrt{\frac{2r_2}{r_1 + r_2}}\right) \tag{11-6}$$

2）单脉冲共面变轨

单脉冲共面变轨是指两个共面且相交的轨道之间的变轨方案，一般针对特定空间碎片的轨道，主要用于在已知激光器或电子束系统参数的情况下，确定碎片降轨过程的轨迹和所需的时间，为激光或高能电子束作用于碎片的时间和作用点位置的确定提供依据。单脉冲共面变轨过程如图 11-17 所示，碎片在初轨 A 点处的速度 v_1，其大小为

$$v_1 = \sqrt{\frac{2\mu}{r} - \frac{\mu}{a_1}} \tag{11-7}$$

式中：r 为 A 点的轨道高度；a_1 为初轨的半长轴。

变轨后碎片在最终轨道 A 点处的速度为 v_2，其大小为

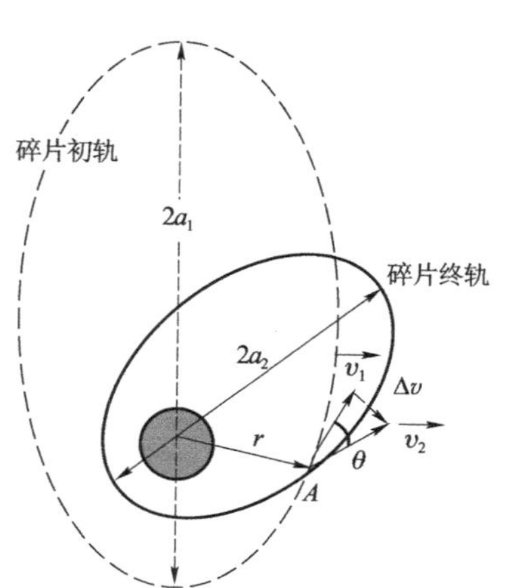

图 11-17　单脉冲共面变轨过程

$$v_2 = \sqrt{\frac{2\mu}{r} - \frac{\mu}{a_2}} \tag{11-8}$$

式中：a_2为终轨的半长轴。则变轨所需的速度增量大小为

$$\Delta v = \sqrt{{v_1}^2 + {v_2}^2 - 2v_1 v_2 \cos\theta} \tag{11-9}$$

11.3.2 电子束清除轨道碎片的方法

利用电子束清除在轨碎片的方法主要包括热烧蚀降轨清除法和带电轨道偏移法两种。其中，热烧蚀降轨清除法的机理与激光降轨清除方法基本类似，主要应用于厘米级以下空间碎片的清除，这一过程中存在着额外的电子碰撞推力，但由于电子质量很轻，电子碰撞碎片产生的推力理论上来讲不会占据主导。带电轨道偏移法则采用带电物体在地磁场中存在洛伦兹力漂移的原理，属于一种全新的清除概念。下面分别对这两种碎片清除方法的原理及可行性进行详细的讨论。

1. 热烧蚀降轨清除法

高能电子束辐照碎片表面后，在极短的时间内，束斑区的温度升高至材料的熔点甚至沸点，使材料熔化和汽化，又在电子束作用下产生高温高压等离子体；等离子体和汽化产物向外膨胀喷射，形成羽流。根据动量守恒定律，羽流作用使碎片受到一个与羽流方向相反的动量作用而获得速度增量，从而实现对碎片的驱动，如图11-18所示。这就是利用电子束热烧蚀清除在轨碎片的基本原理。

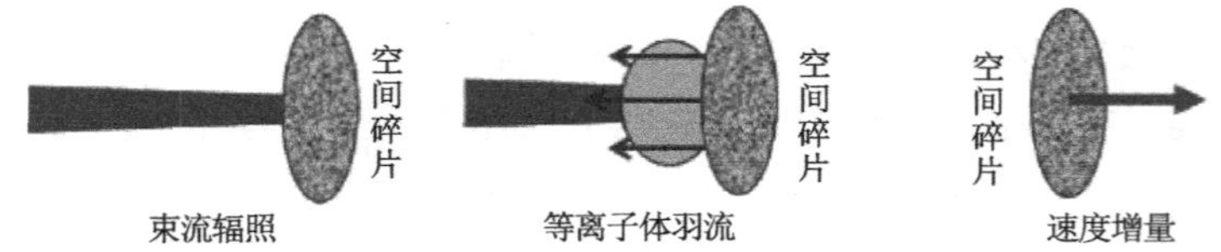

图11-18　电子束烧蚀驱动碎片的基本原理

参照激光烧蚀靶材中冲量耦合系数的定义：在电子束烧蚀靶材的过程中，束流能量与靶材获得的速度增量由冲量耦合系数C_m表征，定义如下：

$$C_m = \frac{m\Delta v}{E_L} = \frac{P}{I} \tag{11-10}$$

式中：m为目标碎片的质量；Δv为速度增量；E_L为辐照到靶材上的单脉冲束流能量；P为靶材表面的烧蚀压力；I为入射束流的功率密度。

碎片获得速度增量后，其轨道将发生改变，通过速度增量控制可使碎片轨道近地点高度降低。在合适的位置多次作用于碎片，逐渐降低碎片的近地点高度，使碎片进入稠密大气层时再入烧毁，即可达到碎片清除的目的，空间碎片在轨清除原理如图 11-19 所示。

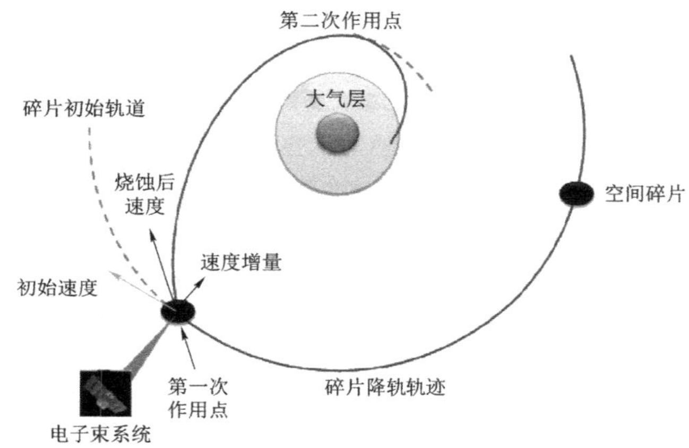

图 11-19　空间碎片在轨清除原理

与激光清除类似，电子束加热清除碎片同样存在着能量与冲量的关系。随着束流能量密度的增加，靶材将逐渐熔化、汽化，在烧蚀汽化产物作用下，碎片获得的冲量逐渐增加，使得冲量耦合系数增大。汽化产物在向外膨胀的同时，吸收入射激光能量发生电离，进而产生等离子体。与激光光压类似，高能电子束除了具备热烧蚀能力，还具备一定的冲量推力。在电子束密度较高时其自身冲量也能够产生一定的推力作用。

由于电子束在空间传输会迅速扩散，因此想要有效应用电子束清除空间碎片，一般应采用较短的作用距离，这样既可以减少额外能量消耗，也可方便大幅提升束流密度，增加在轨清除能力。空间碎片主要分布在高度为 200～1 200 km 的空域上[46]，且在 1 200 km 的轨道附近有极大分布。为了遏制碎片数量的增长，可优先考虑对该空域的碎片实施清除。以直径为 4 cm 的铝质球形碎片为例，取电子束系统运行的轨道高度为 1 200 km，电子束系统的作用距离设定为 $z=10$ km 以内。

1）速度增量 Δv

以霍曼转移为降轨模式，由式（11-6）得到降轨所需的速度增量 Δv 约为 261 m/s。

2）碎片质量

直径为 4 cm 的铝质球形碎片，其质量约为 90.5 g。

3）功率密度与能量密度

热烧蚀本质上是能量束流在目标碎片单位体积上的能量沉积达到了一定的阈值，引起局部温度急剧上升，从而产生的熔化、汽化等现象，并在持续辐照过程中形成等离子体向外喷射的过程。空间碎片的典型材料为铝，其熔化阈值约为 3 200 J/cm^3 [47]。对于激光烧蚀清除碎片而言，由于其透射深度很浅（典型值为微米量级），能量大多积累在材料表面，因此激光烧蚀一般只需要束流能量密度大于 10 J/cm^2 [43] 即可。而对于相对论电子束，其透射深度明显大于激光，MeV 量级的电子在铝板中的透射深度的典型值在毫米量级，因而电子束热烧蚀一般需要束流能量密度大于 10 000 J/cm^2。假定电子束流强为 1 A、能量为 10 MeV，控制其束斑尺寸在毫米量级，则其功率密度约为 1×10^9 W/cm^2；假定一个脉冲宽度为 10 μs，则单个脉冲能量密度约为 10 000 J/cm^2。因此可以说，电子束流强 1 A、能量 10 MeV、脉宽 10 μs 为能够实现热烧蚀清除碎片的典型束流参数，显然这是一个比较理想化的讨论。

4）单脉冲后速度增量

假定电子束热烧蚀产生的冲量耦合系数与激光束基本相当，不妨取冲量耦合系数 C_m=200 μN·s/J，由式（11-10）不难估算单个脉冲碎片的速度增量为 0.022 m/s，考虑电子束重频为 1 kHz，则每秒碎片的速度增量可达 22 m/s，达到降轨所需速度增量需要约 12 s，即电子束一次作用碎片 12 s，就可以实现碎片降轨清除。

5）电子束碰撞冲量

单个电子的质量很小，其产生的碰撞冲量一般不会太大，但其碰撞冲量一般大于激光的光压，因此有必要做一个定性的分析。一个脉冲的电子个数约为 6.25×10^{12} 个，假定电子束与碎片做弹性碰撞，则单次脉冲对碎片产生速度增量为 3.8×10^{-8} m/s，相比烧蚀而言，由电子束碰撞产生的冲量几乎可以忽略不计。

由上面的分析不难看出，采用电子束系统对空间小碎片进行烧蚀降轨在理论上具有一定的可行性，实际应用则还需要突破很多关键性技术；由于电子质量小，其碰撞产生的冲量远小于烧蚀产生的冲量。值得一提的是，由于电子束烧蚀清除碎片属于一个全新的概念，相关的理论和数值并不完善，本节的分析以激光烧蚀耦合系数估计电子束烧蚀耦合系数，仅用作对电子束应用可行性的简单评估，更加精确的计算还需要相关科研人员的试验数据或理论支撑。

2. 带电轨道偏移法

如果采用相对论电子束辐照空间碎片，一般能够为其充上较高的电荷。此

时空间碎片会因为地磁场产生一定的漂移。理论上，漂移会使碎片离开原来的轨道，甚至可能降低到较低的轨道，直至烧毁。这就是带电偏移法可以用于碎片清除的基本原理。

1）碎片模型

空间碎片的形状多不规则，在一般的研究中，主要以长方体（立方体）、圆柱体、球体等作为简化形状，其中以球体简化最为方便。为了便于后文讨论，这里假定空间碎片的形状为球体。

2）带电模型

将空间碎片看作一个孤立导体，其电容一般很低，以单球体模型为例：

$$C = 4\pi\varepsilon_0 R \tag{11-11}$$

当 R 取 1 m 时，电容约为 1.1×10^{-10} F。当采用两个嵌套导体球形成双球电容器时，电容公式为

$$C = \frac{4\pi\varepsilon_0 R_1 R_2}{R_2 - R_1} \tag{11-12}$$

其中 R_1 和 R_2 分别为内外导体球的半径。在一般情况下，空间带电物体更接近于双球形电容模型，它近似可看作以物体为内半径，德拜长度为外半径的双球形电容模型，此时式（11-12）可改写为

$$C = \frac{4\pi\varepsilon_0 R_1 (R_1 + D)}{D} \tag{11-13}$$

这里的 R_1 为物体半径，D 为德拜长度。假定电子与离子温度相同，德拜长度的表达式为

$$D = \sqrt{\frac{\varepsilon_0 kT}{2ne^2}} \tag{11-14}$$

地球轨道等离子体参数如表 11-2 所示。

表 11-2　地球轨道等离子体参数

不同轨道高度等离子体	电子密度/(n·m^{-3})	电子温度/K	德拜长度/m	等离子体电子频率/Hz
300 km 轨道	5×10^{11}	1 500	0.003	6.3×10^{6}
1 000 km 轨道	8×10^{8}	5 000	0.012	2.5×10^{4}
36 000 km 轨道	1×10^{7}	1×10^{7}	49	2.8×10^{4}

3）漂移计算

假定通过脉冲电子束辐照，可以使空间碎片电位维持在 1 MV 左右，空间碎片的材质为铝，形状为球体。假定 300 km、1 000 km、36 000 km 轨道的地

球磁场分别为 30 μT、5 μT、200 μT，并且切割磁场速度最大为典型轨道速度，分别为 7 800 km/s、7 300 km/s、3 000 km/s。此处的漂移模型假定空间目标做圆周运动，万有引力恰好维持其圆周运动，在不考虑轨道扰动的情况下，洛伦兹力近似认为是恒力扰动。在轨漂移情况如表 11-3 所示。

表 11-3　在轨漂移情况

轨道高度 /km	碎片半径 /mm	带电量 Q/C	质量 m/kg	洛伦兹力 F/N	1 h 漂移距离 H/m	1 d 漂移距离 H/m
300	1	1.5×10^{-7}	1.1×10^{-5}	3.5×10^{-8}	2×10^{4}	3×10^{6}
	10	4.8×10^{-6}	1.1×10^{-2}	1.1×10^{-6}	646	9.3×10^{4}
	100	3.8×10^{-4}	1.1×10^{1}	8.9×10^{-5}	51	7 370
	1 000	3.7×10^{-2}	1.1×10^{4}	8.7×10^{-3}	5	737
1 000	1	1.2×10^{-7}	1.1×10^{-5}	4.4×10^{-9}	2 520	3.7×10^{5}
	10	2×10^{-6}	1.1×10^{-2}	7.4×10^{-8}	42.6	6 250
	100	1×10^{-4}	1.1×10^{1}	3.8×10^{-6}	2.2	308
	1 000	9.4×10^{-3}	1.1×10^{4}	3×10^{-4}	0.2	25.2
36 000	1	1.1×10^{-7}	1.1×10^{-5}	6.7×10^{-11}	38	5.7×10^{3}
	10	1.1×10^{-6}	1.1×10^{-2}	6.7×10^{-10}	0.38	56.9
	100	1.1×10^{-5}	1.1×10^{1}	6.7×10^{-9}	3.8×10^{-3}	0.57
	1 000	1.1×10^{-4}	1.1×10^{4}	6.7×10^{-8}	3.8×10^{-5}	5.7×10^{-3}

由表 11-3 可以看出，由于空间磁场较小，洛伦兹力一般很小。随着碎片半径增加，尽管带电量增加引起的洛伦兹力线性提升，但碎片质量随半径的三次方增加，总体表现为随碎片半径增加，漂移距离呈数量级的下降；随轨道高度增加，偏移距离也呈数量级的下降。由于电荷中和速度快，一次带电时间较短，相应的一次带电偏移距离也相当小。在采用高频脉冲电子束装置持续使目标带电的情况下，对中低轨道碎片具备一定的轨道偏移能力，对于厘米级碎片具备一定的降轨清除碎片能力，具有大范围清除在轨微小碎片的潜在能力；同步轨道上对小碎片的轨道仅有微小改变，用于降轨清除基本不太可能。如果进一步考虑到空间碎片充电后在弱等离子体环境中的中和效应，则利用电子束系统使空间碎片带电进行驱离就显得尤为困难了。

11.4 小　　结

利用电子束系统进行空间碎片清除是一个新的概念，本章从空间碎片概况、空间碎片常用清除方法入手，讨论当前较为主流的空间碎片清除策略，并在此基础上着重讨论了电子束用于空间碎片清除的基本原理及方法，最后讨论了这些方法的可行性。本章内容为电子束开启了一个新的空间应用模式，为当前宇航领域空间碎片清除提供了一个新的思路，后面章节将针对这一思路，继续开展碎片跟瞄等方面内容的探讨。

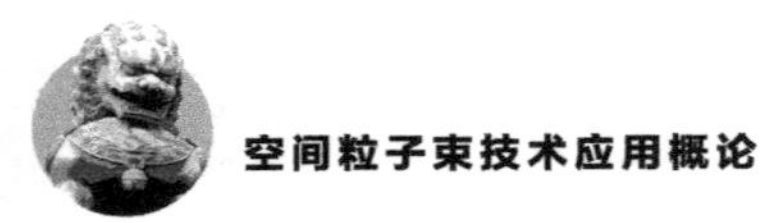

参 考 文 献

[1] JOHNSON N L. Developments in space debris mitigation policy and practices [J]. J Aerospace Engineering，2007，221（6）：907-909.

[2] BEKEY I. Orion's laser：hunting space debris [J]. Aerospace America，1997，35（5）：38-44.

[3] 李新刚，裴胜伟. 国外航天器在轨捕获技术综述 [J]. 航天器工程，2013，22（1）：113-119.

[4] IADC space debris mitigation guidelines [R]. 2002，IADC-02-01.

[5] 王海福，冯顺山，刘有英. 空间碎片导论 [M]. 北京：科学出版社，2010.

[6] LIOU J. An active debris removal parametric study for LEO environment remediation，[J]. Advances in Space Research，2011，47（11）：1865-1876.

[7] GOLDSTEIN R M，GOLDSTEIN S J，KESSLER D J. Radar observations of space debris [J]. Planet.Space Sci.，1998，46（8）：1007-1013.

[8] OSWALD M，WIEDEMANN C，WEGENER P，et al. Space-based radars for the observation of orbital debris in GEO [R] // AIAA 2003-6294,2003.

[9] AFRICANO J. Liquid mirror telescope observations of the orbital debris environment：October 1997-January 1999 [J]. Orbital Debris Quarterly News，2000，5（1）：4.

[10] SETTECERRI T. Haystack/HAX 1999 report [J]. Orbital Debris Quarterly News，2000，5（1）：4-5.

[11] 李怡勇，王卫杰，李智，等. 空间碎片清除 [M]. 北京：国防工业出版社，2014.

[12] PERGOLA P，RUGGIERO A. Expanding foam application for active space debris removal systems [C] // IAC-11 A，2011.

[13] PERGOLA P，RUGGIERO A，ANDRENUCCI M, et al. Low-thrust missions for expanding foam space debris removal [C] //International Electric Propulsion Conference，2011.

[14] NOCK K T, GATE K L, AARON K M, et al. Gossamer orbit lowering device (GOLD) for safe and efficient de-orbit [C] //AIAA Astrodynamics Specialists Conference, 2010.

[15] ROBINSON E Y.Spacecraft for removal of space orbital debris: U S 6655637 [P]. 2003-120-2.

[16] WRIGHT R J. Orbital debris mitigation system and method: US8567725 [P]. 2013-10-29.

[17] ESTES R D, LORENZINI E C, SANMART E J, et al. Bare tethers for electrodynamic spacecraft propulsion [J]. Journal of Spacecraft & Rockets, 2000, 37 (2): 205-211.

[18] NRL. NRL scientists propose mitigation concept of LEO debris [EB/OL], http://xml.engineeringvillage2.org/controller/servlet/Controller?CID=expertSearchDetailedFormat&EISESSION=1.

[19] NISHIDA S, KAWAMOTO S, OKAWA Y, et al. Space debris removal system using a small satellite [J]. Acta Astronautica, 2009, 65 (1): 95-102.

[20] KAWAMOTO S, MAKID T, SASAKI F, et al. Precise numerical simulations of electro dynamic tethers for an active debris removal system [J]. Acta Astronautica, 2006, 59 (1): 139-148.

[21] ZHONG R, ZHU Z H. Long-term libration dynamics and stability analysis of electridynamic tethers in spacecraft deorbit [J]. Journal of Aerospace Engineering, 2012, 27 (5): 04014020.

[22] PEARSON J, LEVIN E, OLDSON J. Electro dynamic debris eliminator (EDDE) ——design, operation, and ground support [R]. Hawaii: Advanced Maui Optical and Space Surveillance Technologies Conference, 2010.

[23] MA N, GUI X Z. Foreign space debris removal program [J]. Space International, 2013 (2): 64-69.

[24] PHIPPS C R, ALBRECHT G, FRIEDMAN H, et al. ORION: Clearing near-earth space debris using a 20kW, 530nm, earth-based, repetitively pulsed laser [J]. Laser & Particle Beams, 1996, 14 (1): 1-44.

[25] PHIPPS C R, A laser-optical system to re-enter or lower low earth orbit space debris [J]. Acta Astronautica, 2014, 93 (1): 418-429.

[26] ETZGER J D, LECLAIRE R J, HOWE S D, et a1. Nuclear-powered space debris sweeper [J]. Journal of Propulsion and Power, 1989, 5 (5):

582-590.

[27] 刘华伟，刘永健，谭春林，等. 空间碎片移除的关键技术分析与建议［J］. 航天器工程，2017，26（2）：105-113.

[28] LIEDAHL D A，RUBENCHIK A M，LIBBY S B，et al.Pulsed laser interactions with space debris：target shape effects［J］. Advances in Space Research，2013，52（5）：895-915.

[29] 霍俞蓉，李智，空间碎片清除技术的分析与比较［J］. 兵器装备工程学报，2016（9）：181-186.

[30] MERINO M，AHEDO E，BOMBARDELLI C，et al.Space debris removal with an ion beam shepherd satellite：target-plasma interaction［C］//47th AIAA Joint Propulsion Conference & Exhibit，2011.

[31] MERINO M，AHEDO E，BOMBARDELLI C，et al. Ion beam shepherd satellite for space debris removal［C］// Progress in Propulsion Physics，EDP Sciences，2013（4）：789-802.

[32] KITAMURA S，HAUAKAWA Y，KAWAMOTO S.A reorbiter for large GEO debris objects using ion beam irradiation［J］. Acta Astronautica，2014，94（2）：725-735.

[33] KOFFORD A S. System and method for creating an artificial atmosphere for the removal of space debris：U S 20130082146［P］. 2013-04-04.

[34] DUNN M J. Space debris removal：U S：8800933［P］. 2014-08-12.

[35] TSUDA Y，MORI O，FUNASE R，et al. Flight status of IKAROS deep space solar sail deminstrator［J］. Acta Astronautica，2011，69（9）：833-840.

[36] BORJA J A，TUN D，Deorbit process using solar radiation force［J］. Journal of Spacecraft &Rockets，2006，43（3）：685-687.

[37] LICKING C，COLOMBO C，MCINNEC C R.A passive deorbiting strategy for high altitude cubesat missions using a deployable reflective balloon［C］// IAA Symposium on Small Satellites for Earth Observation，2011.

[38] MACDONALD M，MCINNES C R，BEWICK C L，et al. Needs assessment of gossamer structures in communications platform end-of-life disposal［C］//AIAA Guidance，Navigation and Control Conference，2013.

[39] BREMEN A S.Robotic geostationary orbit restorer（ROGER）phase：a final report［R］. Paris：ESA，2003.

[40] MISSEL J，MORTATI D.Removing space debris through sequential captures

and ejections [J]. Journal of Guidance Control &Dynamics, 2013, 36 (3): 743-752.

[41] MISSEL J, MORTATI D.Sling satellite for debris removal with aggie sweeper [J]. Advances in the Astronautical Sciences, 2011: 60-64.

[42] OKADA N. Active debris removal using carrier and multiple deorbiting kits [C] //3rd European Workshop on Space Debris Modelling and Remediation, 2014.

[43] 杨武霖，牟永强，曹燕，等. 天基激光清除空间碎片方案与可行性研究 [J]. 航天器环境工程，2015，32 (4)：361-365.

[44] 彭成荣. 航天器总体设计 [M]. 北京：中国科学技术出版社，2011.

[45] PHIPPS C R, WATKIN D E, THOMAS S, et al. Effect of nonlinear refraction on beam brightness in laser fusion applications [C] //Process Intl Conference on Lasers 79. McLean VA: STS Press, 1980: 878-887.

[46] PHIPPS C R, BIRKAN M, WILLY B W, et al.Laser ablation propulsion [J]. J Propul Power, 2010, 26 (4): 609-637.

[47] BEKEFI GFELD B T, PARMEOTOLAJ, et al. Particle beam weapons-a technical assessment [J]. Nature, 1980, 284: 219-225.

第12章 空间碎片捕获、跟踪、瞄准技术

以空间碎片驱离为例，电子束系统在空间应用时，首先需要对碎片目标进行捕获、跟踪、瞄准（ATP），然后对电子束的发射方向进行控制，从而使电子束能够有效地作用在空间碎片上。ATP系统和电子偏转系统是电子束系统空间碎片清除应用的必备技术。

12.1　电子束系统清除空间碎片的工作流程

电子束系统在应用于空间碎片驱离时，其工作流程如图 12-1 所示。

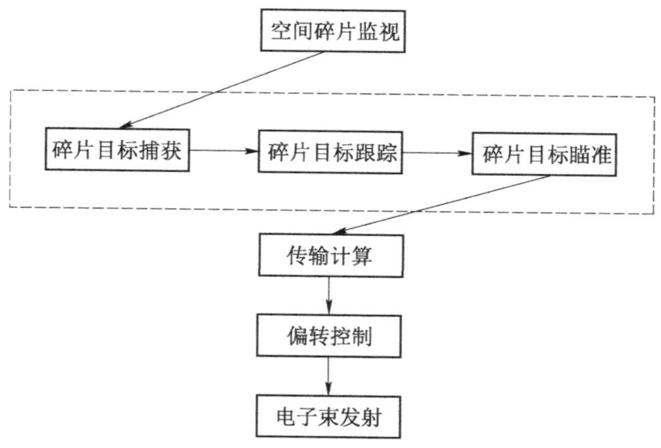

图 12-1　电子束系统清除空间碎片工作流程

搭载电子束系统的航天器可以同时具备空间碎片目标监视功能，始终保持对一定距离范围内空间碎片目标的监视。同时，地面指挥中心通过地基监视系统可以获取空间碎片目标的轨道、方位等信息。

首先，中心控制系统接收到地面指挥中心的指令，该指令包括碎片目标的基

本位置、轨道等参数；中心控制系统根据指令提供的信息，启动所携带的捕获跟踪瞄准（ATP）系统，对碎片目标进行捕获[1]。当捕获到碎片目标以后，跟踪系统将始终保持对碎片目标的快速跟踪，通过调整航天器姿态和跟踪系统的方位，使得碎片目标与跟踪系统处于相对稳定状态。其次，通过调整电子束系统的各方向轴，使得电子束系统最终瞄准碎片目标。由于电子束向空间碎片目标传输过程中会受到时变磁场影响，存在一定的不确定区域。在传输距离确定的情况下，磁场环境是影响电子束传输准确度的主要因素。通过一定的方法获取目标区域范围内地磁场的数据，结合电子束传输距离、系统误差情况可以计算出电子束传输的路径。最后，中心控制系统通过上述的计算结果，控制偏转磁场强度，从而控制电子束的发射角，使得电子束可以有效作用到空间碎片上。

12.2　ATP 系统

从电子束系统的工作流程可以看出，在空间环境中，对空间碎片的捕获、跟踪、瞄准（ATP）技术是电子束系统的关键支撑技术之一。与强激光驱离空间碎片类似，电子束系统需要在锁定空间碎片目标的前提下，使电子束在一定的时间内持续辐射到空间碎片上，从而对空间碎片达到热烧蚀驱离或长时间带电驱离的目的。由于空间碎片通常很小，因此要求电子束系统的 ATP 系统必须具备极高的跟踪精度和跟踪稳定性，以控制电子束稳定投射到空间碎片上。根据空间碎片的尺寸，电子束系统中 ATP 系统的跟踪精度一般要求在 1～2 μrad [1]。而且，电子束系统的 ATP 系统必须具备高度的跟踪机动性，使得电子束系统能够在空间碎片位置以较大速度发生变化的情况下，ATP 系统都能够始终保持电子束对空间碎片目标瞄准的稳定性。空间碎片 ATP 示意图如图 12-2 所示。

12.2.1　系统组成及功能

典型的 ATP 系统结构如图 12-3 所示。ATP 系统以跟踪回路为中心，通过跟踪传感器测出目标位置信息（跟踪误差），并输入跟踪控制器进行回路补偿，再经速度回路由驱动装置（伺服电机）驱动机架以跟踪目标。系统捕获时

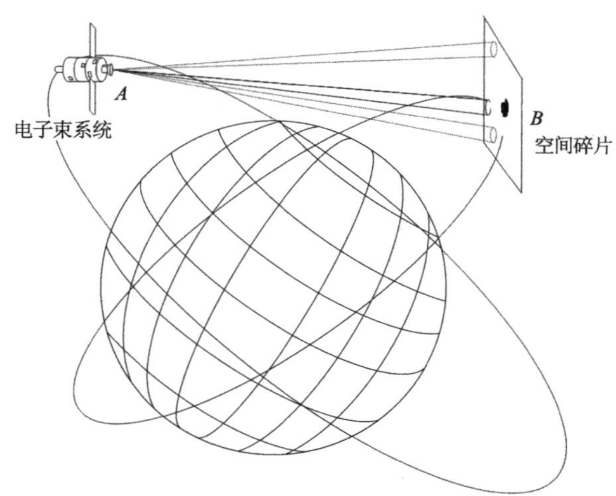

图 12-2　空间碎片 ATP 示意图

则先由大视场捕获装置发现目标，然后将目标信息送至跟踪回路并转入跟踪，也可以由其他设备或者目标理论轨迹引导捕获目标。瞄准则根据各种传感器测量的数据对跟踪系统机架进行修正控制，也可直接控制转动轴或者瞄准轴，以对准目标[2-3]。

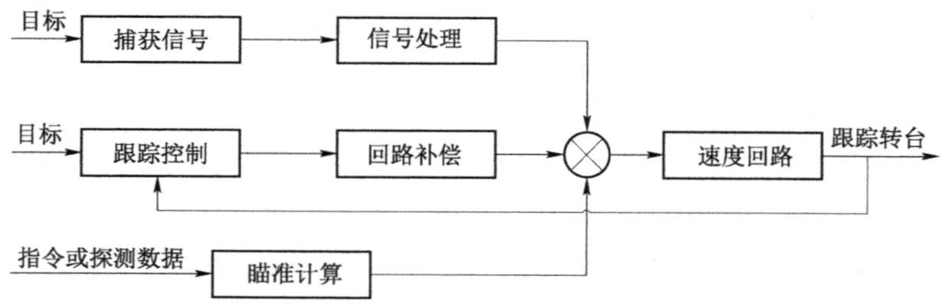

图 12-3　典型的 ATP 系统结构

电子束系统在空间应用时，所搭载的航天器是不间断运动的，空间碎片与搭载航天器又是相对运动的。捕获跟踪瞄准系统首先需要确定平台的位置和空间碎片目标出现的不确定区，在探测空间碎片目标阶段，因为碎片目标出现的位置不是精确确定的，可能会超出探测器探测范围，所以需要对碎片目标进行扫描搜索，从而捕获碎片目标，并通过一定的优化方案来确定扫描方式、扫描速度等参数；捕获到碎片目标后，要对碎片目标进行精确跟踪。由于平台和空间碎片都是高速运动体，而探测信号在两者之间传输时有延时，需要考虑运动平台和空间碎片目标之间的相对运动，即通过超前瞄准装置来补充两者之间的相对运动[2-3, 5]。

通过上述分析，可以将运动平台捕获跟踪瞄准系统的工作过程分为以下三个部分：① 运动平台ATP主控单元获得平台和碎片目标的轨道信息，计算出天线初始指向传送给扫描搜索系统；② 捕获到碎片目标并达到一定精度后，转入跟踪碎片目标状态；③ 当满足一定跟踪精度时，经过超前瞄准装置，发射电子束至空间碎片。

ATP系统具有捕获、跟踪和瞄准三种基本功能，三种功能各有其特点，下面分别进行简要介绍。

1. 捕获功能

捕获系统的基本技术问题主要有捕获距离、捕获视场、捕获时间、捕获碎片目标的特性以及背景特性等。增大捕获距离和视场，减小捕获时间是对捕获技术的主要要求。为可靠捕获空间碎片目标并对其进行精确跟踪，系统应具备几个不同视场的接收装置，大视场用于捕获，中视场用于粗跟踪，小视场用于精跟踪[2, 4]。

捕获时间是指从空间碎片目标进入捕获接收装置视场直至接收装置输出碎片目标位置信息所需的时间，主要由接收装置响应和信号处理所需的时间确定。影响空间碎片目标捕获的主要因素是背景辐射及干扰、空间碎片目标辐射和几何特性以及接收装置灵敏度等[2]。

（1）背景辐射和干扰所带来噪声会降低信噪比，导致提取空间碎片目标信号困难，加大空间碎片目标捕获的难度。

（2）在相同的距离和对比度条件下，空间碎片目标特性辐射越强，信噪比越高，也就越容易捕获。而且空间碎片目标的几何特性对信号处理时间影响很大，几何特性越复杂，所需的信号处理时间就越长。

（3）接收装置灵敏度对于空间碎片目标的捕获也具有重要的影响。传感器灵敏度越高，目标捕获难度越小。同时，背景和目标辐射特性对传感器灵敏度的影响也是不可忽略的。

在空间环境下常用的捕获方法有微波雷达捕获和光电捕获。微波雷达捕获在天基监视雷达中应用广泛，它的任务是对太空和地球进行大范围的监视，探测的目标既有高速的卫星、弹道导弹及空间碎片，也有低速的飞机和巡航导弹，还有慢速的坦克、舰船及不动的地面和静止目标[7]。光电捕获在空间激光通信中大量应用，在建立链路的过程中，首先通信链路的一方发出一束较宽的激光（信标光），另外一方在不确定区域搜索该信标光，一旦该光束进入探测器视场并且被正确探测到，即完成对通信目标的捕获[4]。采用光学相机进行目标捕获也是光电捕获的一种，但是存在观测距离、自然光等条件限制。

2. 跟踪功能

跟踪功能要实现对目标的精密跟踪，其技术问题可以概括为以下几个方面[2]。

(1) 目标特性（目标形状、运动轨迹、速度和加速度等）。

(2) 跟踪角度范围（方位角、俯仰角、横倾角等）。

(3) 跟踪角速度、角加速度。

(4) 跟踪精度。

(5) 过渡特性。

上述指标均要求跟踪系统能够精确测量出空间碎片目标与跟踪瞄准轴之间的偏差，实现对空间碎片目标的快速跟踪；同时减小由于空间碎片运动以及各种扰动引起的跟踪误差，提高跟踪精度和响应速度，保证系统跟踪的稳定性。其中，跟踪精度和响应速度不仅是跟踪系统的关键指标，也是决定整个跟踪系统设计的重要因素；而跟踪稳定性则是保证系统可靠工作的必要前提。如何在系统稳定的前提下提高系统的跟踪精度和响应速度，是跟踪系统设计中的重要问题之一[2, 5-6]。

3. 瞄准功能

瞄准是在跟踪的基础上，输入有关跟踪数据，并基于设定的跟踪策略，通过伺服系统调整各转动轴的位置，减小瞄准误差，使得瞄准轴最终对准希望清除或驱离的空间碎片。瞄准系统的误差来源主要有以下几方面：跟踪轴与瞄准轴之间的视差，轴系或者结构变形引起的误差，测量点与跟踪点之间的偏差，电子束传输时间引起的误差，等等[2]。因此，如何减小瞄准误差，是制约系统最终跟踪精度和跟踪性能的关键。

12.2.2 ATP系统模型

航天器平台是一个运动平台，影响运动平台捕获、跟踪、瞄准（ATP）的因素较多，ATP系统的设计需要对整个工作过程进行较为系统和全面的研究，而系统不同部分之间的协调控制对系统性能影响很大，所以需要对系统的整体工作过程进行系统研究，而仿真建模是进行系统化研究的有效途径[8]。

根据航天器运动平台捕获、跟踪、瞄准系统的系统组成和工作过程，对三个主要过程及误差模型进行简要介绍[8]。

1. 目标捕获模型

航天器平台捕获、跟踪、瞄准空间碎片的第一步就是要实现对空间碎片的目标捕获。由于地面或星上探测系统对空间碎片的预报精度有限，所以需要对空间碎片所在不确定区域进行扫描，以完成对空间碎片的捕获。另外，由于航天器运动平台与空间碎片之间存在相对运动、平台振动和外界环境的干扰等，而且捕获是在开环的情况下进行的，所以需要实现快速、准确的捕获难度很大。

影响空间碎片目标捕获的因素有很多，在建立目标捕获模型时主要应考虑以下因素：不确定区的大小，初始指向误差和期望的指向误差，扫描方式的选择，捕获概率，捕获时间，捕获探测器灵敏度，位置信息和相对运动，捕获的功率要求，平台振动和环境噪声，光束束宽及波长，等等[8-9]。

设某一时刻航天器运动平台和空间碎片目标的位置矢量分别为 $\boldsymbol{r}_1$、$\boldsymbol{r}_2$，光束瞄准矢量可表示为

$$\boldsymbol{r} = \boldsymbol{r}_2 - \boldsymbol{r}_1 \tag{12-1}$$

扫描捕获过程中主要考虑光束的方向，对光束方向的控制通常都在运动平台坐标系中研究。设 $\boldsymbol{i}$, $\boldsymbol{j}$, $\boldsymbol{k}$ 表示运动平台坐标系在三个方向上的单位矢量，则瞄准矢量和运动平台与目标的相对运动速度矢量在运动平台坐标系中可表示为

$$\boldsymbol{r} = \boldsymbol{r}_x \cdot \boldsymbol{i} + \boldsymbol{r}_y \cdot \boldsymbol{j} + \boldsymbol{r}_z \cdot \boldsymbol{k} \tag{12-2}$$

$$v = v_x \cdot \boldsymbol{i} + v_y \cdot \boldsymbol{j} + v_z \cdot \boldsymbol{k} \tag{12-3}$$

由式（12-2），运动平台上的天线指向在俯仰和方位两个方向上的分量分别为

$$\theta_E = \arctan\left(\frac{r_z}{\sqrt{r_x^2 + r_y^2}}\right) \tag{12-4}$$

$$\theta_A = \arctan\left(\frac{r_y}{r_x}\right) \tag{12-5}$$

其中 θ_E 是俯仰角，θ_A 是方位角。天线扫描捕获系统在俯仰和方位两个方向对光束进行控制来实现光束对目标的捕获。

由式（12-3），运动平台天线的指向变化的角速度为

$$\omega_E = \frac{\mathrm{d}\theta_E}{\mathrm{d}t} \tag{12-6}$$

$$\omega_A = \frac{\mathrm{d}\theta_A}{\mathrm{d}t} \tag{12-7}$$

对目标的捕获概率可用式（12-8）来表示：

$$P_{acq} = P_1 \times P_2 \times P_3 \tag{12-8}$$

式中：P_1为不确定区对目标的覆盖概率；P_2为信标覆盖不确定区的概率；P_3为捕获探测器探测概率。

对目标出现的不确定区的总扫描时间为

$$T_{scan} = t_1 + t_2 + t_3 \tag{12-9}$$

式中：t_1为CCD（电荷耦合元件）探测信标光信号的时间；t_2为信标光定位处理时间；t_3为执行扫描动作所需的时间。

2. 目标跟踪模型

对空间碎片目标跟踪的实现是通过跟踪探测器得到视轴偏差，跟踪控制器根据偏差控制跟踪执行机构，使视轴误差在要求的精度范围内。在对跟踪系统建模与设计时主要应考虑以下因素：跟踪视场大小，跟踪角度范围，跟踪控制精度，跟踪时间，跟踪探测器灵敏度，相对运动，平台振动频谱特性，跟踪功率要求，捕获和跟踪之间的平衡切换，等等[8, 10]。

由于捕获、跟踪与瞄准系统安装于航天器运动平台上，平台的运动及抖动将导致系统视轴存在高频的抖动，而跟踪精度要求又很高，所以跟踪系统与一般导弹、火炮等的跟踪系统有很大差别，必须根据新的跟踪体制研究建立合理的跟踪模型[8, 10]。

目前，对精度要求较高的跟踪系统多采用复合轴控制结构，即在大惯量跟踪架的主光路中插入一个高低、方位均可微动的高谐振频率快速倾斜镜，如图 12-4 所示。跟踪主系统工作范围大，带宽较窄，精度较低；跟踪子系统工作范围较小，但频率宽，响应快，精度高。两个系统的作用是相加的，所以可以实现大范围的快速高精度跟踪。复合轴控制结构如图 12-4 所示。

跟踪主系统承载平台采用两轴常平架与力矩电机固定连接，能够实现方位和俯仰两个方向上的转动。主系统的数学模型为

$$\frac{R}{KK_m}J\ddot{\theta} + \frac{K_e}{K}\dot{\theta} = \frac{R}{KK_m}d + u \tag{12-10}$$

式中：$\dot{\theta}$、$\ddot{\theta}$分别为天线转动的角速度和角加速度；K为PWM功率放大器的放大系数；R为电枢电阻；K_m为电机力矩系数；K_e为电压反馈系数；J为框架的转动惯量；d为系统所受到的干扰。

跟踪子系统主要包括一个两轴快速反射镜，一个跟踪传感器，一套执行机构（压电陶瓷或音圈电机）和位置传感器。其中，快速反射镜采用压电陶瓷驱动，偏转角和力矩之间的传递函数为

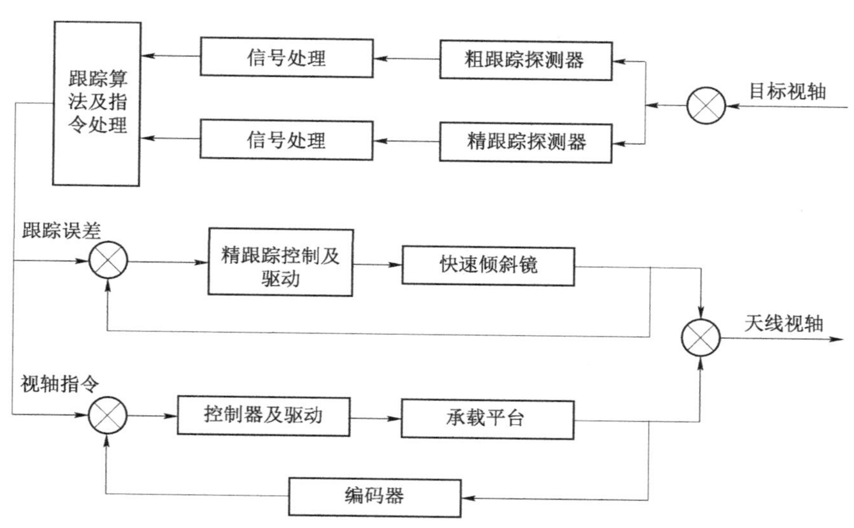

图 12-4　复合轴控制结构

$$G(s)=\frac{1}{s^2+\frac{2RL^2}{J+2mL^2}s+\frac{2KL^2}{J+2mL^2}} \tag{12-11}$$

式中：J 为倾斜镜的转动惯量；K 为驱动器与弹簧的合成刚度；R 为等效阻尼系数；L 为驱动器作用点到转轴的距离；m 为音圈的质量。

3. 目标瞄准模型

航天器运动平台捕获、跟踪、瞄准系统中的瞄准技术一般情况都是指超前瞄准技术。由于电子束在运动平台和空间碎片目标之间进行传输需要一定的时间，在这段时间内，运动平台和空间碎片目标都将移动一定的距离，所以，需要根据运动平台和空间碎片目标的轨道信息以及电子束传播延时等信息，研究建立目标的瞄准过程模型，从而补偿由于平台和目标之间的相对运动以及电子束有限传播速度引起的时延影响，使出射电子束相对于空间碎片目标超前偏转一定角度。在对瞄准系统建模与设计时主要应考虑如下因素：平台和空间碎片目标之间的距离，相对运动速度，超前瞄准精度，超前瞄准探测器灵敏度，超前瞄准角度的校准[8, 10]。

设电子束速度为 c，则电子束往返的传输延时时间为

$$t_1=\frac{2|r|}{c} \tag{12-12}$$

设运动平台系统的信号处理延迟时间和其他因素的影响时间共为 t_2，则总的时间延迟为

$$t = t_1 + t_2 \tag{12-13}$$

则在运动平台坐标系中俯仰和方位上的超前瞄准角分别为

$$\phi_E = \omega_E t \tag{12-14}$$

$$\phi_A = \omega_A t \tag{12-15}$$

4. ATP系统误差

在实际的运动平台捕获、跟踪、瞄准系统中有许多不确定因素和随机干扰，对系统影响很大，需要建立相应的误差模型来模拟这些实际干扰的影响，以便对实际系统的研制提供有效的参考价值。表12-1给出了建模中考虑的主要误差[8]。

表12-1　误差模型

模型	主要误差模型
平台	平台所受到的摄动干扰模型，模拟平台所受到空间环境的平台确定性干扰；平台姿态误差模型，模拟平台的姿态预报精度；轨道误差模型，模拟平台的轨道预报精度
目标	摄动干扰模型，模拟目标所受到空间环境的摄动影响；轨道误差模型，模拟目标的轨道预报精度
捕获	摩擦力矩扰动模型，视轴偏差模型，探测器噪声模型
跟踪	跟踪包括探测器噪声模型和跟踪控制系统残差模型。跟踪残差是由控制系统对机械噪声以及平台振动噪声抑制能力决定的。跟踪控制系统残差模型又包括摩擦力矩模型、不平衡力矩干扰模型和平台振动模型，其中摩擦力矩是影响跟踪系统性能和跟踪精度的主要干扰之一，要着重考虑如何对其进行抑制
瞄准	摩擦力矩扰动模型，视轴偏差模型，探测器噪声模型

12.2.3　空间ATP系统应用简析

ATP系统在空间中的应用非常普遍，它对测量、激光通信等系统至关重要。光电跟踪系统是一种典型的ATP系统，它以高于微波频率的光波为信息的载体，具有极高的时域、空域、频域分辨率，以及很强的抗电磁干扰能力，在空间激光通信中应用广泛。这里，从对空间非合作目标的快速捕获跟踪出发，简析光电ATP技术在空间的应用技术[11]。

1. 总体设计考虑

在空间环境下，航天器平台整体不仅受地球引力作用而绕地球运动，同时

运行轨迹还会受到其他摄动力影响，可用6个根轨道数描述；而且航天器自身还可绕内部轴系转动，同时航天器内部一些器件运动会引起平台振动，可用3个姿态角描述，固连在航天器平台上的跟踪架还可绕自身轴系转动，视轴与内轴系重合，并嵌套于外轴系，可用2个角度脱靶量和2个轴系转动角度描述。在整个星载ATP控制过程中，不仅航天器可做调姿变轨运动，而且跟踪架自身也可实时转动，这其中每个环节的变化都会影响到光学视轴的指向。因此，航天器变轨调姿和跟踪架转动均可调整光学视轴指向，采取单一方式，或两者、三者配合方式，在某些条件下均可能实现ATP能力[11]。

在选择ATP的实现方式上，需要从不同角度进行考虑。从系统自由度分析角度看，可控自由度越多，工作能力范围越大，但系统控制难度越大，成本越高。因此，从功耗和控制难易程度讲，变轨、调姿和跟踪架轴系调角逐渐容易实现，实际中应该考虑跟踪架调角、航天器调姿、航天器变轨的优先顺序，当跟踪架转角进行快速捕获和稳定跟踪过程中由于机械结构受限时，需要航天器调姿配合，当星载光学系统作用距离受限时，需要航天器变轨配合。

对不同阶段性能要求不同，控制系统有所不同，而且不同阶段之间过渡时，也存在一个切换过程，因此星载ATP控制系统方案是一种多模控制方案。另外，要成功实现星载ATP功能，需要解算测量信息，获得视轴指向与目标视线相对夹角，以便指挥控制系统结合星载平台实际情况判断采用何种方式（如判断是否需要卫星变轨和调姿等）实现星载ATP能力[11]。

快速捕获、跟踪、瞄准，同样还需要有高效能的信息处理及控制系统。要实现快速捕获，需要设计具有高动态性能（调节时间小、超调量低）的控制系统，如最小节拍组合控制、最小拍纹波控制、时间最优控制等；而要实现高精度跟踪瞄准，需要设计具有高稳态性能（跟踪误差小）的控制系统，无论采用何种经典控制方案，如基于信息融合的共轴跟踪控制、基于惯性陀螺方式的前馈式星载平台扰动抑制控制、基于复合轴方式的高精度视轴跟踪瞄准控制等，两轴跟踪架基本上采用电流、速度、位置三闭环高精度控制系统。其中轴系角度传感器可采用高分辨率编码器，电视传感器可采用可见、红外探测器，陀螺可采用光纤陀螺，电流探测器可采用霍尔电流元件，驱动电机可采用无刷直流电机，等等[11]。

2. 快速捕获目标

快速捕获是尽可能快地获得目标的大致方位，并且锁定目标区域，通常有以下两种捕获方式。

信息引导捕获：对于合作目标，可利用雷达探测或卫星导航定位系统获得的目标信息；对于非合作目标，同样可通过雷达探测或其他天、地测控组合方式获得的目标信息，将所获信息通过坐标变换解算为相对视轴指向方位的数字引导信息，使得跟踪架将目标快速捕获至视场内，以启动电视自主闭环跟踪过程。从控制学角度理解，快速捕获本质上是一个阶跃响应过程，可用调节时间和超调量等动态性能指标来衡量[11-12]。

自主扫描搜索：若不利用其他测控设备获得的数引信息，按照预先设计的控制规律进行，如矩形、螺旋、矩形螺旋等扫描方式，使电视视轴进行自主扫描搜索，一旦目标进入视场，就将启动电视自主跟踪过程。自主开环扫描搜索常用在激光通信的初始捕获过程中[11, 12]。

3. 稳定跟踪目标

稳定跟踪是实现目标瞄准的基础，其通常受到平台抖动、目标机动等因素的影响。通过上述天基监视中运动特性分析，可将摄动和振动导致的卫星姿态变化量作为扰动信息。一般而言，扰动幅度越大，扰动频率越低。对低幅高频信号，可采用平台被动隔振技术；对高幅低中频信号，可采用主动稳定跟踪控制技术。若是在所设计的伺服跟踪控制系统带宽范围内，可在星载动基座情况下获得一定的视轴稳定度[11-12]。

1）基于惯性陀螺方式的稳定跟踪控制系统

由于高速旋转陀螺具有保持惯性空间的定轴性、外力矩作用的进动性和动力效应，在车载、舰载、机载、弹载、星载、飞艇等主动稳定跟踪控制系统中获得了广泛应用。这种主动惯性陀螺稳定控制方案根据结构不同主要包括平台式、直接式和捷联式三种方式。

平台式陀螺稳定跟踪控制系统：陀螺位于跟踪架支撑平台，敏感外干扰力矩，可获得跟踪架支撑平台的稳定驱动信号，但这种方式需要比经纬仪外方位轴的控制力矩更大，系统带宽更低，无法对高频信号进行稳定补偿，故此方式不可取。

直接式陀螺稳定跟踪控制系统：陀螺位于跟踪架轴系上，敏感跟踪架方位俯仰轴系信息，可直接获得跟踪架两轴补偿控制信息，目前应用较为普遍。

捷联式陀螺稳定跟踪控制系统：陀螺位于卫星本体或跟踪架平台上，敏感卫星姿态角扰动信息，可间接将陀螺测量信息通过坐标变换解算出相应的跟踪架两轴补偿控制信息，虽然具有体积小、重量轻、功耗小、灵活等优点，但对陀螺和算法处理能力要求较高，目前还不成熟。

从陀螺系统体积质量的角度来讲，无论采用直接式陀螺稳定跟踪系统，还是采用捷联式陀螺稳定跟踪系统，控制元件均为跟踪架轴系，其质量和体积均

受光学系统要求限制，且谐振频率也受限于机械结构，因此系统速度环带宽有限，对星载光电跟踪的中高频扰动信号难以抑制，且陀螺存在漂移现象，还需进行标定校准。因此，基于惯性陀螺方式的稳定跟踪控制方案存在一定缺陷。

2）基于光电复合轴方式的稳定跟踪控制系统[11-12]

光电成像是一项成熟的技术，光电监视跟踪系统在空间中也已经有广泛的应用。由于光电成像跟踪过程的本质是系统对目标相对运动的跟踪，因此，星载光电跟踪系统和目标运动特性两个互相独立的过程可通过CCD成像过程看成相对运动过程，由此可知这种“动中要跟，跟中有扰”的跟踪输入信号，将包括各种特性的输入信号。理论上，只要设计的控制系统性能优良，对于上述的星载光电跟踪模型基本可达到满意的跟踪精度。

如上节所述，目前，基于快反镜、快速精跟踪的复合轴技术在光电跟踪系统中得到了很好的应用。其物理思想为：一级经纬仪主系统对相对运动目标大信号进行大视场粗跟踪；二级快反镜精跟踪系统对主系统粗跟踪残余误差信号进行小视场精跟踪，主系统和子系统均可对俯仰和方位进行跟踪。根据所用探测器数目可分为单探测器和双探测器两种方式，由于前者的主系统和子系统在跟踪视场切换过程中存在图像传感器帧频变化与目标信息丢失的冲突，虽然可通过预测和智能相机控制技术来改善，但是对相机性能和控制算法要求很高，使其应用受限。而后者具有对图像传感器要求较高的限制。

为了满足子系统的高带宽设计，需要高采样频率的精跟踪传感器，子系统带宽越高，采样频率越高，技术难度越大。为此，提出了针对动基座的基于惯性视轴稳定器的复合轴跟踪控制系统方案[13]，并取得了一定试验效果。

4. 精确瞄准

与红外电视成像、可见光电视成像相比，激光主动成像技术可实现暗弱背景下目标的高分辨率成像，同时借助于光学系统的激光“猫眼”效应，可增强目标探测概率。另外，利用激光测距获得目标的相对距离信息，并结合跟踪脱靶量获得目标运动的相对角度信息，可获得空间目标的三维运动轨迹，是一种可行的空间目标定轨技术。因此，激光探测将在天基监视中有重要应用。由于激光探测能力受功率、发散角等因素影响，这就要求发射激光具有指向控制精度限制。

若采用复合轴稳定跟踪控制系统方案[4, 12]，当快反镜精跟踪精度满足激光发散角要求，则可使发射激光沿快反镜逆向照向目标；若采用跟踪架主系统进行粗跟踪，当目标始终在主系统光学视场内，且跟踪脱靶量满足快反镜控制范围时，通过控制快反镜控制激光光束指向，即使主系统光斑脱靶量与目标脱靶量差值尽可能小，以满足此时光束指向相对目标视线夹角，或激光光斑跟踪精度满足激光发散角要求。与上述成像复合轴稳定跟踪控制系统相比，此激光指向复合轴稳定跟踪控制系统的探测器问题可得到解决，因为光斑的质心提取比成像精跟踪质心或形心相对较为容易。

5. 跟踪精度分析

由于电视成像跟踪具有重要应用，电视跟踪精度是光电跟踪设备的一项重要性能指标。跟踪精度有时用一段过程的统计均方根来评价，有时用最大偏差来评价。对于星载光电跟踪瞄准过程，无论采用陀螺稳定控制系统还是采用复合轴控制系统，两轴大体积、大惯量跟踪架主系统的跟踪精度也是成功实现复合轴控制技术的基础[11-12]。

由于整个星载系统的跟踪精度综合效果可等效于视轴指向与目标视线的相对夹角，即体现为电视脱靶量跟踪精度。但是单一的电视脱靶量在信息上难以反映两轴跟踪架各环节的影响，为了较为全面地分析跟踪精度，其系统主要环节误差可主要分解为目标信号跟踪误差（两轴跟踪误差和平台扰动抑制误差）、传感器采集误差（CCD特征点提取误差和编码器信号采集误差）、机械轴系误差（视准轴系、内轴系、外轴系机械误差）等。目标跟踪误差与目标运动特性有关，通常对于确定的伺服系统而言，跟踪一定机动目标时，可以达到高精度跟踪，而在跟踪极低速运动目标时，静摩擦现象的存在而使跟踪精度较差，在跟踪高机动目标时，可能超出伺服系统响应能力而难以跟踪。

考虑到空间环境应用，与地面环境相比，虽然整个跟踪架的质量未变，但是由于空间微重力（摄动力）的影响使得轴系接触处的应力分布发生变化，而使得轴系刚度和轴系误差发生变化，空间温度的变化会影响跟踪架材料变形，同样会使得轴系刚度和轴系误差发生变化，因此一般需温控设备，而刚度的变化将影响到谐振频率，进而会影响伺服控制系统的跟踪误差。另外，辐射环境和温度变化对光学材料和电子元件同样会造成一定影响，进而影响到光学成像脱靶量和传感器测量信号及伺服电控系统的性能，除了温控措施外，还需要一定的保护措施。

12.3　电子束空间波束控制

在ATP系统对空间碎片进行捕获、跟踪、瞄准的同时，电子束系统通过运动机构也实现对空间碎片的跟踪瞄准，将出射方向对准碎片目标，从而实现对电子束发射方向的控制；在电子束发射时，还可以通过在出射口加偏转装置来控制束流方向。偏转装置是电子光学中的非旋转对称系统，主要有静电偏转控制系统和磁偏转控制系统等。

12.3.1　静电偏转控制系统

利用垂直于电子束运动方向的静电场使电子束改变方向，发生偏转的电子光学系统称为静电偏转系统[14]。其中最简单的一种是平行板静电偏转系统[14-15]，如图12-5所示。

设两平行板间的电压为$2U$，间距为d，若忽略边缘效应，可以认为平行板间的电场是沿y方向的均匀场，对从其中心平面（$y=0$）平行于z轴入射的电子计算其轨迹，不难得出在偏转板出口处y方向的偏转量为

$$y_1 = \frac{az}{2U_a}\frac{U}{d} \tag{12-16}$$

式中：a为偏转板长度；U_a为加速电压。电子在偏转板出口处的偏转角正切为

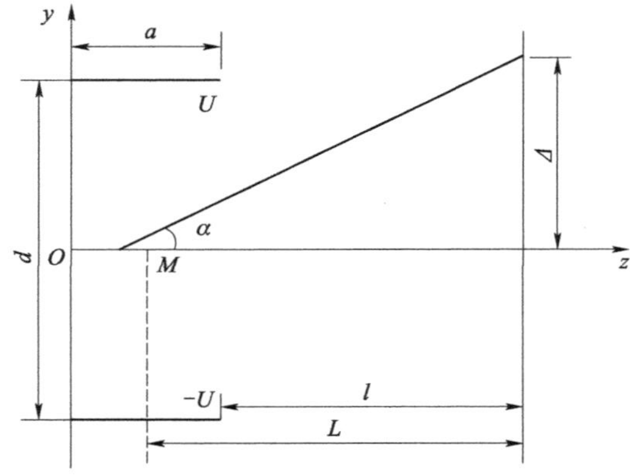

图 12-5　平行板静电偏转系统

$$\tan\alpha = \frac{a}{U_a}\frac{U}{d} \tag{12-17}$$

在目标处的偏转量为

$$\Delta = \frac{a}{U_a}\frac{U}{d}\left(\frac{a}{2} + l\right) = \frac{a}{U_a}\frac{U}{d}L \tag{12-18}$$

其中l为偏转板出口至目标的距离，这一段距离为无场空间。其中电子轨迹为直线。将该直线向后延长交z轴于M点。从目标向后看去，好像电子是从M点以α角偏转过来的，M点称为偏转中心。由式（12-17）及式（12-18）可知M点恰好在偏转板中心。因此目标处偏转量可以写成

$$\Delta = L\tan\alpha \tag{12-19}$$

其中$L = a/2 + l$为偏转中心至屏的距离。

偏转灵敏度ε_e定义为单位偏转电压产生的偏转量，即

$$\varepsilon_e = \frac{\Delta}{2U} = \frac{aL}{2U_a d} \tag{12-20}$$

通常以mm/V为单位。上式表明静电偏转灵敏度与电子荷质比无关，并反比于加速电压。静电偏转系统的基本问题是提高灵敏度、减少偏转像差并增加偏转信号的频宽（当偏转信号是交变场信号时）。

设计静电偏转系统时，要考虑到提高偏转灵敏度、增大偏转角和减少偏转像差等方面的要求。对于平行板，在一定的偏转电压$2U$和加速电压U_a下，为提高灵敏度可加长偏转板长度a及减少板间距离d。但这些与增大偏转角的要求相矛盾，因为最大偏转角$\alpha_{\max} \approx d/e$。因此只有改变偏转板的形状，使偏转板按电子轨迹形状弯曲才能同时达到高灵敏度和大偏转角。麦洛夫（Maloff）和爱泼斯坦（Epstein）曾计算出这种弯曲板的数学表达式。但由于加工及安装

困难。实际上常用多折板近似地代替弯曲板。其偏转灵敏度可达到弯曲偏转板的 95%。

上述讨论中我们假定了偏转场是理想的均匀电场。这时不论被偏转的电子束从场的中心还是边缘通过，束斑的大小都保持不变，且偏转量正比于偏转电压。这种情况称为理想的高斯偏转。但实际的偏转场不可能为理想的均匀电场，所以只有在偏转角小时才能实现理想的高斯偏转；当偏转角较大时会出现与高斯偏转的偏离，这就是偏转像差[14]。偏转像差会增加电子束方向控制的难度，不利于电子束的束形控制。

12.3.2　磁偏转控制系统

利用垂直于电子束运动方向的磁场使电子束改变方向，发射偏转的电子光学系统称为磁偏转系统，其中，最简单的一种是理想的均匀磁场偏转系统[14]，如图 12-6 所示。

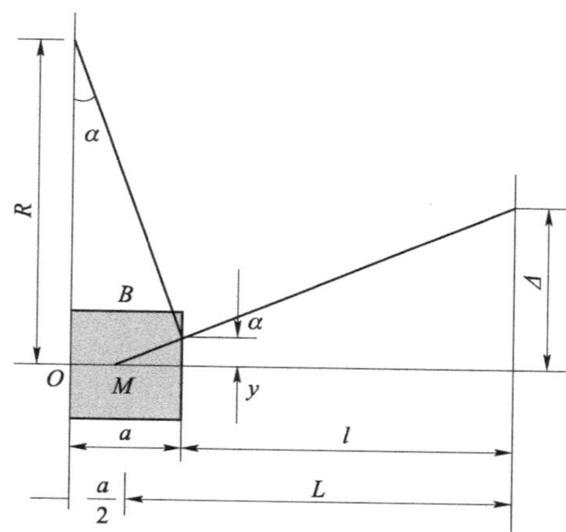

图 12-6　理想的均匀磁场偏转系统

设偏转线圈的磁场是均匀的，磁感应强度为 B，方向由纸面垂直向外，且磁场局限在宽度为 a 的区域中。因此在偏转磁场中电子轨迹为一段圆弧，其曲率半径为

$$R = \frac{mv}{eB} = \sqrt{2\frac{m}{e}U}/B \tag{12-21}$$

式中：v 是电子速度；U 是相应的加速电压。偏转角 α 由下式给出：

$$\sin\alpha = \frac{a}{R} = \sqrt{\frac{e}{2m}}\frac{aB}{\sqrt{U}} \tag{12-22}$$

在磁场出口处的偏转量为（当 α 较小时）

$$\begin{aligned} y &= R(1-\cos\alpha) \approx \frac{1}{2}R\alpha^2 \\ &= \frac{1}{2}a^2B\sqrt{\frac{e}{2m}}\frac{1}{\sqrt{U}} \end{aligned} \tag{12-23}$$

在磁场出口处电子轨迹的斜率为

$$y' = \tan\alpha \approx \sin\alpha = aB\sqrt{\frac{e}{2m}}\frac{1}{\sqrt{U}} \tag{12-24}$$

设从磁场出口到目标的距离为 l，则目标处的偏转量为

$$\begin{aligned} \Delta &= y + l\tan\alpha = aB\left(\frac{a}{2}+l\right)\sqrt{\frac{e}{2m}}\frac{1}{\sqrt{U}} \\ &= \tan\alpha\left(\frac{a}{2}+l\right) = \tan\alpha \cdot L \end{aligned} \tag{12-25}$$

由目标向后看去，电子束好像从磁场中某点 M 以斜率 $\tan\alpha$ 偏转过来一样。M 点称为偏转中心。由上式可知偏转中心恰在偏转磁场中心处。由上式还可看出偏转量 Δ 与 B 成正比。其比例系统 ε_m 称为磁偏转灵敏度。

$$\varepsilon_m = \sqrt{\frac{e}{2m}}\frac{1}{\sqrt{U}} \cdot aL \tag{12-26}$$

与静电偏转不同的是：磁偏转灵敏度与带电粒子荷质比有关，且反比于加速电压的平方根。

与静电偏转系统相似，当偏转角度较大时，理想偏转公式不再成立，此时会出现偏转像差。

目前，磁偏转系统在电子束焊接、电子束表面处理、电子束物理气相沉积等技术领域应用最为广泛[16-18]。通过磁偏转线圈，可以有效控制电子束的偏转角，实现电子束的快速扫描，响应速度很快。将磁偏转线圈应用到空间电子束系统中，不仅可以控制电子束的发射方向，还可以进行区域扫描，覆盖更大的目标面积。

12.4　电子束空间传输对空间碎片瞄准的影响

通过前面章节的分析可知，电子束系统的一个主要技术问题是射束受空间磁场影响产生传输偏离。众所周知，即使在均匀的磁场中，也需要通过大量计算，从而求出射束轨道。与均匀磁场不同，地球磁场是连接南北磁极的弯曲磁力线，且距离磁极越近，磁力线密度越大，随着地区不同，磁场强度也不一样。随着距离地球表面高度增加，电离层和磁层中的电流系统产生的磁场比重增加，但此部分受太阳活动情况影响较大，变化十分强烈。因此，从任何地点，以任何方位和仰角发射的带电电子束的轨道，都十分复杂。

举个例子，以一个电子束系统发射 50 MeV，0.25 A 的电子束到距离 200 km 以外的空间碎片区域，电子束初始半径为 10 cm，传输 200 km 时半径约 2.1 m。现有的磁场建模精度约 1%，同步轨道约为 100 nT，其位置不确定度为 $\Delta S = S(\Delta B/B)$，其中 S 为传输距离，$\Delta B/B$ 为磁场不确定度，ΔB 为预测磁场与真实磁场的差，B 为磁场的真实值。可以看出，目标距离在 200 km 时，其瞄准不确定范围约 2 km，而空间碎片目标的特征尺寸一般都很小，这样要实现直接瞄准的概率极低，利用电子束系统进行百千米量级的空间碎片清除是不现实的。

另外，电子束系统在对空间碎片目标进行瞄准时，不仅仅是通过 ATP 系

统和电子束偏转系统控制电子束对准目标那么简单，还要通过计算束流受空间地磁场影响下的轨道，从而得到电子束的发射角，才能够有效地作用到碎片目标区域，即便如此，利用电子束系统进行远距离空间碎片清除仍然存在诸多难以逾越的物理障碍。

12.5 小　　结

本章介绍了电子束系统在空间应用时对空间碎片目标的捕获、跟踪、瞄准及电子束波束控制等关键技术，分析了电子束空间传输对空间碎片瞄准的影响。ATP 系统和偏转系统是电子束系统空间应用的必备系统，其性能也直接影响了电子束系统的作用距离和作用范围，是必须纳入空间电子束系统研究的重要内容。

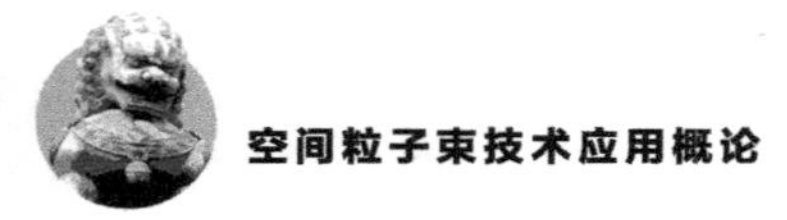

参 考 文 献

[1] RETSKY M W. Method and apparatus for deflecting and focusing a charged particle stream：US 6614151 B2 [P]. 2003-09-02.

[2] 官伯林. 三轴光电跟踪系统跟踪策略和控制研究 [D]. 西安：西安电子科技大学，2012.

[3] 郑燕红. 卫星激光通信终端系统捕获瞄准跟踪技术研究 [D]. 哈尔滨：哈尔滨工业大学，2010.

[4] 李锐，李洪祚，唐雁峰，等. 空间光通信复合轴ATP系统 [J]. 红外与激光工程，2011，40（7）：1333-1336.

[5] ARAKI K，RRIMOTO Y，SHIKATANI M，et al. Performance evaluation of laser communication equipment onboard the ETS-VI satellite [J]. SPIE，1996，2699：52-59.

[6] 肖永军，艾勇，董冉，等. 基于ATP系统的非机动目标跟踪实验 [J]. 红外与激光工程，2012，41（9）：2439-2443.

[7] 周志鹏. 天基雷达的发展与系统技术 [J]. 现代雷达，2011，33（12）：1-5.

[8] 秦莉，杨明. 运动平台捕获跟踪瞄准系统建模与仿真研究 [J]. 系统仿真学报，2009（16）：5179-5182.

[9] 周彦平，付森，于思源，等. 天基非合作目标探测中的捕获概率模型 [J]. 红外与激光工程，2010，39（4）：639-643.

[10] NIKULIN V V，MOUNIR B，SKORMIN V A，et al. Modeling of the tracking system communication systems [J]. SPIE，2001，4272：72-82.

[11] 王卫兵，王挺峰，郭劲，等. 星载光电捕获跟踪瞄准控制技术分析 [J]. 中国光学，2014（6）：879-888.

[12] 李俊. 空间目标天基光学监视跟踪关键技术研究 [D]. 长沙：国防科学技术大学，2009.

[13] 胡浩军. 运动平台捕获、跟踪与瞄准系统视轴稳定技术研究 [D]. 长沙：国防科学技术大学，2005.

[14] 杜秉初，汪健如编著，电子光学［M］. 清华大学出版社，2002.
[15] 张建川，张晓鹰，周德泰，等. SFC引出静电偏转板运动控制系统设计实现［J］. 原子核物理评论，2016，33（1）：41-44.
[16] 张业成. 电子束选区熔化偏转扫描系统研究［D］. 南京：南京理工大学，2016.
[17] 王西昌，赵海燕，左从进，等. 多束电子束扫描偏转线圈电磁场的数值分析［J］. 新技术新工艺，2008（10）：15-18.
[18] CLAUB U，NEUKIRCHEN D. Industrial electron beam applications［C］. International electron beam welding conference，aachen，Germany：2012.

第13章 粒子束空间防护技术

高能电子束会对航天器产生多重效应，轻则使航天器功能受到影响，重则可能会对航天器带来不可逆的损伤，因此，研究高能电子束的空间防护技术具有重要意义。相较于高能电子，其他粒子（中性粒子、重离子）对航天器产生的效应更具多样性，部分粒子在自然状态下甚至就能够对航天器造成功能损伤，因此，开展高能粒子的空间防护技术研究也是当前的一个热门方向。本章内容并不仅仅局限于对高能电子束防护方法的讨论，对其他粒子的空间防护也一并纳入了本章讨论。

航天器运行在恶劣的空间轨道环境中，在不同轨道上充满着各种各样形态的物质，有多种粒子，如中性粒子、电离气体、等离子体和带电离子，有各种尺度的流星体及空间碎片；也有各种形式的场，如引力场、电场、磁场和各种波长的电磁辐射。空间环境归纳起来可分为热真空环境、等离子体环境、微流星体/空间碎片环境、太阳环境、电离辐射环境、地磁场环境、引力场环境、中高度大气层环境等[1]，这些环境对航天器具有不同程度的影响和威胁，甚至可能导致航天器在轨异常和失效。其中，据有关资料统计表明[2]，1971年至1986年，国外发射的39颗同步卫星，因各种原因造成的故障统计共1 589次，其中与空间辐射环境有关的故障有1 129次，占故障总数的71%；在我国6颗同步卫星故障原因中，空间辐射环境引起的故障在总故障中的比例达到了40%[3]。由此可见，卫星和航天器的故障主要来源空间辐射，在这些卫星故障或异常中，空间辐射环境仍然是卫星在轨故障的主要原因之一[4]。

航天器在空间环境中运行会受到各种高能粒子和射线的辐射损伤，空间辐射环境是导致卫星在轨故障的主要原因之一，存在使整个航天器失效的巨大风险，因而航天器在设计和研制阶段必须考虑空间环境中粒子辐射对航天器造成的巨大危害，采取必要的防护措施，以减小航天器发生故障和失效的风险，现有航天器防护技术主要针对自然环境中的粒子辐射环境进行设计和评估，各种辐照效应对航天器的威胁主要考虑自然空间环境中的粒子辐射效应。现有航天器对于辐射环境进行的防护主要基于自然空间环境的粒子种类、能量和通量，对自然空间粒子辐射环境对航天器的损伤进行预估，针对不同的辐射效应采用不同的空间防护方法和技术。

13.1 空间粒子防护的基本手段

航天器工作在复杂的空间环境中，与粒子有关的空间环境效应主要包括充放电效应、总剂量效应和单粒子效应等，在不同的轨道，面对不同的空间环境，针对与粒子有关的空间环境效应，航天器需要采取不同的防护方法，从方法论来讲，可以将航天器对空间环境效应的防护方法分为主动防护和被动防护[5]。主动防护，即航天器由于受带电粒子辐射而影响工作时，启动自身防护设备或通过地面人为控制启动预先设计的自动纠错系统而不受其辐射损害；被动防护，即通过材料选择及其结构设计和卫星内部组成物而使电子元器件免受高能粒子辐射或受到的辐射损伤大大减少。下面以损伤为类别，分别阐述当前航天器针对自然空间环境效应采取的主动和被动防护方法。

13.1.1 充放电防护技术

在空间环境运行的航天器存在表面充电现象，而航天器表面充电引发的静电放电是导致航天器异常及故障的重要原因之一。因此，在航天器设计和应用中，必须对航天器表面电位采取必要的控制和防护措施。一定能量的电子能穿透卫星壳体，积累在电介质内部，产生足够的电势而引起自发的击穿，卫星内部静电放电（IESD）引起设备工作异常，甚至使设备零件发生故障。

在航天器带电防护设计的过程中，所采用的带电效应防护方法可分为被动防护和电位主动控制。其中，被动防护是指通过结构设计、材料选择、接地设计等方法，对航天器带电效应进行控制，将航天器带电危险减至最小[5]。电位主动控制是采用粒子发射装置，通过指令控制喷射带电粒子以降低整星结构和表面的电位，将整星表面电位保持在安全水平。

1. 被动防护技术

航天器带电的被动防护主要通过材料选择、接地设计、屏蔽等措施，对航天器带电效应进行有效控制，以降低航天器带电危害。

航天器所用材料的特性（包括二次发射系数、背散射系数、光电子发射率、电导率和介电常数等）将对带电效应产生影响。不同材料的电荷储存能力不同，为了避免不等量带电，在航天器防带电设计时，需要通过材料特性的匹配选择，来保证材料在满足功能要求的同时，使航天器表面的电位差低于放电阈值。

接地也是常用的整星防带电设计方法，在航天器研制过程中将材料选择与接地相结合，是保证航天器充电电位最小化的重要方法。

屏蔽技术是保证星上电子仪器设备安全的重要防护措施。总的屏蔽要求是：表面屏蔽优先，避免单个屏蔽；卫星结构必须具有最小开口，尽量减少设备内部的电缆布线，应使用最短的接地线并减少平行线根数。屏蔽应该能够提供对表面放电相关的电磁场辐射衰减至少 40 dB。屏蔽应使用良好接地的金属网孔和金属板，从而使航天器内部结构处于电磁干扰相对密封的环境。应该尽可能减少开口、孔洞和裂缝的数量，以保持屏蔽的完整性。

在信号频谱允许的条件下，应该在卫星接口电路输入端抑制寄生脉冲电流干扰信号，并采用雪崩二极管或者快速限幅二极管进行过压限幅保护。

表面充放电效应抗辐射加固设计主要通过严格控制航天器表面材料的选择与应用、加强接地系统的设计、严格控制关键材料及材料到结构地的电阻、充分利用滤波技术以及加强污染控制等措施来实现。内带电效应抗辐射加固设计主要通过选用合适的星内介质材料、加强内带电效应的屏蔽设计、加强结构地的设计等来实现。

2. 主动防护技术

卫星充电会带来一系列的危害和故障，采用航天器主动式带电抑制技术可以有效抑制甚至消除这些危害。主动式带电抑制方法可以分为两种：方法一为发射电子，方法二为接收离子。第一种方法是采用装置吸取航天器结构地的电

子，并将电子发射到空间。这种方法能够有效地减少航天器结构地的负电荷，但无法抑制电介质的表面电位。结果将导致在航天器导电性结构地与电介质之间发生不等量带电，这种不等量带电可能会带来比之前更大的风险。第二种方法是正离子到达带有负电位的航天器。该方法能够有效地减缓整个航天器的带电问题，因为离子会中和负电荷，因此对电介质表面或导体均有效。其缺点是长期使用可能会消耗整个航天器表面的涂层。

航天器表面电位主动控制技术的原理即从航天器上发射荷电粒子束，使进出航天器表面的各种电流代数和为零，主动控制航天器电位，这种方法的实质是主动控制向航天器运动的粒子，只要保证使航天器带电保持在允许值之下，就能保证航天器的安全，国外已经成功应用的主动控制方法有电子源、离子源和脉冲等离子体源等[6]。

1）电子源

以发射电子为主，如热丝、空心阴极的电子发射。目前，作为国际空间站电位控制基本设备的等离子体接触器单元，就是一个典型的应用空心阴极电子发射的例子。国际空间站的电源系统使用高压（输出电压为140～160 V）太阳能电池帆板，如果不采用主动电位控制，空间站电路结构与周围的等离子体环境将使宇航员生活舱、空间站结构和散热器带上－120 V的浮动电位。这样高的浮动电位有可能引起空间站周围等离子体鞘的离子加速，使绝缘表面产生电弧放电，以及使导电表面产生溅射等诸多有害作用。为了消除这种电弧放电和溅射，在空间站装设等离子体接触器系统，使空间站表面各处的浮动电位控制在±40 V的电离层等离子体电位之内。

由波音公司洛克达因分部研制的等离子体接触器单元，包括一个发射电子的空心阴极组件（HCA）、一个电源电子学单元和一个氙气供给系统。HCA组件由NASA格伦研究中心设计和生产。它靠低功函数的热电子发射极（含钡材料）发射电子，轰击氙气产生电子束流。等离子体接触器通过其空心阴极组件发射电子束流为空间站与空间等离子体环境之间提供一种低阻抗通路，从而降低和控制空间站表面的电位。HCA的研制从1992年启动到1997年底交付，历时5年。1998年随空间站上天后到2004年4月，装在空间站上的PCU（过程控制单元），有一单元已点火47次，累计工作超过6 000 h。

20世纪90年代，对空心阴极源进行了表面电位控制试验[7]，空间飞行器电位主动控制系统集成化原理样机由空心阴极等离子体接触器、电位监测与控制系统、气体质量流量控制系统以及点火电路等部分构成。电位监测系统监测飞行器表面电位的变化，当这个电位超过设定的安全阈值，控制系统则启动点火电路，使空心阴极等离子体接触器工作，发射等离子体，等离子

体流量大小则由气体质量流量控制系统调控。试验结果表明，当电子束源启动之后，表面电位迅速上升，束流为5 nA/cm^2，表面充电电位约为3 000 V，最后达到一恒定值，当电位主动控制系统中空心阴极点火之后表面电位在1 s之内迅速下降到100 V以下的安全电平，验证了空心阴极源电位主动控制原理。

空心阴极是离子发动机必不可少的中和器，也是静态等离子体推力器的阴极。这种源的电子发射能力强，但离子少，功耗较大，“中和”不彻底。

2）离子源

有一些卫星，如“磁尾”（geotail）、“赤道”S和“团星”等，其表面电位主动控制采用的就是离子源系统。作为欧空局磁层研究计划的“团星”，如果没有主动电位控制，沿着卫星的轨道，卫星表面电位将从正几伏变化到100多伏。这样高的表面浮动电位将使离子分布函数和低能电子谱的测量产生困难。为了保证环境等离子体分布函数有效和完整的测量，“团星”采用了一种液态金属（铟）离子源作为主动电位控制手段，这种方法可使表面电位控制在3～6 V范围。由奥地利科学院空间研究所研制的“航天器主动电位控制装置”，它包括一个电子线路盒和两个圆柱形液态金属离子源模块。模块内装有4个离子发射器，其中3个轮换工作，1个作备份。发射器由一根装有液态铟的钨针组成，针的一端很尖，半径只有2～15 μm，发射极的电压为5～10 kV。在表面张力的作用下，液态金属铟到达针的端部，由于针尖的局部强电场导致场发射，使铟蒸发、离化并被加速极的电压加速喷出，形成离子束。其最大束流为50 μA，中和用束流一般为15 μA，每个发射器的寿命约为2 000 h。

日美共同发射的“磁尾”卫星在没有进行主动电位控制时，表面电位可充电到+70 V：在采用液态金属离子源控制后，可使卫星表面电位稳定维持在约+2 V。2003年12月发射的中欧合作双星之一、赤道区卫星探测1号也装有这种主动电位控制设备。这种源的优点是功耗小、坚固和质量利用效率高。但是，这种源的结构精巧复杂，因发射的是离子束，只能中和正电位，不能中和负电位，喷出的是金属离子，长期工作可能会带来不利的污染。

另外，等离子体电推进系统可作为航天器表面电位主动控制设备[8-9]，如离子电推进系统、霍尔电推进系统（包括稳态等离子体推进系统和阳极层霍尔电推进系统）、脉冲等离子体推进系统和空心阴极等离子体接触器等。ATS-6卫星上安装了离子发动机（图13-1），虽然利用离子发动机进行的卫星推进试验失败了，但是该离子发动机系统成功进行了卫星表面电位主动控制试验，系统工作时卫星表面电位被钳制在−4 V左右。

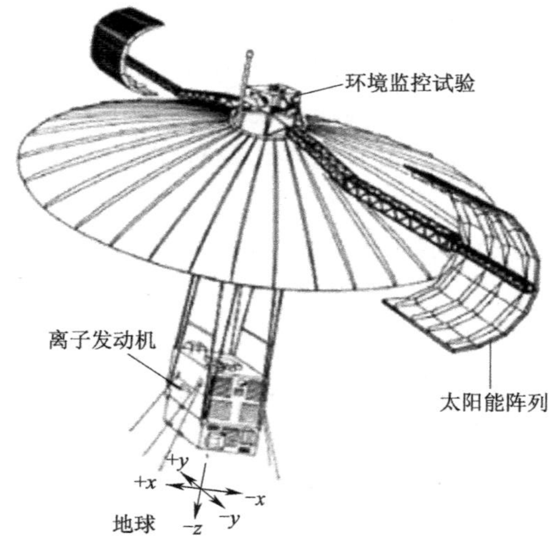

图 13-1　ATS-6 卫星示意图[10]

3）脉冲等离子体源

这里所说的脉冲等离子体源（PPS）是采用固体氟塑料作源材料，通过储存于电容器的能量脉冲放电烧蚀、离化，形成等离子体的束流。其具体结构有同轴式和平行轨道式两种，图 13-2 所示为脉冲等离子体源结构示意图。工作时点火电路使点火电极点火，点火产生的火花导致主储能电容器在阴-阳两电极间引发沿工质表面的电弧放电；高温电弧烧蚀掉工质表面很薄的一层并分解和离化成等离子体。该等离子体在热力和自感磁场产生的电磁力作用下，沿电极方向加速喷出，从而产生一束脉冲等离子体流。

脉冲等离子体源具有如下特点。

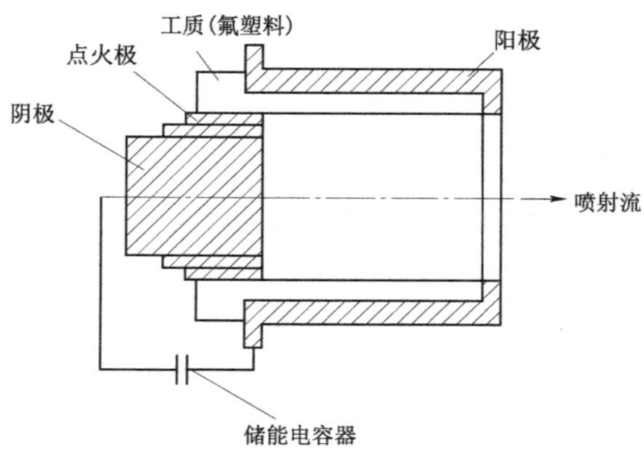

图 13-2　脉冲等离子体源结构示意图[6]

（1）产生等离子体的工质是氟塑料，不存在像气体、液体工质那样复杂的储存和供给问题，结构异常简单、紧凑。

（2）只用一个源，就可在不同方向上同时产生 2 个或 4 个等离子体射流，中和面积大、效果好，又不会带来力的干扰，这是其他方法难于做到的。

（3）产生的等离子体速度较慢（低能等离子体），速度变化范围宽，中和效率高。

（4）脉冲工作，启动、停车可以瞬间完成，控制灵活方便，平均功耗小。

脉冲等离子体源主要是在俄罗斯广泛研究与应用。莫斯科航空学院应用力学与电动力学研究所（RIAME）已经研制了一系列放电能量不同（30 ~ 2 000 J）的 PPS，其中一种全自动的 30 J 样机已在量子号舱及和平号空间站内进行了广泛的试验与应用。在和平号空间站应用的主动电位控制装置一直工作了 11 年。该装置包括等离子体源、检测探头和自动控制单元，总重 13 ~ 15 kg。

我国在自己的卫星设计中，为了减少表面电荷积累，采用了一些被动控制措施。例如，地球探测双星的太阳能电池帆板，除布片方式与结构改进外，还在电池玻璃盖板表面蒸镀一层 ITO（纳米铟锡）导电膜，以确保帆板表面电位差小于 ±1 V 的要求，但还没有采用任何主动控制装置。双星中的探测1号用的主动电位控制装置是欧空局产品，主要是为了保证空间环境探测仪器获得准确、可靠的数据。20 世纪 90 年代，中科院空间中心曾经为卫星表面电位主动控制研制了一种用空心阴极作等离子体源的表面电位控制系统以及一种脉冲放电能量为 20 J 的四喷口脉冲等离子体源样机（图 13-3）。

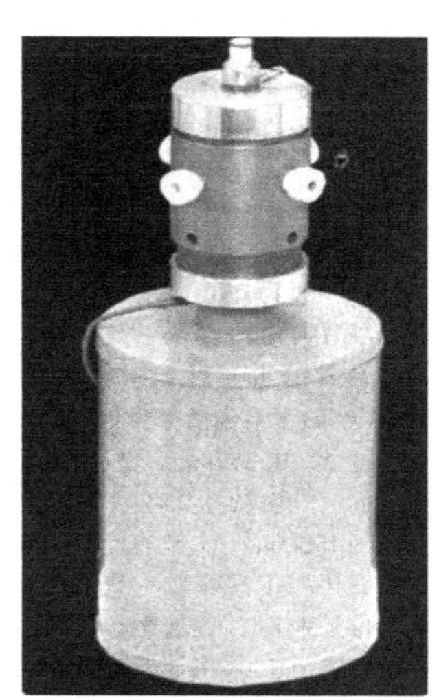

图 13-3　四喷口脉冲等离子体源样机[6]

13.1.2　电离辐射防护

空间环境充斥着各种带电粒子，带电粒子入射到航天器内部，由于带电粒子具有电离能力，通过电离作用使器件材料原子电离，电离的电子-空穴对被器件敏感节点收集，产生异常信号，导致器件工作异常，最终干扰航天器的正常工作。空间粒子辐射环境包括银河宇宙射线、太阳宇宙射线和地球俘获带，粒子辐射环境效应对航天器的影响主要为总剂量效应和单粒子效应两方面，总剂量效应是大量离子的累积效应，单粒子效应主要是单个高能重离子导致器件功能损伤。为了减少这些空间粒子辐射效应对航天器的潜在威胁，在进行航天器设计和研制时，常常需要采用一些必要的防护措施，对于空间粒子电离辐射效应的防护方法，也存在着被动防护和主动防护两种方式。

1. 被动防护

电离辐射被动防护同充放电被动防护原理基本相同，包括电子元器件封装屏蔽和特殊部位质量屏蔽。质量屏蔽方法是基于带电粒子在贯穿物质的过程中逐渐损失其能量，当屏蔽物质的厚度大于某种带电粒子在该物质中的射程时，入射粒子将被阻止在物质中。因此，一定厚度的物质能够屏蔽一定能量范围（取决于粒子的种类）的粒子，并使贯穿粒子的能量有所降低。从空间辐射防护考虑，最合理的屏蔽质量分布应是各向均匀分布的，所以更有效的防护方案是利用航天器舱内各种仪器、设备、燃料、储存物质和水等进行合理布局，使电子设备周围有大体均匀的质量屏蔽厚度，这一方法可以有效降低电子设备接受的辐射剂量和离子通量。图 13-4 所示为使用 CREME96 程序计算得到的国际空间站轨道粒子能量谱[11]，屏蔽铝为 100 mile，航天器外部屏蔽材料可以有效地降低到达内部电子元器件的粒子通量和能量，将屏蔽层厚度从 100 mile 提高到 1 000 mile，国际空间站轨道粒子能量谱如图 13-5 所示，从图中可以看出低能段的粒子通量明显降低。

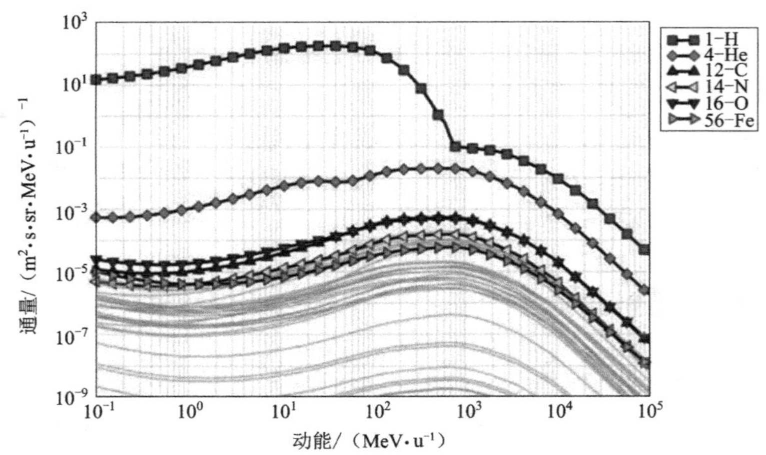

图 13-4　国际空间站轨道粒子能量谱（100 mile 铝屏蔽）[11]

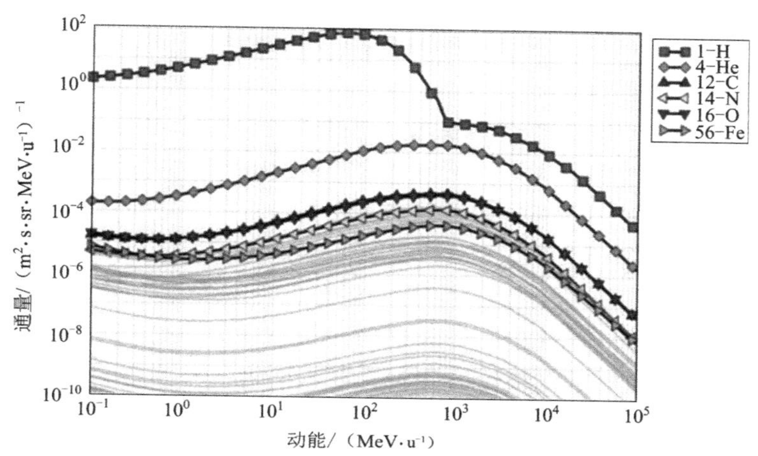

图 13-5　国际空间站轨道粒子能量谱（1 000 mile 铝屏蔽）[11]

2. 主动防护

航天器时时刻刻面对着空间粒子电离辐射效应的危害，在进行航天器设计和研制时需要充分考虑空间粒子电离辐射的威胁，设计人员从离子源、效应机理、电子器件材料工艺、单机电路和整星系统等，从多方面、多手段对电离辐射效应进行主动防护，进行航天器及其元器件的主动防护一般有以下几种防护措施。

（1）电场防护：利用电场产生偏压来阻止带电粒子运动或使其发生偏转，对于不同能量电子和种类的离子，需要采用不同的电场方向和强度，一旦电场方向确定，只能对其中一种电性的离子具有防护作用，而对另一种电性的离子不但不能起到防护的作用，反而具有加重损伤的作用，因而电场防护需要权衡利弊，是一种折中的方法，防护效果非常有限。

（2）磁场防护：由于很多带电粒子具有很大的方向性，可以利用磁场来改变入射粒子的方向，以起到屏蔽的作用，主动减小入射到航天器舱体内的离子通量，减小发生电离辐射效应的概率，但同电场防护一样，只能对其中一种电性粒子具有防护作用，需要权衡利弊，防护效果有限。

（3）主动规避：当空间辐射环境极其恶劣，以致航天器设备和元器件工作受到严重影响，这时利用地面遥控或者自动保护系统进行切断电源，在空间环境好转时再重新工作。如在当航天器运行到地磁场的南大西洋异常区时，该区域通常呈现出低地轨道中最浓密的辐射环境，在南大西洋异常区离子有高的能量和通量，在此区域常常出现比其他区域更多的在轨电离辐射效应事件，因而可以通过轨道设计，一方面尽可能使航天器避开电离辐射事件敏感区；另一方面可以通过指令，使航天器运行到电离辐射事件敏感区停机休眠状态，减小发生电离辐照事件在轨率。

（4）容错计算：计算机容错技术（包括双机系统），由于高能粒子的入射而使计算机工作产生错误，利用所设计的容错和纠错性能，可以使计算机工作不受其错误影响或在一定时间内不受其错误影响。

（5）元器件材料和工艺加固：宇航元器件采用具有抗辐射特性的新型材料加固、Si器件的双极技术和CMOS技术与元件间的隔离加固技术等，可以对特定的离子辐射效应有针对性地进行加固，如使用GaAs和InP等半导体材料改善器件的工作特性的同时提高器件地抗辐射能力；使用HfO_2等高K栅极介电材料降低栅氧层的有效厚度减小总剂量效应；使用绝缘体上硅（SOI）工艺（图13-6）可以有效消除半导体器件发生单粒子闩锁效应等[12]。

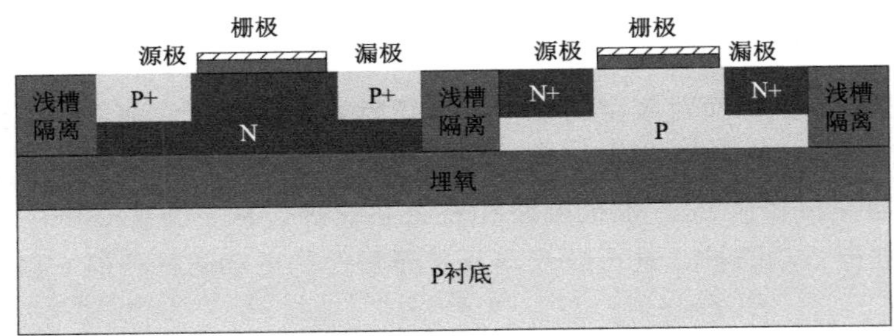

图13-6　绝缘体上硅（SOI）工艺结构

（6）器件电路级加固：航天器材料、元器件、分系统等往往不能满足航天器在轨寿命期间的抗辐射要求，因此，需要对其进行电路级抗辐射加固。通常，抗辐射加固一般针对元器件和电子线路，主要从硬件、软件和结构设计角度进行。

单粒子效应抗辐射加固设计主要通过选用对单粒子效应敏感度低的器件，在电路防护设计方面采用硬件"看门狗"、冗余设计和降额设计，将操作系统内核和与有效载荷安全以及飞行成败有关的程序存放在ROM只读存储器区，采用对特定工作信号进行监视的软件"看门狗"，三模冗余、主动延迟技术（图13-7）以及DICE锁存器电路（图13-8）等技术来实现。

总剂量效应抗辐射加固设计主要通过加强电子元器件和材料的选用、给予电子元器件和材料一定的设计余量、加强电子元器件的总剂量局部屏蔽防护以及对航天器内部设备布局进行抗辐射优化设计等措施来实现。

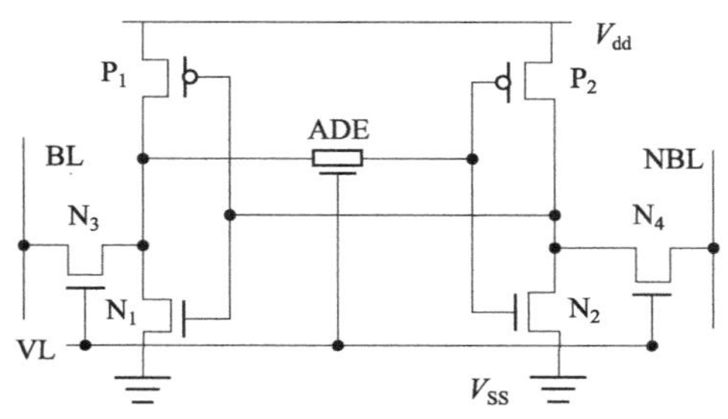

图 13-7 主动延迟技术[13]

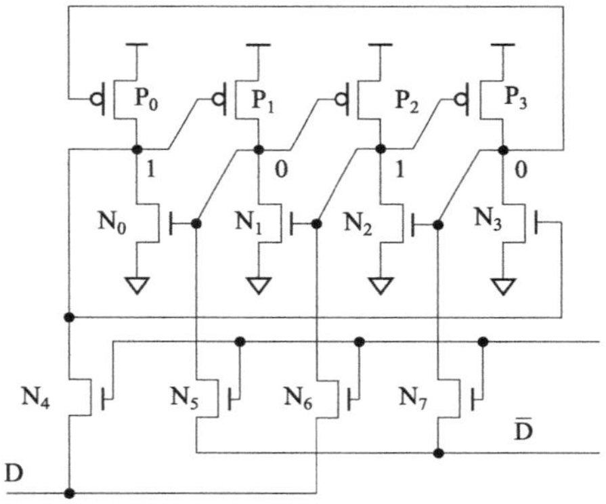

图 13-8 DICE锁存器电路[14]

航天器抗辐射加固方法随着航天技术的发展相伴相生，抗辐射加固技术经过多年的发展，取得了一系列重要成果，并在航天器中得到应用，为航天器的安全工作保驾护航，通过主被动方式一定程度上减小了在轨辐射事件率，但上述防护方法受航天器的功耗、重量和体积等的限制，防护方法和效果都十分有限，上述防护方法并不能彻底避免航天器在轨事故，仍有航天器在轨事故见诸报道。而且，最重要的是上述防护方法都是基于空间自然环境的粒子种类和能量采取的防护方法，对于面临极端恶劣环境或人造环境，上述航天器防护方法存在可能失效的巨大风险。

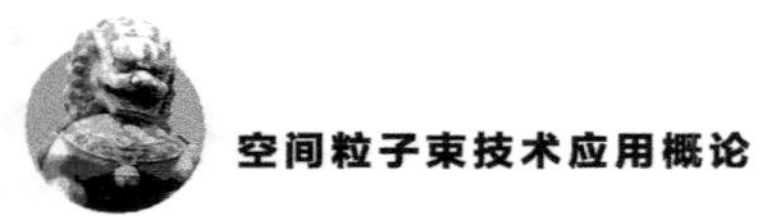

13.2 现有航天器防护存在的问题

航天器在轨运行期间所面临的复杂空间环境，这些空间环境及效应将对其敏感材料和器件可能带来表面充放电效应、高能电子内带电效应、单粒子效应、电离总剂量效应、位移效应、太阳电池等离子体带电效应等，可导致其性能退化甚至失效，严重影响航天器在轨可靠性及寿命，针对单个环境因素的防护或者减缓方法已经进行了大量研究。

一方面，近年来，人们认识到地面单个环境因素的模拟试验常常与空间飞行试验的数据不吻合，多种环境因素引起的协同效应逐渐引起人们的注意，但地面缺乏相关条件，对协同影响研究还有待于进一步深入。

另一方面，现有航天器防护主要针对的是自然空间环境下对航天器造成的各种效应，防护方法的研究也是针对特定轨道和环境设计的，某些防护方法具有一定的专用性。例如，自然空间环境下的带电粒子能量和通量大体呈现高能通量低和低能通量高的特点，现有的卫星防护措施中对空间带电粒子的防护，关注的小剂量、低能带电粒子对航天器的影响，所作的防护也是基于此基础开展的，很少开展超过自然空间环境下的防护方法研究。

13.2.1　静电防护存在的问题

现有的防护手段主要靠材料被动防护，其考虑的电子密度为小剂量的高能电子，这样电子沉积在介质材料中后，会有足够的时间进行泄放；同时，当电压接近特定阈值时，会启动主动控制手段，向外发射电子或者吸收离子来降低航天器的电位。Wrenn 和 Smith 给出了高能电子辐射导致对航天器威胁的两个阈值[15-16]：

危险显著概率的阈值①：能量大于 2 MeV 的环境电子的日通量。$X_1^*=3\times10^8$e/(cm²·sr)，用常数通量来近似，它等于环境电子平均通量，大约为 3×10^3e/(cm²·sr·s)。

危险极显著概率的阈值②：能量大于 2 MeV 的环境电子的天通量 $X_2^*=3\times10^9$e/(cm²·sr)，用常数通量来近似，它等于环境电子平均通量，大约为 3×10^4e/(cm²·sr·s)。

因而，按照雷恩和史密斯给出的高能电子导致航天器威胁的阈值，超过上述通量的电子束，存在对航天器产生危险极显著破坏的可能，现有的防护手段可能有面对超剂量的偶发性电子风暴失效的风险。

13.2.2　电离辐照防护存在的问题

在空间自然环境中，能量为 100 MeV 或者更高电子的通量相对较小，单个电子的电离能力有限，因而针对电离辐射需要采用的防护主要是防护高能重离子的电离辐射损伤，虽然高能重离子的通量比电子通量更低，但由于单个重离子较高的线性能量转移能力，只要单个高能重离子入射到器件的敏感区域就可导致器件出现单粒子效应，威胁航天器安全。因而针对常规自然环境下，高能重离子引发的电离辐射效应常采用质量屏蔽的被动防护和电路加固的主动防护来减小电离辐射导致的在轨故障概率。

对于质量屏蔽防护方法，质量屏蔽要考虑到高能粒子在屏蔽物中的射程，让粒子的能量消耗到屏蔽物质中，减小入射到器件的离子通量，由于不同能量的电子和离子入射到同种材料中，透入深度与粒子能量、粒子类型及材料特性有关，如图 13-9 表征的电子和质子在聚酰亚胺温控层中的透入深度所示。当能量为 keV 数量级时，电子和离子只能穿透到接近表面很浅的深度，它们的透入深度没有显著差别；当能量为 MeV 数量级时，电子比离子穿透得深，它们的透入深度差别非常明显。由于离子相对电子有较大的线性能量转移，即离子在单

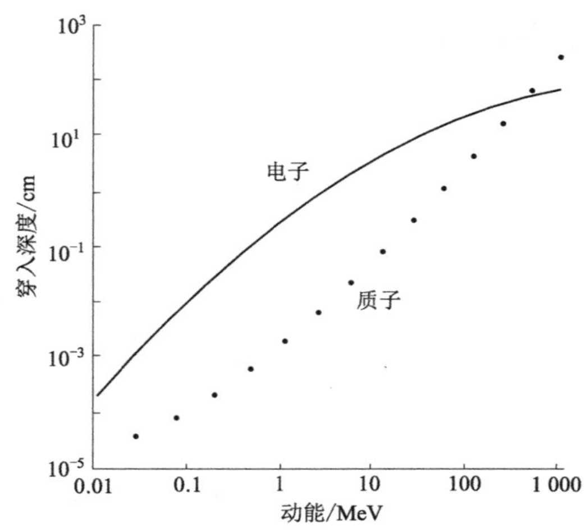

图 13-9　电子和质子在聚酰亚胺温控层中的透入深度[16]

位路径上沉积的能量大于相同能量的电子在单位路径上沉积的能量，这就导致了相同能量的离子和电子入射到相同厚度的屏蔽层物质，由于离子损失能量很快，离子不能穿透屏蔽物质，而相同能量的电子单位路径上损失能量小，因而电子在屏蔽物质的射程远远大于实际屏蔽物质的厚度，最终电子入射到航天器内部器件，形成电子大量累积，这些电子通过集体电离作用使器件失效。

因而，针对常规的高能离子防护方法对于100 MeV或更高量级的电子防护效果并不好，甚至完全失效，由于电子的射程大于同能量的离子的射程，为防护离子设计的防护系统对同能量的电子可能失效，使电子到达空间目标内部的敏感电子器件，如果电子沉积到敏感器件上的能量足够大，就会毁伤有效载荷，导致空间目标功能失效。

另外，随着以半导体、集成电路、数字计算机、数字通信等为代表的新信息技术的全面应用，天基目标的技术水平与物理构成发生了巨大变化。空间飞行器中大量使用大规模集成电路、高性能半导体器件等，使飞行器中电子信息设备抗粒子束辐照的阈值越来越低，这为粒子束技术空间应用提供了新的思路。图 13-10给出了35年来造成无线电电子仪器功能毁伤所需能量（曲线1）及其电路供电电压（曲线2）的动态变化情况[17]。由图可知，从1950年到20世纪80年代中期，造成仪器中元器件出现故障而丧失工作能力所需的必要能量从 10^{-2} J降低到 10^{-9} J，这就导致高集成度集成电路的脆弱性不断增长，这种脆弱性表现在电子仪器设备电路中对强电流的带电粒子束辐射的抗辐照特性

越来越差，因而，对于高能大通量的电子束入射到集成电路中通过电离作用导致电子器件失效的概率有可能大大增加。

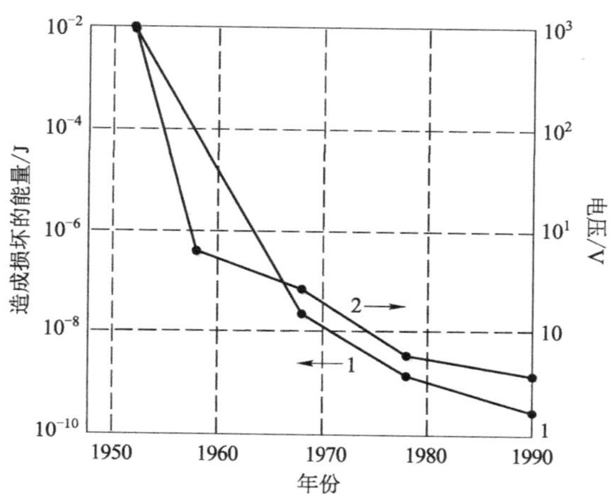

图 13-10　造成电子系统损伤的能量特性[17]

因此，当前航天器采用的不管是被动防护，还是主动防护，其都是基于空间自然环境的粒子种类、能量和通量采取的针对性防护方法，对于面临极端恶劣环境或人造环境，如高能高通量电子风暴，上述航天器加固防护方法对其基本无效。

13.3 防护技术的发展

将空间目标不同组成部分看成一个串联结构，一个典型的目标按照分系统可进行如下分类：姿态和轨道控制分系统（AOCS）、指令和数据处理分系统（CDH）、测控与通信分系统（TTC）、结构机构分系统（MECH）和有效载荷分系统等。同时，也可以按照物质组成及其上面传导的物质来划分，主要有金属、介质、半导体、金属/介质/半导体混合物质等几类物质形态，不同形态物质上面所能承载的载能物质（如电磁波、电流、等离子体态等）的毁伤阈值也不同，空间目标这个串联结构中，每个组成单元的抗损伤功率阈值是不同的。如果这个串联结构中损伤功率阈值最小的单元发生故障，有理由相信这个空间目标就有可能产生致命的在轨故障。

13.3.1 热传递速率的问题

如果能量传递周期过长就会失去损伤目标的效力。这是因为目标会在能量沉积中迅速地向外散发能量，如果能量不能在短时间内传递，就无法将目标加热到持续毁伤的临界点，只有当能量的传递速率比目标能量的散发更迅速时，才会通过能量沉积，诱发器件功能损伤。目标通过三种主要机制扩散能量：传导、对流和辐射。

空间环境下，空气稀薄，对流散热作用基本可以忽略，目标扩散能量主要通过热传导。热传导是能量从温度高的区域向温度低的区域流动的过程，动能大的分子撞击、激发和加热邻近的分子，通过这种方法，动能大的分子损失能量而动能小的分子获得能量，直至全部达到相同温度。

温度梯度是热传导过程中非常重要的一个概念，图 13-11 表示了能量从温度高的地方流动到温度低的地方的过程，曲线上每一点的斜率代表了该点的温度梯度，斜面越陡峭，能量流动越快，物理上造成的结果就是，能量和温度都试图变得平滑并达到平衡，最终各处温度相同，能量才不流动，这时能量曲线平直，温度梯度为零。这一关系的数学表达式是

$$u = -k(\mathrm{d}T/\mathrm{d}x) \tag{13-1}$$

式中：u 是能量穿透表面的流动速率，J/（cm²·s）；$\mathrm{d}T/\mathrm{d}x$ 是温度曲线的斜率，℃/cm；k 是热传导比例常数。式中负号反映了如果斜率是负数（温度正向减少）能量将正向流动的事实，反之亦然。不同材料的热传导率 k 变化很大。传导能量好的铜热传导率约为 4.2 J/（s·cm·℃），然而热绝缘体空气的热传导率为 0.000 42 J/（s·cm·℃），此热传导率比铜的热传导率小三个量级。

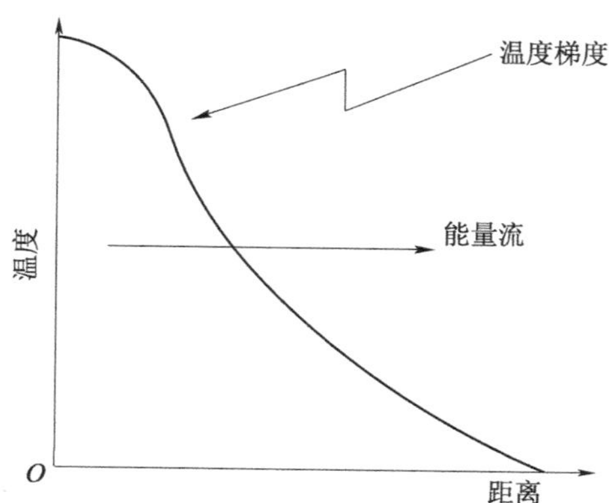

图 13-11 能量沿着温度梯度流动 [18]

由热传导率产生的能量流动速率 u，将导致目标不同区域的温度改变。在一些区域，温度将会上升；在另外一些区域，温度将会下降，图 13-12 阐明了利用贯穿目标的能量流动速率计算靶内温度变化速率的方法。

图 13-12 中所示为靶内微区，横截面为 A，厚度为 $\mathrm{d}x$。部分能流［J/（cm²·s）］进入该区域内，表示为 U_{in}，部分能量流出该区域外，表示为 U_{out}。如两个量不相等，那么该区域内能量将会增加或减少，该区域内的温度将升高或降低。在图 13-12 的示例中，流出能量少于流入能量，导致图示区域内温度

增加。利用材料的热容将图中区域内能量的变化与温度的变化联系起来，利用式（13-1）将该区域能量流入和流出的差额与贯穿区域的温度梯度 $\mathrm{d}T/\mathrm{d}x$ 的变化联系起来，从而导出了热扩散方程：

$$\mathrm{d}T/\mathrm{d}t = k(k/C\rho)(\mathrm{d}^2T/\mathrm{d}x^2) \tag{13-2}$$

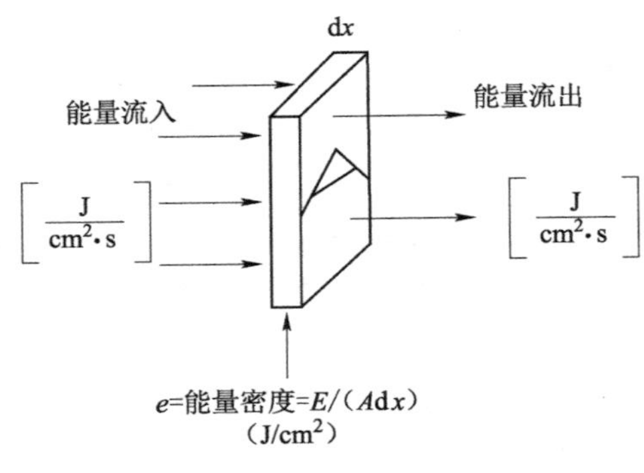

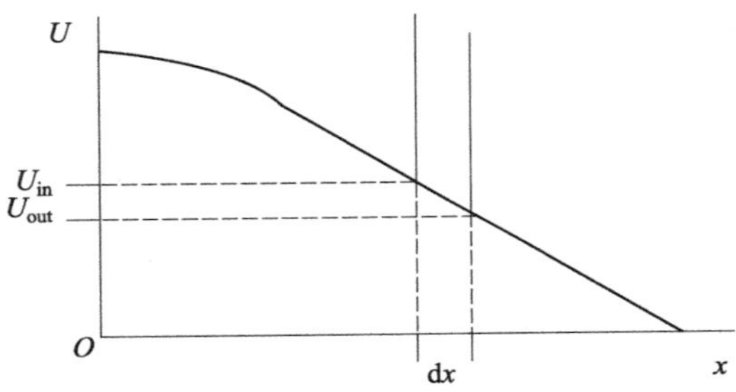

图 13-12　能量流动与温度变化 [18]

式中：k 为热传导率；C 为热容；ρ 为靶材料的密度，g/cm³。量（$k/C\rho$）叫作热扩散率，通常用 D 表示，不同材料的 D 差别不大，通常在 1 ~ 10 cm²/s 的量级。如果贯穿该区域的温度梯度发生改变，区域内温度也将会改变，因此能量不仅仅是穿过区域流动，而且在区域内也会增加或减少。上述热扩散方程是一个二阶微分方程，除少数特例外，不借助计算机是无法解答的。但是，解决工程问题必须理解热流动及其导致的温度变化，由于这个方程在工程问题上的重要性，那些特殊案例已被广泛研究。

图 13-13 展示了在固体表面温度 T 保持不变的情况下，固体内部的温度是怎样随时间改变的，正如图 13-13（a）所示，能量从加热区域向靶内传输，最终目标被加热到温度 T。图 13-13（b）是热量传输到目标后，进入目标内的距离与时间的函数。该距离服从一个简单的规律：$x \approx \sqrt{Dt}$，即温度趋向于平衡值变化，其速率随时间的平方根的变化而变化。

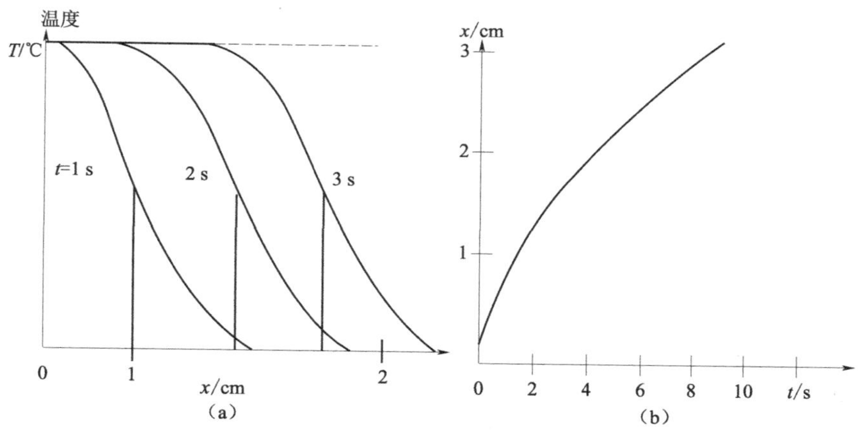

图 13-13　温度与距离和时间的变化关系[18]

空间目标由于对流很小，基本靠传导和辐射传递能量，不同物质的比热容不一样，其对能量的吸收程度也不一样，现有航天器防护设计主要针对自然空间环境下小剂量率的高能粒子，其能量通量很小，沉积能量有限，热传导基本可以将热量带走，但对于高能高通量电子束如果快速在目标内部沉积大量的热量，由于热传导速率有限，热量累积可能对目标造成损伤，因而防护方法中需要考虑高能高通量粒子束对目标造成热损伤的可能性。

13.3.2　屏蔽防护的厚度问题

相对论粒子在大气中传输，由于电离作用引起的能量损耗大约为 7×10^5 eV/m。如果粒子是电子，还需要考虑韧致辐射引起的能量损耗，如果粒子是重离子，还需要考虑由于核碰撞引起粒子束电流强度降低而造成的能量损耗。在研究粒子束与目标相互作用的一般特性时，只考虑电离作用引起的能量损耗就足够了。然而，在研究具体粒子束和具体目标的能量沉积时，需要详细考虑到上述三种机理。固体目标的密度通常是海平面大气密度的 1 000 倍，而能量损耗率与密度成比例，所以在固体中，相对论粒子的能量损耗率大约为 7 MeV/cm。图 13-14 是在该能量损耗下，粒子束在固体中传输的距离与粒子束能量的函数关系图。

在此能量损耗率下，大于 100 MeV 的粒子束在固体中传输的距离超过了大部分航天器舱板的厚度，粒子可以深入目标内部，甚至更高能量的粒子能够穿透航天器。因而反过来看，粒子束要能够作用到目标内部，则需要较高的能量用于穿透航天器外部的屏蔽层。

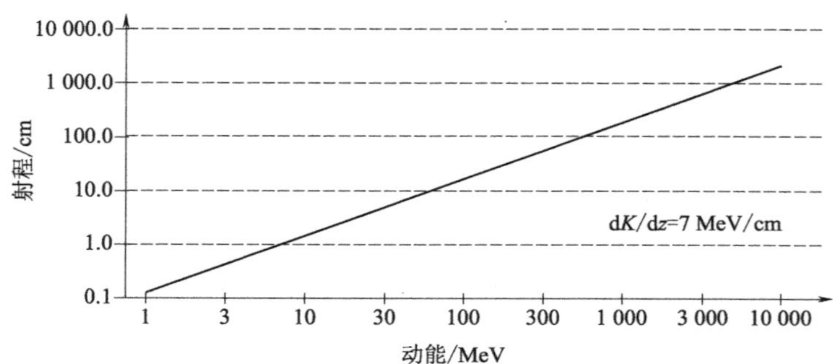

图 13-14　传输距离与粒子动能[18]

13.3.3　介质电导率的问题

任何物质，都具有一定电导率。由于电导率的存在，沉积到介质材料中的电荷，将具有一定的泄放速率，因此对电荷的沉积过程起到决定性作用。介质材料的电子入射电流与泄放电流相等时，介质材料的充电过程达到平衡，也就是达到充电的最终状态。通常，真空环境下，当介质材料的电阻率小于 10^{12} Ω·cm 量级时，便可使沉积电荷得到及时泄放，材料中局部电场难以达到 $10^5 \sim 10^6$ V/cm 的击穿阈值，就可以有效降低内带电程度并抑制放电的发生。

现有的空间飞行器防护技术中，航天器存在大量的电路板，这些电路板上的三防漆是绝缘的，在空间高能电子环境下，这些电路板表面容易积累电荷，从而形成强电场。为了解决这一问题，20 世纪 80 年代美国研究人员提出研制一种导电的防护涂层的设想。2004 年，波音公司开发了一种电导率可控的保护涂层材料，使用该涂层并有效接地防护样品具有良好的静电放电防护能力[5]。

星载电路板上广泛使用了保护涂层，其具有防水、防潮、防尘、耐热冲击、耐老化、柔韧性好等优良性能，长期在轨使用过程中，起着很好的保护作用。兰州空间物理研究所通过在常用三防漆内加入导电聚合物——聚苯纳米颗粒的方法获得了导电率可控的防护涂层材料，提高其抗内带电性能，在电子加速器中验证了其内部带电防护的效果，为星内静电防护提供了一种新的方法[5]。对于航天器内部带电的防护首先要掌握介质材料的深层带电特性，对于不同的航天任务选择合适的绝缘材料，尽可能使用具有较高辐射诱导电导率的介质材料或建立有效的电荷泄放通道。

13.3.4 电子束诱发的航天器静电放电问题

当前地面模拟研究航天器充放电研究比较多，主要研究方式包括两种：第一种是模拟试验方法，通过电子源提供的能量电子束辐照航天元器件、部件以及结构件，使其带电，当充电电量达到一定阈值时，部件发生放电现象，可获得充电表面电位、放电电流脉冲及电场脉冲等充放电关键参数，但对于试验对象内部的剂量沉积以及电场和电位分布的微观过程缺乏有效的测量手段；第二种是借助计算机仿真软件通过数值计算方法，可弥补模拟试验的不足，能灵活地选择输入能谱参数，通过计算得出剂量沉积分布，给出充电电位、内部电场随时间和空间的变化情况。通过两种互补研究方法，能够全面地掌握航天器充放电的规律，进一步通过对放电规律的总结，也开展了很多的静电放电防护研究，如上所述的被动和主动防护方法，这些方法都是基于真实空间环境下的放电现象，选用的电子能量和通量都有限，对于高能强流电子束诱发的航天器静电放电规律和防护国内外研究甚少。随着空间威胁的升级，高能强流电子束诱发的航天器静电放电需要引起足够的重视，高能强流电子束诱发航天器静电放电防护将会成为未来新的研究热点。

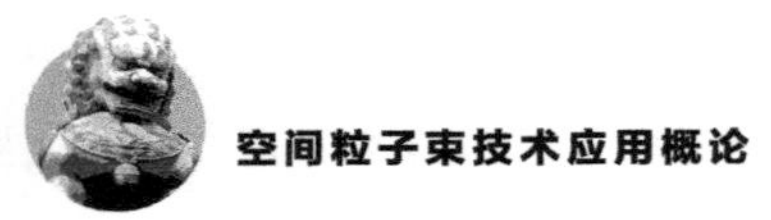

13.4 小　结

随着航天技术的发展，一些新技术、新型材料和电子器件在航天器上越来越多地得到应用，导致航天器对空间辐射环境越来越敏感，空间带电粒子更易诱发辐射效应，如防护措施不到位，辐射效应就会严重影响航天器在轨可靠运行，严重时将造成飞行任务过早结束。现有航天器对于辐射环境的防护主要基于自然空间环境的粒子种类、能量和通量，对自然空间粒子辐射环境对航天器损伤进行预估，针对不同的辐射效应采用不同的空间防护方法和技术。但航天器采用的不管是被动防护技术还是主动防护技术，如果面临极端恶劣空间粒子辐射环境，上述航天器的加固防护方法可能就会失效，这也是粒子束技术空间应用对航天器现有防护方法与技术提出的新挑战。

参 考 文 献

[1] 龚自正，曹燕，侯明强，等．空间环境及其对航天器的影响与防护技术［C］//中国数学力学物理学高新技术交叉研究学会第十二届学术年会论文集，2008.

[2] 王长河．单粒子效应对卫星空间运行可靠性的影响［J］．半导体情报，1998，35（1）：1-8.

[3] 薛玉雄，杨生胜，把得东，等．空间辐射环境诱发航天器故障或异常分析［J］．真空与低温，2012，18（2）：63-69.

[4] 张森，石军，王九龙．卫星在轨失效统计分析［J］．航天器工程，2010，19（4）：41-47.

[5] 原青云，孙永卫，张希军，等．航天器带电理论及防护［M］．北京：国防工业出版社，2016.

[6] 吴汉基，蒋远大，张志远，等．航天器表面电位的主动控制［J］．中国航天，2008（6）：36-40.

[7] 王作桂，尤大伟，曹晋滨，等．空间飞行器电位主动控制系统［C］//中国空间科学学会空间探测专业委员会第十九次学术会议论文集，2006.

[8] 张天平，唐福俊，田华兵，等．电推进航天器的特殊环境及其影响［J］．航天器环境工程，2007，24（2）：88-94.

[9] 蔡震波．氙离子发动机对 GEO 卫星表面充/放电效应的影响［J］．航天器环境工程，2005，22（3）：137-140.

[10] 田立成，石红，李娟，等．航天器表面充电仿真计算和电位主动控制技术［J］．航天器环境工程，2012，29（2）：144-149.

[11] 张战刚．SRAM 单粒子效应地面加速器模拟试验研究［D］．北京：中国科学院大学，2013.

[12] SCHWANK J R，FERLET-CAVROIS V，SHANEYFELT M R，et al. Radiation effects in SOI technologies［J］. IEEE Trans. Nucl. Sci.，2003，50（3）：522-538.

[13] LIU M S，LIU H Y，BREWSTER N，et al. Limiting upset cross sections of

SEU hardened SOISRAMs [J]. IEEE Trans. Nucl. Sci., 2006, 53 (6): 3487-3493.

[14] CALIN T, NICOLAIDIS M, VELAZCO R. Upset hardened memory design for submicron CMOS technology [J]. IEEE Trans. Nucl. Sci., 1996, 43 (6): 2874-2878.

[15] WRENN G L. Conclusive evidence for internal dielectric charging anomalies on geosynchronous communication spacecraft [J]. Journal Spacecraft and Rockets, 1995, 32: 514-520.

[16] WRENN G L, SMITH R J K. Probability factors governing ESD effect in geosynchronous orbit [J]. IEEE Transactions Nuclear Science, 1996, 6: 2783-2789.

[17] [俄] B. ДДобыкин. 波武器电子系统强力毁伤 [M]. 董戈，刘伟，孙文君，等译. 国防工业出版社，2014.

[18] NIELSEN P E. Effects of directed energy weapons [R]. US-AD Report, 1994.

第14章 高能电子束其他空间应用

高能电子束除可以直接应用于空间碎片清除或驱离外，还可以应用于空间X射线雷达、空间X射线通信、基于空间自由激光（FEL）的大功率太赫兹（THz）源等技术研究方向。下面分别从基本原理、研究现状、存在问题、发展趋势四个方面对以上这几项应用技术进行简要介绍。

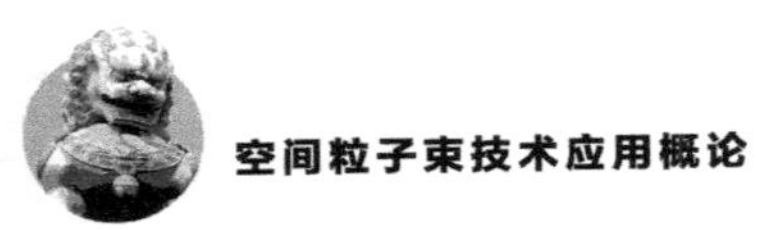

14.1 空间X射线雷达技术

14.1.1 基本原理

2015年，美国空军《空天力量》杂志秋季刊发表了吉恩·麦考尔博士[1]等撰写的题为《太空态势感知：难度大，成本高，但必不可少》的文章，指出空间态势感知中成本最高的部分也许是追踪太空目标并监控其位置；但是必须强调指出：追踪只是支援态势感知。空间态势感知行动的主要目的是确定太空物体的能力及其拥有国的意图。文章强调：为了达到上述目的，必须探索、发展新技术。

实际上，目前追踪太空物体的方法主要是使用各种类型的雷达，但雷达信息并不能提供关于被探测目标的内部结构及功能数据。现阶段，由于没有任何一种追踪方法能够提供完整的目标功能信息，只能综合不同来源情报的数据进行相关分析，从中推断卫星的功能。吉恩·麦考尔博士建议美军在继续提高微波、红外、可见光等传统遥感手段技术指标的基础上，大力发展具有探测目标内部技术信息的遥感技术。他认为X射线具有强的穿透性，可以采用类似医用CT（电子计算机断层扫描仪器）的方式开展工作，来遥感空间目标内部结构，可以直接获取与被探测目标功能相关的技术信息。

现有的微波、红外、可见光等雷达技术工作频段低，其发射的电磁波对金

属类高电子密度物质的透射能力弱，后向散射特性显著。仅能对目标的金属壳体外部特征进行探测，不能对目标内部结构进行识别。当电磁波频率在X射线频段以上时，电磁波具有极强的穿透性，光子可以穿透不同类型的物质，并与物质原子发生相互作用，主要分为光电效应、康普顿效应、电子偶效应等。以上相互作用宏观上表现为物质对X射线的吸收现象，不同原子对X射线的吸收率不同，这就为通过测量透射X射线的吸收率来反演目标结构提供了物理基础。

14.1.2 研究现状

对于X射线雷达，现在国际上主要有两种技术路径：第一种技术路径为直接发射X射线，并在同侧接收反射回来的X射线，这与传统的微波雷达相似，由于X射线强的透射特性，后向散射很弱，这就对接收机灵敏度提出了很高的要求。该技术的主要研究单位为美国的洛克西德·马丁（Lockheed Martin）公司。2013年，美国洛克西德·马丁公司提出X射线雷达（X-ray Radar）的概念，并在美国申请了专利[2]；同时，发表相关文章[3]，部分验证了X射线雷达的设想。第二种技术路径为向被探测物体发射能量电子（几十MeV到几百MeV的电子），能量电子与物质相互作用，激发材料辐射X射线，接收其后向散射射线并反演被探测目标不同位置的信息。该技术的主要研究单位为英国卢瑟福·阿普尔顿（Rutherford Appleton）实验室，通常称这种为能量电子诱发的X射线雷达技术。2016年，英国卢瑟福·阿普尔顿实验室报道其对基于激光诱导的X射线雷达（Laser Induced X-ray Radar）研究进展[4]，主要包括高能电子激发的X射线雷达概念及进行的相关试验验证。

1. 美国洛克西德·马丁公司方案

美国专利局于2013年授权了洛克西德·马丁公司提出的X射线雷达专利，该技术将微波雷达的信息处理技术用于X射线波段的射线信号，射线信号采用射频调制X射线源（Radio Frequency-modulated X-rays）。该技术利用射频调制X射线源向被测目标发射调制X射线，X射线可以穿透被测目标的金属外壳并与被测目标内部的物质相互作用，并向外辐射X射线，这些特性是红外、微波、光学等传统雷达所不具备的，如图14-1所示。可以看出，X射线雷达具有对被测目标内部结构进行探测的能力。

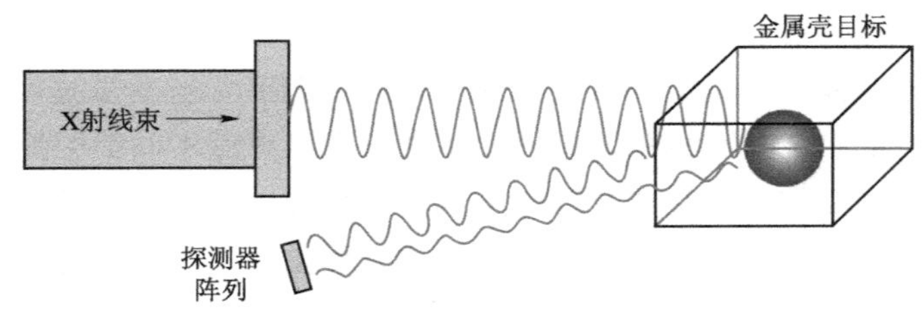

图 14-1　X 射线雷达工作示意图

总体来说，美国洛克西德·马丁公司研究团队研究工作主要包括以下几个方面。

（1）时域和频域的信号处理算法。该方法主要是论证传统雷达信号处理方法用于X射线雷达的可行性，并就其中存在的问题进行讨论。

（2）探索性试验系统的搭建。利用美国洛斯阿拉莫斯（Los Alamos）实验室的电子直线加速器产生100 keV到2 MeV的能量电子，在短脉冲的电子加速工作模式下，验证了时域测距算法；在长脉冲的工作模式下，验证了频域测距算法。图14-2所示为试验系统组成框图。

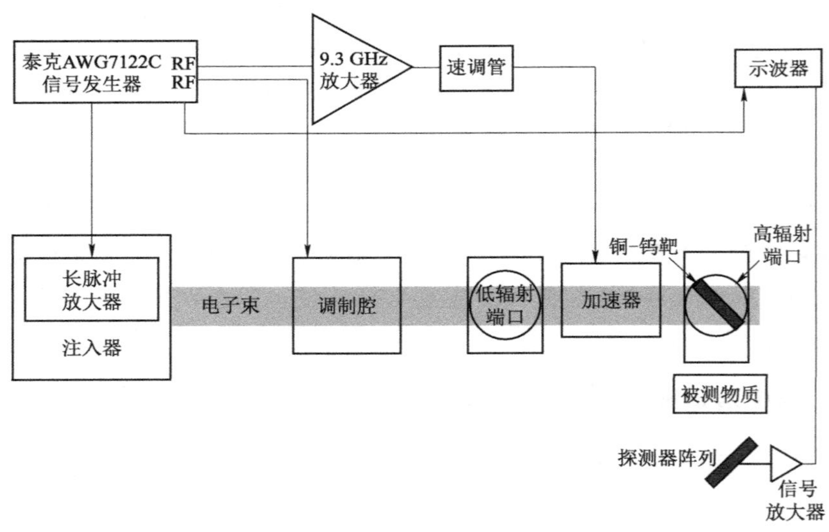

图 14-2　试验系统组成框图

（3）X射线探测器的论证工作。该工作主要分析了X射线源的调制频率、带宽对探测器响应时间的要求，并对可能的选型提出建议。对于频域测量技术方法的特点，该团队利用Opto Diode公司[5] AXUVHS6型的X射线探测器探测调制X射线，该型探测器具有工作带宽大、响应时间快、量子效率高的特

点，实物照片如图 14-3 所示。对于时域测量技术方法的特点，采用闪烁体探测器，主要由 Eljen EJ-322Q 闪烁体、Photek PMT-210 微通道板（MCP）等组成，如图 14-4 所示。

（4）反射测试案例。该案例搭建了一个测试场景，用来测试 X 射线雷达的测距能力，如图 14-5 所示。图中用铜板（厚度为 0.952 5 cm）来模拟被测物体，并被安装在滑轨上方便移动来模拟距离的变化，距离变化范围为 1 ~ 22 cm。图 14-6 给出了不同测试场景下的测试情况，总体误差在 10% 以内。

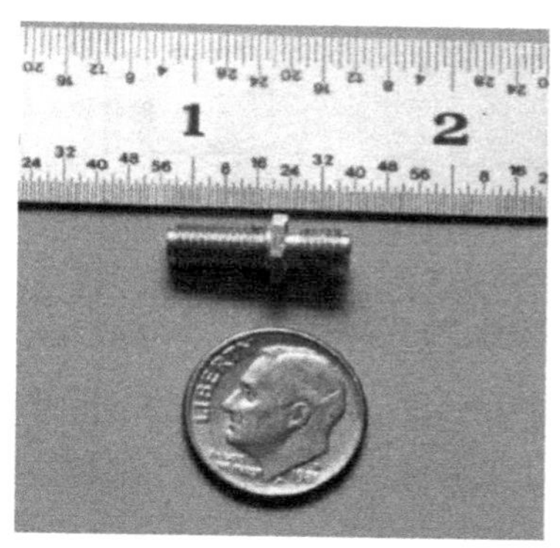

图 14-3　AXUVHS6 探测器实物照片

（a）

（b）

图 14-4　闪烁体探测器的模型图和实物图

（a）模型图；（b）实物图

图 14-5　反射测试的场景

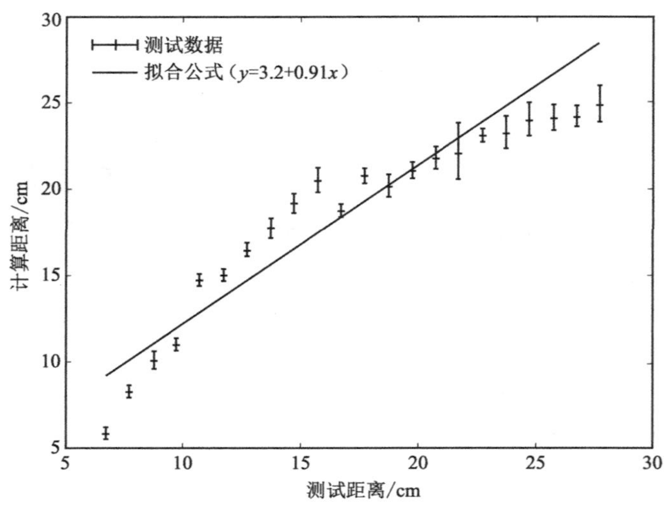

图 14-6　不同测试场景下的测试情况

2. 英国卢瑟福·阿普尔顿实验室方案

该团队利用卢瑟福实验室的激光尾场电子加速器产生 10 ~ 200 MeV 的高能电子，用其辐照不同材料组成的目标，物质原子受激辐射 X 射线；用探测器接收其后向辐射射线，对其响应电信号进行处理，可获取目标结构、部分材料等信息。总的来说，该团队主要从计算机仿真与试验验证两个方面验证电子诱发的 X 射线雷达技术的可行性[4]，激光尾场雷达测试系统构成如图 14-7 所示。

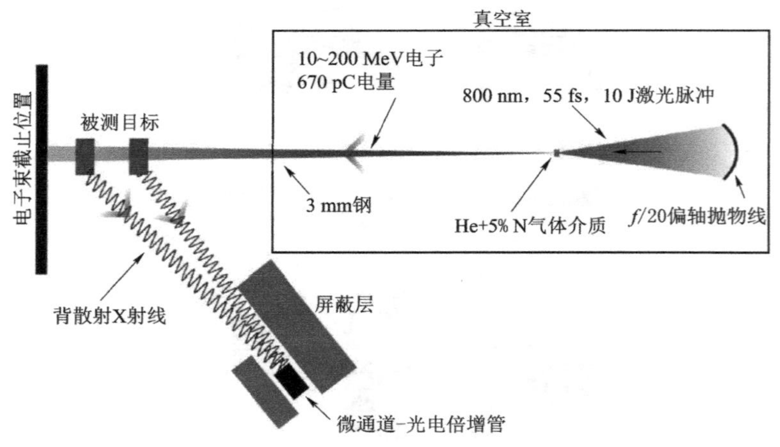

图 14-7　激光尾场雷达测试系统构成

（1）试验验证方面。该试验是在英国卢瑟福·阿普尔顿实验室的Astra Gemini Laser加速器上进行的，探测电子能量为140 MeV，探测器采用的是闪烁体探测器（Micro-Channel Plate Photo Multiple Tube，MCP-PMT）。图14-8所示为试验采用的目标结构及试验结果。

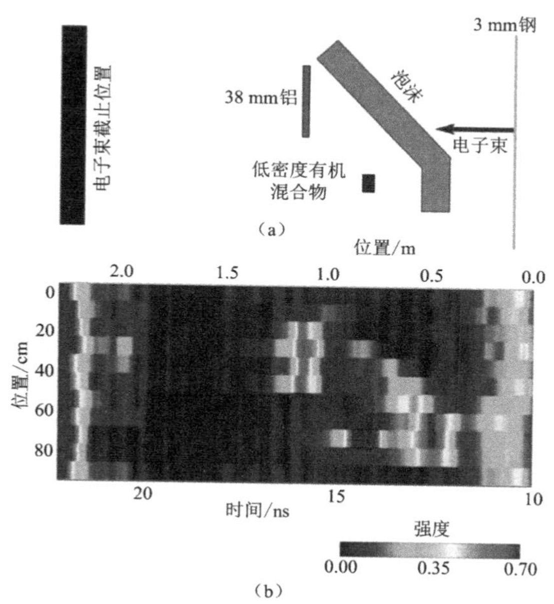

图14-8 被测物体构成和X射线雷达测试图

（a）被测物体构成；（b）X射线雷达测试图

（2）数值仿真方面。利用GEANT4（the Geometry and Tracking Software Version 4）仿真了高能电子与目标的相互作用，分析了目标受激辐射X射线空间分布情况，对图14-8中的测试场景进行了仿真，其仿真数据如图14-9所示。

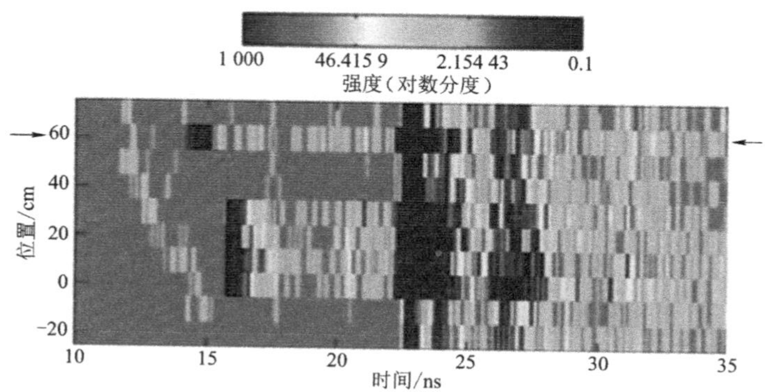

图14-9 测量场景图14-8的仿真数据

14.1.3 存在的问题

1. 直接X射线雷达技术

由于该团队是对美国洛斯阿拉莫斯实验室的已有直线加速器改进后进行的试验，该试验系统的稳定性有待提高，尤其是注入电子、时序的精确性。需要对加速器进行特殊的设计，让注入电子、调制微波、探测器等分系统协同工作，降低系统时间误差，提高系统的稳定性。

2. 电子诱发的X射线雷达技术

由于计算机存储能力的限制，在仿真中对电子数量做了必要的简化，这对仿真结果造成了一定的影响。由于电子与物质存在的多次散射效应，产生了一定的背景噪声，这是后续研究中需要解决的问题。

14.1.4 发展趋势

两种X射线雷达都直接探测目标的背散射射线，这使X射线雷达的工作体制简单，并一定程度提高了探测精度。同时，由于X射线强的透射性能，背散射相对较弱，需要开发量子效率更高、响应时间更快、探测阵列更大的X射线探测器。

在验证X射线雷达基本原理的基础上，需要在建模、仿真及信号处理算法等方面继续探索，尽快形成X射线雷达的应用模式。

14.2　空间 X 射线通信

14.2.1　基本原理

在通信领域，由于 X 射线波长很短，穿透能力强，当 X 射线光子能量大于 10 keV（波长小于 0.12 nm）、在大气压强低于 10^{-1} Pa 时，X 射线透过率为 100%，传输几乎无衰减。这意味着可利用很小的发射功率实现远距离空间数据传输。因此，与微波、激光等其他电磁波相比，X 射线传输具有方向性好、发射功率低、传输距离远、保密性强、不受空间环境电磁干扰、调制频带宽等优点。X 射线可以克服等离子体、太阳闪烁、遮挡物等对空间数据链路的影响。其潜在应用包括深空 X 射线导航通信一体化、空间信息数据传输、深空探测（如探测火星、银河系等）大数据回传等领域。

X 射线通信作为一个新概念，由于其在空间通信方面的潜在优势，在国际上获得了极大重视。其主要研究包括 X 射线发射源、探测接收装置、X 射线聚焦光学及 X 射线通信传输理论等内容。

14.2.2　研究现状

1895 年，德国物理学家 W.K. 伦琴发现了 X 射线，120 多年来 X 射线在医

疗透视、无损探伤和物质结构分析等领域得到了广泛的应用，为人类作出了巨大的贡献。美国Henke博士[6]通过多年对X射线的研究发现，当X射线光子能量大于10 keV（$\lambda < 0.1$ nm）时，在大气压强低于10^{-1} Pa时，X射线的透过率为100%。2007年，美国航空航天局戈达德太空飞行中心（Goddard Space Flight Center，GSFC）的天文物理学家Keith Gendreau博士[7]提出利用X射线实现空间飞行器点对点通信的概念，并首次证明了X射线通信的可行性。Dr.Daniel G等[8]利用信息论的Cramer-Rao不等式、Fisher信息以及香农熵（Shannon-entropy）等概念，对XNAV和XCOM的基本原理进行了理论分析。2010年，美国航空航天局的空间研究发展计划[9]的14个技术领域中，将XNAV和XCOM称为革命性概念（Revolutionary Concepts），被认为是“下一代新的空间通信方法”。2011年，作为X射线导航和通信的带头人，Keith Gendreau技术团队[7]被授予美国研究和发展创新团队。2013年，NASA GSFC以XNAV项目为基础启动“空间站X射线计时与导航技术试验”（SEXTANT）项目[10]，包括服务于科学目标的“中子星内部构成探测器”（NICER）项目与验证新概念的“X射线通信”（XCOM）项目，即SEXTANT＝XNAV＋NICER＋XCOM。XCOM项目组最新计划于2018年在国际空间站安装调制X射线源（MXS），使用NavCube（SpaceCube2.0＋Navigator）计算平台驱动调制X射线源，实现距离约50 m的空间X射线通信演示试验。2014年，美国NASA ASTER实验室的科学家们[11]提出了将X射线传感器直接集成到无线电和光通信系统（Integrated Radio and Optical Communications system，IROC）的构想，实现无线电、光和X射线于一体的通信系统（integrated radio，optical and X-ray communications system，IROX）。2017年，NASA GSFC研究人员提出了完整的X射线应用构想，包括基于X射线的星间相对导航通信链路、超声速黑障区的X射线安全通信、电磁屏蔽环境下的X射线通信等[12]。

继NASA的XCOM概念提出之后，国内相关科研机构在X射线通信概念及应用模式等方面也开展了一系列的研究工作，如中科院西光所提出了一种栅控X射线源作为发射器和基于微通道板的X射线单光子探测器作为接收器的X射线空间语音通信方案[13-16]，西安电子科技大学许录平团队提出了利用X射线实现通信测距一体化的技术方案[17-18]，南京航空航天大学汤晓斌团队分析了X射线在黑障环境下的传输特性[19-20]，上海卫星工程研究所提出了一种调制太阳辐射的X射线信号实现深空通信的方案构想[21]，西北核技术研究所提出了激光-X射线联袂通信系统方法[22]。

现阶段X射线通信技术主要研究高性能的X射线探测器与X射线源等。在

X 射线探测器方面，主要的解决方案有 SDD（Silicon Drift Device）探测器和微通道板（MCP）探测器。SSD 探测器是一种很有前途的 X 射线探测器，它在 1～10 keV 的探测效率可以达到 100%，对于这种探测器我国处于研制阶段，尚不具备生产能力，需要进口。基于微通道板的 X 射线探测器具有时间响应快、接收面积大、最小可探测功率小等优点，尤其是具有很高的时间分辨率，可达纳秒量级，缺点是量子效率低。

现有的调制 X 射线源技术，基本都是脉冲调制技术，主要为 OOK（On-Off Keying）调制、PWM（Pulse Width Modulation）调制和 PPM（Pulse Position Modulation）调制。下面对几种主要的 X 射线源进行总结。

1. 美国戈达德中心演示方案

在美国 NASA 的 X 射线通信方案中（Keith Gendreau 博士方案），先将通信信号加载在一个紫外 LED 发光二极管上，产生的调制紫外光照射一个光电阴极，通过光电效应产生电子发射，发射光电子再经过一个电子倍增器放大后轰击阳极靶材，产生 X 射线调制信号，其实物如图 14-10 所示。

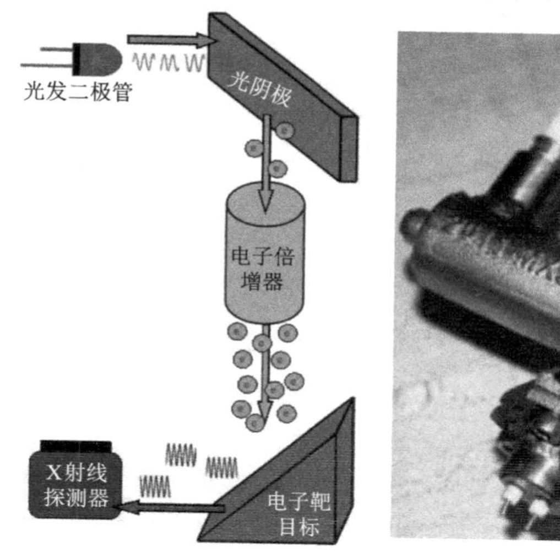

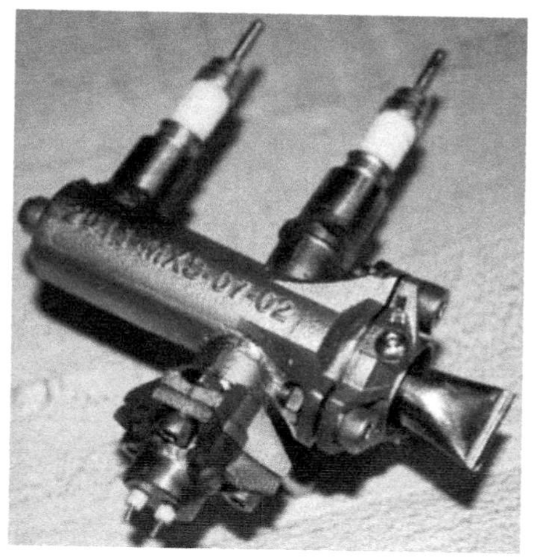

图 14-10　美国 Keith Gendreau 团队的方案及调制射线源实物

2. 美国斯坦福大学方案

美国斯坦福大学物理系 Catherine Kealhofer 教授团队于 2011 年提出一种可以用于空间通信的超快 X 射线调制发射源技术。该新型 X 射线源的原理如图 14-11 所示，首先利用一个 PPM 调制的飞秒激光脉冲辐照一个纳米尺寸的发射尖端产生场致发射电子，并对其加速后轰击阳极靶产生X射线。这种X射线发射源具有尺寸小、亮度高、速度快等特点。

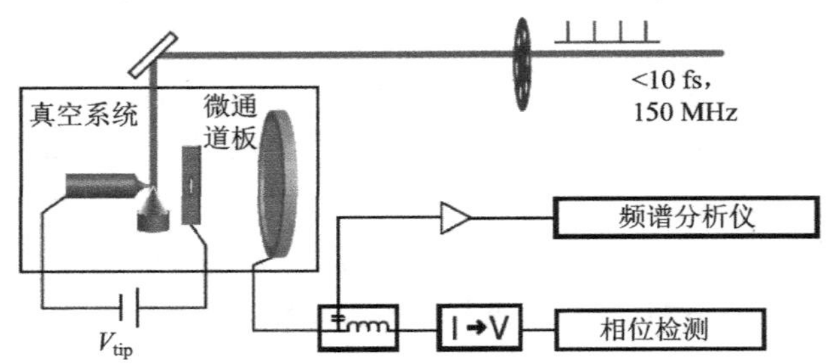

图 14-11　美国斯坦福大学团队的方案原理

3. 中国西安光机所方案

中国科学院西安光学精密机械研究所赵宝升团队提出了一种新型的栅控X射线源，结构原理如图14-12和图14-13所示。

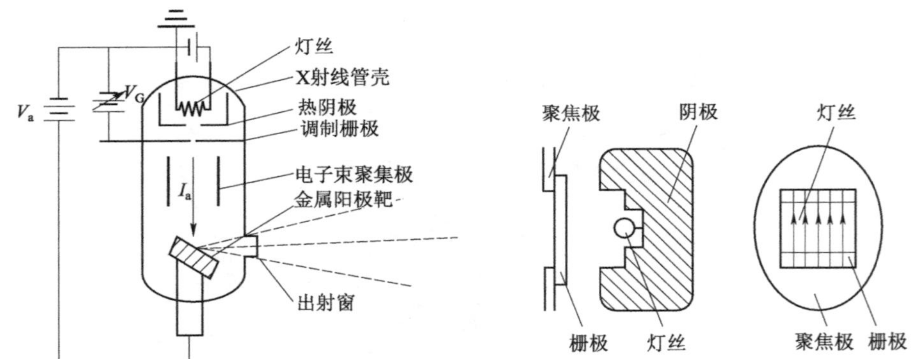

图 14-12　栅控X射线源示意图

图 14-13　阴极结构示意图

图14-12所示为栅控X射线源示意图，图14-13所示为阴极结构示意图，在传统X射线球管的基础上增加了调制栅极和电子聚焦极。调制栅极的作用是调制X射线从而复现栅极输入的数字信号。调制原理：当栅极输入的传输信号为高电平时，灯丝阴极产生的电子在电场的作用下向栅极运动，电子在通过栅极后轰击阳极靶并产生X射线；当栅极输入的传输信号为低电平时，此时加载灯丝和栅极之间的电压会阻碍电子向阳极运动。通过上述方法调制X射线的出射，从而起到类似于开关的作用。聚焦极位于栅极和阳极靶之间，聚焦极实现电子聚焦作用，控制电子束斑的尺寸。聚焦极的作用还使电子的时间弥散减小，提高时间分辨率。

此外，Daniel G. Jablonski 从信息论角度对 X 射线空间传输理论进行了初步讨论[8]。

14.2.3　存在的问题

现在空间 X 射线通信应用主要受大功率与带宽较宽的 X 射线源难以实现的限制。总体来说，现有的调制技术都是脉冲调制技术，共性是存在调制码率低、信号功率低等缺点。

对于 Keith Gendreau 博士的方案来说：① 由于光电阴极的光电发射电流和输入光功率成正比，当输入光增大到一定数值时，光阴极会受到永久性的损伤。这样就限制了调制 X 射线源的发射功率，导致通信信噪比低、误码率高等问题。② 由于 X 射线的散射和聚焦的困难，为实现远距离的通信，采用大面积的 Si-PIN 光电二极管的探测 X 射线脉冲，由于 Si-PIN 光电二极管利用的是内光电效应，时间分辨率仅有微秒量级，这样通信速率受限。

对于美国斯坦福大学方案来说：① 其采用调制激光来激发光电阴极发射光电子，与 Gendreau 博士的方案同样存在功率受限的问题。② 采用电子倍增管来放大调制电子，其存在时间弥散问题，限制了调制码率的提高。

对于赵宝升团队的方案来说：① 采用栅极对 X 射线进行调制，射线管内增加了栅控极和聚集极，可以实现高功率的 X 射线调制，有助于提高通信距离；② 由于其采用的静态调制原理，随着码率的提高，其电子的渡越时间和码率的周期越来越接近，这会限制码率的提高。

14.2.4　发展趋势

针对调制 X 射线源问题，在未出现新的物理方法前，能量电子撞击金属靶产生 X 射线是空间最为适用的。对于存在的功率与带宽不能兼容问题，可借鉴真空物理学中微波-电子注能量交换的动态调制原理，将电子束的调制与加速分开，解决了射线源的带宽和功率问题。此外，在电子产生 X 射线的量子效率不变的情况下，应该重点研究提高生成的 X 射线的能量集中度和发散角；新出现的调制方法也值得关注，如衍射极限光学和光子能量调制等；小功率的微束 X 射线源并联成大功率射线源，也是值得注意的研究方向。

针对聚焦光学系统问题，现有的技术路径不能研制出发散角小于 1 mrad 的光学系统，应该寻找更好的技术方法，如X射线玻璃毛细管。

对于探测器，现有半导体器件性能优异，主要问题是单个器件的接收面积小、大面积集成难。应该重点研究探测器接收面积的大面积集成技术、不同接收单位的协同工作及小型化的高速读出电路等。

14.3 小型化自由激光太赫兹源

14.3.1 基本原理

在电磁波谱上，太赫兹（THz）波段介于电子学的微波波段与光学的红外波段之间，通常指频率范围为 100 GHz ~ 10 THz（波长 3 mm ~ 30 μm）的波段，如图 14-14 所示。由于该波段所处的特殊电磁波谱的位置，其性质表现出一些不同于其他电磁辐射的特殊性，从而使太赫兹辐射成像技术在安全检查、反隐身高精度雷达、军事通信、空间物理、天文学、生物医学工程等领域具有广阔的应用前景。目前，各国学者给予 THz 技术研究以极大的热情，形成了一个研究高潮。美国、欧洲和日本等国尤为重视，并且日本在未来 10 年科技战略规划中将其列为 10 项重大关键技术之首。

THz 辐射源的研究方向集中在两个方面：一方面是将光子学特别是激光技术向低频率延伸，包括 THz 气体激光器、超短激光脉冲光电导天线和光整流、非线性差频过程（DFG）和参量振荡器，其特点是可以产生方向性和相干性都很好的 THz 波，但输出功率小，适合产生 1 THz 以上频率的 THz 波；另一方面是将电子学方法向高频延伸，包括真空电子器件、电子回旋脉赛、自由电子激光（FEL）、Cherenkov 辐射、储存环同步辐射、基于半导体技术的 THz 量子级联激光器等。在各种 THz 辐射源中，自由激光太赫兹（FEL-THz）源具

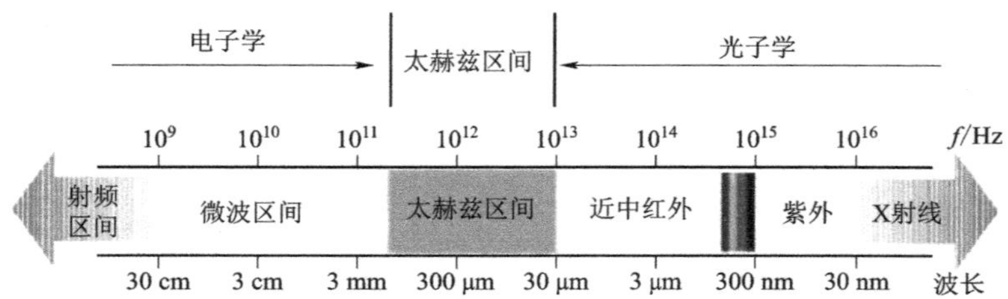

图 14-14 THz 频段在电磁频谱的位置

有高功率、高效率、波长在大范围内连续可调、波束质量好、光脉冲时间结构精细而且可调等突出优点，是目前可以获得最高输出功率的方法。

14.3.2 研究现状

FEL 从 20 世纪 70 年代开始就受到一些国家的重视，但是发展并不顺利，主要原因是 FEL 对电子束的品质要求太高，一般来说，要求能散度在 0.5% 以内，归一化发散度在 5 mm•mrad 左右。普通电子直线加速器不可能稳定提供这样高品质的束流，所以直到 20 世纪 90 年代，世界上没有出现大功率的自由激光器。1995 年以后，美国 Jefferson 实验室（JLAB）的 Geoge Neil 等人基于 CEBAF 所发展起来的超导直线加速器技术，研制了一台 40 MeV 直线加速器，使红外 FEL 的平均功率稳定运行在 700 W，其研究很快获得海军支持。2006 年，JLAB 获得 14.2 kW 平均功率、波长 1.61 μm 的红外激光。由于 JLAB 的突破，20 世纪以来，FEL 再次兴旺起来，基于 FEL 的 THz 源在众多 THz 源中又成为热点方案。

基于自由电子激光的太赫兹源方案，具有小型化、可移动等特点，有利于实现紧凑型桌面 THz 源。其主要包括电子枪注入器、电子直线加速器、波荡器、光学谐振腔以及真空、水冷、控制等辅助系统，其结构如图 14-15 所示。电子枪注入器为整个系统提供高品质电子束流；电子直线加速器对电子枪注入器提供电子束进行加速，使电子束获得较高能量；波荡器提供周期性磁场，使电子获得横向运动；光学谐振腔则为电子束团和光脉冲提供相互作用的场所，电子束与电磁辐射反复作用，辐射光量子场不断增强，最终达到光强饱和。

美国作为世界上最早研究 FEL 的国家之一，美国航天局、国防部、国家基金会等对该研究提供了大量的资金支持，通过多年研究，已经积累了丰富的理论和实践经验。美国加利福尼亚大学研制的 UCSB-FEL（University of California，Santa Barbara FEL）装置是世界上第一个为用户提供太赫兹波源的 FEL

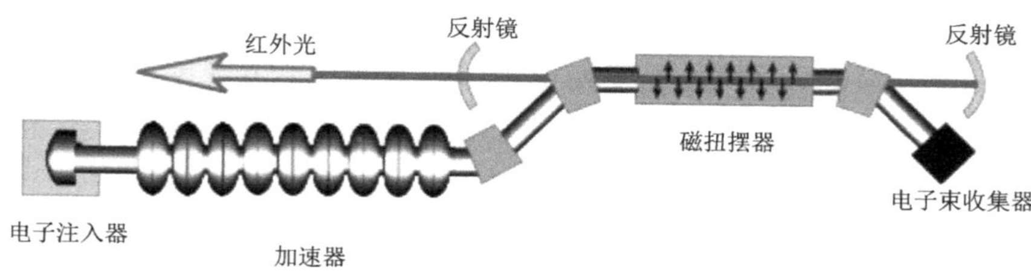

图 14-15 FEL - THz 系统结构

装置，其设计输出频率范围为 0.12 ~ 4.8 THz，对应波长为 2.5 mm ~ 60 μm。目前，UCSB-FEL 正在建设第三代自由电子激光装置，目标是将波长扩展到 30 μm。美国著名的 Jefferson 实验室也在积极进行 FEL 装置的研究，该装置名称为 IR Demo FEL，并于 1998 年调试成功。2001 年后，实验室开始对原有装置进行升级改造，目前达到的功率为 14.2 kW，从而使 IR Demo FEL 成为世界上功率最高的可连续调整波长的 FEL 装置。

2015 年，中国工程物理研究院研制的大型科学仪器装置——自由电子激光相干强太赫兹源（FEL-THz），输出功率为 10 W、频率在 1 ~ 3 THz 可调的太赫兹光。其中的射频加速器流强为 5 mA，电子能量为 8 MeV，平均功率为 40 kW。

此外，世界范围内，很多加速器实验室都拥有或者计划建设 FEL-THz 装置，如韩国 KAERI 紧凑 THz FEL；俄罗斯的 Novosibirsk THz FEL、日本的 Tokyo（FIR-FEL）、荷兰的 Nijmegen（THz-FEL），国内上海应用物理研究所、华中科技大学等。

14.3.3 存在的问题

传统振荡器型的 FEL，需要进行光强设计，光腔具有损耗。同时，对于超短波长的辐射（如 X 射线），SASE（ Self- Amplified Spontaneous Emission）过程需要较长的波荡器来完成电子束的调制，以便形成微聚束结构（微结构的尺寸与辐射波长相当）。这样，不利于 FEL-THz 源的小型化等。

14.3.4 发展趋势

对于 THz 波段辐射，由于目前基于光阴极电子枪的直线加速器产生的电子束团宽度为 ps 量级，结合激光整形技术也可获得 ps 量级间隔的电子束脉冲串，通过进一步压缩可产生 100 fs 量级的单脉冲束团，束团间隔同时可调，可直接产生预调制的超短脉冲串，进入波荡器后功率指数增益，在极短的距

离内功率达到饱和，产生相干的FEL-THz超辐射。基于电子束的超辐射FEL-THz的研究，有利于实现紧凑型桌面THz源。结合高重频超导加速器与ERL（Energy Recover Linac）等技术，可实现高效率、高辐射功率的THz辐射源装置。

14.4 小　结

电磁波频域中的THz、X-ray波段由于其独特的优点，近几年成为空间应用技术的热点研究内容。本章首先总结了空间X射线雷达与通信技术发展情况，分析了其主要用途和技术现状。接着总结了小型化的FEL-THz技术，并就其大功率、频率可调的技术特点进行了分析。总体来说，制约空间X射线、THz技术应用的主要障碍是发射源的功率问题。

从大功率微波调制X射线源技术、FEL-THz技术可以看出，高性能电子束技术是研制大功率X射线源、FEL-THz源的关键技术，相信随着空间高性能电子束技术应用的发展，空间小型化大功率X射线源、FEL-THz源会逐步得以实现，这必将会进一步推动高能电子束在相关空间技术领域的发展与应用。

参 考 文 献

[1] 黄志澄. 美国太空安全战略的新动向 [J]. 国际太空，2015（12）：5-12.

[2] WOOD J R. X-ray radar [P]. U.S.Patent 8，433，037 B1，filed October 23，2009，and issued April 30，2013.

[3] DREESENW，SCHWELLENBACH D，et al. X-ray radar imaging technique using a 2 MeV linear electron accelerator [J]. Physics Procedia ，2015，66：186-195.

[4] LOCKLEY D，DEAS R，MOSS R. Laser induced X-ray ‘RADAR’ particle physics model [C]. SPIE，April 17，2016.

[5] www.optodiode.com/search.php? zoom_query=AXUVHS6.

[6] Ericv Gullikson. X-ray interactions with matter [EB/OL]. 2010 [2013-2-20]. http://henke.lbl.gov/optical_constants.

[7] JOAN C，FRANCIS R.Goddard's astrophysics science division annual report 2011 [R]. USA：NASA Goddard Space Flight Center，2012.

[8] DANIEL G J，et al. The information-theoretic limits for the performance of X-ray source based navigation （XNAV） and X-ray communication （XCOM） [C]. 22nd International Meeting of the Satellite Division of the Institute of Navigation，Savannah，GA，September，2009.

[9] JOHN R，DAVID I，CALVIN R，et al. Draft communication and navigation system roadmap technology area 05 [R]. USA：NASA，2010.

[10] LUKE M，WINTERNITZ B，KEITH G，et al. The role of X-rays in future space navigation and communication [C]. 36th Annual Ass Guidance and Control Conference，2013.

[11] HUNG D，N，et al. An overview of 2014 SBIR phase 1 and phase 2 communications technology and development [R]. NASA/TM-2015-218904.

[12] OBADIAH K. User needs and advances in space wireless sensing & communications [C]. The 5th Annual IEEE International Conference on Wireless for Space and Extreme Environments（WISEE 2017）.

[13] 赵宝升，吴川行，盛立志，刘永安．基于X射线的新一代深空无线通信［J］．光子学报，2013，42（7）：801-804.

[14] 王律强，苏桐，赵宝升，等．X射线通信系统的误码率分析［J］．物理学报，2015，64（12）：120701.

[15] 李瑶，苏桐，盛立志，等．空间带电粒子对X射线通信信噪比的影响［J］．光子学报，2017，46（11）：1106002.

[16] 苏桐，李瑶，盛立志，等．空间X射线通信链路建模与功率分析［J］．光子学报，2017，46（10）：1035001.

[17] SONG S B，XU L P，et al. A novel X-ray circularly polarized ranging method［J］. Chin.Phys.B.，2015，24（5）：057201.

[18] SONG S B，XU L P，et al. X-ray communication based simultaneous communication and ranging［J］. Chin.Phys.B.，2015，24（9）：503-513.

[19] LI H，TANG X B，HANG S，et al. Potential application of X-ray communication trough a plasma sheath encountered during spacecraft reentry into earth's atmosphere［J］. Journal of Applied Physics，2017，121（12）：123101.

[20] LIU Y P，LI H，et al. Transmission properties and physical mechanisms of X-ray communication for blackout mitigation during spacecraft reentry［J］. Physics of Plasmas，2017，24（11）：113507.

[21] 张伟，俞航华，等．直接利用太阳X射线的空间通信系统［P］．CN 103227678 B.

[22] 欧阳晓平，刘军．激光-X射线联袂通信系统及方法［P］．CN 107241142 A.

[23] 熊永前，等．基于自由电子激光的小型太赫兹源初步设计［J］．Chinese Physics C，2008（Z1）：301-303.

[24] 冯寒亮，等．美国海军舰载高能激光武器［J］．激光与光电子学进展，2006，43（7）：41-45.

[25] GARR G L，MARTIN M C，MCKINNEY W R，et al. High-power terahertz radiation from relativistic electrons［J］. Nature，2002，420（6912）：153-156.

[26] JEONG Y U，et al. High power table-top THz free electron laser and its application［C］. 34th IRMMW-THz，2009.

[27] PEI Y J，SHANG L，FENG G Y，et al. Design of 14MeV linac for THz source based FEL［C］. IPAC13，2013.

[28] 王丹，唐传详，等．基于相对论电子束的超辐射THz-FEL［C］．第二届全国太赫兹科学技术与应用学术交流会议文集，2014.

索　引

0～9（数字）

A～Z、β～μ

A ~ B

C

D

E ~ F

G

H

J

K

M ~ N

O ~ Q

R

S

T

W

Z

《国之重器出版工程》
编辑委员会

专家委员会委员（按姓氏笔画排列）：

于　全	中国工程院院士
王　越	中国科学院院士、中国工程院院士
王小谟	中国工程院院士
王少萍	“长江学者奖励计划”特聘教授
王建民	清华大学软件学院院长
王哲荣	中国工程院院士
尤肖虎	“长江学者奖励计划”特聘教授
邓玉林	国际宇航科学院院士
邓宗全	中国工程院院士
甘晓华	中国工程院院士
叶培建	人民科学家、中国科学院院士
朱英富	中国工程院院士
朵英贤	中国工程院院士
邬贺铨	中国工程院院士
刘大响	中国工程院院士
刘辛军	“长江学者奖励计划”特聘教授
刘怡昕	中国工程院院士
刘韵洁	中国工程院院士
孙逢春	中国工程院院士
苏东林	中国工程院院士
苏彦庆	“长江学者奖励计划”特聘教授
苏哲子	中国工程院院士
李寿平	国际宇航科学院院士

李伯虎 中国工程院院士

李应红 中国科学院院士

李春明 中国兵器工业集团首席专家

李莹辉 国际宇航科学院院士

李得天 国际宇航科学院院士

李新亚 国家制造强国建设战略咨询委员会委员、中国机械工业联合会副会长

杨绍卿 中国工程院院士

杨德森 中国工程院院士

吴伟仁 中国工程院院士

宋爱国 国家杰出青年科学基金获得者

张　彦 电气电子工程师学会会士、英国工程技术学会会士

张宏科 北京交通大学下一代互联网互联设备国家工程实验室主任

陆　军 中国工程院院士

陆建勋 中国工程院院士

陆燕荪 国家制造强国建设战略咨询委员会委员、原机械工业部副部长

陈　谋 国家杰出青年科学基金获得者

陈一坚 中国工程院院士

陈懋章 中国工程院院士

金东寒 中国工程院院士

周立伟 中国工程院院士

郑纬民　中国工程院院士
郑建华　中国科学院院士
屈贤明　国家制造强国建设战略咨询委员会委员、工业和信息化部智能制造专家咨询委员会副主任
项昌乐　中国工程院院士
赵沁平　中国工程院院士
郝　跃　中国科学院院士
柳百成　中国工程院院士
段海滨　“长江学者奖励计划”特聘教授
侯增广　国家杰出青年科学基金获得者
闻雪友　中国工程院院士
姜会林　中国工程院院士
徐德民　中国工程院院士
唐长红　中国工程院院士
黄　维　中国科学院院士
黄卫东　“长江学者奖励计划”特聘教授
黄先祥　中国工程院院士
康　锐　“长江学者奖励计划”特聘教授
董景辰　工业和信息化部智能制造专家咨询委员会委员
焦宗夏　“长江学者奖励计划”特聘教授
谭春林　航天系统开发总师